职业院校机电类“十三五”
微课版规划教材

电工技术

附微课视频

徐超明 王堂祥 / 主编
李珍 成俊雯 胡韶华 姚峰 / 副主编

人民邮电出版社
北京

图书在版编目（CIP）数据

电工技术 / 徐超明，王堂祥主编. -- 北京 : 人民邮电出版社，2020.4（2023.7重印）
职业院校机电类“十三五”微课版规划教材
ISBN 978-7-115-52349-5

Ⅰ. ①电… Ⅱ. ①徐… ②王… Ⅲ. ①电工技术－高等职业教育－教材 Ⅳ. ①TM

中国版本图书馆CIP数据核字(2019)第230345号

内 容 提 要

本书采用项目化课程模式，以电工技术中的典型项目为载体展开讲述。全书共 7 个项目，每个项目又分为若干个任务，主要内容包括基本电参量的测量和分析、直流电阻电路的测试与分析、动态电路的测试与分析、荧光灯照明电路的安装、低压配电线路的分析和设计、小功率变压器的设计和检测、三相异步电动机及其控制线路的分析和安装。本书以完成工作任务的技能实训为主线，进行相关的理论知识阐述，通过“读、做、想、练”，以及实物实验和计算机仿真等方法，使学生在掌握必要知识的同时，提高分析问题、解决问题和实际应用的能力。

本书内容深浅适度，通俗易懂，图文并茂，配有大量的实训项目，具有较强的实用性，可作为职业院校电子、通信、计算机等专业学习电工技术和电工基础课程的教材或参考书，也可供有关工程技术人员参考。

◆ 主　　编　徐超明　王堂祥
　副 主 编　李　珍　成俊雯　胡韶华　姚　峰
　责任编辑　刘晓东
　责任印制　王　郁　马振武
◆ 人民邮电出版社出版发行　　北京市丰台区成寿寺路 11 号
　邮编　100164　　电子邮件　315@ptpress.com.cn
　网址　http://www.ptpress.com.cn
　天津翔远印刷有限公司印刷
◆ 开本：787×1092　1/16
　印张：16　　　　2020 年 4 月第 1 版
　字数：401 千字　　　　2023 年 7 月天津第 7 次印刷

定价：49.80 元

读者服务热线：(010)81055256　印装质量热线：(010)81055316
反盗版热线：(010)81055315
广告经营许可证：京东市监广登字 20170147 号

前　言

本书全面贯彻党的二十大精神，积极培育和践行社会主义核心价值观，传授基础知识与培养专业能力并重，强化学生职业素养养成和专业技术积累，将专业精神、职业精神和工匠精神融入人才培养全过程，以应用为目的，以理论够用为度，讲清概念，强化训练，突出实用性和针对性，注重“教学与实训”的协调统一，为二十大提出的“加快建设国家战略人才力量，努力培养造就更多大师、战略科学家、一流科技领军人才和创新团队、青年科技人才、卓越工程师、大国工匠、高技能人才”打下坚实的基础。

全书共有 7 个项目，介绍了基本电参量的测试和分析，直流电路、动态电路、正弦交流电路、三相正弦交流电路的测试和分析，低压配电线路、变压器、电动机及其控制线路等通用知识，使学生能够掌握工程技术人员必须具备的电工基本技能，熟悉用电安全，学会使用常用电工、电子仪表，能分析装调实用电路，为学习后续专业知识和专业技能，从事工程技术工作打下一定的基础。同时，通过实训逐步提高学生观察、分析和解决实际电路问题的能力，培养学生严谨的学风和求实的精神，养成良好自觉的职业习惯与素养。

本书通过“读、做、想、练”等环节，引导学生“做中学，学中做”，这样既激发学生的兴趣，又能加深学生对理论知识的理解，同时还能提高学生的动手能力。“做一做”一般在教师指导下完成，而“练一练”一般要求学生在课外独立完成。

本书是将知识点的讲授、学生实物实验和计算机仿真融为一体，采用计算机辅助分析与仿真实验等教学手段使学生在掌握仪器仪表的操作方法，电子电路设计、安装、调试的同时，巩固学习效果，更利于学生准确、全面、深刻地掌握知识。

本书是“互联网+教育”创新型一体化教材。本书在重要的知识点或操作步骤位置嵌入二维码，学生通过手机等移动终端扫描观看动画、视频等资源，加深对理论知识和操作技能的认识和理解。同时，也能起到帮助课前预习、课后复习的功能。

本书的仿真软件采用 NI Multisim 10，由于篇幅关系，其使用方法可参考该软件的使用手册；类似的仿真软件也适用本书的仿真实训。

本书的参考学时为 122 ~ 136 时。各项目的参考学时见下表。

内容	学时	内容	学时
项目 1	18	项目 5	18～20
项目 2	16～20	项目 6	14～16
项目 3	16	项目 7	12～14
项目 4	28～32	—	—

本书由浙江邮电职业技术学院徐超明、重庆市黔江区民族职业教育中心王堂祥任主编，浙江邮电职业技术学院李珍和成俊雯、重庆工程职业技术学院胡韶华、武进职教中心姚峰任副主编，由徐超明统稿。其中徐超明编写项目 2、项目 4，王堂祥编写项目 3、项目 5，李珍编写项目 7，胡韶华编写项目 6，成俊雯、姚峰编写项目 1。

由于编者水平有限，加之时间仓促，书中难免存在不足之处，敬请读者批评指正。

编者

2023 年 5 月

目 录

项目1 基本电参量的测量和分析

任务1.1 电流和电压的测量

知识要点

- 了解电路的组成和功能，理解电路模型和理想电路元件的概念。
- 理解电流、电压、电位等电参量的含义。
- 理解设置参考方向和关联参考方向的意义。

技能要点

- 能正确地连接电路。
- 会正确使用电流表、电压表和万用表测量电流和电压等电参量。

在日常生产和生活中，人们离不开用电。随着科学技术的发展，电的应用也越来越广泛，从日常生活中的照明设施，到播放节目的电视、用来通信的手机，以及仪器仪表等，它们的能量都是以电能的形式提供的。实际电路种类繁多，功能各异，但其有共同的基本规律，"电工技术"课程就是学习用电的基本理论和基本技术的。

电工在生活中的应用

学习"电工技术"课程的方法

1.1.1 电路与电路模型

【做一做】实训1-1：简单直流照明电路的安装

实训流程如下。

（1）如图1.1所示接好电路。其中电源选取直流稳压电源，电压值调整为12V；白炽灯选择12V/0.1A。连接电路时，须断开开关。检查电路，观察白炽灯的情况。

（2）闭合开关，观察白炽灯的情况。

结论如下。

（1）开关断开时，白炽灯____（亮/不亮），电路中没有______。

（2）开关闭合后，白炽灯___（亮/不亮），电路中已经有_____。

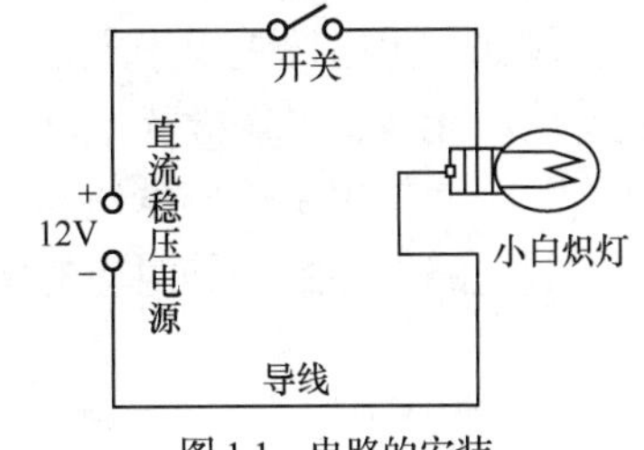

图1.1 电路的安装

（3）电路的基本组成包括________、________、________和_________。

下面介绍电路、电路模型、理想电路元件、电路的工作状态。

1. 电路

电路是由某些电气设备或元器件通过导线连接起来的电流通路。

（1）电路的组成。

电路一般都是由电源、负载和中间环节三部分组成的，如图 1.2 所示。

① 电源：向电路提供电能或将其他形式的能量转换成电能的装置，如发电机、信号源、电池等。

② 负载：获取电能，并将其转换成其他形式能量的装置，如电灯、电炉、电动机、扬声器等。

③ 中间环节：电源和负载之间不可缺少的连接、控制和保护部件，如连接导线、开关、各种控制器和保护器等。

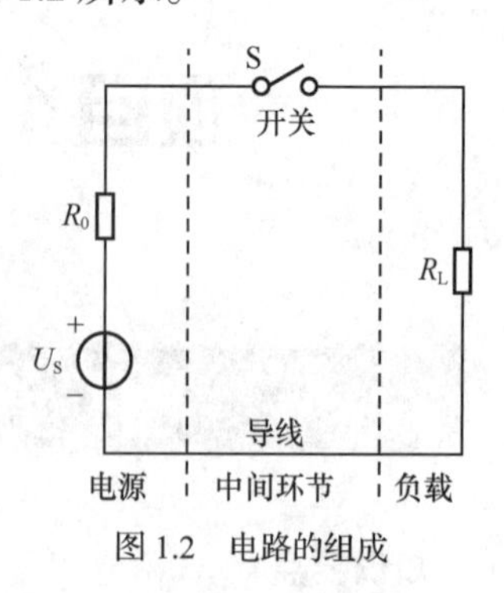

图 1.2　电路的组成

（2）电路的功能。

电力系统中的电路能够实现电能的传输、分配和转换，如图 1.3（a）所示。

电子技术中的电路能够实现电信号的传输、储存和处理，如图 1.3（b）所示。

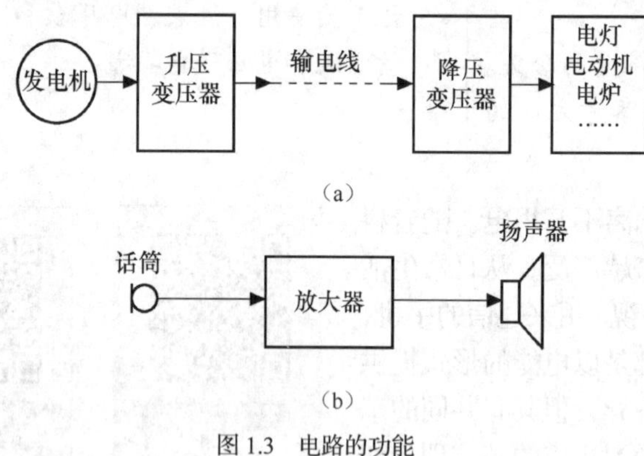

图 1.3　电路的功能

电路的组成及各部分功能

2. 电路模型

实际电气装置种类繁多，如自动控制设备、电力设备、通信设备等；实际电路的几何尺寸相差甚大，如电力系统或通信系统可能跨越省界、国界甚至是洲际的，而集成电路芯片小的如同指甲。

在电路分析中，为了方便对实际电气装置的分析研究，通常在一定条件下需要对实际电路采用模型化处理，即用抽象的理想电路元件及其组合近似地代替实际的器件，从而构成了与实际电路相对应的电路模型。

例如，手电筒是由干电池、小白炽灯、按键和筒体组成的，如图 1.4（a）所示。干电池是电源元件，可等效为电动势 U_S 和内阻 R_0；小白炽灯主要消耗电能，是电阻元件；筒体内的金属带用来连接电池和白炽灯，其电阻可忽略不计，看作导线；按键就是开关，用来控制电路的通断，其对应的电路模型如图 1.4（b）所示。

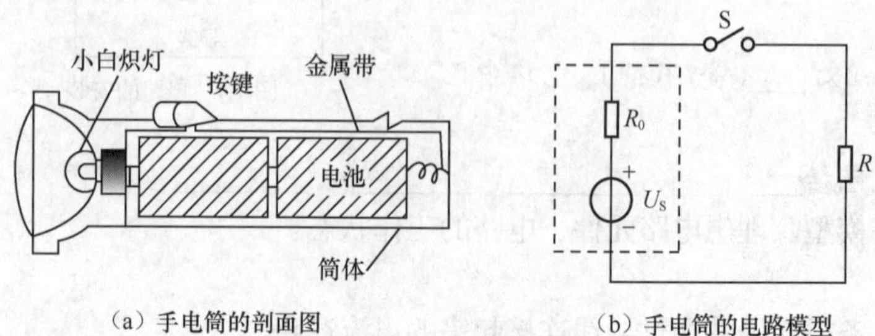

（a）手电筒的剖面图　　（b）手电筒的电路模型

图 1.4　手电筒的剖面图和电路模型

手电筒的电路模型

3. 理想电路元件

理想电路元件是实际电路器件的理想化和近似，其电特性单一、精确，可定量分析和计算。

理想电路元件分有源和无源两大类。无源理想电路元件主要有电阻元件、电感元件和电容元件；有源理想电路元件有理想电压源和理想电流源。5 种理想电路元件的符号如图 1.5 所示。

（1）电阻元件：表示消耗电能的元件，如电阻器、白炽灯、电炉等。它反映了在电路中消耗电能的主要特征。

（2）电感元件：表示建立磁场、储存磁场能量的元件，如各种电感线圈。它反映了其储存磁场能量的电特性。

（3）电容元件：表示建立电场、储存电场能量的元件，如各种电容器。它反映了其储存电场能量的电特性。

（4）理想电源：表示能将其他形式的能量转变为电能的元件。其中理想电压源的输出电压恒定，而输出电流则由它和外电路负载共同决定；理想电流源的输出电流恒定，而输出电压则由它和外电路负载共同决定。

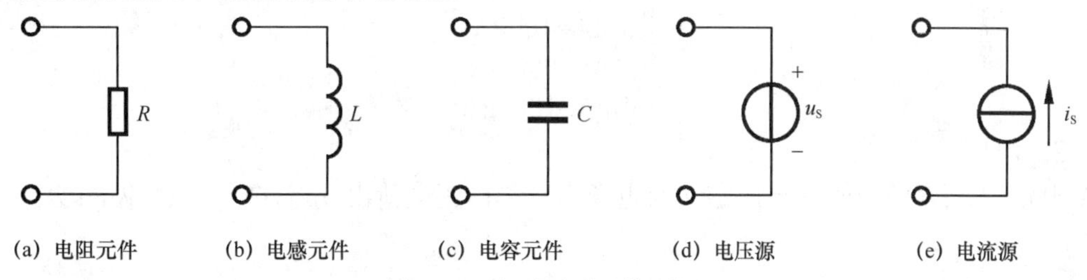

图 1.5　5 种理想电路元件的符号

电路模型中的理想电路元件简称电路元件，反映的是单一的电特性。以电路元件代替实际的电路器件，主要抓住体现实际电路性态和功能的电特性，可使电路的分析与设计简单化。例如白炽灯，在电路中既具有消耗电能的特性，又具有产生磁场的特性，但由于白炽灯中消耗电能的因素大于产生磁场的因素，因此，白炽灯一般只用消耗电能特性的电阻元件表征。

一个实体电路元器件的电磁特性，有时仅用一个电路元件进行模拟很难确切地表述其真实的电特性，这就需要用几个电路元件串、并联后的电路模型来模拟。例如工频（50Hz）交流电路中的电感线圈，通电后线圈既要发热耗能，同时在交变电路中还要储存磁场能量，因此，常用电阻元件和电感元件的串联组合作为其电路模型。

4. 电路的工作状态

电路通常有 3 种工作状态。

（1）通路：也称闭路，电路各部分连接成闭合回路，有电流通过。

（2）开路：也称断路，电路中有断开点，一般没有电流通过。

（3）短路：也称捷路，电源或电路中某一部分用导线直接相连。发生短路时，电路中的电流远超正常工作电流，应该避免出现。

1.1.2　电流、电压、电位、电动势及电流和电压的参考方向

1. 电流

导体内存在大量的自由电子，当导体两端在外电场作用下，自由电子就会定向移动形成电流。自由电子带负电荷，而人们习惯以正电荷运动的方向作为电流的实际方向。

电流强弱通常用单位时间内通过导体横截面的电荷量的多少即电流

强度（简称电流）来描述，定义式为

$$i = \frac{\mathrm{d}q}{\mathrm{d}t} \tag{1-1}$$

式中，电荷量 q 的单位是库伦（C），时间 t 的单位是秒（s），电流 i 的单位是安培（A）。

方向不随时间变化的电流称为直流电流，大小和方向均不随时间变化的电流称为稳恒电流。通常所说的直流电流是指稳恒电流。直流电流采用大写字母 I 表示，即

$$I = \frac{q}{t} \tag{1-2}$$

按照惯例，不随时间变动的恒定参量用大写字母表示，如直流电流和直流电压分别用“I”和“U”表示；随时间变动的参量用小写字母表示，如交流电流和交流电压分别用“i”和“u”表示。

电流的国际单位制（SI）单位是安培（A）。其他常用的单位还有千安（kA）、毫安（mA）、微安（μA）。它们之间的换算关系为

1kA=1000A
1A=1000mA
1mA=1000μA

2. 电压

电路中 a、b 两点间的电压定义为电场力将单位正电荷由 a 点移至 b 点所做的功，定义式为

$$u_{ab} = \frac{\mathrm{d}w_{ab}}{\mathrm{d}q} \tag{1-3}$$

式中，电场力所做的功 w_{ab} 的单位是焦耳（J），被移动的正电荷 q 的单位是库伦（C），ab 两点间的电压 u_{ab} 的单位是伏特（V）。

电压的概念

大小和方向均不随时间变化的电压称为直流电压（严格讲是稳恒电压），用大写字母 U 表示，即

$$U_{ab} = \frac{W_{ab}}{q} \tag{1-4}$$

电压的 SI 单位是伏特（V）。其他常用的单位还有千伏（kV）、毫伏（mV）、微伏（μV）。它们之间的换算关系为

1kV=1000V
1V=1000mV
1mV=1000μV

电压的实际方向规定为电位降低的方向，即高电位点（“+”端）指向低电位点（“−”端）。

3. 电位

电位是某一点相对于参考点的电压。参考点的电位为零，用符号 V 表示，单位与电压相同，为伏特（V）。

电位的概念

理论上电路参考点的选取是任意的，但实际应用中经常以大地作为零电位点。有些场合下，设备和仪器的底盘或机壳与接地装置相连时，也常选取与接地装置相连的机壳等作为电路参考点。电子技术中为方便问题的分析和研究，还常常把电子设备的公共连接点作为电路参考点。

电压和电位的关系：$U_{ab}=V_a-V_b$。

选择的参考点不同，电路中各点的电位将随之不同，但任意两点之间的电压是不变的。

将电压和电位关系式进行变换，可得到：$V_a = U_{ab}+V_b$。

其含义即：某一点的电位等于该点到另一点的电压加上另一点的电位。

4. 电动势

电动势是表征电源提供电能能力大小的物理量，用符号 E 表示，单位也是伏特（V）。它只存在于电源内部，其大小反映了电源力将经过导体移动的正电荷从电源负极通过电源内部拉回到电源正极的本领，其方向规定为由电源负极指向电源正极。

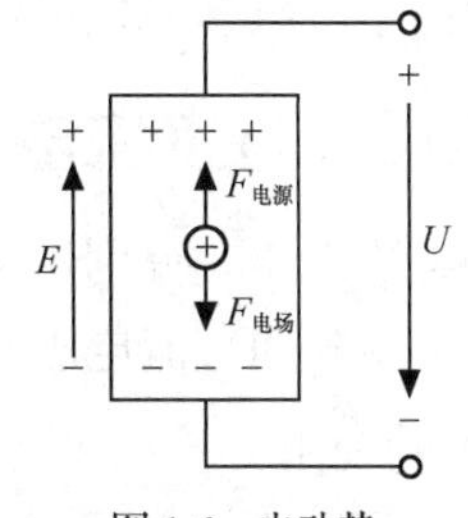

图 1.6　电动势

电源端电压的方向是从正极指向负极，因此，电源电动势与端电压的大小相等，方向相反，如图 1.6 所示。对于电压源的作用效果，在一般情况下，往往不用电动势表示，而是用其正、负极间的电压来表示。

5. 电流和电压的参考方向

在分析与计算较为复杂的电路时，往往难以判断某些支路电流或元件两端电压的实际方向和真实极性。常可任意选定某一方向作为电流的参考方向，或称为正方向。当电流的实际方向与其参考方向一致时，则电流为正值；当电流的实际方向与其参考方向相反时，则电流为负值，如图 1.7 所示。

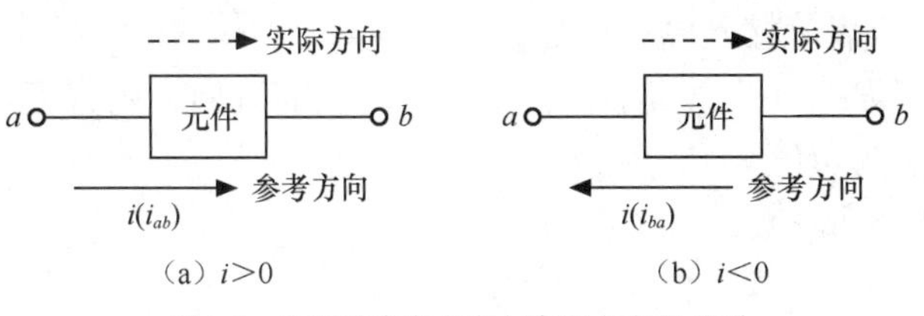

图 1.7　电流的参考方向与实际方向的关系

电流的参考方向

同样，也可任意选定元件两端电压或电动势的方向和极性作为参考方向。若实际方向与参考方向一致，则电压、电动势为正值；若不一致，则电压、电动势为负值，如图 1.8 所示。

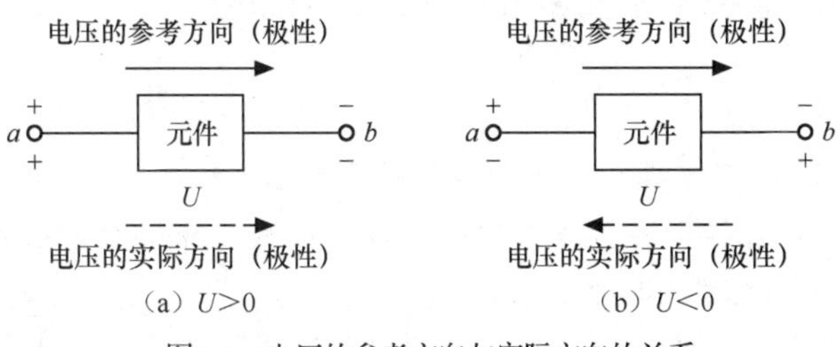

图 1.8　电压的参考方向与实际方向的关系

参考方向在电路中一般用实线箭头表示，也可用双下标表示，如 i_{ab}、u_{ab}，其参考方向表示由 a 指向 b。除此之外，电压的参考方向还经常用“参考极性”的标注方法来表示，“+”为参考正极，“−”为参考负极，电压的参考方向为从“+”指向“−”。

在电路分析中，电流和电压的参考方向都是人为任意指定的，但是为了分析方便，常常采用关联的参考方向。关联的参考方向就是电压和电流的参考方向相同；反之，电压和电流的参考方向相反时，就是非关联参考方向，如图 1.9 所示。

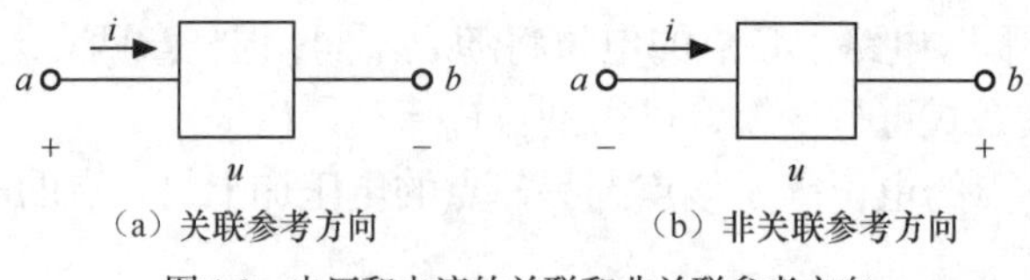

（a）关联参考方向　　（b）非关联参考方向

图 1.9　电压和电流的关联和非关联参考方向

在关联参考方向下，只需标出电流的参考方向或电压的参考方向。

1.1.3　直流电压表与直流电流表的使用

直流电压表和直流电流表分别用于实验室中测量直流电路中的电压和电流。电工技术实验装置上安装有数字式的直流电压表和直流电流表，如图 1.10 所示。

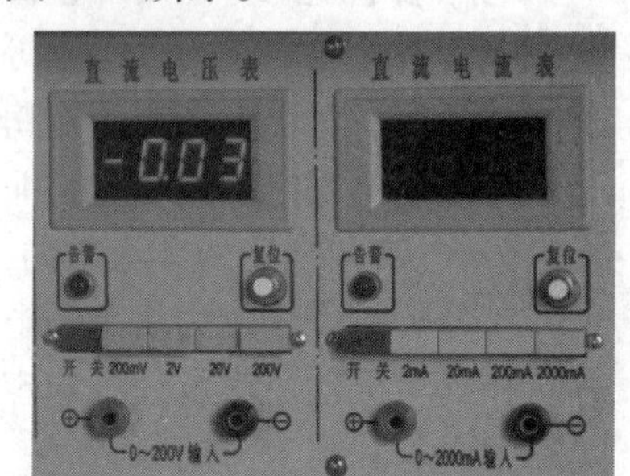

图 1.10　实验装置上的数字式直流电压表与直流电流表

1. 直流电压表的使用

实验装置上的数字式直流电压表有 200mV、2V、20V、200V 共 4 挡量程，量程越小，显示数值的精度越高，其使用步骤如下。

（1）选择量程。根据电路中的电压大小选择量程。若不清楚电压大小，应先用最高电压挡测量，再根据测量值，更换成合适的量程挡。

（2）测量。直流电压表并联到被测量元件或被测电路的两端。如果测量表的“+”表笔接到高电位处，“−”表笔接到低电位处，即让电流从“+”表笔流入，从“−”表笔流出，则直流电压表显示的数值为正；反之，其测量值为负值。

（3）读数。读出电压表的实际值。

2. 直流电流表的使用

实验装置上的数字式直流电流表有 2mA、20mA、200mA、2000mA 共 4 挡量程。

其使用方法与直流电压表的使用方法基本相同，不同之处在于测量表的连接方法，即测量时，直流电流表必须串联到被测电路中。如果误将电流表与负载并联，则因表头的内阻很小，会造成因电流过大而烧毁仪表，实训台将发告警信号并断开电源。

【做一做】实训 1-2：简单直流照明电路中电流和电压的测量

1. 电流的测量

实训流程如下。

（1）按图 1.1 所示接好电路，直流稳压电源的电压值调整为 12V。

注意：先调准输出电压值，再接入实验线路中；连接电路时，应使开关断开。

（2）检查电路，闭合开关，此时白炽灯发光。

（3）将电流表串联在电路中，电流表的“+”表笔接到高电位处，“−”表笔接到低电位处（即电流从“+”表笔流入，从“−”表笔流出），测量电路中的直流电流值，并记录所测量的结果。

（4）将电流表的两个表笔对调，即“+”表笔接到低电位处，“−”表笔接到高电位处，测量电路中的直流电流值，并记录所测量的结果。

（5）断开开关，观察电路中的直流电流值，并记录所测量的结果，见表 1-1。

表 1-1　直流电流测量表

测量项目		电路中的电流值（A）
开关闭合	“+”表笔接到高电位，“–”表笔接到低电位	
	“+”表笔接到低电位，“–”表笔接到高电位	
开关断开		

结论如下。

（1）测量电流时，电流表应________（串联/并联）在被测电路中。

（2）开关闭合时，电路中________（有/无）电流；开关断开时，电路中________（有/无）电流。

（3）用数字万用表测量电流时，若电流表的电流方向与电路实际方向相同（从“+”表笔流入，从“–”表笔流出），电流表的读数是 _______（正值/负值）；若电流表的电流方向与电路实际方向相反，电流表的读数是 _______（正值/负值）。

2. 电压的测量

实训流程如下。

（1）按图 1.1 所示接好电路，直流稳压电源的电压值调整为 12V。

注意：换接线路时，必须关闭电源开关。

（2）检查电路，闭合开关，此时白炽灯发光。

（3）将电压表并联在白炽灯两端，测量表的“+”表笔接到高电位处，“–”表笔接到低电位处，测量白炽灯两端的直流电压值，并记录所测量的结果。

（4）将电压表的两表笔对调，即“+”表笔接到低电位处，“–”表笔接到高电位处，测量电路中的直流电压值，并记录所测量的结果。

（5）断开开关，观察白炽灯两端的直流电压值，并记录所测量的结果，见表 1-2。

（6）将电压表并联在开关两端，重复步骤（3）～步骤（5）。

表 1-2　直流电压测试表

测试项目		白炽灯两端电压值（V）	开关两端电压值（V）
开关闭合	“+”表笔接到高电位，“–”表笔接到低电位		
	“+”表笔接到低电位，“–”表笔接到高电位		
开关断开			

结论如下。

（1）测量电压时，电压表应________（串联/并联）在被测电路两端。

（2）用数字万用表测量电压时，若电压表的极性与电路电压实际极性相同（测量表的“+”表笔接到高电位处，“–”表笔接到低电位处），电压表的读数是________（正值/负值）；若电压表的极性与电路电压实际极性相反，电流表的读数是________（正值/负值）。

（3）开关闭合时，白炽灯两端电压的数值为______V，开关两端电压的数值为______ V；开关断开时，白炽灯两端电压的数值为________V，开关两端电压的数值为_________V。

1.1.4 认识及使用万用表

万用表又称为复用表、多用表、三用表等，是电工测量中最基本的工具，通常用来测量直流电流、直流电压、交流电压、电阻和音频电平等，有的还可以测量交流电流、电容量、电感量以及半导体的一些参数（如三极管的放大倍数）等。万用表按显示方式分为指针万用表和数字万用表。图 1.11 为两种常见万用表的实物图。

(a) MF-47 指针式

(b) VC9801 数字式

图 1.11 常见万用表的实物图

数字万用表与指针万用表相比具有准确度高、分辨率强、测试功能完善、测量速度快、显示直观、过滤能力强、耗电省以及便于携带等优点，已成为现代电子测量与维修工作的必备仪表。

1. 数字万用表的结构

数字万用表种类较多，但基本结构差不多，一般由阻容滤波器、A/D 转换器、LCD 显示器组成直流数字电压表。在此基础上增加交流-直流转换器、电流-电压转换器和电阻-电压转换器等，就构成数字万用表。

2. 数字万用表的面板

万用表的面板如图 1.12 所示，主要由液晶显示屏、功能开关、输入插口、三极管放大倍数插口和电源开关等部分组成。

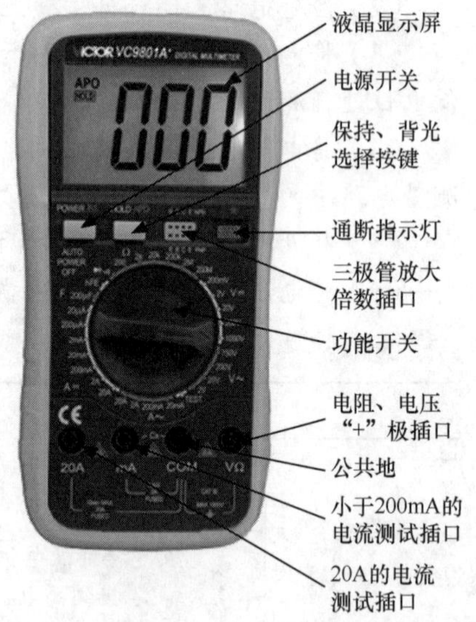

图 1.12 万用表的面板

（1）液晶显示屏。

一般万用表的显示位数是 4 位，因最高位（千位）只能显示数字“1”或者不显示数字，故算半位，总称“三位半”。最大显示数为 1999 或−1999。当测量直流电压或直流电流时，仪表有自动显示极性功能，若测量值为负，显示的数字前面带“−”号。当仪表输入超载时，屏上出现“1”或“−1”（有的万用表显示“OL”符号）。

（2）功能开关。

旋转式功能开关位于面板中央，在其周围分别标有功能和量程，以满足不同功能和不同量程的测量要求。

（3）输入插口。

输入插口是万用表通过表笔和测量点连接的部位，共有“COM”“VΩ”“mA”“20A”4 个插口。使用时黑表笔插入“COM”插口，红表笔根据被测量的种类和大小插入“VΩ”“mA”或“20A”插口。在“VΩ”与“COM”之间有“MAX 1000VDC 750VAC”字样，表示从这两个插口输入的交流电压（有效值）不得超过 750V，直流电压不得超过 1000V。在“mA”与“COM”之间标有“MAX 200mA”，在“20A”与“COM”之间标有“MAX 20A”，表示在对应插口输入的交、直流电流值不应超过 200mA 和 20A。

（4）三极管放大倍数插口。

在面板右上部有一个四眼插座，插座旁标有 E、B、C、E 字母。测量三极管的放大倍数（hFE）值时，把三极管的三个电极对应插入 B、C、E 内。

（5）电源开关。

面板左上部标有字母“POWER”的按钮是电源开关。使用时，按下按钮，测毕复位按钮。

3. 数字万用表的使用方法

（1）直流电压的测量。

将黑表笔插进“COM”插口，红表笔插进“VΩ”插口。把功能开关转到直流挡“V–”处比估计值大的量程。表笔接触测量点后，显示屏上会出现测量值。若显示为“1.”，则表明量程太小，那么就要加大量程后再测量。如果在数值左边出现“–”，则表明表笔的极性与实际电源的极性相反，此时红表笔接的是负极。

（2）交流电压的测量。

表笔插口与直流电压的测量一样，不过应该将功能开关转到交流挡“V～”所需的量程处。交流电压无正负之分，测量方法跟前面相同。无论测交流还是直流电压，都要注意人身安全，不要随便用手触摸表笔的金属部分。

（3）直流电流的测量。

将黑表笔插入“COM”插口。若测量大于200mA的电流，则要将红表笔插入“20A”插口并将功能开关转到直流“20A”挡；若测量小于200mA的电流，则将红表笔插入“200mA”插口，将旋钮转到直流200mA以内的合适量程。将万用表串联进电路中，保持稳定，即可读数。若显示为“1.”，那么就要加大量程；如果在数值左边出现“–”，则表明电流从黑表笔流进万用表。

（4）交流电流的测量。

测量方法与直流电流测量相同，不过功能开关挡位应该打到交流挡位，电流测量完毕后应将红笔插回“VΩ”插口。

（5）电阻的测量。

将表笔插进“COM”和“VΩ”插口中，把功能开关转到“Ω”中所需的量程，用表笔接在电阻两端金属部位。读数时注意单位：在“200”挡时单位是“Ω”，在“2k”到“200k”挡时单位为“kΩ”，“2M”以上的单位是“MΩ”。

4. 使用数字万用表的注意事项

（1）数字万用表使用前，除认真阅读有关的使用说明书，熟悉电源开关、功能开关、插口、特殊插口的作用外，还应做到如下几个方面。

① 打开电源开关，检查9V电池。如果电池电压不足，将显示在显示器上，这时则需更换电池。

② 测试时应注意插口旁边的符号，使输入电压或电流不超过所指示的数值，以免内部线路受损伤。

③ 测试之前，功能开关应置于所需要的量程。

（2）数字万用表使用时，应做到如下几个方面。

① 将表笔插入相应的插口内。黑表笔一般插入“COM”插口，红表笔则根据测试的项目不同而有所不同。

② 将功能开关置于所需测量的项目和量程。

当测试电压时，万用表与被测电路并联，显示器即显示被测电压值。显示直流电压值的同时，还显示红表笔所接端的极性。

当测试电流时，万用表串联接入被测电路中，显示器即显示被测电流值。显示直流电流值的同时，还显示红表笔端的极性。

测试电阻时，显示器即显示被测电阻值。

如果显示器只显示“1.”或者“OV”，表示过量程，功能开关应置于更高量程。

当电路开路或无输入时，显示器也显示为“1.”或者“OV”。

（3）数字万用表一般具有带声响的通断测试挡，当表笔之间的阻值低于 30Ω 时，蜂鸣器发声，用此功能可以快速查找被测电路是否短路。

（4）数字万用表是一台精密电子仪器，不要随意更换线路，并注意以下几点。

① 不要接高于 1000V 的直流电压或有效值高于 700V 的交流电压。

② 不要在功能开关处于 Ω 和 A 位置时，将电压源接入。因表头的内阻很小，会造成因电流过大而损坏仪表。

③ 在电池没有装好或后盖没有上紧时，请不要使用此表。

④ 只有在测试表笔移开并切断电源以后，才能更换电池或保险丝。

【练一练】实训 1-3：使用万用表测量电压和电流

实训流程如下。

1. 测量直流电压

（1）测量模拟电路实验箱的直流电压源的电压值。

测量模拟电路实验箱的直流电压源+12V 挡和−12V 挡的电压，并与实验箱标定的+12V 和−12V 的值进行比较。

直流电压源+12V 挡：电压测量值为_____V；

直流电压源−12V 挡：电压测量值为_____V。

（2）测量电路的直流电压。

在模拟电路实验箱中，找出图 1.13 所示的实训电路，接入+12V 直流电压，分别测量 R_1、R_3 和 R_4 两端的电压，并填入空格中。

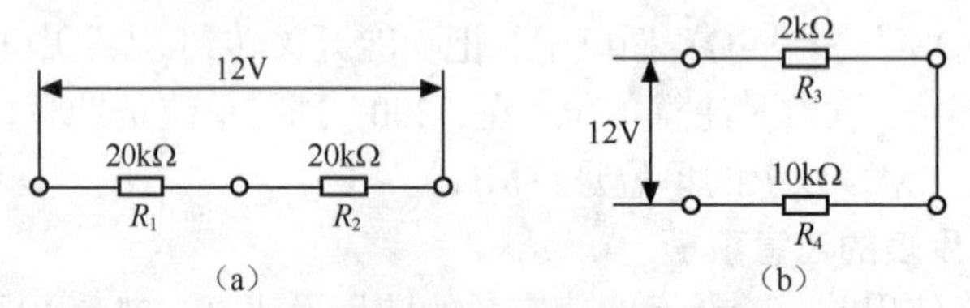

图 1.13　直流电压的测量电路

R_1 的电压值为_____V；R_3 的电压值为_____V；R_4 的电压值为 ____V。

2. 测量交流电压

用交流电压 750V 挡测量市电的有效值。市电的有效值为 ____V。

3. 测量直流电流

在模拟电路实验箱中，找出图 1.14 所示的实训电路，接入+12V 直流电压，将万用表串联到被测电路中，分别测量电路的电流值，并填入空格中。

图 1.14（a）中的直流电流值为 ____mA；图 1.14（b）中的直流电流值为 _____mA。

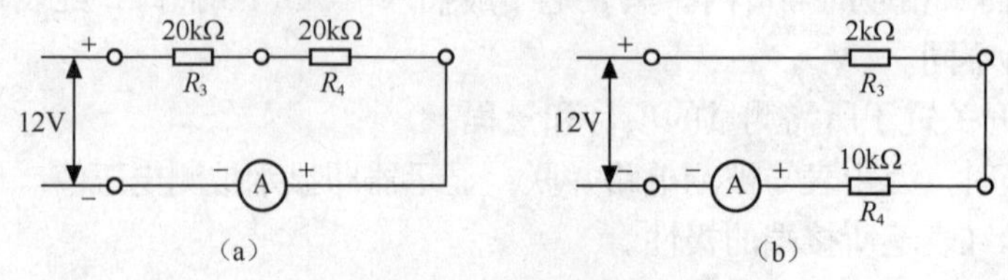

图 1.14　直流电流的测量电路

注：测量时变换两个表笔的“+”和“−”的位置，体会测量数值的正、负号。

任务 1.2　认识及测试电阻器

知识要点

- 了解常用电阻器的种类，主要技术指标，能识别和检测电阻器的主要参数。
- 熟悉电阻特性，能熟练使用欧姆定律求解参量。

技能要点

- 掌握电阻的选用和质量判断方法，能读出色标电阻值，会用万用表测量电阻值。
- 理解电桥的平衡条件，能用直流电桥测量电阻值。

1.2.1　认识电阻器

1. 电阻器的符号及作用

电阻器简称电阻。电阻器的阻值也称电阻，它反映其对电流运动阻碍作用的电路参数。其文字符号为“*R*”或“*r*”，图形符号国内一般采用 DIN 标准，国际上大多采用 ANSI 标准，如图 1.15 所示。

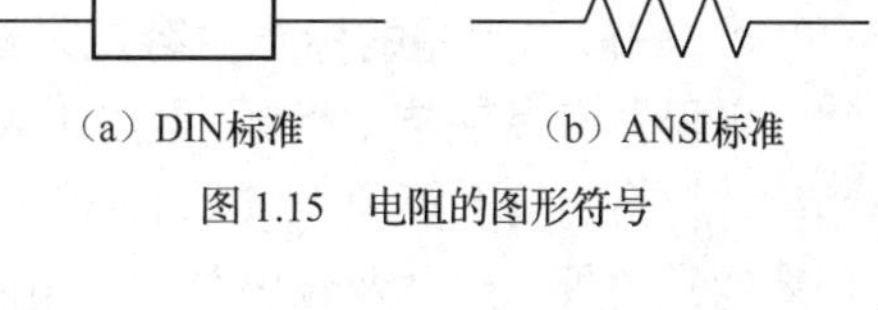
（a）DIN标准　　（b）ANSI标准

图 1.15　电阻的图形符号

电阻的 SI 单位是欧姆（Ω）。其他常用的单位还有千欧（kΩ）、兆欧（MΩ）。它们之间的换算关系为

$$1\text{k}\Omega=1000\Omega$$

$$1\text{M}\Omega=1000\text{k}\Omega$$

认识电阻

电阻在电路中的作用为：①控制和调节电压和电流，如限流、分流、降压、分压等；②用作负载，将电能转换成其他能。

2. 电阻器的常见种类

电阻器按结构形式可分为固定电阻器和可调电阻器。固定电阻器有线绕型和非线绕型两大类，非线绕型电阻器有薄膜（如碳膜、金属膜、金属氧化膜）式、贴片式等。根据用途，电阻器有普通电阻器、精密电阻器、高阻电阻器、高压电阻器、高频电阻器、压敏电阻器、热敏电阻器、光敏电阻器和熔断电阻器（保险丝电阻器）等。图 1.16 是几种常用的电阻器的实物图。

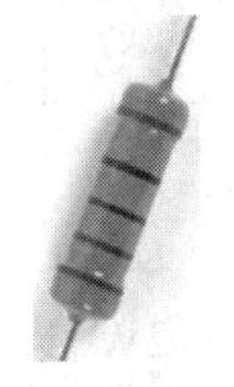
(a) 金属膜电阻器

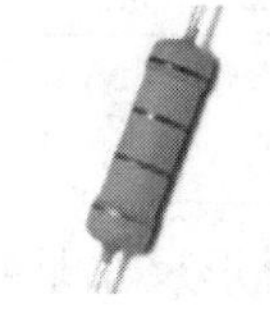
(b) 金属氧化膜电阻器

(c) 碳膜电阻器

(d) 排阻电阻器

(e) 贴片电阻器

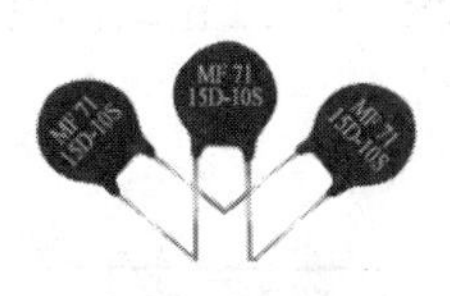

(f) 热敏电阻器

(g) 光敏电阻器

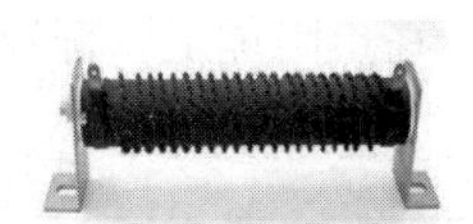
(h) 线绕型电阻器

(i) 可调电阻器

图 1.16　几种常用的电阻器的实物图

3. 电阻器的主要技术指标

电阻器的技术指标主要有标称阻值、精度和额定功率。

（1）标称阻值。

标注在电阻器上的阻值，称为标称阻值。

（2）精度。

实际阻值与标称阻值的相对误差为电阻精度，也称允差。在电子产品设计中，可根据电路的不同要求选用不同精度的电阻。

常用电阻器的标称阻值包括 E6、E12、E24、E48、E96 和 E192 等系列，分别适应于允许偏差为 ± 20%（M）、± 10%（K）、± 5%（J）、± 2%（G）、± 1%（F）、± 0.5%（D）。

（3）额定功率。

电阻器在电路中长时间连续工作不损坏，或不显著改变其性能所允许消耗的最大功率称为电阻器的额定功率。电阻器的额定功率并不是电阻器在电路中工作时一定要消耗的功率，而是电阻器在电路中工作允许消耗功率的限额。选择电阻器时，额定功率一般在工作功率的两倍以上。

4. 一般电阻器的标志内容及方法

电阻器有多项技术指标，但由于表面积有限和对参数关心的程度不同，一般只标明阻值、精度、材料、功率等项。对于 1/8W ~ 1/2W 之间的小电阻，通常只标注阻值和精度，材料及功率通常由外形尺寸及颜色判断。电阻参数的标志方法通常用文字符号直标或色码标出。

（1）文字符号直标。

① 标称阻值：阻值单位有Ω（欧）、kΩ（千欧）、MΩ（兆欧）、GΩ（吉欧）、TΩ（太欧），其中 $k=10^3$，$M=10^6$，$G=10^9$，$T=10^{12}$。

遇有小数时，常以Ω、k、M 取代小数点，如 0.1Ω标为Ω1，3.6Ω标为 3Ω6，3.3kΩ标为 3k3，2.7MΩ标为 2M7。

② 精度：普通电阻精度分为 ± 5%、± 10%、± 20% 3 种，在电阻标称值后，标明 Ⅰ（J）、Ⅱ（K）、Ⅲ（M）符号，Ⅲ级可不标明。精密电阻的精度等级用不同符号标明，见表 1-3。

表 1-3　精密电阻的精度等级

%	± 0.001	± 0.002	± 0.005	± 0.01	± 0.02	± 0.05	± 0.1	± 0.2	± 0.5	± 1	± 2	± 5	± 10	± 20
符号	E	X	Y	H	U	W	B	C	D	F	G	J	K	M

③ 功率：通常 2W 以下的电阻不标出功率，通过外形尺寸即可判定；2W 以上功率的电阻在电阻上以数字标出。

④ 材料：2W 以下的小功率电阻，电阻材料通常也不标出。对于普通碳膜和金属膜电阻，通过外表颜色可以判定。通常碳膜电阻涂绿色或棕色，金属膜电阻涂红色或棕色。2W 以上功率的电阻大部分在电阻体上以符号标出，符号含义见表 1-4。

表 1-4　电阻材料及代表符号

符号	T	J	X	H	Y	C	S	I	N
材料	碳膜	金属膜	线绕	合成膜	氧化膜	沉积膜	有机实芯	玻璃釉膜	无机实芯

（2）色码标志法。

小功率电阻较多情况使用色标法，特别是 0.5W 以下的碳膜和金属膜电阻更为普通。色标的基本色码及意义列于表 1-5 中。

色标电阻（色环电阻）：可分为三环、四环、五环三种标法，含义如图 1.17 所示。

三环色标电阻：表示标称电阻值（精度均为 ± 20%）。

四环色标电阻：表示标称电阻值及精度。

五环色标电阻：表示标称电阻值（三位有效数字）及精度。

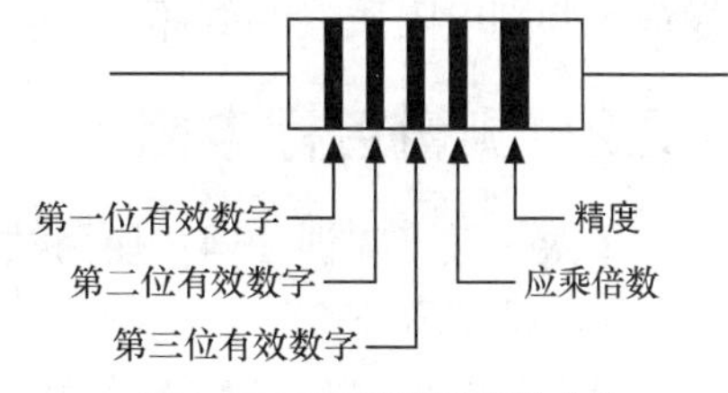

图 1.17　五环电阻色环的含义

为避免混淆，精度色环的宽度稍粗，且与相邻的色环间相距较大。

表 1-5　色标的基本色码及意义

色环颜色	第一环	第二环	第三环	第四环	第五环
	第一位数	第二位数	第三位数	应乘倍数	精度
棕	1	1	1	10	F ± 1%
红	2	2	2	10^2	G ± 2%
橙	3	3	3	10^3	—
黄	4	4	4	10^4	—
绿	5	5	5	10^5	D ± 0.5%
蓝	6	6	6	10^6	C ± 0.2%
紫	7	7	7	10^7	B ± 0.1%
灰	8	8	8	10^8	—
白	9	9	9	10^9	—
黑	0	0	0	10^0	—
金	—	—	—	10^{-1}	J ± 5%
银	—	—	—	10^{-2}	K ± 10%

5. 电阻器的选用与质量判别

（1）电阻器的选用。

电阻种类多，性能差异大，应用范围有很大的区别。全面了解各类电阻的性能，正确选用各类电阻，对整机设计的合理性能起到一定的作用。

选用电阻时，应该考虑以下各因素。

① 选用电阻的额定功率值，应高于在电路工作中实际值的 1～2 倍。

② 应考虑温度系数对电路工作的影响，同时要根据电路的特点来选择正、负温度系数的电阻。

③ 电阻的精度、非线性及噪声应符合电路的要求。

④ 考虑工作环境与可靠性、经济性等。

（2）电阻的质量判别。

① 看电阻器引线有无折断及外壳烧焦的现象。

② 看万用表欧姆挡测量的阻值，合格的电阻值应稳定在允许的误差范围内，如超出误

差范围或阻值不稳定，则不能选用。

③ 根据“电阻器质量越好，其噪声电压越小”的原理，使用电阻噪声测量仪测量电阻噪声，判别电阻质量的好坏。

1.2.2 测量色标电阻

【做一做】实训 1-4：使用数字万用表测量色标电阻

实训流程如下。

（1）观察电阻的外部质量。

（2）根据色标电阻的色环颜色，读出色标读数。

（3）选择合适的量程挡测量被测的电阻值。量程选择尽量与被测电阻接近而且稍小一点，以提高测量精度。

（4）从显示屏上读取数据。如果被测的电阻开路或阻值超过仪表的最大量程，仪表将显示“1.”或“OV”。这时，需选择更高的量程。将测量结果填入表 1-6 中。

表 1-6 电阻值的识别与检测

序号	色环颜色	色标读数	量程选择	实测值	误差比例

特别提示：测在线电阻时，须将线路电源关断，并将所有电容充分放电。测量完成后，应立即断开表笔与被测电路的连接。

1.2.3 电阻特性

【做一做】实训 1-5：测试电路元件的伏安特性

1. 测试电阻器的伏安特性

实训流程如下。

（1）如图 1.18 所示，将电阻器接入电路。

（2）调节直流稳压电源的输出电压 U，从 0V 开始缓慢增加，一直增加到 10V 左右。用电压表和电流表，分别测量电阻器两端的电压值和电流值。根据表 1-7 所列的电压值，记录所对应的电流值。

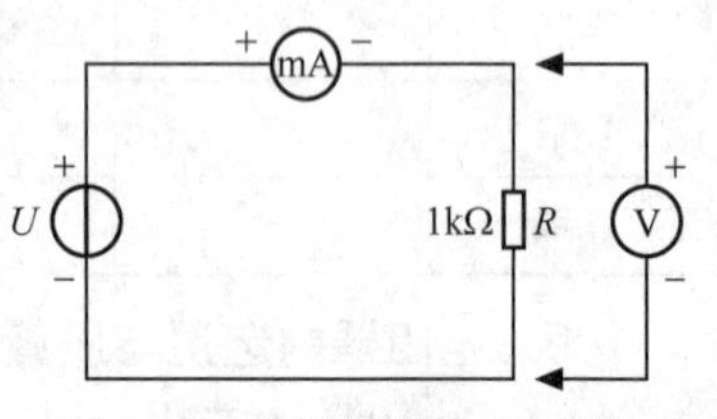

图 1.18 测试电阻器的伏安特性

表 1-7 电阻器上电压与电流的测量值

电阻器两端的电压 U_R(V)	0	1	2	3	4	6	8	10
流过电阻器的电流 I_R(mA)								
U_R与 I_R 的比值	/							

（3）根据表 1-7 的电压与电流数值，画出电阻器的伏安特性曲线。

结论如下。

（1）在电阻器负载保持不变的情况下，增加电源电压，负载两端的电压________（增加/减小），回路中的电流________（增加/减小）。

（2）电阻器负载两端的电压与流过这个负载的电流的比值是________（常量/变量）。

（3）绘制的电阻器负载的伏安特性曲线是____________（直线/曲线）。

2. 测试半导体二极管 IN4007 的伏安特性

实训流程如下。

（1）根据图 1.19 所示的电路接线，其中 R 为限流电阻。

（2）调节直流稳压电源的输出电压 U，使其从 0V 开始缓慢增加。用电压表和电流表，分别测量二极管两端的电压值和电流值。根据表 1-8 所列的电压值或电流值，记录所对应的电流值或电压值，获得二极管的正向特性测量值。

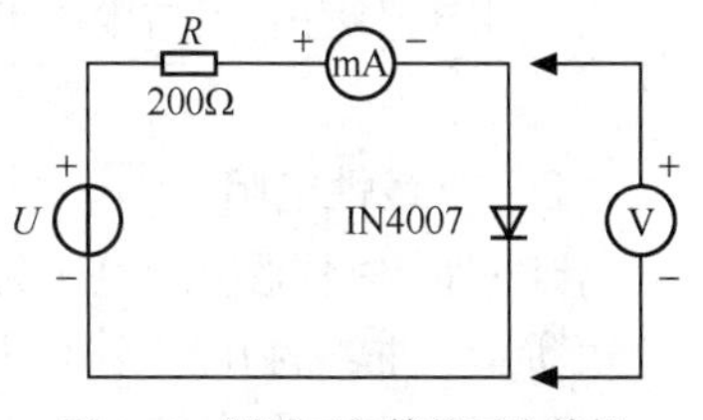

图 1.19　测试二极管的正向特性

表 1-8　　二极管正向伏安特性的测量值

二极管两端的电压 U_D（V）	0	0.30	0.50						
流过二极管的电流 I_D（mA）				0.5	1	2	3	5	10
U_D 与 I_D 的比值	/	/	/						

（3）将二极管两个接线端对调。调节直流稳压电源的输出电压 U。用电压表和电流表，分别测量二极管两端的电压值和电流值。根据表 1-9 所列的电压值，记录所对应的电流值，获得二极管的反向特性测量值。

表 1-9　　二极管反向伏安特性的测量值

二极管两端的电压 U_D（V）	0	5	10	15	20	25
流过二极管的电流 I_D（mA）						

（4）根据表 1-8 和表 1-9 的电压与电流数值，画出二极管的伏安特性曲线。

结论如下。

（1）二极管负载在正向电压的作用下，电源电压从 0 缓慢增加，回路中的电流______________（描述数值变化的现象）。

（2）二极管负载在反向电压的作用下，电源电压从 0 逐渐增加，回路中的电流______________（描述数值变化的现象）。

（3）二极管负载两端的电压与流过这个负载的电流的比值是_______（常量/变量）。

（4）绘制的二极管负载的伏安特性曲线是_______（直线/曲线）。

在任意时刻，能用通过坐标原点的伏安特性曲线来表征其外部特性的二端元件称为电阻元件。根据电阻元件的伏安特性曲线是否为通过坐标原点的直线，可将它分为线性电阻和非线性电阻两大类。根据实训 1–5 可知：电阻器是线性电阻，而二极管则是非线性电阻。通常讲的电阻元件一般指线性电阻。

1. 线性电阻与欧姆定律

当电压 u 与电流 i 的方向关联时，线性电阻的伏安特性曲线是如图 1.20（a）所示的一条通过坐标原点的直线。其表达式为

$$u = Ri \text{ 或者 } i = Gu \qquad (1\text{-}5)$$

这就是大家熟知的欧姆定律，即电阻元件上的瞬时电压与瞬时电流总是成线性正比例变化的关系，这一比例系数就是电阻元件的电阻量 R。为简便起见，电阻元件或电阻量都称为电阻。电阻的单位是欧姆，用Ω表示，它与两端的电压或流过它的电流值无关。

式（1-5）中的 G 为电阻元件的电导，电导与电阻互为倒数，即

$$G=\frac{1}{R} \tag{1-6}$$

电导的 SI 单位是西门子（S），它反映了电阻元件的导电能力。

如果电阻的电压与电流非关联，则伏安关系（即欧姆定律）为

$$u=-Ri \text{ 或者 } i=-Gu \tag{1-7}$$

2. 非线性电阻

伏安特性不能用通过坐标原点的直线来表征的电阻元件，称为非线性电阻，如图 1.20（b）所示。非线性电阻不服从欧姆定律。例如，半导体二极管的伏安特性曲线如图 1.21 所示。二极管在正向电压（大于导通电压）的作用下，电阻很小，处于导通状态；而在反向电压（u 小于 0）的作用下，电阻很大，为截止状态。电子线路中常利用二极管这种单向导电性使交变的电流变成单向流动的电流。

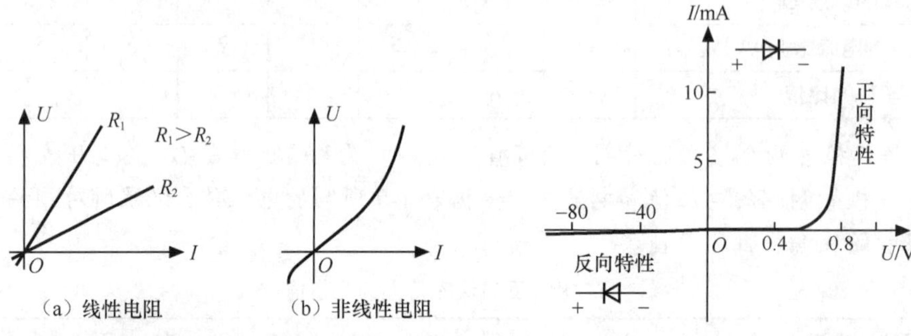

图 1.20　线性电阻和非线性电阻的伏安特性曲线　　图 1.21　二极管的伏安特性曲线

一般的白炽灯也是非线性电阻元件。在工作时，白炽灯的灯丝处于高温状态，灯丝的电阻会随着温度的升高而增大，通过白炽灯的电流越大，其温度越高，阻值也越大，一般灯泡的“冷电阻”与“热电阻”的阻值可相差几倍至十几倍。

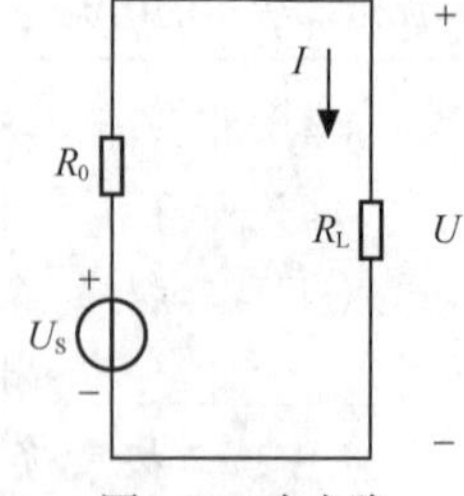

图 1.22　全电路

3. 全电路欧姆定律

含有电源和负载的闭合电路称为全电路，如图 1.22 所示。

全电路中的电流 I 与电源的电动势 U_S 成正比，与电路的总电阻（外电路的电阻 R_L 和电源内阻 R_0 之和）成反比，即

$$I=\frac{U_S}{R_L+R_0} \tag{1-8}$$

式中，I 为电路中的电流，单位是安培（A）；U_S 为电源的电动势，单位是伏特（V）；R_L 为外电路电阻，单位是欧姆（Ω）；R_0 为电源内阻，单位是欧姆（Ω）。

注意：此公式适用于单孔回路中外电路中的电压与电流为关联参考方向，即外电路的电流参考方向从电源 U_S“+”流到“−”。如果外电路中的电压与电流为非关联参考方向，则应在公式前面加上“−”号。

欧姆定律

4. 电阻定律

一段导体的电阻，其电阻的大小与导体的长度成正比，与导体的横截面成反比，这就是电阻定律。其表达式为

$$R=\rho\frac{l}{S} \tag{1-9}$$

式中，l 为导体长度，单位是米（m）；S 为导体截面积，单位是平方米（m^2）；ρ 为导体的电阻率，其大小由材料的性质和所处条件（如温度等）所决定，单位是欧姆·米（Ω·m）。

常用材料在一定温度下的电阻率可查阅相关手册。

5. **电阻与温度的关系**

温度对导体电阻的影响程度通过电阻温度系数 α 来反映。当温度由 t_1 变至 t_2 时，导体的电阻由 R_1 变化到 R_2，则导体的电阻温度系数 α 为

$$\alpha=\frac{R_2-R_1}{R_1(t_2-t_1)} \tag{1-10}$$

α 的单位为1/℃。α 为正值，表示随着温度升高，电阻值增大，如金属导体；α 为负值，表示随着温度升高，电阻值减小，如碳、半导体材料和电解液等；α 小，表示温度稳定性好，适合制作标准电阻器和电工仪表中的分流电阻等，如康铜、锰铜、镍铬合金等。

1.2.4 用直流电桥测量电阻

测量电阻的方法很多，如万用表、伏安法、替代法等。电桥法是一种用比较法进行测量的方法,它是在平衡条件下将待测电阻与标准电阻进行比较以确定其待测电阻的大小。电桥法具有灵敏度高、测量准确和使用方便等特点，已被广泛地应用于电工技术和非电量测量中。

电阻按阻值的大小大致分为3类：在10Ω以下的为低值电阻，在10Ω到100kΩ之间的为中值电阻，在100kΩ以上的为高值电阻。不同阻值的电阻测量方法也不同。

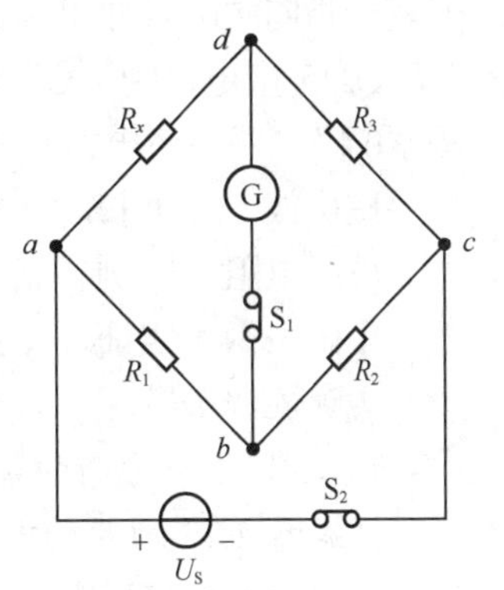

图1.23 惠斯通电桥电路

1. **电桥平衡的条件**

图1.23所示为惠斯通电桥电路，R_1、R_2、R_3、R_4（或 R_x）为4个电阻，连成四边形，每一边称为电桥的一个臂。对角 a、c 与直流电源相连,对角 b、d 连检流计G。b、d 对角线称为“桥”，它的作用是将 b、d 两点的电位进行比较，当 b、d 两点的电位相等时，检流计中无电流通过，称电桥平衡。

电桥平衡时，a、b 间的电压等于 a、d 间的电压，即得

$$I_{ab}R_1=I_{ad}R_x$$

同理可得

$$I_{bc}R_2=I_{dc}R_3$$

由于检流计中无电流通过，可得

$$I_{ab}=I_{bc}，I_{ad}=I_{dc}$$

于是可得

$$\frac{R_1}{R_2}=\frac{R_x}{R_3}$$

即

$$R_x=\frac{R_1}{R_2}R_3 \tag{1-11}$$

这就是电桥的平衡方程。其中 R_1/R_2 为电桥的倍率（比例臂）。当电桥平衡时，只需测得 R_1/R_2 和 R_3 的值，就可算出 R_x 值。

2. **用直流电桥测量电阻（QJ45的使用方法）**

QJ45 型线路故障测试仪（简称直流电桥），可以用来测量导体的电阻，检查明线、电缆的直流参数，测定线路的故障地点等，在实际应用中甚为广泛。此仪器测量电阻的使用步骤如下。

（1）将电桥水平放置在桌面上。

（2）调节检流表上的圆形旋钮，使得指针指向“0”。

（3）在测量前，最好用万用表对被测电阻进行初测，根据被测电阻的大小，选择合适的比例臂。见表 1-10。

表 1-10　　电阻的合适的比例臂

被测电阻的估计值	合适的比例臂	被测电阻的估计值	合适的比例臂
10Ω以下	1/1000	1000Ω～10kΩ	1/1
10Ω～100Ω	1/100	10kΩ～100kΩ	10/1
100Ω～1000Ω	1/10	100kΩ～1MΩ	100/1

（4）将待测电阻接于 X_1、X_2 接线柱上。

（5）量程变换电键板指向“R”。

（6）调节标准电阻 R_0（即电桥的平衡方程中的 R_3），然后按下“G”按钮，使电桥平衡表针指向“0”。如果表针偏“+”，表示 R_0 要加大；反之 R_0 要减少，直至电桥平衡为止。

QJ45 型电桥的“G”旋钮有 3 个，测试时应该先按“0.01”使电桥基本平衡，再依次按“0.1”“1”，使电桥达到最后平衡。按钮的顺序不能颠倒，否则会烧坏检流表。按压时要快按快放，不可长时间按着不放。

被测电阻 = 比例臂指示值×R_0 指示值

【做一做】实训 1-6：验证电桥平衡的条件和用直流电桥测量电阻

实训流程如下。

1. 验证电桥平衡的条件

根据图 1.23 所示的电桥连接好电路，电源电压为 U_S=6V，R_1、R_2、R_3 用固定电阻来连接，R_x 用滑线电阻器来代替。调节滑线电阻 R_x，使电流表 G 指针对准“0”，说明电桥已经平衡，再用万用表测量出滑线电阻器的阻值 R_x，填入表 1-11 中，并与 R_x 的计算值进行比较。

表 1-11　　验证电桥平衡的条件

R_1、R_2、R_3 固定电阻值	R_x 的计算值	R_x 的测量值
R_1=100Ω，R_2=200Ω，R_3=300Ω		
R_1=300Ω，R_2=200Ω，R_3=100Ω		

2. 用电桥测量电阻的阻值

（1）用万用表测出固定电阻值。

（2）根据被测电阻的大小，选择电桥的合适比例臂。

（3）用电桥测量电阻的阻值。

（4）改变电桥比例臂（一般只改变一挡），用电桥重复测量电阻的阻值。将实测数值填入表 1-12 中。

表 1-12　　电桥测量电阻的阻值

固定电阻值（万用表测出值）	选择的比例臂	电桥测出值	选择的比例臂	电桥测出值

（5）更换固定电阻，重复上述过程。

【想一想】

（1）用万用表的欧姆挡测电阻和用电桥测电阻的测量精度有什么不同？

（2）在不同的比例臂下测得的电阻精度是否一样？为什么？

任务 1.3　电源外特性的测试与分析

知识要点

- 掌握电压源、电流源的定义、性质及外特性。
- 了解受控源的基础知识。

技能要点

- 掌握电压源和电流源外特性的测绘方法。

【做一做】实训 1-7：测绘电压源的外特性

电压源的端电压与流过的电流的关系称为电压源的外特性。

实训流程如下。

（1）根据图 1.24 所示接线。U_S 为 +6V 的直流稳压电压源，视为理想电压源。调节 R_2，令阻值（R_1+R_2）由大至小变化（从∞至 200Ω），在表 1-13 中记录两表的读数。

表 1-13　理想电压源外特性的测量

U(V)							
I(mA)	0						

（2）根据图 1.25 所示接线，虚线框可模拟为一个实际的电压源。调节 R_2，令其阻值（R_1+R_2）从∞至 200Ω变化，在表 1-14 中记录两表的读数。

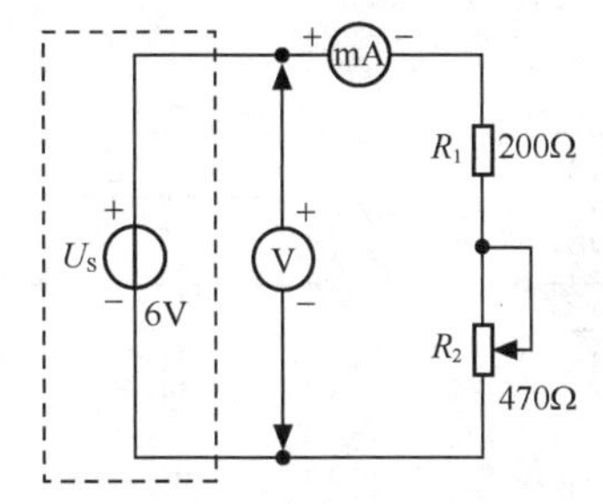

图 1.24　理想电压源外特性的测量电路

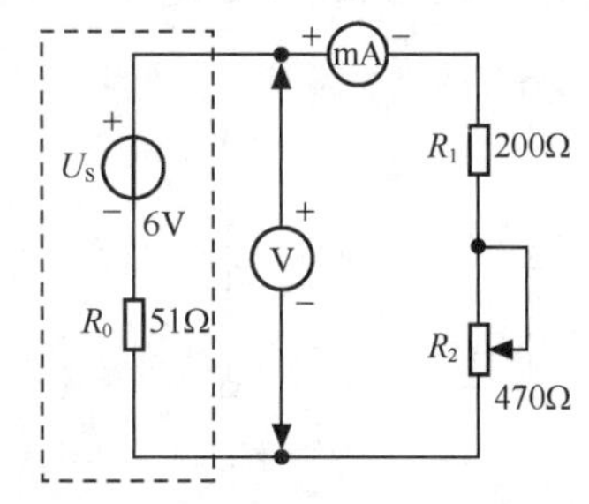

图 1.25　实际电压源外特性的测量电路

表 1-14　实际电压源外特性的测量

U(V)							
I(mA)	0						

（3）绘制理想电压源和实际电压源的外特性曲线。

【实验注意事项】

（1）在测电压源外特性时，不要忘记测空载时的电压值。

（2）换接线路时，必须断开电源开关。

（3）接入直流仪表时应注意极性与量程。

结论如下。

（1）外电路电阻增大，理想电压源的端电压________（增大/减小/不变），而电路中的电流________（增大/减小/不变）。

（2）外电路电阻增大，实际电压源的端电压________（增大/减小/不变），而电路中的电流________（增大/减小/不变）。

电源是向电路提供能量或信号的元件或设备。干电池、蓄电池、光电池、发电机和各种信号源都是常见的电源。电源有两种类型，即电压源和电流源。图 1.26 所示为各种常用的直流电源。

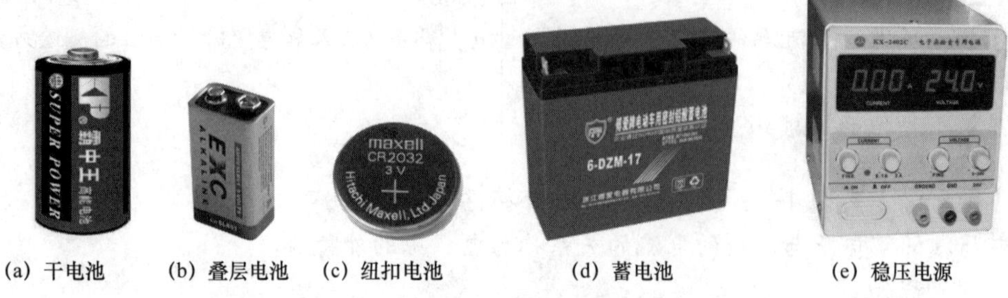

(a) 干电池　(b) 叠层电池　(c) 纽扣电池　(d) 蓄电池　(e) 稳压电源

图 1.26　各种直流电源

1.3.1　电压源

理想电压源简称电压源或者恒压源，它有两个基本特点：①电压源输出的电压是一个定值 U_S 或是确定的时间函数 $u_S(t)$，它由自身情况决定，与流经它的电流大小、方向无关；②电压源输出的电流由它与外接电路的情况共同决定。

电压源的电路符号如图 1.27（a）、图 1.27（b）所示，“+”“−”是电压参考极性，其中 u_S 为交流电压源，其值为确定的时间函数；U_S 为直流电压源，其电压值恒定。交流电压源和直流电压源的外特性如图 1.27（c）、图 1.27（d）所示。

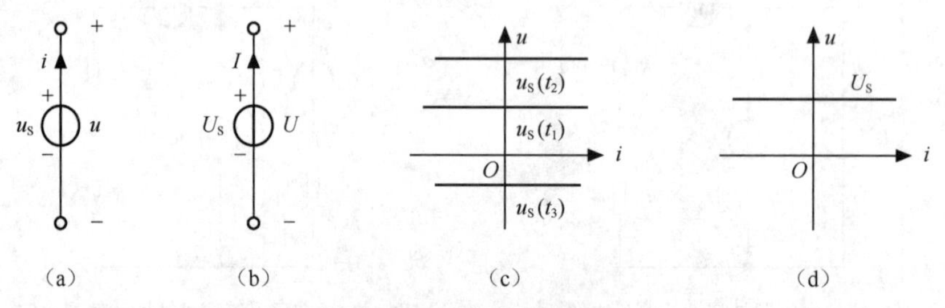

图 1.27　电压源的符号和外特性

实际上，理想电压源是不存在的，电源内部总存在一定的内阻，工作时总有能量的损耗，而且电流越大，损耗越大，输出端的电压就越低。因此，实际电压源可用一个理想电压源 U_S 或 u_S 串联一个电阻 R_0 的电路模型来表示。如图 1.28 所示为实际直流电压源及其外特性曲线。实际直流电压源外特性的关系式为

$$U = U_S - IR_0 \tag{1-12}$$

实际直流电压源的特点如下。

（1）当实际电压源开路（空载）时，I=0，U=U_S= U_{OC}，U_{OC} 称为开路电压，即图 1.28（b）所示的 A 点。

（2）当实际电压源有负载时，$U < U_S$，其差值是内阻上的电压降 IR_0。当负载电阻减小时，负载电流增加，输出电压 U 将下降。内阻 R_0 越小，输出电压 U 随负载电流的增加而减小得越少，外特性曲线越平，越接近理想电压源。

（3）当实际电压源短路时，$R = 0$，$I = \dfrac{U_S}{R_0} = I_S$，$I_S$ 称为短路电流，即图 1.28（b）所示的 B 点。短路电流通常远远大于电压源正常工作时提供的额定电流，因此，要避免出现。

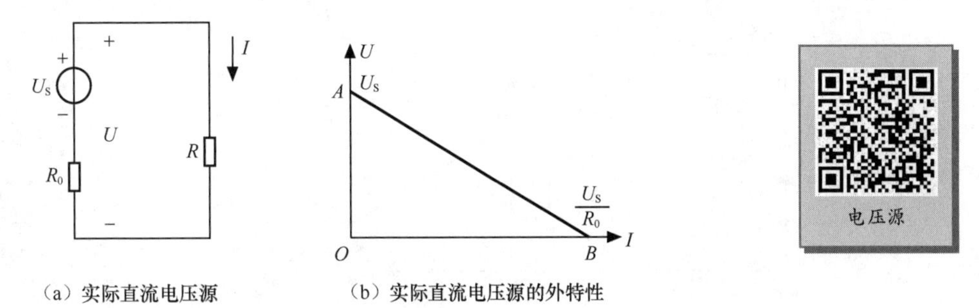

（a）实际直流电压源　　（b）实际直流电压源的外特性

图 1.28　实际直流电压源及其外特性

1.3.2　电流源

理想电流源简称电流源或者恒流源，它也有两个基本特点：①电流源输出的电流是一个定值 I_S 或是确定的时间函数 $i_S(t)$，与它两端电压的大小、方向无关；②电流源两端电压的大小和极性取决于其所连接的外电路。

电流源的电路符号如图 1.29（a）、图 1.29（b）所示，所表示的电流方向为参考方向。其中 i_S 为交流电流源，其值为确定的时间函数；I_S 为直流电流源，其电流值恒定。交流电流源和直流电流源的外特性如图 1.29（c）、图 1.29（d）所示。

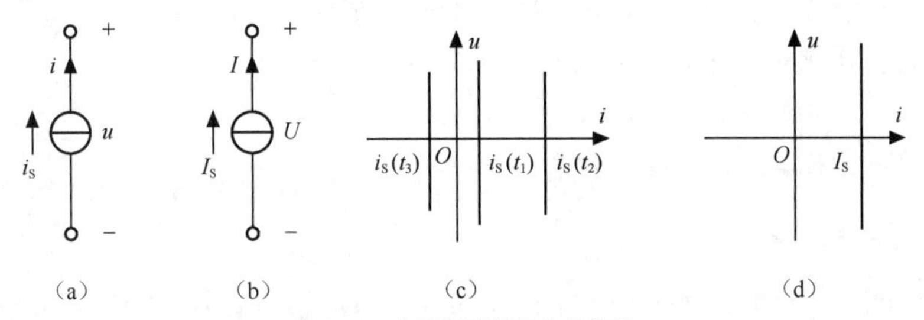

（a）　（b）　（c）　（d）

图 1.29　电流源的符号和外特性

实际上也不存在理想的电流源，实际电路中，由于存在着内电导，电流源内部也有一定的能量损耗，电流源产生的电流也不能全部输出，实际电流源可用一个理想电流源 I_S 或 i_S 并联一个电阻 R_0 的电路模型来表示。图 1.30 所示为实际直流电流源及其外特性曲线。实际直流电流源外特性的关系式为

$$I = I_S - \frac{U}{R_0} \tag{1-13}$$

实际直流电流源的特点如下。

（1）当实际电流源开路（空载）时，$I = 0$，$U = U_{OC} = I_S R_0$，电流全部流过内阻 R_0，即图 1.30（b）所示的 A 点。电流源不允许开路，因为此时电源内阻把电流源的所有能量消耗掉，而对外没有送出电能。平时，实际电流源不使用时，应短路放置，因为实际电流源

的内阻 R_0 一般都很大，电流源被短路后，流过内阻的电流接近于零，损耗很小。

（2）当实际电流源有负载时，I_S 一部分供给负载，一部分从其内阻通过。当负载电阻增加时，负载分得的电流减小，输出电压 U 将随之增大。R_0 越大，输出电流 I 随输出电压 U 的增加而减小得越少，外特性曲线越陡，越接近理想电流源。

（3）当实际电流源短路时，$U = 0$，电流 I_S 全部成为输出电流，即图 1.30（b）所示的 B 点。

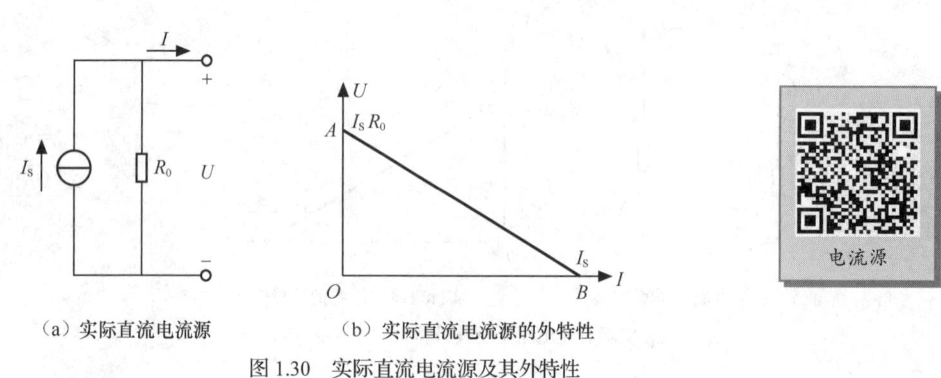

（a）实际直流电流源　　（b）实际直流电流源的外特性

图 1.30　实际直流电流源及其外特性

【练一练】实训 1-8：测绘电流源的外特性

实训流程如下。

根据图 1.31 所示接线，I_S 为直流恒流源，视为理想电流源。调节其输出为 10mA，令 R_0 分别为 1kΩ和∞（即接入和断开分别对应实际电流源和理想电流源），调节电位器 R_L（从 0 至 470Ω），测出这两种情况下的电压表和电流表的读数。

（1）自拟数据表格，记录实验数据。

（2）绘制理想电流源和实际电流源的外特性曲线。

注意：测电流源外特性时，不要忘记测短路时的电流值，注意恒流源负载电压不要超过 20V，负载不要开路。

（3）根据理想电流源和实际电流源的外特性曲线总结和归纳电流源的外特性，并与理论分析进行对比。

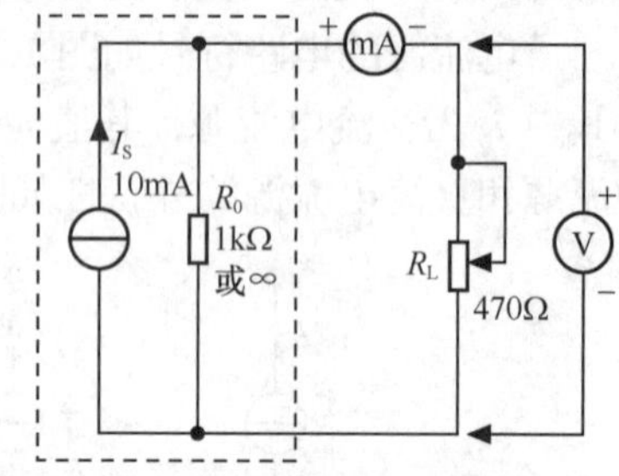

图 1.31　测绘电流源的外特性实训图

1.3.3　受控源

前面研究的电路中所出现的电源的源电压和源电流是定值或是时间的函数，与电路其他地方的电压或电流无关，称为独立源。此外，电路中还有另一种电源模型，它们的电流或电压值受到电路中其他支路的电流或电压控制，叫受控源。受控源所表示的主要是电路中一部分电路对另一部分电路的控制作用，如三极管的集电极电流受到基极电流的控制；他励直流发电机的输出电压大小要受到励磁线圈电流的控制等。在电路图中，为了区别受控源与独立源，受控源用菱形符号表示。

受控源是四端元件，有两对端钮，分别为输入端钮和输出端钮。输入端为控制端，其输入端的电压或电流作为控制量；输出端为被控制端，输出被控制的电压或电流。

根据其控制量和被控制量的不同，受控源分为四类：电流控制电压源（简称流控电压源，CCVS），电压控制电压源（简称压控电压源，VCVS），电流控制电流源（简称流控电流源，CCCS），电压控制电流源（简称压控电流源，VCCS）。它们对应的电路符号分别如图 1.32（a）、图 1.32（b）、图 1.32（c）、图 1.32（d）所示。

图 1.32（a）为 CCVS，受控量与控制量之间的关系为$U_2=\gamma\cdot I_1$，I_1是控制量，U_2是被控制量，γ称为转移电阻，单位为欧姆（Ω），其典型模型为他励直流发电机的输出电压受励磁线圈电流的控制。

图 1.32（b）为 VCVS，受控量与控制量之间的关系为$U_2=\mu\cdot U_1$，U_1是控制量，U_2是被控制量，μ 称为电压放大系数，单位为无量纲，其典型模型为变压器的副边输出电压受控于原边输入电压。

图 1.32（c）为 CCCS，受控量与控制量之间的关系为$I_2=\beta\cdot I_1$，I_1是控制量，I_2是被控制量，β称为电流放大系数，单位为无量纲，其典型模型为三极管的基极电流控制集电极电流。

图 1.32（d）为 VCCS，受控量与控制量之间的关系为$I_2=g\cdot U_1$，U_1是控制量，I_2是被控制量，g 为转移电导，单位为西门子（S），其典型模型为场效应管的栅源极电压控制漏极电流。

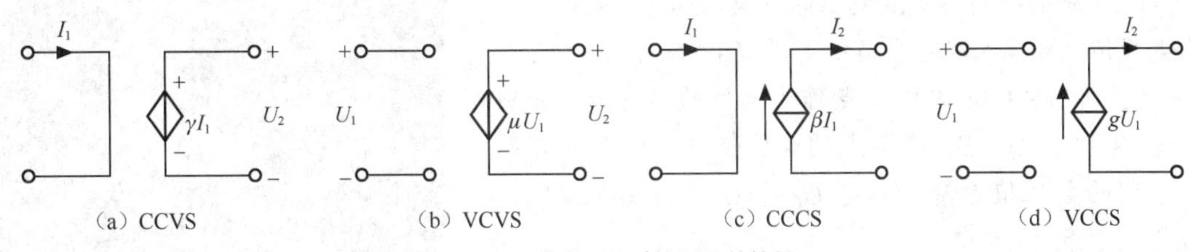

图 1.32　四种类型的受控源及其符号

独立源是电路中直接的能量转换装置和电能的提供者，不同的独立源向外提供能量的形式不受其他因素制约。而受控源的输出电压或者电流要受电路中其他电压或电流的控制，其输出的能量来自维持电路正常工作的其他电源，是一种能量的控制者。

任务 1.4　电位的测定与计算

知识要点

- 掌握用电位方法计算电路中的各参数，能看懂电子线路的习惯画法。

技能要点

- 掌握电位、电压的测定及电路电位图的绘制方法。

1.4.1　电位的测定及电路电位图的绘制

【做一做】实训 1-9：测定电位、电压及绘制电路电位图

在一个闭合电路中，各点电位的高低视所选的电位参考点的不同而变化，但任意两点间的电位差（即电压）则是绝对的，它不因参考点的变动而改变。

电位图是一种平面坐标一、四两象限内的折线图。其纵坐标为电位值，横坐标为各被测点。要制作某一电路的电位图，先以一定的顺序对电路中的各被测点编号。以图 1.33 所示的电路为例，在坐标横轴上按顺序、均匀间隔标上A、B、C、D、E、F。再根据测得的各点电位值，在各点所在的垂直线上描点。用直线依次连接相邻两个电位点，即得该电路的电位图。

在电位图中，任意两个被测点的纵坐标值之差即为该两点之间的电压值。

在电路中，电位的参考点可任意选定。对于不同的参考点，所绘出的电位图形是不同的，但其各点电位变化的规律却是一样的。

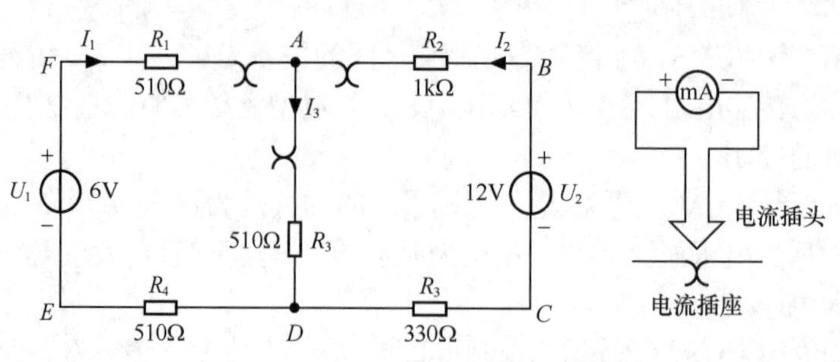

图 1.33　电位、电压的测定实训图

实训流程如下。

（1）根据实训挂箱上的“基尔霍夫定律/叠加原理”实训电路板（如图 1.34 所示）接线。

（2）分别将两路直流稳压电源接入电路（先调准输出电压值，再接入实验线路中），令 $U_1=6V$，$U_2=12V$。

（3）以图 1.34 中的 A 点作为电位的参考点，分别测量 B、C、D、E、F 各点的电位值 V，以及相邻两点之间的电压值 U_{AB}、U_{BC}、U_{CD}、U_{DE}、U_{EF} 及 U_{FA}，数据列于表 1-15 中。

（4）以 D 点作为参考点，重复实验内容 3 的测量，测得的数据列于表 1-15 中。

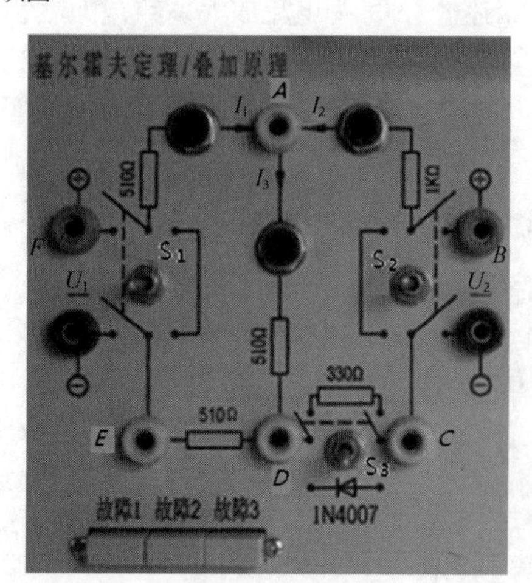

图 1.34　实训电路板

表 1-15　　电位、电压的测量值

电位的参考点	电位和电压值（V）	V_A	V_B	V_C	V_D	V_E	V_F	U_{AB}	U_{BC}	U_{CD}	U_{DE}	U_{EF}	U_{FA}
A	计算值												
	测量值												
	相对误差												
D	计算值												
	测量值												
	相对误差												

【实训注意事项】

（1）本实训的电路板系多个实训通用，本次实训中不使用电流插头。实训电路板上的 S_3 应拨向 330Ω侧，三个故障按键均不得按下。

（2）测量电位时，数字万用表的直流电压挡（或直流数字电压表）的负表棒（黑色）接参考电位点，用正表棒（红色）接被测各点。若数显表显示正值，则表明该点的电位为正，即高于参考点的电位；若数显表显示负值，则表明该点的电位为负，即低于参考点的电位。

【练一练】

（1）根据实训数据，绘制两个电位图形，并对照观察各对应两点间的电压情况。两个电位图的参考点不同，但各点的相对顺序应一致，以便对照。

（2）完成数据表格中的计算，对误差作必要的分析。

（3）总结电位相对性和电压绝对性的结论。

1.4.2　电位的计算

要计算电路中某点的电位，只要从这一点通过一定的路径绕到零电位的点，该点的电位就等于此路径上全部电压降的代数和。但要注意每一项电压的正、负值，如果在绕行过程中从正极到负极，此电压便是正的；反之从负极到正极，此电压则是负的。电压可以是电源电压，也可以是电阻上的电压。电源电压的正负极是直接给出的，电阻上电压的正负极则往往根据电路中电流的参考方向来确定，电阻上的电压与电流取关联参考方向。

计算电路中某点电位的步骤如下。

（1）根据题意选择好零电位点，即参考点。

（2）确定电源和负载的极性。

（3）从被求点开始通过一定的路径绕到零电位点，不论经过的是电源还是负载，只要从正极到负极，就取该电压降为正，反之就取负，即该点的电位等于此路径上全部电压降的代数和。

在如图 1.35（a）所示的电路中，若以 d 为参考点，则：

a 点的电位：$V_a = U_{S1}$；c 点的电位：$V_c = -U_{S2}$。

求 b 点的电位时有三条路径：

沿 bad 路径：$V_b = -I_1R_1 + U_{S1}$；沿 bd 路径：$V_b = I_3R_3$；沿 bcd 路径：$V_b = -I_2R_2 - U_{S2}$。

实际应用中，为了简化电路常常不画出电源元件，而只标明电源正极或负极的电位值。图 1.35（b）为简化了的电路图。

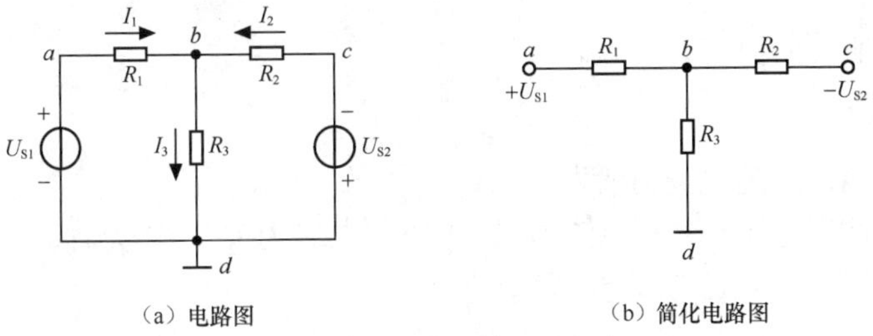

（a）电路图　　（b）简化电路图

图 1.35　电路图与简化电路图

【例 1-1】　如图 1.36 所示的电路，分别以 A、B 为参考点，计算 C 和 D 点的电位及 C 和 D 两点之间的电压。

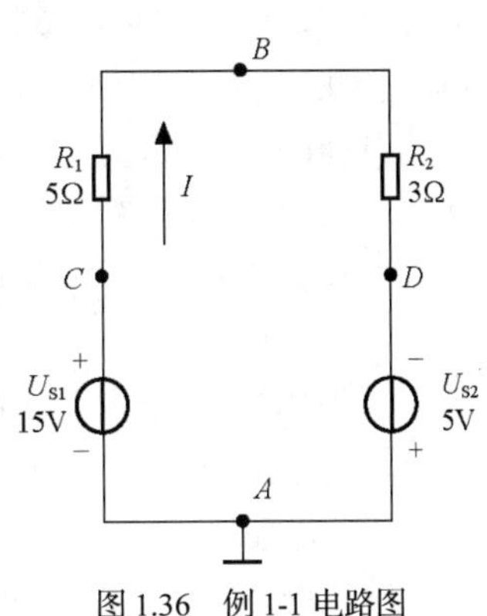

图 1.36　例 1-1 电路图

解：取 A 为参考点时，计算如下：

$$V_C = U_{S1} = 15\text{V}$$
$$V_D = -U_{S2} = -5\text{V}$$
$$U_{CD} = V_C - V_D = 15 - (-5) = 20(\text{V})$$

取 B 为参考点时，C 和 D 两点之间的电压

$$U_{CD} = U_{S1} + U_{S2} = 15 + 5 = 20(\text{V})$$

电路中的电流

$$I = \frac{U_{CD}}{R_1 + R_2} = \frac{20}{5+3} = 2.5(\text{A})$$

C 和 D 点的电位

$$V_C = R_1 I = 5 \times 2.5 = 12.5(\text{V})$$
$$V_D = -R_2 I = -3 \times 2.5 = -7.5(\text{V})$$

从例 1-1 中可以看到：电路中各点的电位随参考点选取的不同而改变，但是任意两点

间的电压保持不变。

【例 1-2】 在图 1.37 所示的电路中，求 S 打开和闭合时 c 点的电位各为多少？

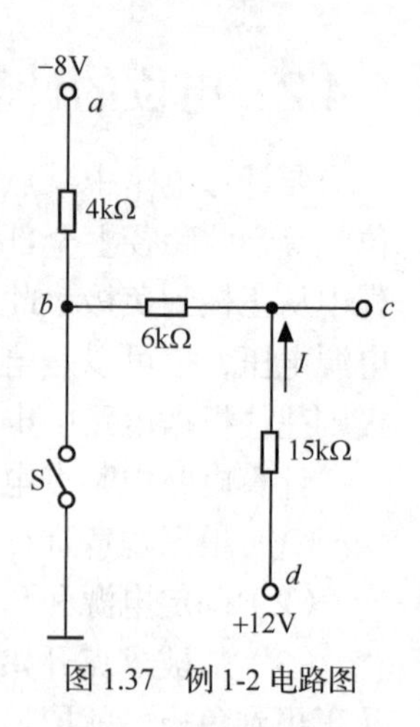

图 1.37 例 1-2 电路图

解：（1）S 断开时，图中三个电阻串联，通过同一电流，即：

$$I=\frac{12-(-8)}{15+6+4}=0.8(\mathrm{mA})$$

$$V_c=U_{cd}+V_d=-0.8\times15+12=0(\mathrm{V})$$

（2）S 闭合时，由于 b 点的电位为 0，6kΩ和 15kΩ的电阻上流过的电流相同（与流过 4kΩ电阻的电流不同），则：

$$I=\frac{12-0}{6+15}=0.57(\mathrm{mA})$$

$$V_c=U_{cb}+V_b=0.57\times6+0=3.42(\mathrm{V})$$

任务 1.5 电功率的测试和分析

知识要点

- 理解电功、电功率等电参量的含义，掌握它们的计算方法，能判断是耗能元件还是供能元件。

技能要点

- 掌握电功和功率的测量方法。

1.5.1 电功和电功率

1. 电功

电功也叫电能，就是电场力所做的功，用“w”表示。

设某二端元件端电压为 u，电流为 i，电压与电流为关联参考方向时，在时间 dt 内电场力对电荷所做的功为 dw，其表达式为

$$\mathrm{d}w=u\mathrm{d}q=ui\mathrm{d}t \tag{1-14}$$

dw 的正负与 u、i 的方向有关。若 dw 为正，不论 u 和 i 为关联参考方向还是非关联参考方向，电压与电流的实际方向总是相同，电场力做正功，二端元件吸收电能；若 dw 为负，u 和 i 的实际方向相反，电场力做负功，二端元件输出电能。

电功的 SI 单位是焦耳（J）。工程上也常用千瓦时（kW·h）作电功的单位，千瓦时俗称“度”，1kW·h=3600000J。

在直流电路中，电功可表示为

$$W=Uit \tag{1-15}$$

日常生活中，家用电度表就是用来测量电功的装置。只要用电器工作，电度表就会转动并且显示电场力做功的多少。电功的大小不仅与电压、电流的大小有关，还取决于用电时间的长短。

2. 电功率

单位时间内电场力所做的功称为电功率，简称功率，用“p”表示。

$$p=\frac{\mathrm{d}W}{\mathrm{d}t}=ui \tag{1-16}$$

功率的 SI 单位是瓦特（W）。其他常用的单位还有千瓦（kW）、毫瓦（mW）等。它们之间的换算关系为

$$1kW = 1000W$$
$$1W = 1000mW$$

在直流电路中，功率可表示为

$$P = UI \tag{1-17}$$

上述功率的计算公式，在电压和电流为关联参考方向的条件下成立。当电压和电流的参考方向是非关联时，功率的计算式为 $p=-ui$ 或 $P=-UI$。

用电器铭牌数据上的电压、电流值称额定值，所谓额定值是指用电器在长期、安全的工作条件下的最高限值，一般在出厂时标定。其中额定电功率反映了用电器在额定条件下能量转换的本领。例如额定值为“220V、1000W”的电动机，是指该电动机运行在 220V 电压时、1 秒钟内可将 1000J 的电能转换成机械能和热能；“220V、40W”的白炽灯，说明在它两端加 220V 电压时，1 秒内它可将 40J 的电能转换成光能和热能。

1.5.2　用伏安法测量电功率

【做一做】实训 1-10：用伏安法测量电功率

实训流程如下。

（1）根据图 1.38 所示的白炽灯照明电路接线。电源电压选择为 + 12V，R_0 模拟实际电压源的内阻，取 51Ω。R 为白炽灯（12V/0.1A），R_P 为阻值为 470Ω的可变电阻器。

（2）闭合开关，调节电阻器 R_P，观察照明电路中白炽灯的亮度。

（3）用数字万用表的电压挡或数字电压表，测量照明电路中电源、白炽灯两端的电压，并将所测的数据记录在表 1-16 中。

注：假定电流的参考方向如图 1.38 所示，则电流表极性接法如图 1.38 所示。采用关联参考方向时，电压表极性接法如图 1.38 所示。

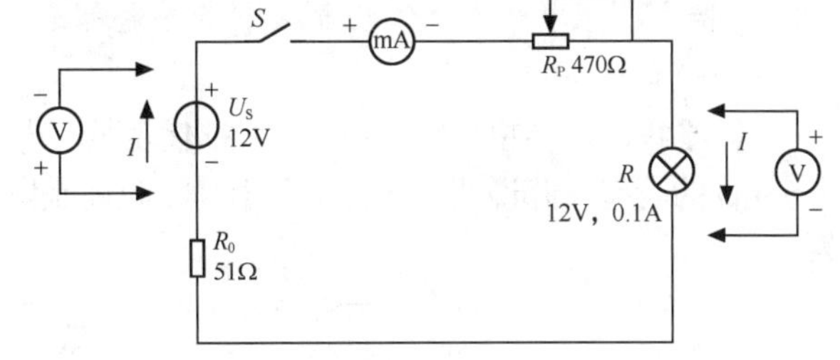

图 1.38　测量电功率的实训参考图

（4）用数字万用表的电流挡或数字电流表，测量照明电路中的电流，并将所测的数据记录在表 1-16 中。连接时，注意电流表的极性。

（5）改变电阻器 R_P 的阻值，重复步骤（3）和步骤（4），记录所测的数据。

（6）利用电功率 5 公式分别计算电源和负载的电功率值。

表 1-16　　电功率测量计算表

电压（V）	电源两端				
	白炽灯两端				
电流（A）					
电功率（W）	电源				
	白炽灯				

结论如下。

（1）可变电阻器阻值增大，照明电路中的白炽灯的亮度__________（增大/降低），说明白炽灯上实际消耗的功率__________（增大/降低）。

（2）电源电压的方向与流过电源的电流方向为__________（关联/非关联）参考方向。

（3）电源的电功率_________（大于零/小于零），说明_______（发出/吸收）能量；负载的电功率__________（大于零/小于零），说明__________（发出/吸收）能量。

1.5.3 电功率的计算和分析

当电压和电流为关联参考方向时，功率计算式为 $p = ui$ 或 $P = UI$；当电压和电流为非关联参考方向时，功率计算式为 $p = -ui$ 或 $P = -UI$。

当计算的功率 $p > 0$ 时，表明该时刻的二端元件实际吸收（消耗）功率；当计算的功率 $p < 0$ 时，表明该时刻的二端元件实际发出（产生）功率。

在关联参考方向下，电阻的功率为

$$p = ui = i^2 R = \frac{u^2}{R} > 0$$

在非关联参考方向下，电阻的功率为

$$p = -ui = -(-iR)i = i^2 R = \frac{u^2}{R} > 0$$

因此，电阻元件的功率与通过该元件的电流的平方或电压的平方成正比，且恒大于零。说明电阻元件是一个只消耗电能的元件，又称为耗能元件。

同样，直流电路中，电阻两端的电压和流过的电流无论为关联参考方向还是非关联参考方向，电阻的功率均为

$$P = I^2 R = \frac{U^2}{R}$$

【特别提示】电源元件在电路中不一定都是供能元件，有可能是耗能元件，这在以后的分析中可以证明。

【例 1-3】 在图 1.39 中，用方框代表某一电路元件，其电压、电流如图中所示。求图中各元件的功率，并说明该元件实际上是吸收还是发出功率，该元件是耗能元件还是供能元件。

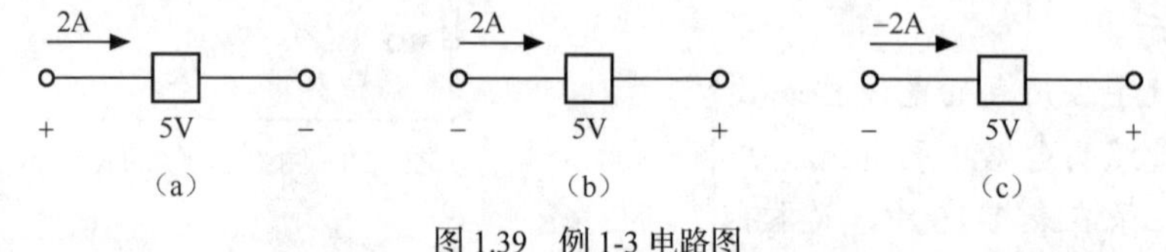

图 1.39 例 1-3 电路图

解：图 1.39（a）中，电压和电流为关联参考方向，元件的计算功率为

$$P = UI = 5 \times 2 = 10(\text{W}) > 0$$

元件实际是吸收功率，是耗能元件。

图 1.39（b）中，电压和电流为非关联参考方向，元件的计算功率为

$$P = -UI = -5 \times 2 = -10(\text{W}) < 0$$

元件实际是发出功率，是供能元件。

图 1.39（c）中，电压和电流为非关联参考方向，元件的计算功率为

$$P = -UI = -5 \times (-2) = 10(\text{W}) > 0$$

元件实际是吸收功率，是耗能元件。

习 题

1. 测量电流应选用_____表，它必须_______在被测支路中；测量电压应选用_______表，

它必须________在被测支路中。

2. 某导体的电阻是 1Ω（欧姆），通过它的电流是 1A（安培），那么 1min（分钟）内通过导体横截面的电量是______C（库伦）；电流做的功是______J（焦耳）；产生的热量是J（焦耳）；它消耗的功率是______W（瓦特）。

3. 一只标有“220V，50W”的白炽灯，它的电阻应该是多少？若将其接到 110V 的电路中，它的实际功率是多少？

4. 图 1.40 中哪些为关联参考方向，那些为非关联参考方向？并指出电压、电流的实际方向。

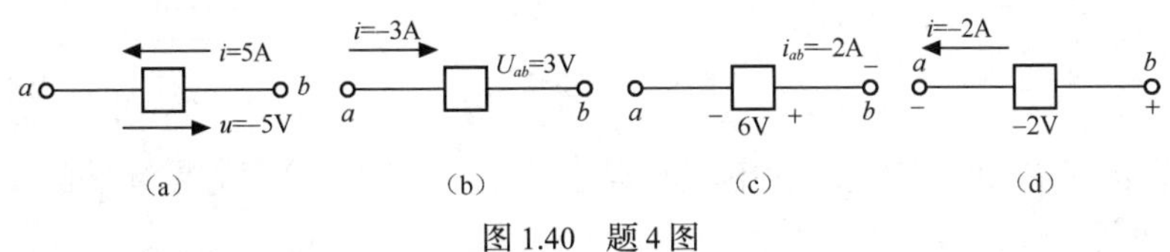

图 1.40　题 4 图

5. 写出下列标有色环的电阻器的标称阻值和精度等级。

橙白黄金　　　黄紫橙银　　　红蓝黑金　　　橙绿蓝金

红黄黑橙金　　棕黑黑棕棕　　橙紫黑黑棕　　黄紫绿金棕

6. 写出下列标有数字的电阻器的标称值和精度等级。

Ω68　　8k2Ⅱ　　3M3J　　1Ω2k　　3T3　　104

7. 简述用万用表测量直流电压、直流电流的方法和步骤。

8. 求图 1.41 所示的各电路中的电压或电流。

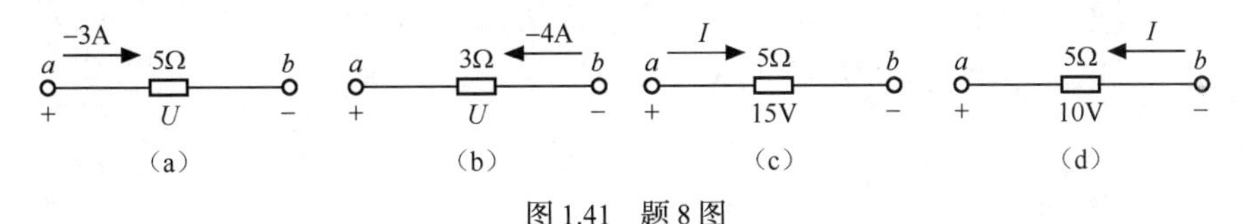

图 1.41　题 8 图

9. 图 1.42 所示的电路中，求当 R_L 为 11Ω和 23Ω时的实际电压源的输出电流和输出功率。

10. 图 1.43 所示的实际电流源电路中的实际电流源内阻 R_0=1kΩ，负载 R_L 可调。试分别计算：（1）R_L=200Ω；（2）R_L=1kΩ；（3）R_L=0；（4）$R_L \to \infty$ 四种情况下的实际电流源两端的电压 U 和内阻 R_0 消耗的功率，并说明电流源为什么不能开路。

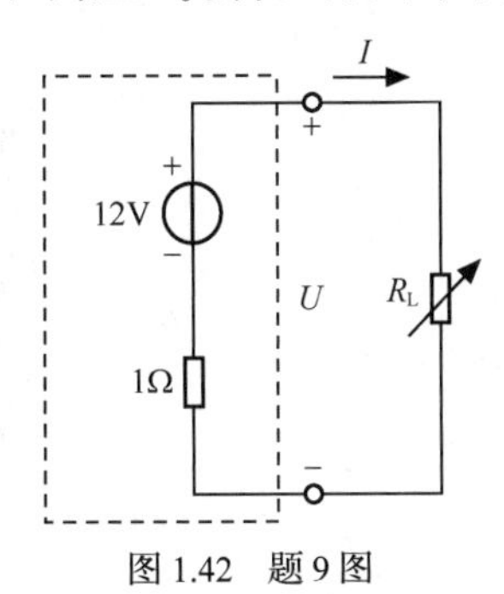

图 1.42　题 9 图

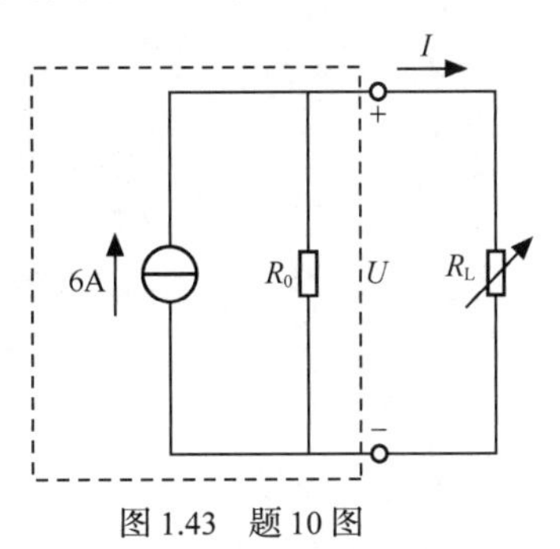

图 1.43　题 10 图

11. 求图 1.44 所示的电路中 a 点的电位。

12. 电路如图 1.45 所示，分别以 a、b 为参考点，计算电位 V_a、V_b 和 V_c 及 a 和 c 两点之间的电压 U_{ac}。

13. 根据图 1.46 所示的电路，分别求 a 和 b 点的电位 V_a、V_b 以及 a 和 b 两点之间的电压 U_{ab}。

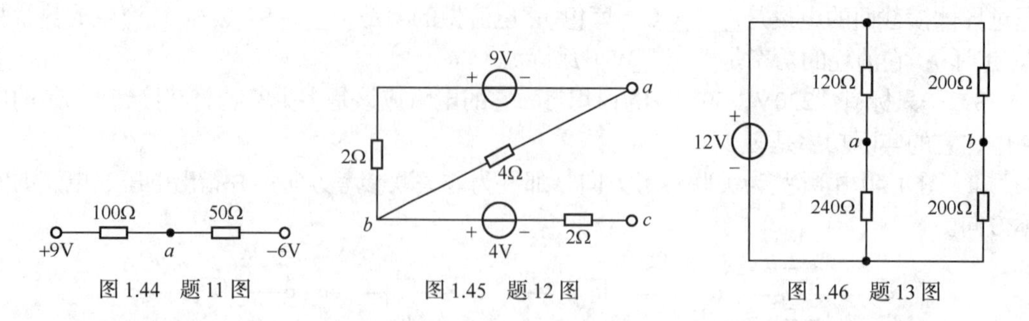

图 1.44　题 11 图　　图 1.45　题 12 图　　图 1.46　题 13 图

14. 根据图 1.47 所示的电压和电流的数值及参考方向，求出方框元件的功率，并判断方框元件是耗能元件还是供能元件。

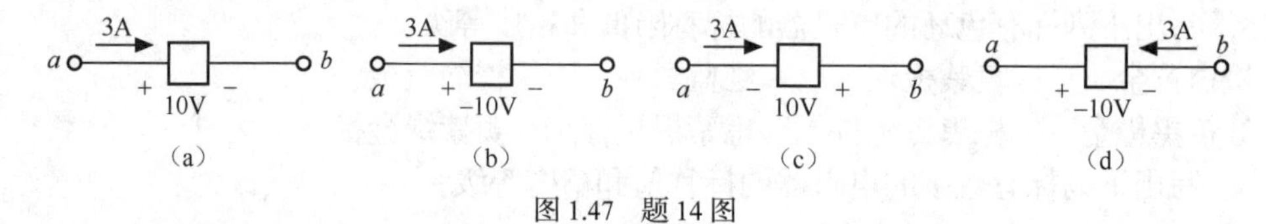

图 1.47　题 14 图

15. 根据下列情况，求图 1.48 所示电阻的电压 U。

（1）$G=10^{-2}$S，$I=-2.5$ A；

（2）$R=40\Omega$，电阻消耗功率 40 W；

（3）$I=2.5$A，电阻消耗功率 500 W。

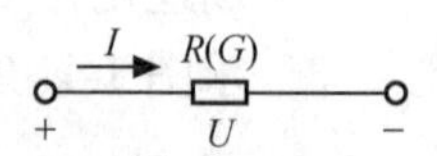

图 1.48　题 15 图

项目 2 直流电阻电路的测试与分析

任务 2.1 简单电路的测试分析与电阻间的等效变换

知识要点

- 理解等效变换的概念，掌握电阻串联、并联、混联电路的等效电阻的概念及其求法；能利用电阻的 Y 形网络和△形网络的等效变换方法来化简电阻电路。
- 掌握电阻串、并联电路的特点，理解分压、分流公式，能应用电阻串、并联电路的特点分析和计算简单电路。

技能要点

- 通过串联或并联一定阻值的电阻，将小量程的灵敏电流表改装成任意量程或多量程的电压表或电流表。

两个不同的二端网络 N_1 和 N_2，如图 2.1 所示，分别连接到完全相同的两个电路部分上，它们对应端钮的伏安关系 $u=f(i)$完全相同，则称 N_1 和 N_2 是相互等效的二端网络。

等效变换法是通过电路的等效变换，将一个复杂的电路变换为一个简单电路的处理方法。它包括无源网络的等效变换法和有源网络的等效变换法。无源网络的等效变换法有电阻的串、并联变换和电阻的 Y-△变换；有源网络的等效变换法有电压源和电流源的等效变换、叠加定理和戴维南定理等。本任务主要学习无源网络的等效变换法。

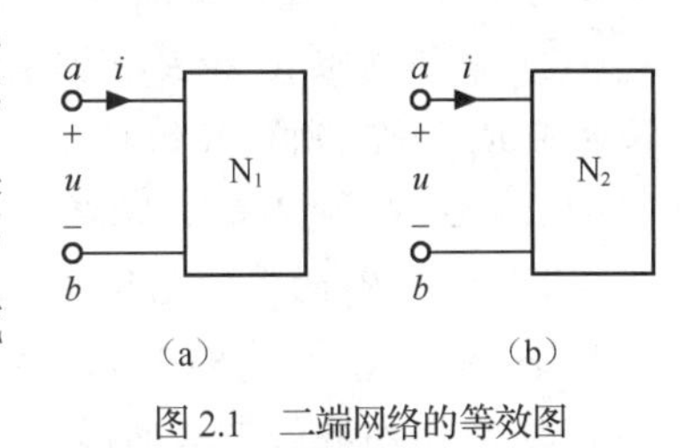

图 2.1 二端网络的等效图

【做一做】实训 2-1：简单电阻电路的仿真测试

实训流程如下。

（1）按图 2.2 所示画好仿真电路。其中 U_1、U_{23}、U_0 是电压表，I_1、I_2、I_3 是电流表。

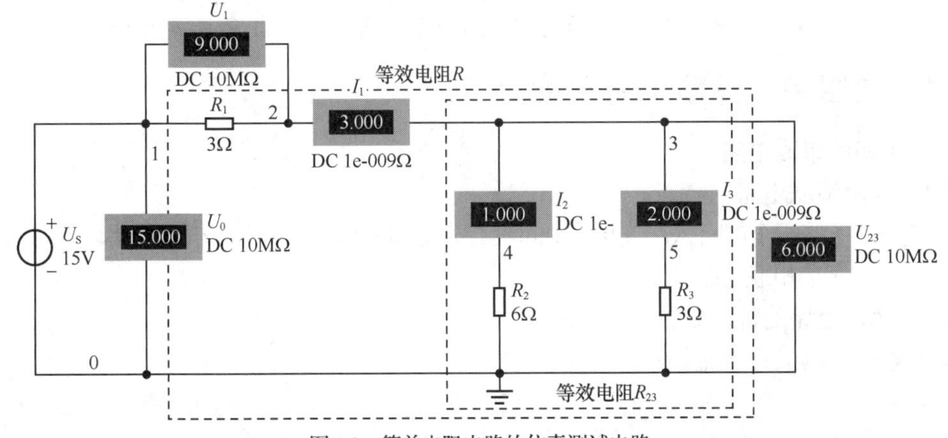

图 2.2 简单电阻电路的仿真测试电路

（2）按下仿真按钮，记录各电压表、电流表的数值。

注意：修改元器件参数后，需重新仿真。停止仿真后才能增加或删除元器件。

（3）计算 3 与 0 点间的等效电阻值 $R_{23}=U_{23}/I_1=$______(Ω)。

计算 1 与 0 点间的等效电阻值 $R=U_0/I_1=$______(Ω)。

（4）计算各元件的功率，填入表 2-1。

注意：如果负载电压与电流取关联参考方向，则电源的电压与电流为非关联参考方向。

表 2-1　简单电阻电路的仿真测量结果

测量项目	电源 U_S	电阻 R_1	电阻 R_2	电阻 R_3	电阻 R_{23}	电阻 R
电阻值（Ω）	/					
电压（V）						
电流（A）						
功率（W）						

结论如下。

（1）在 R_1 和 R_{23}（等效电阻）的串联电路中。

① 通过 R_1 和 R_{23} 的电流______（相等/不相等）。

② R_1 和 R_{23} 两端的电压之和______（大于/等于/小于）总的电压 U_0。

③ 电路两端的等效电阻 R______（大于/等于/小于）任意一个串联电阻（R_1 和 R_{23}），等效电阻 R 与串联电阻 R_1 和 R_{23} 的关系为__________。

④ 串联电阻 R_1 和 R_{23} 两端的电压与其电阻值______（成正比/成反比/不成比例）；串联电阻 R_1 和 R_{23} 所消耗的功率与其电阻值_______（成正比/成反比/不成比例）。

（2）在 R_2 和 R_3 的并联电路中：

① R_2 和 R_3 两端的电压______（相等/不相等）。

② 通过 R_2 和 R_3 的电流之和______（大于/等于/小于）总的电流 I_1。

③ 电路两端的等效电阻 R_{23}______（大于/等于/小于）任意一个并联电阻（R_2 和 R_3），等效电阻 R_{23} 与并联电阻 R_2 和 R_3 的关系为________。

④ 流过并联电阻 R_2 和 R_3 的电流与其电阻值______（成正比/成反比/不成比例）；并联电阻 R_2 和 R_3 所消耗的功率与其电阻值______（成正比/成反比/不成比例）。

（3）电源产生的功率______（大于/等于/小于）各电阻消耗的功率之和。

2.1.1　电阻串、并联的等效变换

1. 电阻的串联电路

（1）电阻串联电路的特点。

在电路中，若干个电阻依次连接、中间没有分支的连接方式，叫作电阻的串联。图 2.3（a）所示为 3 个电阻的串联电路。

电阻串联电路的特点如下。

① 通过各电阻的电流相等，即

$$I=I_1=I_2=I_3=\cdots=I_n$$

② 串联电阻网络的端口电压等于各电阻上的电压之和，即

$$U=U_1+U_2+U_3+\cdots+U_n$$

③ 电源供给的功率等于各个电阻上消耗的功率之和，即

$$P=UI=(U_1+U_2+U_3+\cdots+U_n)I=U_1I_1+U_2I_2+U_3I_3+\cdots+U_nI_n=P_1+P_2+P_3+\cdots+P_n$$

（2）电阻串联电路的等效电阻。

所谓“等效”就是效果相等，即电路的对应端钮的伏安关系 u = f(i)完全相同。图 2.3（b）是图 2.3（a）的等效变换关系，即网络端口的电压和电流完全一样。

由图 2.3（a）得到

$$U=U_1+U_2+U_3=I_1R_1+I_2R_2+I_3R_3=I(R_1+R_2+R_3)$$

由图 2.3（b）得到

$$U=IR$$

所以，可以得到

$$R=R_1+R_2+R_3$$

推广：当有 n 个电阻串联时，其总的等效电阻为

$$R=R_1+R_2+R_3+\cdots+R_n$$

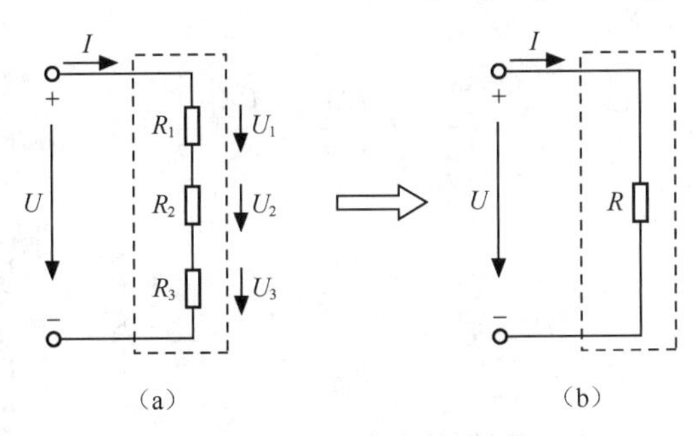

图 2.3　串联电阻的等效变换

（3）电阻串联电路的分压公式和功率分配。

在电阻串联电路中，由于流过各电阻的电流相等，故各电阻两端的电压与它的阻值成正比，即

$$\frac{U_1}{R_1}=\frac{U_2}{R_2}=\frac{U_3}{R_3}=\cdots=\frac{U_n}{R_n}=I$$

如果是两个电阻串联，他们的分压公式为

$$U_1=\frac{R_1}{R_1+R_2}U,\quad U_2=\frac{R_2}{R_1+R_2}U$$

这说明各电阻上的电压是按电阻的阻值大小进行分配的。电阻的阻值越大，分配到的电压越大。

同样可以得到，串联电路中各电阻消耗的功率与各电阻的阻值成正比，即

$$\frac{P_1}{R_1}=\frac{P_2}{R_2}=\frac{P_3}{R_3}=\cdots=\frac{P_n}{R_n}=I^2$$

（4）串联电阻的应用。

串联电阻的应用很多。例如，在负载的额定电压低于电源电压的情况下，通常需要与负载串联一个电阻，以分压一部分电压。有时为了限制负载中通过过大的电流，也可以与负载串联一个限流电阻。如果需要调节电

路中的电流时，一般也可以在电路中串联一个变阻器来进行调节。另外，还可以改变串联电阻的大小，以得到不同的输出电压。

2. 电阻的并联电路

（1）电阻并联电路的特点。

在电路中，若干个电阻的首尾两端分别连接在两个节点上而承受同一电压的连接方式叫作电阻的并联。图 2.4（a）所示为 3 个电阻的并联电路。

电阻并联电路的特点如下。

① 加在每个电阻两端的电压为同一电压，即各电阻中的电压相等，即

$$U=U_1=U_2=U_3=\cdots=U_n$$

② 并联电阻网络的端口总电流等于流过各电阻的电流之和，即

$$I=I_1+I_2+I_3+\cdots+I_n$$

③ 电源供给的功率等于各个电阻上消耗的功率之和，即

$$P=UI=U(I_1+I_2+I_3+\cdots+I_n)=U_1I_1+U_2I_2+U_3I_3+\cdots+U_nI_n=P_1+P_2+P_3+\cdots+P_n$$

（2）电阻并联电路的等效电阻。

由图 2.4（a）得到

$$I=I_1+I_2+I_3=\frac{U_1}{R_1}+\frac{U_2}{R_2}+\frac{U_3}{R_3}=U\left(\frac{1}{R_1}+\frac{1}{R_2}+\frac{1}{R_3}\right)$$

由图 2.4（b）得到

$$I=\frac{U}{R}$$

所以：可以得到

$$\frac{1}{R}=\frac{1}{R_1}+\frac{1}{R_2}+\frac{1}{R_3}$$

推广：当有 n 个电阻并联时，其总的等效电阻为

$$\frac{1}{R}=\frac{1}{R_1}+\frac{1}{R_2}+\frac{1}{R_3}+\cdots+\frac{1}{R_n}$$

用等效电导来表示，其表达式为

$$G=G_1+G_2+G_3+\cdots+G_n$$

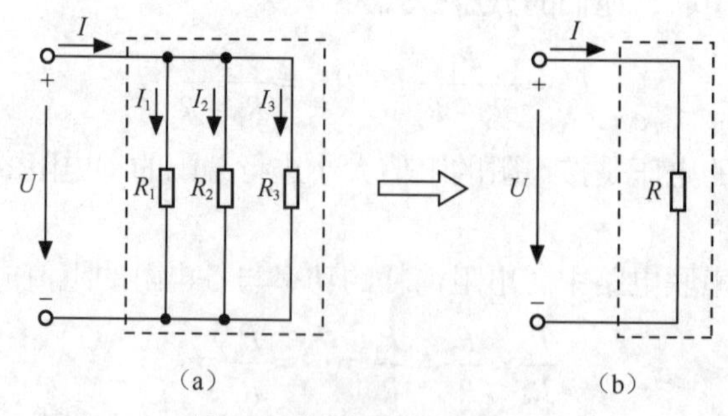

图 2.4　并联电阻的等效变换

（3）电阻并联电路的分流公式和功率分配。

在电阻并联电路中，由于加在每个电阻两端的电压相等，故通过各电阻的电流与它的阻值成反比，即

$$I_1R_1=I_2R_2=I_3R_3=\cdots=I_nR_n$$

或者通过各电阻的电流与它的电导值成正比，即

$$\frac{I_1}{G_1}=\frac{I_2}{G_2}=\frac{I_3}{G_3}=\cdots=\frac{I_n}{G_n}=U$$

如果两个电阻并联，他们的分流公式为

$$I_1=\frac{R_2}{R_1+R_2}I，I_2=\frac{R_1}{R_1+R_2}I$$

这说明各电阻上的电流是按电阻的阻值大小进行分配的。电阻的阻值越小，分配到的电流越大。

同样可以得到，并联电路中各电阻消耗的功率与各电导值成正比，即

$$\frac{P_1}{G_1}=\frac{P_2}{G_2}=\frac{P_3}{G_3}=\cdots=\frac{P_n}{G_n}=U^2$$

（4）并联电阻的应用。

电力网的供电电压通常近似不变。电灯、电炉、电动机等大多数负载都要求在额定电压下工作，因而都直接接在两根电源线之间，构成并联电路。负载并联运行时，它们处于同一电压之下，任何一个负载的工作情况基本上不受其他负载的影响。另外，如果将电路中的某一段与电阻或变阻器并联，可以起到分流或调节电流的作用。

【例 2-1】 利用串联电阻的分压作用和并联电阻的分流作用，可以将满偏电流很小的灵敏电流表 G 改装成电压表或量程较大的电流表。

（1）将一只满偏电流 I_g=100μA，线圈电阻 R_g=1kΩ 的灵敏电流表 G 改装成量程为 10V 的电压表。

（2）将上述电流表 G 改装成量程为 50mA 电流表。

解：这只内阻 R_g 为 1kΩ，量程为 100μA（10^{-4}A）的电流表，所能测量的最大电压 $U_g=I_gR_g=10^{-4}\times10^3$V=0.1V，所能测量的最大电流 I_g=100μA。

（1）要使其能测量最大为 10V 的电压，必须串联一个电阻 R，以分担绝大部分电压 U_R，如图 2.5 所示。

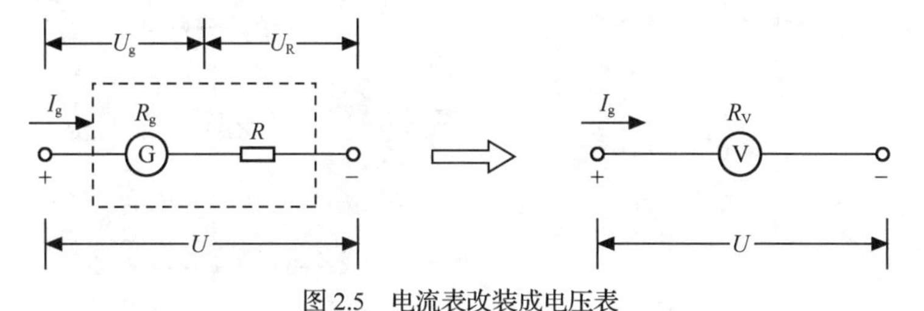

图 2.5　电流表改装成电压表

$U_R=U-U_g$=10−0.1=9.9(V)。

根据串联电阻的分压公式：$\frac{U_R}{U_g}=\frac{R}{R_g}$，则

$$R=\frac{U_R}{U_g}R_g=\frac{9.9}{0.1}\times10^3=9.9\times10^4\Omega=99\text{k}\Omega$$

（2）要使其能测量最大为 50mA 的电流，必须并联一个电阻 R，以分去绝大部分电流 I_R，如图 2.6 所示。

$I_R=I-I_g=0.05-10^{-4}=0.0499(A)$。

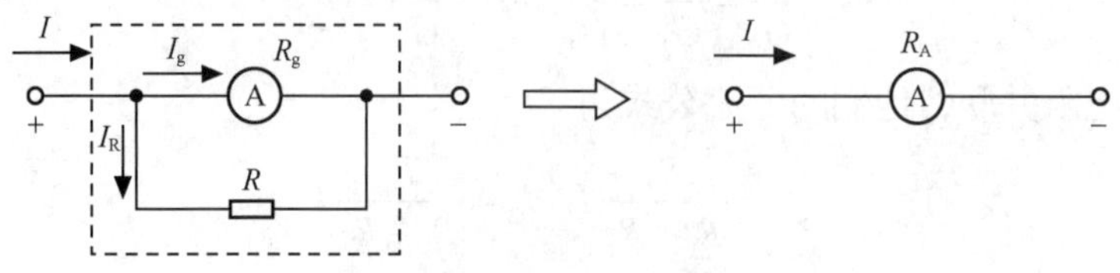

图 2.6　扩大电流表的量程

根据并联电阻的分流公式：$I_gR_g=I_RR$，则

$$R=\frac{I_gR_g}{I_R}=\frac{10^{-4}\times 10^3}{0.0499}\approx 2\Omega$$

因此，通过串联或并联一定阻值的电阻，可以将小量程的灵敏电流表 G 改装成任意量程或多量程的电压表或电流表。

3. 电阻混联电路的分析

（1）电阻的混联。

在实际应用的电路中，电阻的连接一般既有串联又有并联，即以混联电路的形式。

求解混联电路的等效电阻，首先要弄清电阻的串、并联的关系，然后根据连接的先后次序用串、并联的等效电阻变换的方法进行求解。

【例 2-2】　求图 2.7（a）所示电路的等效电阻 R_{ab}。

解：为了判断电阻的串、并联，可以先将电路中的节点标出。本例针对各电阻的连接，可标出 4 个节点。分析得到的各电阻的串、并联关系，如图 2.7（b）所示。对应的等效电阻为

$$R_{ab}= 6 //(4+(3//((6//(4+2))+3)))= 6 //(4+(3//(3+3)))= 6 // 6 =3(\Omega)$$

式中“//”表示“并联公式”。

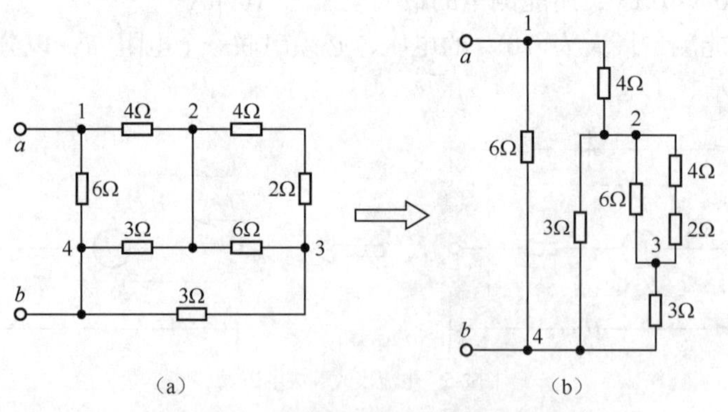

图 2.7　混联电路等效电阻的求解

（2）简单电路的一般分析方法。

所谓简单电路，是指可以用电阻的串、并联等效变换（包括电阻 Y-△网络的等效变换）的方式化简成单回路的电路。

对于简单电路的分析，一般可运用串、并联的等效电阻公式求等效电阻，确定总电流和总电压，再通过串联电阻的分压公式和并联电阻的分流公式求解相应的电压或电流。

【例2-3】　求如图2.8（a）所示电路中的电流 I_1 和电压 U_2。

解： 要求出 I、U 的大小，需要先求出电路 a、b 两端的等效电阻 R_{ab}。各电阻串、并联关系可以分析得到如图2.8（b）所示。先逐级求两点间的等效电阻。

c、d 间的等效电阻为

$$R_{cd}=3//6=\frac{3\times 6}{3+6}=2(\Omega)$$

cdb 支路的等效电阻为

$$R_{cdb}=6+2=8(\Omega)$$

c、b 间的等效电阻为

$$R_{cb}=8//8=4(\Omega)$$

a、b 间的等效电阻为

$$R_{ab}=2+4=6(\Omega)$$

电路的总电流

$$I=\frac{12}{6}=2(\text{A})$$

d 到 b 的电流

$$I_2=\frac{8}{R_{cdb}+8}\times 2=\frac{8}{8+8}\times 2=1(\text{A})$$

d、b 间的电压

$$U_2=6I_2=6\times 1=6(\text{V})$$

电流 I_1 为

$$I_1=\frac{6}{3+6}\times 1=0.67(\text{A})$$

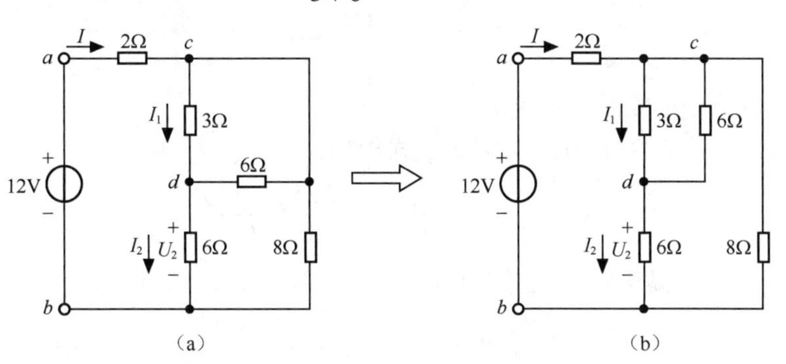

图2.8　混联电路等效电阻的求解

2.1.2　电阻Y-△网络的等效变换

在一些电路中，如图2.9所示的电桥电路，电阻的连接既不是串联，又不是并联，无法用电阻的串、并联关系来分析处理。但这种比较典型的连接方法，也可以通过网络的等效互换来化简电路。

1. 电阻网络的Y形和△形结构

3个电阻的一端连接在一起构成一个结点 o，另一端分别为网络的3个端钮 a、b、c，它们分别与外电路相连，这种三端网络称为电阻的星形连接，或者称为电阻的Y形连接，如图 2.10（a）所示。

3 个电阻串联起来构成一个回路，而 3 个连接点为网络的 3 个端钮 a、b、c，它们分别与外电路相连，这种三端网络称为电阻的三角形连接，或者称为电阻的△形连接，如图 2.10（b）所示。

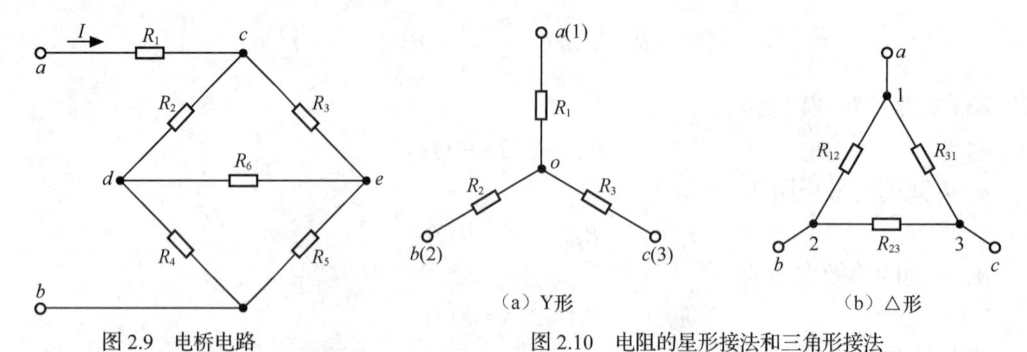

图 2.9　电桥电路

（a）Y形　（b）△形

图 2.10　电阻的星形接法和三角形接法

2. 电阻的 Y 形网络和△形网络的等效变换

当要求两网络对外等效时，对应的任意两端钮间的等效电阻必须相等。根据这一特性，Y 形连接的 3 个电阻 R_1、R_2、R_3，以及△形连接的 3 个电阻 R_{12}、R_{23}、R_{31} 之间有如下关系。

两个电路中，均悬空 c 端钮，则两个网络的 a、b 端钮间的电阻应该相等，即

$$R_1+R_2=\frac{R_{12}(R_{23}+R_{31})}{R_{12}+R_{23}+R_{31}} \tag{2-1}$$

同样，均悬空 a 端钮，则两个网络的 b、c 端钮间的电阻应该相等，即

$$R_2+R_3=\frac{R_{23}(R_{31}+R_{12})}{R_{12}+R_{23}+R_{31}} \tag{2-2}$$

均悬空 b 端钮，则两个网络的 c、a 端钮间的电阻应该相等，即

$$R_3+R_1=\frac{R_{31}(R_{12}+R_{23})}{R_{12}+R_{23}+R_{31}} \tag{2-3}$$

（1）△形网络变换成 Y 形网络。

将式（2-1）、式（2-2）和式（2-3）三式相加，再除以 2，可得到

$$R_1+R_2+R_3=\frac{R_{12}R_{23}+R_{23}R_{31}+R_{31}R_{12}}{R_{12}+R_{23}+R_{31}} \tag{2-4}$$

将式（2-4）分别减去式（2-2）、式（2-3）和式（2-1），可得到

$$R_1=\frac{R_{31}R_{12}}{R_{12}+R_{23}+R_{31}} \tag{2-5}$$

$$R_2=\frac{R_{12}R_{23}}{R_{12}+R_{23}+R_{31}} \tag{2-6}$$

$$R_3=\frac{R_{23}R_{31}}{R_{12}+R_{23}+R_{31}} \tag{2-7}$$

简便记忆式

$$\text{Y形电阻}=\frac{\text{△形相邻两电阻的乘积}}{\text{△形的各电阻之和}}$$

可以看出：当△形网络中 3 个电阻相等，则等效的 3 个 Y 形电阻也相等，并且是△形

电阻的 1/3，即

$$R_Y = \frac{1}{3} R_\triangle$$

（2）Y 形网络变换成△形网络。

将式（2-5）、式（2-6）和式（2-7）分别两两相乘，然后再相加，可得到

$$R_1R_2 + R_2R_3 + R_3R_1 = \frac{R_{12}R_{23}R_{31}}{R_{12} + R_{23} + R_{31}} \tag{2-8}$$

将式（2-8）分别除以式（2-7）、式（2-5）和式（2-6），可得到

$$R_{12} = \frac{R_1R_2 + R_2R_3 + R_3R_1}{R_3} \tag{2-9}$$

$$R_{23} = \frac{R_1R_2 + R_2R_3 + R_3R_1}{R_1} \tag{2-10}$$

$$R_{31} = \frac{R_1R_2 + R_2R_3 + R_3R_1}{R_2} \tag{2-11}$$

简便记忆式

$$\triangle\text{形电阻} = \frac{\text{Y形各电阻两两相乘之和}}{\text{Y形的对角端电阻}}$$

同样，当 Y 形网络中 3 个电阻相等，则等效的 3 个△形电阻也相等，并且是 Y 形电阻的 3 倍，即

$$R_\triangle = 3R_Y$$

【例 2-4】 在如图 2.11（a）所示的电路中，$R_{a1}=1\Omega$，$R_{12}=4\Omega$，$R_{13}=5\Omega$，$R_{23}=4\Omega$，$R_{24}=8\Omega$，$R_{34}=4\Omega$，$U=12V$，用 Y-△变换，计算电路中的电流 I 和 I_1。

解： 将 R_{23}、R_{24} 和 R_{34} 组成的△形网络变换成 Y 形网络，如图 2.11（b）所示，其组成的 3 个电阻的阻值分别为

$$R_2 = \frac{R_{23}R_{24}}{R_{23} + R_{24} + R_{34}} = \frac{4\times 8}{4+4+8} = 2(\Omega)$$

$$R_3 = \frac{R_{23}R_{34}}{R_{23} + R_{24} + R_{34}} = \frac{4\times 4}{4+4+8} = 1(\Omega)$$

$$R_4 = \frac{R_{24}R_{34}}{R_{23} + R_{24} + R_{34}} = \frac{8\times 4}{4+4+8} = 2(\Omega)$$

a、b 两端的等效电阻

$$R_{ab}=((R_{12}+R_2)//(R_{13}+R_3))+R_{a1}+R_4=((4+2)//(5+1))+1+2=6(\Omega)$$

电路的总电流

$$I = \frac{U_{ab}}{R_{ab}} = \frac{12}{6} = 2(A)$$

运用分流公式，求出流过 R_{12} 的电流 I_1

$$I_1 = \frac{R_{13} + R_3}{(R_{12} + R_2) + (R_{13} + R_3)} I = \frac{5+1}{(4+2)+(5+1)} \times 2 = 1(A)$$

将 R_{13}、R_{23} 和 R_{34} 组成的 Y 形网络变换成△形网络，也同样可求得 I 和 I_1 的值，读者可自己解答。

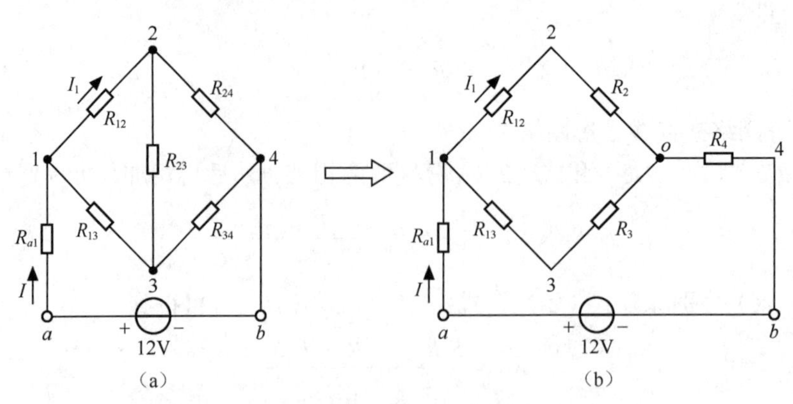

图 2.11　例 2-4 图

【特别提示】等效变换只是对外电路等效，而两个网络内部是不等效的，因此所要等效的网络不能包括所求参数的元件，如果只能包含的话，则参数必须返回原网络进行求解。

任务 2.2　基尔霍夫定律的研究与应用

知识要点	技能要点
• 掌握基尔霍夫的两个定律及有关计算；理解和掌握支路电流法，会运用支路电流法求解支路电流及其他电路参数。	• 通过对电路电参量测量值的分析，加深理解基尔霍夫定律。

【做一做】实训 2-2：基尔霍夫定律的研究

实训流程如下。

1．基尔霍夫电流定律的验证

（1）按图 2.12 所示画好仿真电路。其中 I_1、I_2、I_3 是电流表。注意：电流表的正负极性表示了电流的参考方向。

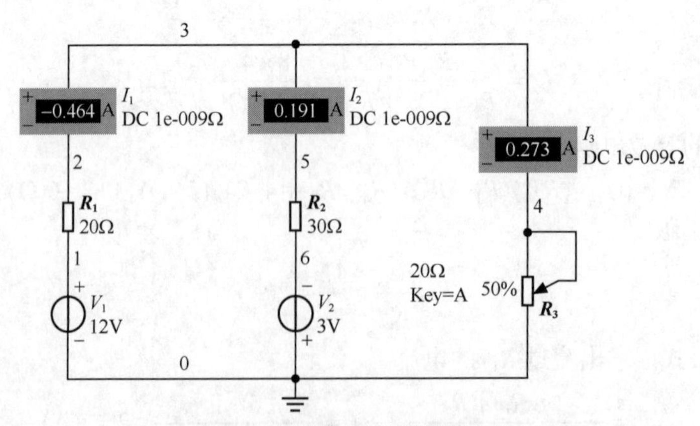

图 2.12　基尔霍夫电流定律的验证

（2）根据表 2-2 所要求的电阻值进行仿真，记录各电流表的数值。

表 2-2　　　　　　　　　　基尔霍夫电流定律的验证

电阻 R_3（Ω）	I_1（A）	I_2（A）	I_3（A）
0			
8			
12			
16			

2. 基尔霍夫电压定律的验证

（1）按图 2.13 所示画好仿真电路。其中 U_1、U_2、U_3、U_4、U_5 是电压表。注意：电压表的正负极性表示了电压的参考方向。

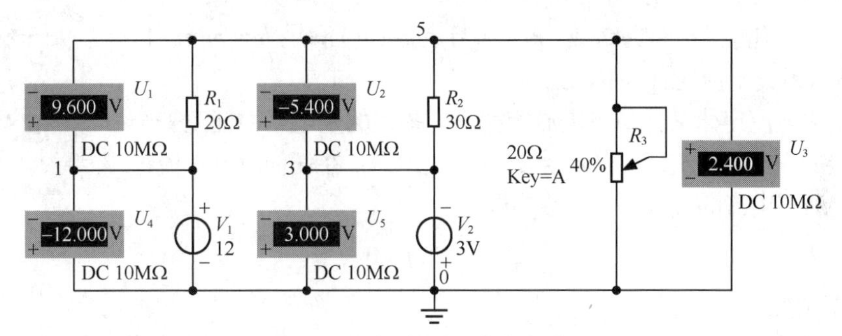

图 2.13　基尔霍夫电压定律的验证

（2）根据表 2-3 所要求的电阻值进行仿真，记录各电压表的数值。

表 2-3　　　　　　　　　　基尔霍夫电压定律的验证

电阻 R_3（Ω）	U_1（U_{15}）（V）	U_2（U_{35}）（V）	U_3（U_{50}）（V）	U_4（U_{01}）（V）	U_5（U_{03}）（V）
0					
8					
12					
16					

结论如下。

（1）如图 2.12 所示，流入节点 3 的电流________（大于/等于/小于）流出节点 3 的电流，三条支路电流的关系为____________________。

（2）如图 2.13 所示，$U_{01}+U_{15}+U_{50}=$______；$U_{03}+U_{35}+U_{50}=$______；$U_{01}+U_{15}+U_{53}+U_{30}=$______，即任意一个回路所有电压的代数和______（大于/等于/小于）零。

2.2.1　基尔霍夫定律

电路是由不同的元件按一定的方式连接而成的。每一个元件除了本身的电压和电流的约束关系（如电阻元件的欧姆定律）外，电路中的电流和电压还需要遵循电路结构所产生的约束关系，这就是基尔霍夫定律。基尔霍夫定律包括基尔霍夫电流定律和基尔霍夫电压定律，它们是分析计算复杂电路的基础。为了叙述方便，先介绍电路模型图中的一些常用术语。

1. 关于电路结构的常用术语

（1）支路。

一个二端元件或同一电流流过的几个二端元件互相连接起来组成的分支称为支路。图

2.14 中支路有 aec、ab、bc、db、ad 和 cd 共 6 条支路。

（2）节点。

电路中 3 条或 3 条以上支路的汇集点称为节点。图 2.14 中共有 a、b、c、d 4 个节点。

（3）回路。

电路中的任意一个闭合路径称为回路。图 2.14 中有 7 个回路：$aecba$、$abda$、$dbcd$、$abcda$、$aecbda$、$dbaecd$、$aecda$。

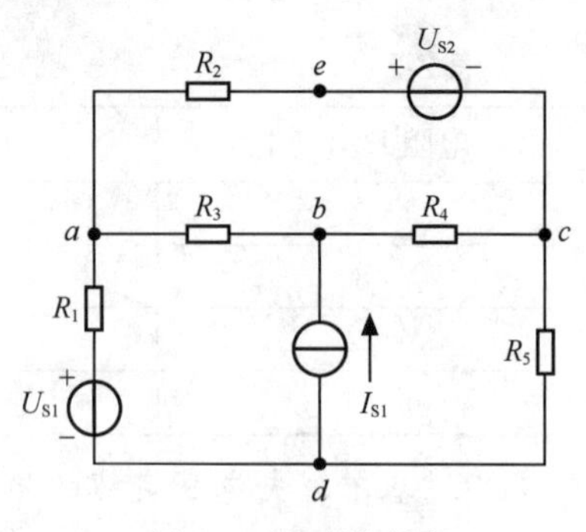

图 2.14　电路模型图

（4）网孔。

平面电路中，内部不包含有其他任何支路的回路称为网孔。图 2.14 的 7 个回路中，$aecba$、$abda$、$dbcd$ 是网孔。

电路中，网孔数（b）、支路数（m）和节点数（n）满足 $b = m-n+1$。

2. 基尔霍夫电流定律（KCL）

基尔霍夫电流定律又称节点电流定律，它描述的是电路中任意一个节点所连接的各支路电流之间的约束关系，表述为：在任何时刻，流经某一节点的所有电流的代数和等于零。即

$$\sum i(t)=0$$

在直流情况下，则有

$$\sum I=0$$

在写节点电流方程时，通常对电流的参考方向有如下规定：流入节点的电流为正，流出节点的电流为负；也可以规定，流出为正，流入为负。如图 2.15（a）所示，节点 a 的 KCL 方程为 $I_1-I_2+I_3+I_4=0$。

KCL 不仅适用于电路中的节点，还可以推广到电路中的任意一个假设的封闭面，即在任何时刻，流入（或流出）封闭面的电流代数和等于零。如图 2.15（b）所示，将 3 个电阻组成的网络看作一个封闭面，则有 $I_A+I_B+I_C=0$。如图 2.15（c）所示的三极管中，也可得到 $I_B+I_C-I_E=0$。

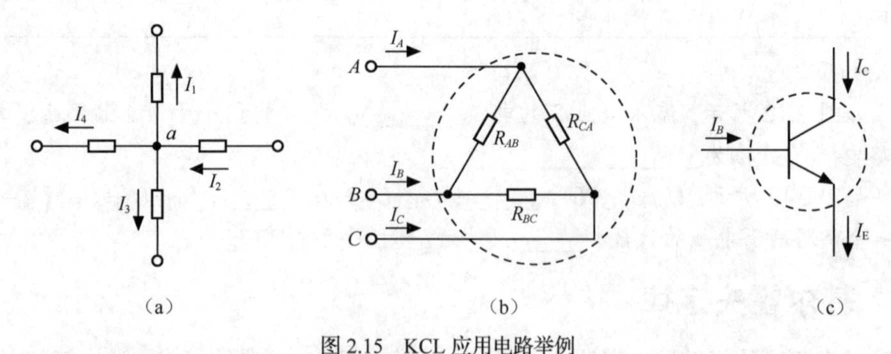

图 2.15　KCL 应用电路举例

基尔霍夫电流定律的另一种表达式为

$$\sum i_{入}(t)=\sum i_{出}(t)$$

在直流情况下，有

$$\sum I_{入}=\sum I_{出}$$

即：在任何时刻，流入某一节点的电流之和等于流出该节点的电流之和。

3. 基尔霍夫电压定律（KVL）

基尔霍夫电压定律又称回路电压定律，它描述的是电路中任意一个回路中各元件两端电压间的关系，表述为：在任何时刻，任意一个回路的所有电压的代数和等于零。即

$$\sum u(t)=0$$

在直流情况下，则有

$$\sum U=0$$

在写回路电压方程时，首先要确定回路的绕行方向（顺时针或者逆时针），并规定：元件电压的参考方向与回路的绕行方向相同时，电压取正；元件电压的参考方向与回路的绕行方向相反时，电压取负。如图 2.16 所示的电路，当绕行方向选择为顺时针时，有

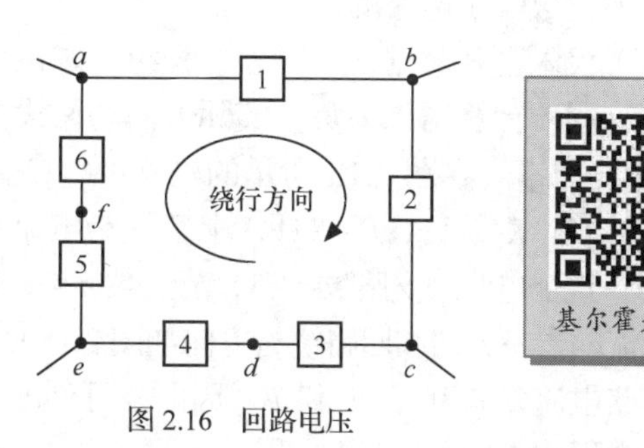

图 2.16　回路电压

基尔霍夫定律

$$U_{ab}+U_{bc}+U_{cd}+U_{de}+U_{ef}+U_{fa}=0$$

对于电路中的电阻，一般将其电流和电压参考方向设成关联方向，这样电阻的电流参考方向与绕行方向一致时，该电压取正，反之取负。

KVL 不仅适用于电路中的具体回路，还可以推广到电路中的任意一个假想的回路，即在任何时刻，沿回路绕行方向，电路中的假想回路中各段电压的代数和等于零。如图 2.17（a）所示，路径并未构成回路，选取图示的绕行方向，对假想回路 $aboa$ 列出 KVL 方程，即

$$u_{ab}+u_b-u_a=0$$

或者写成

$$u_{ab}=u_a-u_b$$

由此还可以得到下列结论：

电路中任意两点的电压（假设 a、b 两点）等于从参考“+”极（a 点）沿任意一条路径到参考“−”极（b 点）所有电压的代数和。与路径方向一致的电压降取正号，否则取负号。

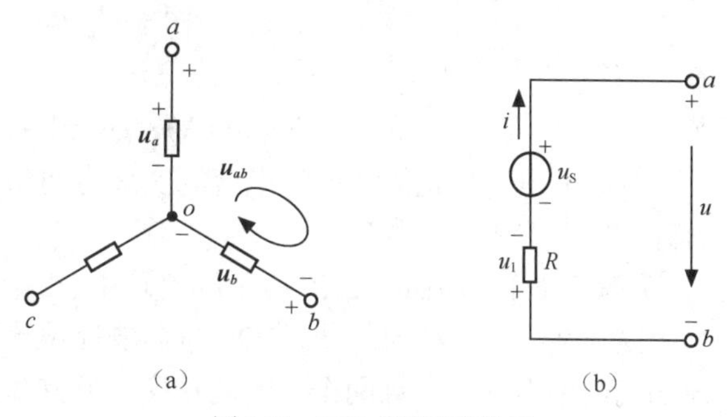

图 2.17　KVL 应用电路举例

在图 2.17（b）中，$u=u_s-u_1=u_s-Ri$。

2.2.2　支路电流法

支路电流法是以各支路电流为未知量，应用 KCL 和 KVL 来建立数目足够且相互独立的方程组，解出各支路电流，进而再求解电路中的其他参数的分析计算方法。

支路电流法属于网络方程分析法。网络方程分析法一般不要求改变电路的结构，只要在电路中预先选取合适的电路参数（未知量），根据 KCL、KVL 列出的独立方程来求解电路的变量。网络方程分析法除支路电流法外，还有网孔电流法及节点电压法等。本书只介绍支路电流法。

支路电流法解题的一般步骤如下。

（1）设定各支路的电流方向和回路绕行方向。回路绕行方向可任意设定，对于具有两个以上电动势的回路，通常取电动势大的方向为绕行回路方向；电流方向的设定也可参照此方法。

（2）应用 KCL 列出节点电流方程。一个具有 m 条支路，n 个节点的复杂电路，需列出 m 个方程来求解。由 n 个节点只能列出（n−1）个节点电流方程，其余方程式由 KVL 的电压方程来补足。

（3）应用 KVL 列出回路电压方程。为保证方程的独立性，要求每列一个回路方程式，都要包含一条新支路，所以，一般选择网孔来列方程。在复杂的电路中，运用 KVL 所列的独立方程数等于电路的网孔数。

（4）代入已知数据，解联立方程组，求出各支路电流。计算结果为正，实际方向与假设方向相同；计算结果为负，实际方向与假设方向相反。

【例 2-5】 在图 2.18 所示的电路中，U_{S1}=8V，U_{S2}= 4V，R_1=R_2=4Ω，R_3=8Ω，求各支路电流。

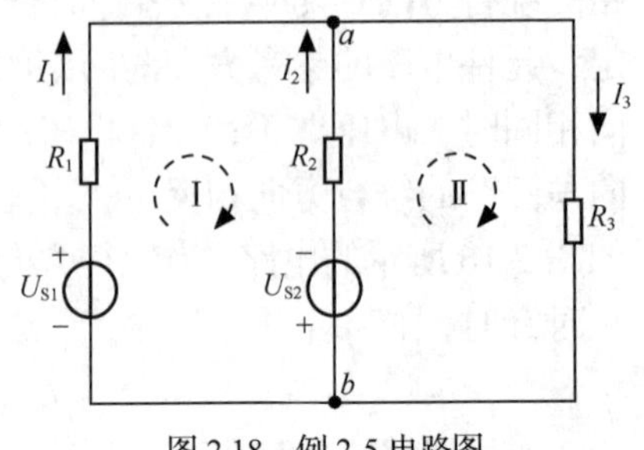

图 2.18　例 2-5 电路图

解：这个电路的支路数 m=3，节点数 n=2，选定各支路电流的参考方向和回路绕行方向如图 2.18 所示，并设各支路电流分别为 I_1、I_2 和 I_3。因而，可列出 1 个节点电流方程和 2 个回路电压方程。

节点 a：$I_1+I_2-I_3=0$

回路Ⅰ：$-U_{S1}+R_1I_1-R_2I_2-U_{S2}=0$

回路Ⅱ：$U_{S2}+R_2I_2+R_3I_3=0$

将参数值代人上述 3 个方程组成的方程组，即得

$$\begin{cases} I_1+I_2-I_3=0 \\ 8-4I_1+4I_2+4=0 \\ 4+4I_2+8I_3=0 \end{cases}$$

解得

$$I_1=1.6(\text{A}),\ I_2=-1.4(\text{A}),\ I_3=0.2(\text{A})$$

解出的电流为正值，说明电流的实际方向与参考方向一致；电流为负值，说明电流的实际方向与参考方向相反。

【例 2-6】 在如图 2.19 所示的电路中，U_{S1}=4V，I_{S2}= 2A，R_1=2Ω，R_2=5Ω，R_3=3Ω，求各支路电流及电流源两端的电压，计算两个电源的功率，并判断它们是否输出功率。

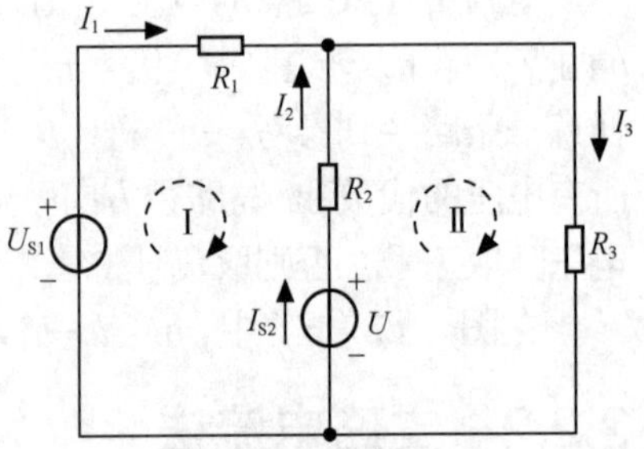

图 2.19　例 2-6 电路图

解：选定各支路电流的参考方向和回路绕行方向，以及电流源两端电压的参考方向如图 2.19 所示。根据 KCL、KVL 列出方程组为

$$\begin{cases} I_1+I_2-I_3=0 \\ -4+2I_1-5I_2+U=0 \\ -U+5I_2+3I_3=0 \end{cases}$$

根据电流源的性质，I_2=I_{S2}=2(A)

解上述 4 个方程组成的方程组，可得

$$I_1=-0.4(\text{A}),\ I_2=2(\text{A}),\ I_3=1.6(\text{A}),\ U=14.8(\text{V})$$

电压源的功率　　$P_{S1}=-U_{S1}I_1=-4\times(-0.4)=1.6(\text{W})$

电流源的功率　　$P_{S2}=-UI_{S2}=-14.8\times 2=-29.6(\text{W})$

电压源消耗功率，电流源输出功率。从这里可以看到：电源元件在电路中不一定都是供能元件，有可能是耗能元件。

【练一练】实训 2-3：验证支路电流法

实训流程如下。

（1）按例 2-6 中的图 2.19 所示画好仿真电路图，如图 2.20 所示。其中 I_1、I_2、I_3 是电流表，U_4 是电压表。注意：电流表、电压表的正负极性表示了电流或电压的参考方向。

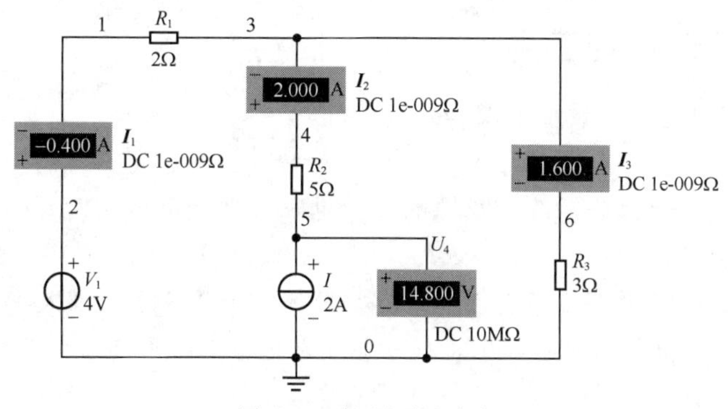

图 2.20　验证支路电流法

（2）按下仿真按钮，在表 2-4 中记录各电压表、电流表的数值，并与例 2-6 中的计算结果进行比较。

表 2-4　支路电流法的验证

数值	I_1（A）	I_2（A）	I_3（A）	I 电流源电压 U（U_4 读数）（V）
理论计算值				
仿真测量值				

结论如下。

支路电流法计算的结果与仿真测量值 ______________（基本相等/相差很大）。

任务 2.3　等效变换法分析复杂电路

知识要点

- 理解和掌握叠加定理及其应用。
- 掌握两种实际电源电路模型的等效变换，能利用该方法简化有源支路。
- 理解和掌握戴维南定理及其应用。
- 能分析简单的含有受控源的电路。

技能要点

- 掌握电源外特性的测试方法，能验证电压源与电流源等效变换的条件。
- 通过验证线性电路叠加原理的正确性，加深对线性电路的叠加性的认识和理解。
- 通过验证戴维南定理的正确性，加深对该定理的理解；能测定有源二端网络的等效参数。
- 通过最大功率条件的测定，理解其在电子线路中的应用。

电路分析是指已知电路的结构和某些参数，求解电路的电流和元件两端的电压等参数。

电路分析主要有两种方法。一种是网络方程法，它应用 KCL、KVL 和元件的欧姆定律建立电路变量方程，有一套固定不变的步骤和格式，便于编程和计算机运行，线性电路和非线性电路都能适用。网络方程法主要有支路电流法、网孔电流法和节点电压法等。

电路分析的另外一种方法是等效变换法，将一个复杂的电路变换为一个简单的电路进行处理。等效变换法包括电阻的串、并联变换法和电阻的 Y-△变换法等，但处理复杂电路的等效变换法一般是电压源和电流源的等效变换、叠加定理和戴维南定理等。

2.3.1 叠加定理及其应用

【做一做】实训 2-4：叠加定理的研究

实训流程如下。

（1）如图 2.21 所示，将两路稳压源的输出电压分别调节为 12V 和 6V，接入 U_1 和 U_2 处。开关 S_3 投向 R_5 侧。

（2）令 U_1 电源单独作用（将开关 S_1 投向 U_1 侧，开关 S_2 投向短路侧）。用直流数字毫安表（接电流插头）和直流数字电压表测量各支路电流及各电阻元件两端的电压，将测量结果填在表 2-5 中。

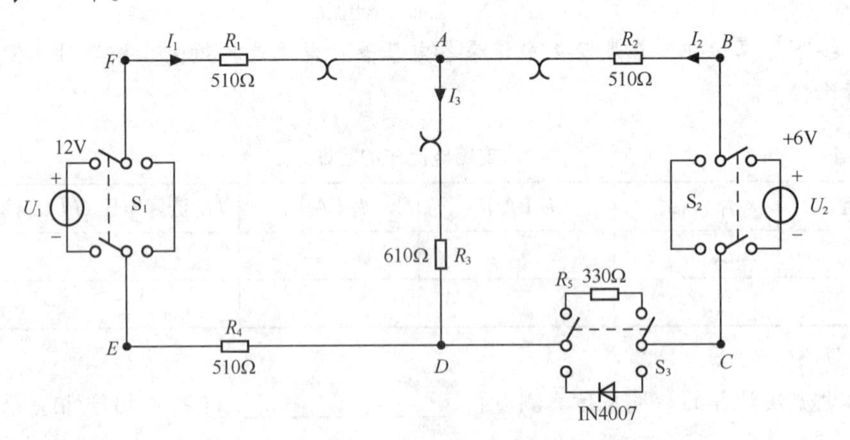

图 2.21 “叠加定理”电路板

表 2-5 **线性电路参量的测试**

测量项目 实验内容	U_1 (V)	U_2 (V)	I_1 (mA)	I_2 (mA)	I_3 (mA)	U_{AB} (V)	U_{CD} (V)	U_{AD} (V)	U_{DE} (V)	U_{FA} (V)
U_1 单独作用										
U_2 单独作用										
U_1、U_2 共同作用										

（3）令 U_2 电源单独作用（将开关 S_1 投向短路侧，开关 S_2 投向 U_2 侧），重复实验步骤（2）的测量，将测量结果填在表 2-5 中。

（4）令 U_1 和 U_2 共同作用（开关 S_1 和 S_2 分别投向 U_1 和 U_2 侧），重复上述的测量，并将测量结果填在表 2-5 中。

（5）计算各电阻元件在 U_1 电源、U_2 电源单独作用时的功率，计算各电阻元件在 U_1 电源、U_2 电源共同作用时的功率，并把它们填入表 2-6 中。

表 2-6　　元件功率的计算

	电阻 R_1 的功率（W）	电阻 R_2 的功率（W）	电阻 R_3 的功率（W）	电阻 R_4 的功率（W）	电阻 R_5 的功率（W）
U_1 单独作用					
U_2 单独作用					
U_1、U_2 共同作用					

（6）将 R_5（330Ω）换成二极管 1N4007（即将开关 S_3 投向二极管 IN4007 侧），重复步骤（1）～步骤（4）的测量过程，记录在表 2-7 中。

表 2-7　　非线性电路参量的测试

测量项目 / 实验内容	U_1 (V)	U_2 (V)	I_1 (mA)	I_2 (mA)	I_3 (mA)	U_{AB} (V)	U_{CD} (V)	U_{AD} (V)	U_{DE} (V)	U_{FA} (V)
U_1 单独作用										
U_2 单独作用										
U_1、U_2 共同作用										

（7）任意按下某个故障设置按键，重复步骤（1）～（4）的测量和记录，再根据测量结果判断出故障的性质。

【实验注意事项】

（1）用电流插头测量各支路电流时，或者用电压表测量电压降时，应注意仪表的极性，正确判断测得值的“+”“−”号后，记入数据表格。

（2）注意仪表量程的及时更换。

结论如下。

（1）在纯电阻电路（线性电路）中，U_1 和 U_2 共同作用时的各支路的电流________（等于/不等于）U_1、U_2 分别单独作用时的各支路的电流之和。

（2）在纯电阻电路（线性电路）中，U_1 和 U_2 共同作用时的各元件两端的电压________（等于/不等于）U_1、U_2 分别单独作用时的各元件两端的电压之和。

（3）在纯电阻电路（线性电路）中，U_1 和 U_2 共同作用时的各元件两端的功率________（等于/不等于）U_1、U_2 分别单独作用时的各元件的功率之和。

（4）在非线性电路（串接二极管）中，U_1 和 U_2 共同作用时的各支路的电流________（等于/不等于）U_1、U_2 分别单独作用时的各支路的电流之和。

（5）在非线性电路（串接二极管）中，U_1 和 U_2 共同作用时的各元件两端的电压________（等于/不等于）U_1、U_2 分别单独作用时的各元件两端的电压之和。

【想一想】

（1）在叠加原理实验中，要令 U_1、U_2 分别单独作用，应如何操作？是否直接将不作用的电源（U_1 或 U_2）短接置零？

（2）在纯电阻电路（线性电路）中，叠加定理是否适用于功率的计算？为什么？

1. 叠加定理的内容

在含有多个独立电源的线性电路中，各支路的电流或电压等于各电源分别单独作用时在该支路中所产生的电流或电压的代数和。

电源的单独作用是指电路中只考虑一个电源作用，而其他所有电源都作零值处理。不作用的电压源的电压为零，可用短路线代替；不作用的电流源的电流为零，可用开路代替。处理后的实际电源内阻仍保留不变。

2. 运用叠加定理分析电路时的注意事项

运用叠加定理分析电路，实质上是把计算复杂的电路过程转化为计算几个简单电路的过程。运用叠加定理时，需注意以下几个方面的内容。

叠加定理

（1）叠加定理只适用于线性电路的分析和计算。

（2）叠加定理只能用于电压和电流的计算，不能进行功率的叠加。因为功率与电流或电压是平方关系，是非线性关系。

（3）应用叠加定理求电压或电流时，要注意各分量的符号。若求得的分量的参考方向与原电路对应的参数参考方向一致时取正号，相反时取负号。

（4）叠加的方式实际上是可以任意的，可以一次使一个独立电源单独作用，也可以一次用多个独立电源同时作用。

【例 2-7】 在如图 2.22（a）所示的电路中，U_S=12V，I_S= 2A，R_1=4Ω，R_2=6Ω，R_3=8Ω，R_4=4Ω，试用叠加定理计算电阻 R_2 上的电流 I_2 和电压 U_2，并计算 R_2 上消耗的功率 P_2。

解：（1）电压源 U_S 单独作用时，电流源 I_S 开路，如图 2.22（b）所示。

电阻 R_2 上的电流 I_2' 为

$$I_2' = \frac{U_S}{R_2 + R_4} = \frac{12}{6+4} = 1.2(\text{A})$$

电阻 R_2 上的电压 U_2' 为

$$U_2' = I_2' R_2 = 1.2 \times 6 = 7.2(\text{V})$$

（2）电流源 I_S 单独作用时，电压源 U_S 短路，如图 2.22（c）所示。

电阻 R_2 上的电流 I_2'' 为

$$I_2'' = \frac{R_4}{R_2 + R_4} I_S = \frac{4}{6+4} \times 2 = 0.8(\text{A})$$

电阻 R_2 上的电压 U_2'' 为

$$U_2'' = I_2'' R_2 = 0.8 \times 6 = 4.8(\text{V})$$

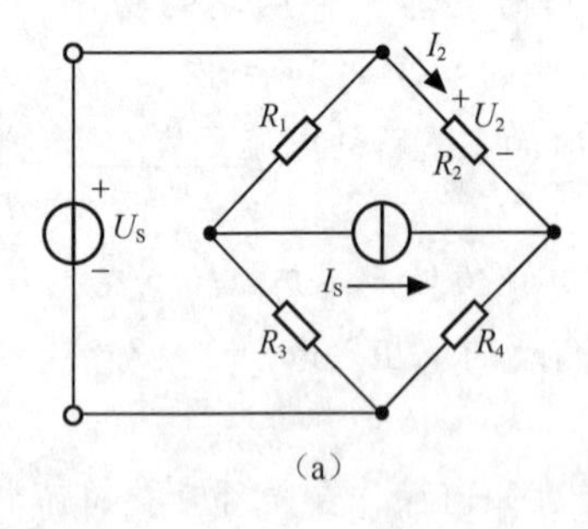

（a）

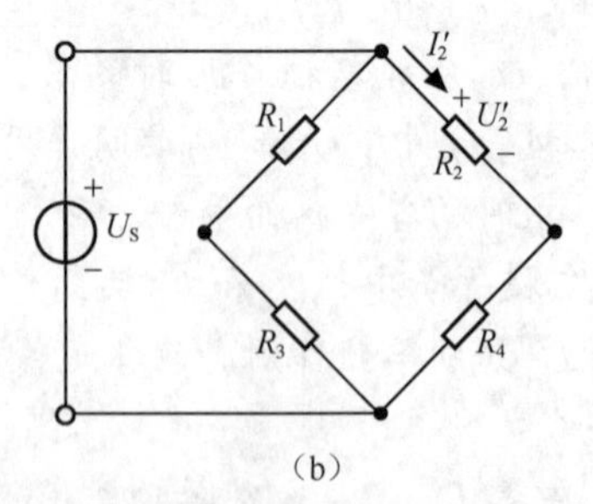

（b）

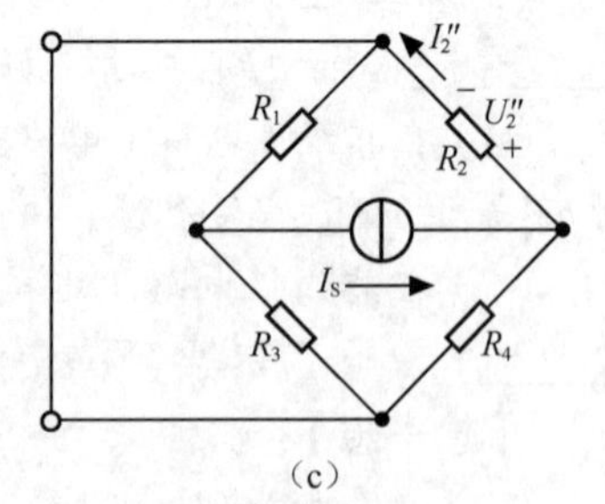

（c）

图 2.22　例 2-7 电路图

（3）由叠加定理，计算电压源 U_S、电流源 I_S 共同作用时的电压和电流。

电阻 R_2 上的电压 U_2 为

$$U_2 = U_2' - U_2'' = 7.2 - 4.8 = 2.4(\text{V})$$

电阻 R_2 上的电流 I_2 为

$$I_2 = I_2' - I_2'' = 1.2 - 0.8 = 0.4(\text{A})$$

注意：电阻 R_2 上的电流 I_2'' 和电压 U_2'' 的参考方向与原电路的参考方向相反，故取负号。

R_2 上消耗的功率 P_2 为

$$P_2 = U_2 I_2 = 2.4 \times 0.4 = 0.96(\text{W})$$

若用叠加定理求功率 $P_2' = U_2' I_2' = 7.2 \times 1.2 = 8.64(\text{W})$，$P_2'' = U_2'' I_2'' = 4.8 \times 0.8 = 3.84(\text{W})$，$P_2' + P_2'' \neq P_2$，可见叠加定理不适用计算功率。

【练一练】实训 2-5：验证叠加定理

实训流程如下。

（1）按例 2-7 中的图 2.22（a）所示画好仿真电路。

（2）用电压表和电流表测量电阻 R_2 上的电压和电流。注意：电流表、电压表的正负极性表示了电流或电压的参考方向。

（3）断开电流源 I_S，让电压源 U_S 单独作用，记录电阻 R_2 上的电压和电流值。

（4）将电压源 U_S 短路，让电流源 I_S 单独作用，记录电阻 R_2 上的电压和电流值。

（5）将电压源 U_S 和电流源 I_S 单独作用时的电压值和电流值分别相加的结果，与电压源 U_S 和电流源 I_S 同时作用时的电压值和电流值进行比较。

将上述测量结果填入中表 2-8。

表 2-8　　叠加定理的验证

测量项目	电阻 R_2 上的电压（V）	电阻 R_2 上的电流（A）
U_S 单独作用		
I_S 单独作用		
U_S、I_S 共同作用		

结论如下。

叠加定理__________（适用/不适用）于计算线性电路的电压和电流。

2.3.2　实际电压源和实际电流源的等效互换

1. 实际电源的两种模型及其等效互换

从任务 1.3 可知，实际电源有两种模型，即实际电压源和实际电流源。

实际电压源由一个电压源和一个电阻串联组成，又称串联（电源）模型，如图 2.23（a）所示。实际电流源由一个电流源和一个电阻并联组成，又称并联（电源）模型，如图 2.23（b）所示。

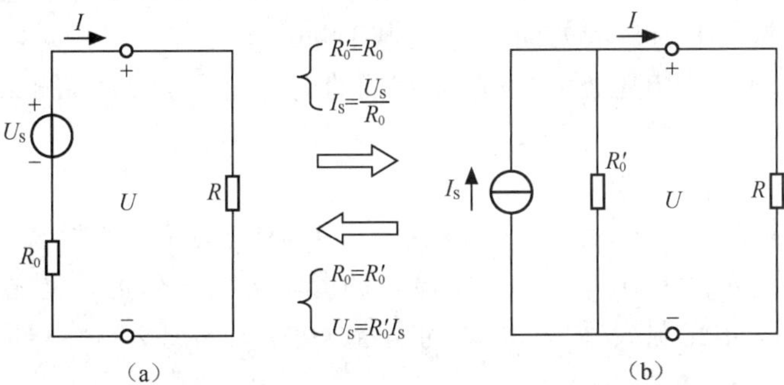

图 2.23　串联模型与并联模型的等效变换

实际电源的两种模型是可以相互转换的。实际电压源和实际电流源如果要等效互换，它们的伏安特性方程（VCR）必须相同。

实际电压源的 VCR 是

$$U = U_S - IR_0$$

而实际电流源的 VCR 是

$$I = I_S - \frac{U}{R_0'}$$

实际电流源的 VCR 可变形成

$$U = I_S R_0' - IR_0'$$

比较实际电源的两种模型，若 $R_0 = R_0'$ 且 $U_S = R_0' I_S$，则串联模型与并联模型的 VCR 完全一致，即两种模型完全等效。实际电源的两种模型可以等效互换。

若已知串联模型，则其等效的并联模型的电阻和电流源电流为

$$\begin{cases} R_0' = R_0 \\ I_S = \dfrac{U_S}{R_0} \end{cases}$$

若已知并联模型，则其等效的串联模型的电阻和电压源电压为

$$\begin{cases} R_0 = R_0' \\ U_S = R_0' I_S \end{cases}$$

在进行等效互换时，必须重视电压源的电压极性与电流源的电流方向之间的关系，即两者的参考方向要一致，也就是说电压源的正极对应着电流源电流的流出端，如图 2.23 所示。

电源等效互换分析电路时，还应注意以下几点。

（1）电源等效互换是电路等效变换的一种方法。这种等效只能保证电源输出电流、端电压的等效，对其内部电路并无等效关系。

（2）理想电压源的内阻为 0，理想电流源的内阻为∞，它们之间不能进行等效变换。

（3）电路中需要分析、计算的支路不能变换，否则变换的结果就不是原来所要计算的值。

2. 特殊有源支路的简化

（1）电压源与电压源串联。

几个电压源串联，对外等效为一个电压源，其电压等于各串联电压源电压的代数和。各串联电压源电压的参考方向与等效电压源的参考方向一致时取正号，反之取负号。图 2.24（a）所示为电压源 U_{S1} 和 U_{S2} 串联的电路，可等效为如图 2.24（b）所示的电压源 U_S。U_S 的电压值为 $U_S=U_{S1}-U_{S2}$。

（2）电流源与电流源并联。

几个电流源并联，对外等效为一个电流源，其电流等于各并联电流源电流的代数和。各并联电流源电流的参考方向与等效电流源的参考方向一致时取正号，反之取负号。图 2.25（a）所示为电流源 I_{S1} 和 I_{S2} 并联的电路，可等效为图 2.25（b）所示的电流源 I_S。I_S 的电流值为 $I_S=I_{S1}-I_{S2}$。

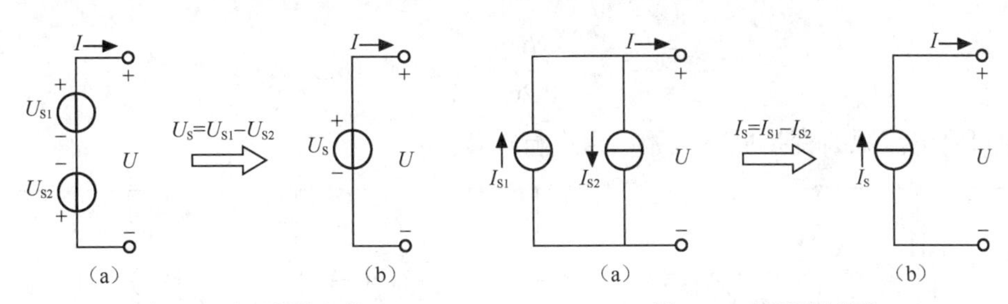

图 2.24　电压源的串联　　　　图 2.25　电流源的并联

（3）电压源与支路并联。

只有电压相等、极性一致的电压源才允许并联。电压源与电流源或电阻并联时，对外等效为一个电压源，其等效电压等于电压源的电压。图 2.26（a）所示为电压源 U_S 和电流源或电阻并联的电路，可等效为图 2.26（b）所示的电压源 U_S。

（4）电流源与支路串联。

只有电流相等、方向一致的电流源才允许串联。电流源与电压源或电阻串联时，对外等效为一个电流源，其等效电流等于电流源的电流。图 2.27（a）所示为电流源 I_S 和电压源或电阻串联的电路，可等效为图 2.27（b）所示的电流源 I_S。

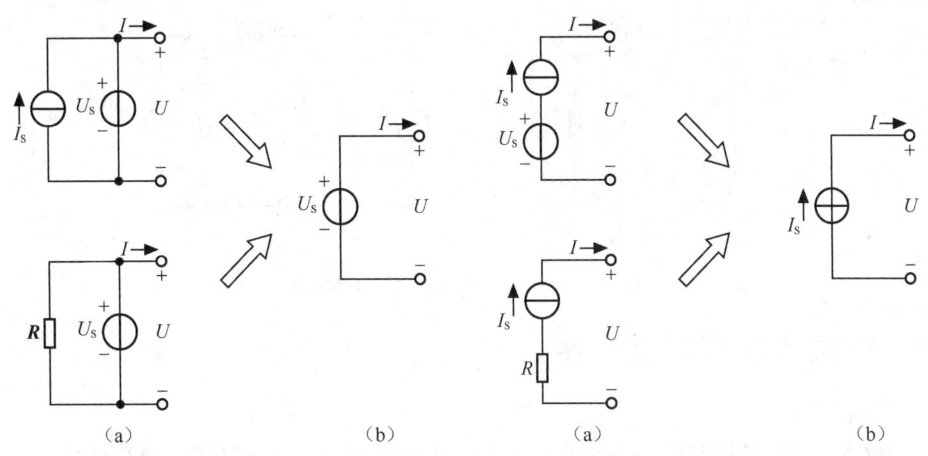

图 2.26　电压源与支路并联　　　　图 2.27　电流源与支路串联

3. 实际电源两种模型的等效变换分析电路

用实际电源两种模型的等效变换，可以将复杂的电路转换为简单的单口回路，然后求出待求得的电压和电流。但要注意的是需要分析、计算的支路不能参与变换。

【例 2-8】　在如图 2.28（a）所示的电路中，U_{S1}=24V，U_{S2}=16V，I_{S3}=30A，R_1=0.8Ω，R_2=0.4Ω，R_3=2Ω，R_L=4Ω，试用电源两种模型等效变换的方法计算电阻 R_L 上的电流 I。

解：（1）电流源 I_{S3} 与其串联的电阻 R_3 可以等效为一个电流源 I_{S3}。另外两个电压源 U_{S1} 与 U_{S2} 可以分别变换成电流源 I_{S1} 和 I_{S2}，得图 2.28（b），其中

$$I_{S1}=\frac{U_{S1}}{R_1}=\frac{24}{0.8}=30(\text{A})，\ I_{S2}=\frac{U_{S2}}{R_2}=\frac{16}{0.4}=40(\text{A})$$

（2）利用电流源并联电路的简化方法，可得到图 2.28（c），其中 I_{S1}、I_{S2}、I_{S3} 的方向相同，$I_S=I_{S1}+I_{S2}+I_{S3}=30+40+30=100(\text{A})$，$R_0=R_1//R_2=\dfrac{0.8\times0.4}{0.8+0.4}=0.267(\Omega)$。

（3）由图 2.28（c），根据分流公式计算出 I。

$$I=\frac{R_0}{R_0+R_{\mathrm{L}}}I_S=\frac{0.267}{0.267+4}\times 100=6.26(\mathrm{A})$$

也可将电流源 I_S 变换成电压源，再进行求解。

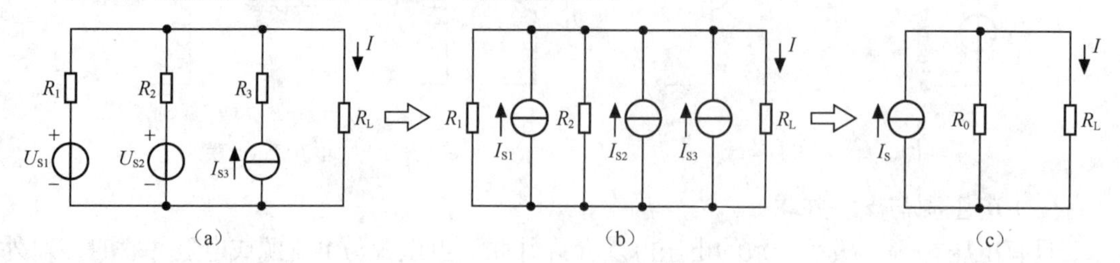

图 2.28　例 2-8 电路图

【练一练】实训 2-6：测定电源等效变换的条件

实训流程如下。

（1）按图 2.29（a）所示的线路接线，记录线路中两表的读数。

（2）按图 2.29（b）所示的线路接线。调节线路中恒流源的输出电流 I_S，使两表的读数与图 2.29（a）的数值相等，记录 I_s 的值，验证等效变换条件的正确性。

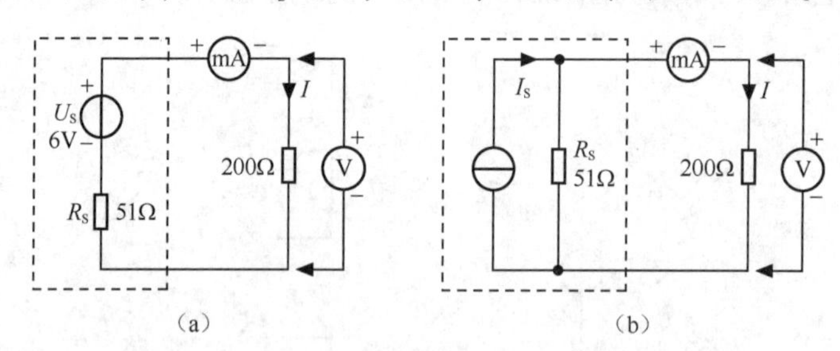

图 2.29　测定电源等效变换条件的电路

2.3.3　戴维南定理及其应用

1. 二端网络

二端网络是指通过引出一对端钮与外电路连接的网络。二端网络中的电流从一个端钮流入，从另一个端钮流出，二端网络也称为单口网络。

内部含有独立电源的二端网络称为有源二端网络；内部不含有独立电源的二端网络称为无源二端网络。无源二端网络可以等效为一个电阻。有源二端网络无论是简单的或者是复杂的电路，对外电路而言，都可以用一个简单的含有电源的等效电路来代替。

2. 戴维南定理

任何一个线性有源二端网络，对外电路来说，可以用一个电压源与电阻串联的支路来等效代替，其电压源的电压等于原来的有源二端网络的开路电压 U_{OC}，而电阻等于原来有源二端网络中所有独立电源置零时的等效电阻 R_0。这就是戴维南定理，如图 2.30 所示。

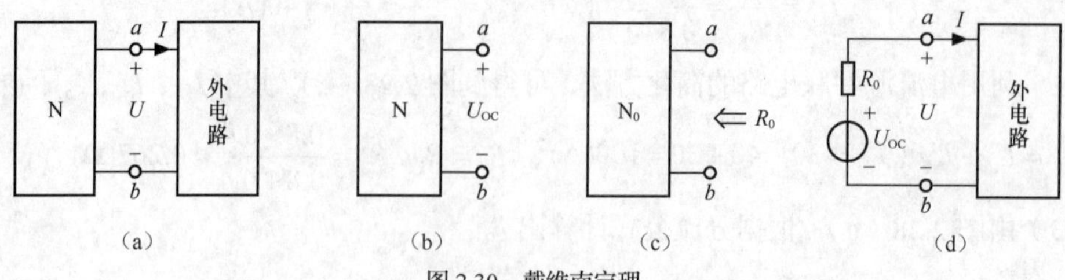

图 2.30　戴维南定理

3. 有源二端网络等效参数的测定

应用戴维南定理的关键是求出有源二端网络 N 的开路电压 U_{OC} 和与之对应的无源网络 N_0 的等效电阻 R_0。

开路电压 U_{OC} 一般通过前面所介绍的分析方法和定理来求解。当然，开路电压也可以通过实验的方法测得。

求解等效电阻 R_0 的方法主要有下列几种。

（1）将有源二端网络内部所有独立电源置零，即电压源用短路替代，电流源用开路替代，得到与之对应的无源网络 N_0。然后，根据电阻串并联、星形与三角形等效变换等方法，求出该二端网络的等效电阻；或者用万用表直接测量等效电阻。

（2）将有源二端网络所有独立电源置零，在端口 a、b 处施加电压或电流，计算或测量输入端口的电流 I 或电压 U（如图 2.31 所示），则等效电阻 $R_0=U/I$。

（3）将有源二端网络输出端开路，用电压表直接测出其输出端的开路电压 U_{OC}，然后再将其输出端短路，用电流表测其短路电流 I_{SC}，则等效电阻为 $R_0=U_{OC}/I_{SC}$，如图 2.32 所示。如果二端网络的内阻很小，若将其输出端口短路则易损坏其内部元件，此时不宜采用此方法。

除此以外，还有半电压法测量等效电阻 R_0，零示法测量开路电压 U_{OC} 等。

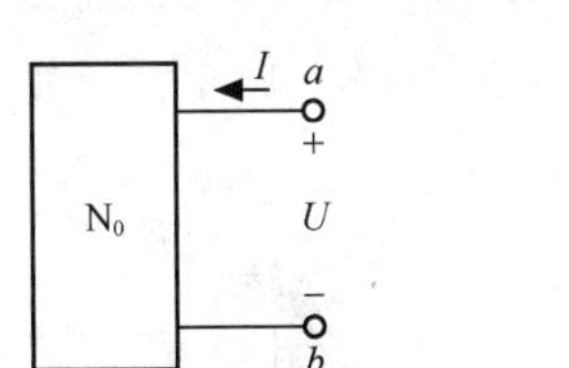

图 2.31　外加电源法求等效电阻

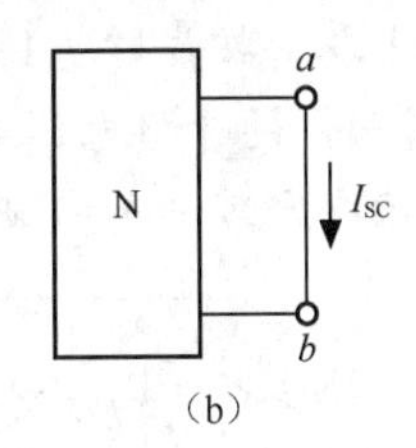

（a）　（b）

图 2.32　开路短路法求等效电阻

（1）半电压法测等效电阻 R_0。

如图 2.33 所示，当负载电压为被测网络开路电压的一半时，负载电阻（由电阻箱的读数确定）即为被测有源二端网络的等效内阻值。

（2）零示法测量开路电压 U_{OC}。

在测量具有高内阻有源二端网络的开路电压时，用电压表直接测量会造成较大的误差。为了消除电压表内阻的影响，往往采用零示测量法，如图 2.34 所示。

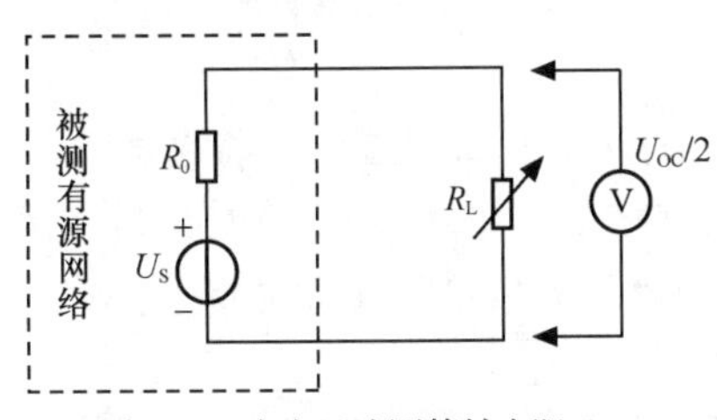

图 2.33　半电压法测等效电阻

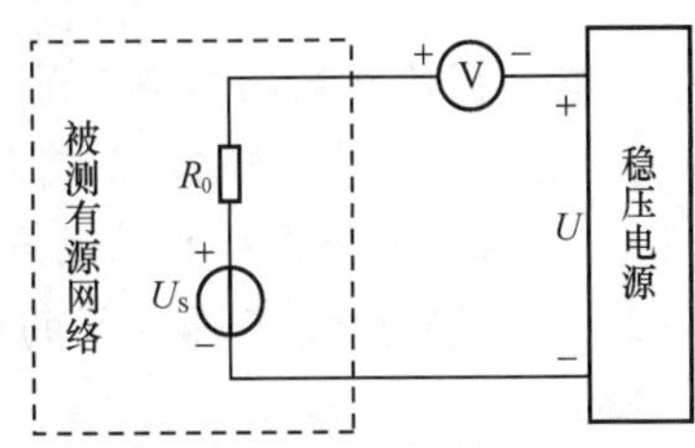

图 2.34　零示法测量开路电压

零示法的测量原理是用一个低内阻的稳压电源与被测的有源二端网络进行比较。当稳压电源的输出电压与有源二端网络的开路电压相等时，电压表的读数为“0”。然后将电路断开，测量此时稳压电源的输出电压，即为被测的有源二端网络的开路电压。

【做一做】实训 2-7：戴维南定理的验证——有源二端网络等效参数的测定

被测的有源二端网络如图 2.35（a）所示。

实训流程如下。

（1）用开路电压、短路电流法测定戴维南等效电路的 U_{OC}、R_0。

① 按图 2.35（a）所示接入电路，其中稳压电源 U_S=12V，恒流源 I_s=10mA。

② 不接入 R_L，用电压表测出开路电压 U_{OC}，用电流表测出短路电流 I_{SC}，并计算出 R_0。将测量和计算的结果填入表 2-9。

表 2-9　　开路电压、等效电阻测量

U_{oc}(v)	I_{sc}(mA)	$R_0=U_{oc}/I_{sc}(\Omega)$

（2）负载实验。

按图 2.35（a）接入 R_L。改变 R_L 的阻值，测量有源二端网络的外特性曲线。将实验结果填入表 2-10。

表 2-10　　有源二端网络的外特性曲线测量

U(V)										
I(mA)										

（3）验证戴维南定理。

从电阻箱上取得按步骤（1）所得的等效电阻 R_0 的值，然后令其与直流稳压电源（调到步骤（1）所测得的开路电压 U_{oc} 的值）串联，如图 2.35（b）所示，仿照步骤（2）测其外特性，对戴维南定理进行验证。

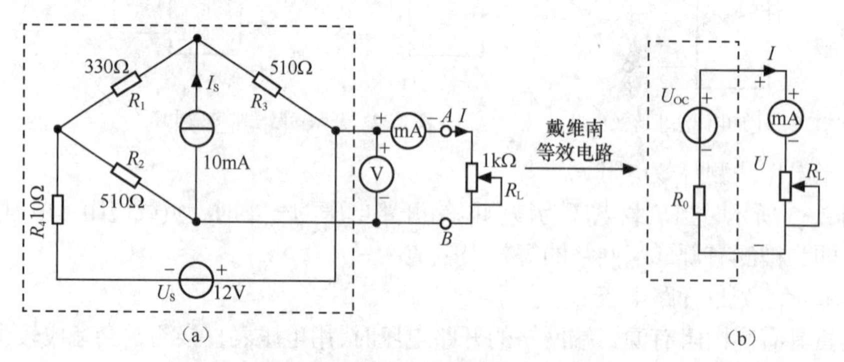

图 2.35　验证戴维南定理的电路

（4）有源二端网络参数的其他测量方法。

① 在图 2.35（a）中，将被测的有源网络内的所有独立源置零（将电流源 I_S 断开，去掉电压源 U_S，并在原电压源所接的两点用一根短路导线相连），然后直接用万用表的欧姆挡去测定负载 R_L 开路时 A、B 两点间的电阻，即为被测网络的等效电阻 R_0。

等效电阻 R_0=__________。

② 用半电压法和零示法测量被测网络的等效电阻 R_0 及其开路电压 U_{OC}。

等效电阻 R_0=__________；开路电压 U_{OC}=__________。

③ 比较各种方法所测得的有源二端网络的参数值。

4. 用戴维南定理求解电路

戴维南定理常用来分析电路中某一条支路的电流和电压。

戴维南定理分析电路的一般步骤如下。

（1）将电路分为有源二端网络和待求支路。

（2）移开待求支路，求出有源二端网络的开路电压 U_{OC}，则等效电源的电动势就是

U_{OC}，等效电源的极性应与开路电压保持一致。

（3）将有源二端网络中所有独立电源置零，变为无源二端网络，求出等效电阻 R_0，即为等效电源的内阻。

（4）画出有源二端网络的等效电路，并接上待求支路，求出电流。

【例 2-9】 在如图 2.36（a）所示的电路中，U_{S1}=12V，I_{S2}=2A，R_1=2Ω，R_2=1Ω，R_3=3Ω，R_L=6Ω，求电阻 R_L 上的电流 I。

分析：求电路中某一条支路的电流，采用戴维南定理可方便地解决此类问题。

解：（1）将电阻 R_L 断开，求出移去 R_L 后的 a、b 二端有源网络的开路电压 U_{OC}，如图 2.36（b）所示。

将电流源 I_{S2} 与电阻 R_1 组成的实际电流源转换成实际电压源，可得到

$$U_{OC}=U_{ab}=\frac{12-2\times 2}{2+1+3}\times(2+1)+4=8(\text{V})$$

（2）求出 a、b 二端无源网络（电压源用短路替代，电流源用开路替代）的等效电阻 R_0，如图 2.36（c）所示。

$$R_0=(R_1+R_2)//R_3=3//3=1.5(\Omega)$$

（3）画出有源二端网络的等效电路，并将电阻 R_L 接上，如图 2.36（d）所示，求电流 I。

$$I=\frac{U_{OC}}{R_0+R_L}=\frac{8}{1.5+6}=1.067(\text{A})$$

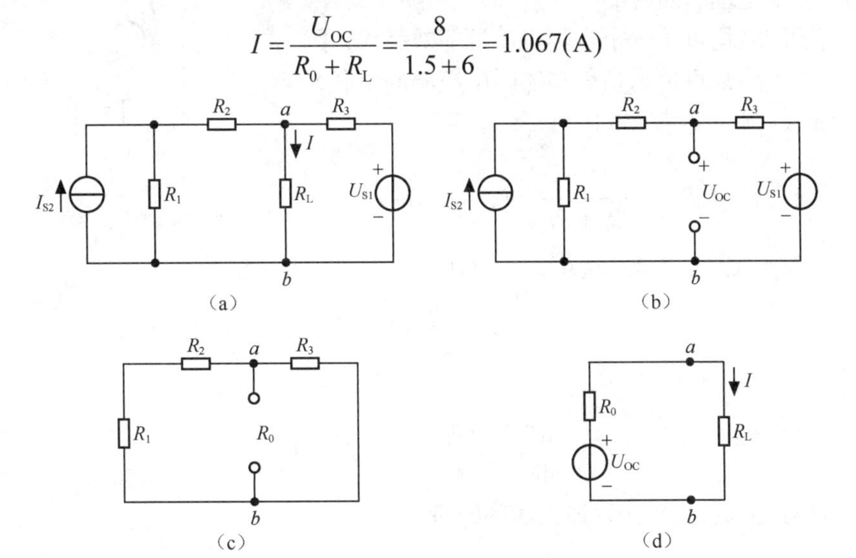

图 2.36　例 2-9 电路图

【例 2-10】 用戴维南定理求解例 2-7 电路图中的电阻 R_2 上的电压和电流。

(U_S=12V，I_S= 2A，R_1=4Ω，R_2=6Ω，R_3=8Ω，R_4=4Ω)

解：（1）将电阻 R_2 断开，移去 R_2 后的 a、b 二端有源网络如图 2.37（b）所示，求出开路电压 U_{OC}。

电流 I_S 只流过 R_4 电阻，故可得到

$$U_{OC}=U_{ab}=U_S-I_SR_4=12-2\times 4=4(\text{V})$$

（2）求出 a、b 二端无源网络（电压源用短路替代，电流源用开路替代）的等效电阻 R_0。

$$R_0=R_4=4\Omega$$

（3）画出有源二端网络的等效电路，并将电阻 R_2 接上，如图 2.37（c）所示，求出电流 I_2 和电压 U_2。

$$I_2 = \frac{U_{OC}}{R_0 + R_2} = \frac{4}{4+6} = 0.4(\text{A})$$

$$U_2 = I_2 R_2 = 0.4 \times 6 = 2.4(\text{V})$$

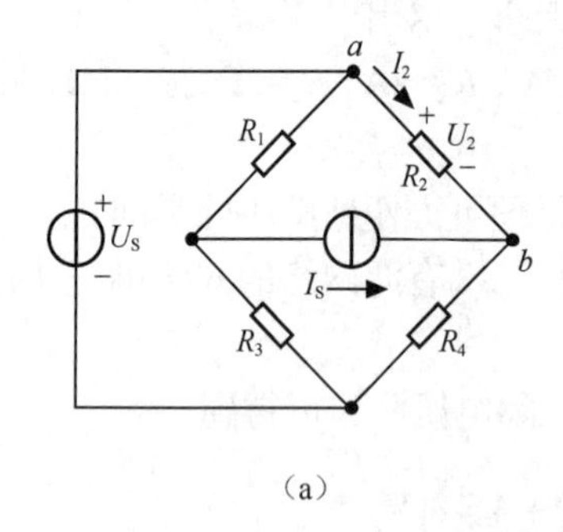

（a）

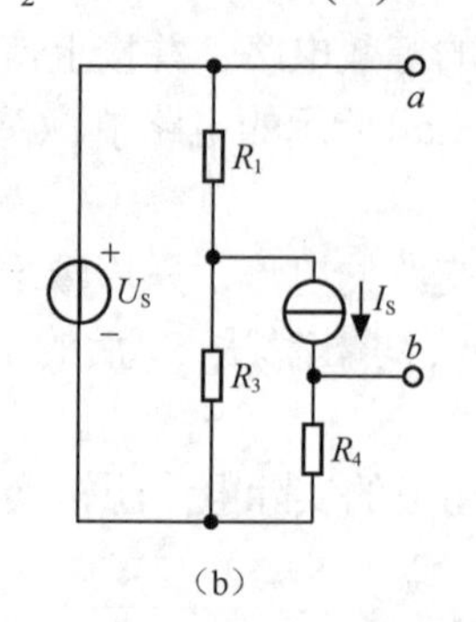

（b）

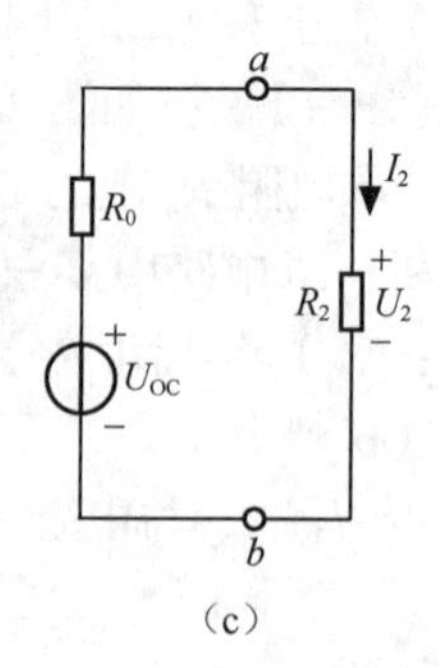

（c）

图 2.37　例 2-10 电路图

5. 负载获得最大功率的条件

在电子线路中，接在电源输出端或接在有源二端网络两端的负载常常要求获得最大功率。那么，在什么条件下负载才能获得最大功率？这就是最大功率传输定理所回答的问题。

一个有源网络均可用一个实际电压源等效替代，因此，任何一个电路都可化为负载与实际电压源的串联，如图 2.38 所示，则负载获得的功率为

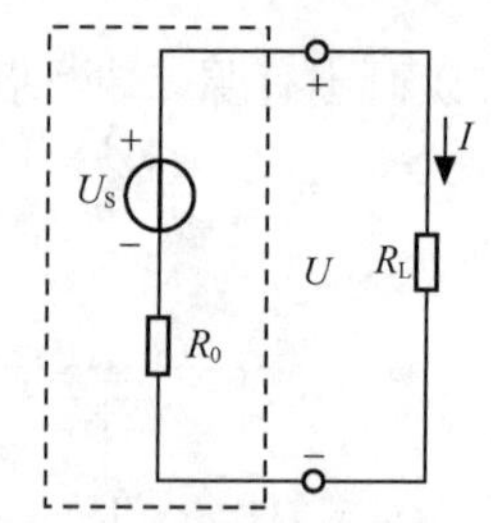

图 2.38　有源二端网络的输出功率

$$P_L = I^2 R_L = \left(\frac{U_S}{R_0 + R_L}\right)^2 R_L$$

在 U_S、R_0 一定时，要使 P_L 最大，应使

$$\frac{dP_L}{dR_L} = 0$$

即

$$\frac{dP_L}{dR_L} = \frac{R_0 - R_L}{(R_0 + R_L)^3} U_S^2 = 0$$

由此可得到：负载 R_L 获得最大功率的条件为

$$R_L = R_0$$

$R_L=R_0$ 时，称为功率匹配。此时，负载获得的功率是

$$P_{Lmax} = \frac{U_S^2}{4R_0}$$

传输效率

$$\eta = \frac{P_L}{U_S I} = \frac{I^2 R_L}{(R_0 + R_L) I \cdot I} = \frac{R_L}{R_0 + R_L}$$

从上式可以看出，在功率匹配的情况下，负载获得的功率虽然最大，但电路的传输效率只有 50%，电源输出功率只有一半供给了负载，另一半消耗在内阻上，这在电力系统的能量传输过程是绝对不允许的。发电机的内阻是很小的，电路传输的最主要指标是要高效率送电，最好是将 100%的功率均传送给负载。为此，负载电阻应远大于电源的内阻，即不允许运行在匹配状态。在电子技术领域里却完全不同，一般的信号源本身功率较小，且

都有较大的内阻。而负载电阻（如扬声器等）往往是较小的数值，且希望能从电源获得最大的功率输出，而电源的效率往往不予考虑。因此，通常设法改变负载电阻，或者在信号源与负载之间加阻抗变换器（如音频功放的输出级与扬声器之间的输出变压器），使电路处于工作匹配状态，以使负载能获得最大的输出功率。

【例 2-11】　在如图 2.39（a）所示的电路图中，U_S=24V，I_S=4A，R_1=12Ω，R_2=4Ω，R_3=6Ω。求 R_L 为何值时可获得最大功率？此功率为多少？

解：（1）将待求支路去掉，其余部分为有源二端网络，如图 2.39（b）所示。

（2）将有源二端网络等效成一个电压源。

开路电压 U_{OC} 即电压源的等效电压，用叠加定理可得

$$U_{OC}=\frac{R_2}{R_1+R_2}(-U_S)+\left(\frac{R_1R_2}{R_1+R_2}+R_3\right)I_S$$
$$=\frac{4}{12+4}(-24)+\left(\frac{12\times 4}{12+4}+6\right)\times 4=30(\text{V})$$

二端无源网络如图 2.39（c）所示，其等效电阻 R_0 为

$$R_0=R_1\,//\,R_2+R_3=\frac{12\times 4}{12+4}+6=9(\Omega)$$

（3）有源二端网络的等效电路，并接上电阻 R_L，如图 2.39（d）所示，可知当 R_L=R_0=9Ω 时，负载 R_L 从电路中获得最大功率

$$P_{Lmax}=\frac{U_{OC}^2}{4R_0}=\frac{30^2}{4\times 9}=25(\text{W})$$

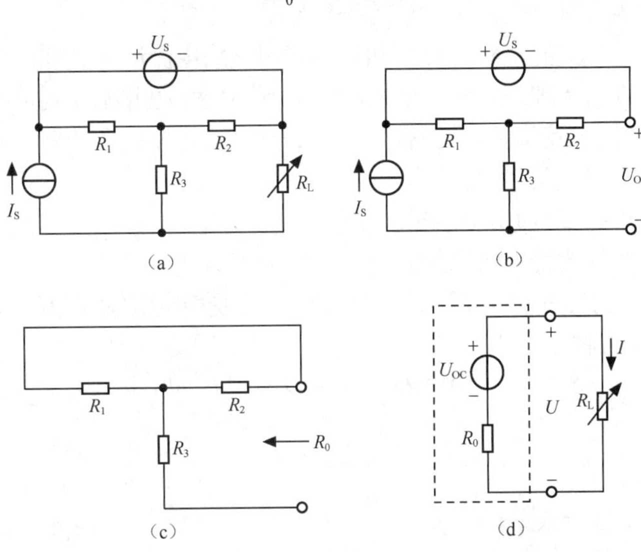

图 2.39　例 2-11 电路图

【做一做】实训 2-8：最大功率传输条件测定

实训流程如下。

（1）按图 2.40 所示接线，负载 R_L 取自元件箱 TKDG-05 的电阻箱。

（2）按表 2-11 所列的内容，令 R_L 在 0～1kΩ 范围内变化时，分别测出 U_O、U_L 及 I 的值，表中 U_O、P_O 分别为稳压

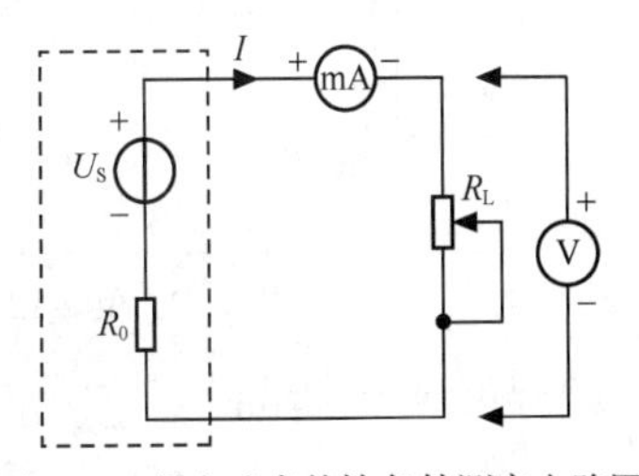

图 2.40　最大功率传输条件测定电路图

电源的输出电压和功率，U_L、P_L分别为R_L二端的电压和功率，I为电路的电流。在P_L最大值附近应多测几点。

表 2-11　　最大功率传输条件测试表

U_S=12V R_0=200Ω	$R_L(\Omega)$						
	U_O(V)						
	U_L(V)						
	I(mA)						
	P_O(W)						
	P_L(W)						

【做一做】

（1）整理实验数据，画出下列各关系曲线：$I\sim R_L$，$U_O\sim R_L$，$U_L\sim R_L$，$P_O\sim R_L$，$P_L\sim R_L$。

（2）根据实验结果，说明负载获得最大功率的条件是什么？

【想一想】

（1）电力系统进行电能传输时为什么不能工作在匹配工作状态？

（2）实际应用中，电源的内阻是否随负载而变？

（3）电源电压的变化对最大功率传输的条件有无影响？

2.3.4　含有受控源电路的分析

从 1.3.3 节中知道受控源分为流控电压源、压控电压源、流控电流源和压控电流源等四类。其特点是受控源的电压或电流（被控制量）受电路中其他电压或电流（控制量）的控制，当这些控制量为零时，受控源的被控制量也随之为零。

在电路分析中，受控源电路的分析同样可采用支路电流法、叠加定理、实际电源两种模型等效变换和戴维南定理等方法。受控源的处理与独立源并无原则上的不同，只是要注意对电路进行化简时，不能随意将含有控制量的支路消除掉；在计算过程中一般还有一个控制量和被控制量之间的关系方程。

【例 2-12】　求图 2.41 所示电路中的电压 U_3。

解：（1）用电源等效变换法求解。

受控电流源 $0.5I$ 与其并联的电阻 R_1 可以等效为一个受控电压源与电阻串联，如图 2.42 所示。根据 KVL 列出方程为

$$-10+I-1.5I+3I+2.5I=0$$

解得

$$I=2(\text{A})$$

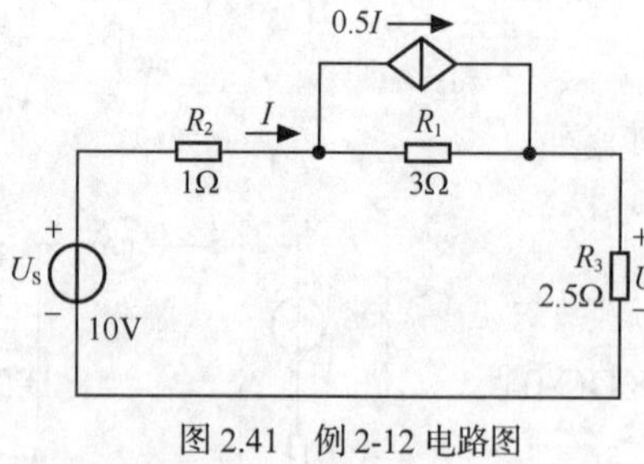

0.5I　R2　I　R1　1Ω　3Ω　US　10V　R3　2.5Ω　U3

图 2.41　例 2-12 电路图

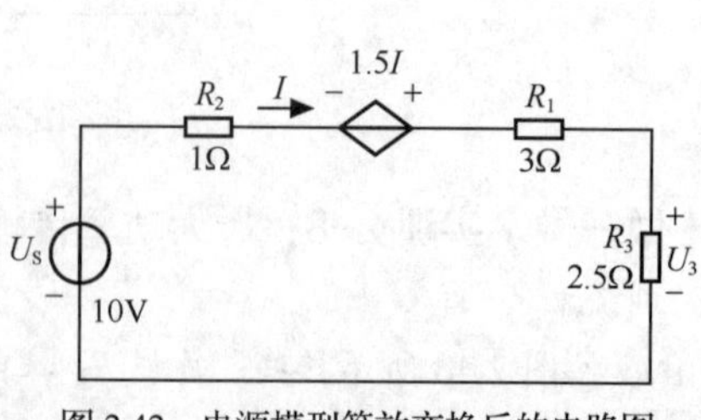

1.5I　R2　I　R1　1Ω　3Ω　US　10V　R3　2.5Ω　U3

图 2.42　电源模型等效变换后的电路图

可进一步求得

$$U_3=I\times R_3=2\times 2.5=5(\text{V})$$

（2）用戴维南定理求解。

首先计算图 2.41 电路中 R_3 两端的开路电压 U_{OC}，此时将 R_3 支路断开，如图 2.43（a）所示，此时 I=0，故 U_{OC}=10V。然后计算等效电阻 R_0。

求等效电阻可采用将有源二端网络所有独立电源置零，在端口处施加电压或电流，再计算输入端口的电流 I 或电压 U 的外加电源法以及开路短路法等。这里采用开路短路法。

先求短路电流 I_{SC}。

在图 2.43（b）中，根据 KVL 列出回路方程

$$-10 + I_{SC} + 0.5 I_{SC} \times 3 = 0$$

解得

$$I_{SC} = 4(\mathrm{A})$$

则等效电阻

$$R_0 = \frac{U_{OC}}{I_{SC}} = \frac{10}{4} = 2.5(\Omega)$$

画出有源二端网络的等效电路，并将电阻 R_3 接上，如图 2.43（c）所示，求出电压 U_3。

$$U_3 = \frac{R_3}{R_0 + R_3} U_{OC} = \frac{2.5}{2.5 + 2.5} \times 10 = 5(\mathrm{V})$$

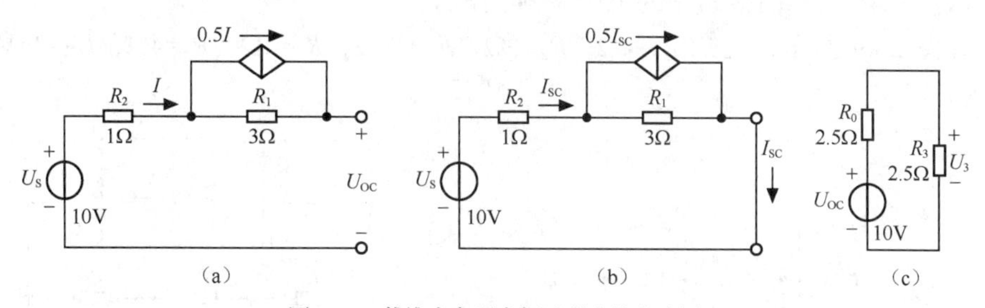

图 2.43　戴维南定理求解过程中的电路图

习　　题

1. 求如图 2.44 所示的各电路的等效电阻 R_{ab}。

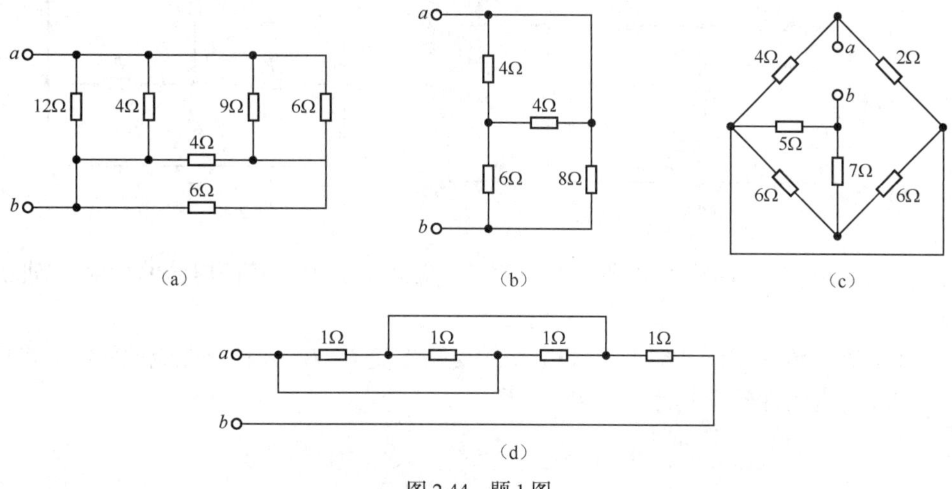

图 2.44　题 1 图

2. 求如图 2.45 所示的各电路的等效电阻 R_{ab}。

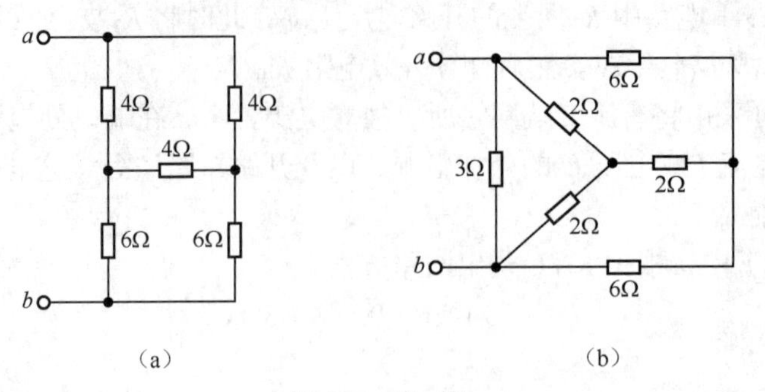

图 2.45　题 2 图

3. 已知有一个表头内阻 R_g 为 1.5kΩ，满偏电流 I_g 为 200μA 的灵敏电流表 G，若欲将其改装成图 2.46 所示的多量程电压表，量程分别为 10V、50V、250V，问所需串联的电阻 R_1、R_2、R_3 的值分别是多少？

4. 若要将上题的电流表 G 改装成图 2.47 所示的多量程电流表，量程分别为 500μA、5mA、500mA，试计算分流电阻 R_1、R_2、R_3 的数值。

5. 求图 2.48 所示的电路中的电压 U 和电流 I。

6. 如图 2.49 所示，已知 R_1=4Ω，R_2=6Ω，R_3=16Ω，R_4=4Ω，R_5=4Ω，U_S=24V。求电流 I_5 和电压 U_2。

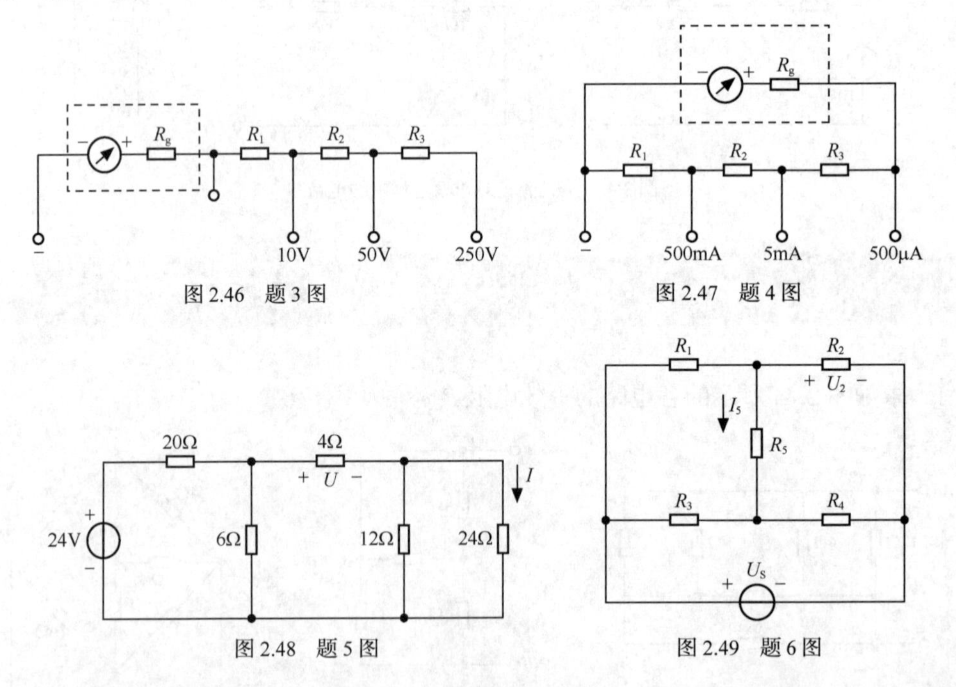

图 2.46　题 3 图

图 2.47　题 4 图

图 2.48　题 5 图

图 2.49　题 6 图

7. 用支路电流法求图 2.50 所示的电路各支路电流，并计算两电源的功率，判断它们是否输出功率。

8. 用支路电流法求图 2.51 所示的电路的支路电流 I_1、I_2，并计算电流源两端的电压 U，用 Multisim 仿真软件验证其计算结果。

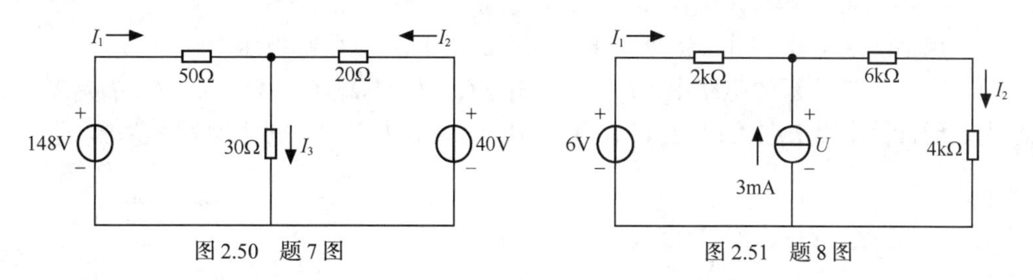

图 2.50　题 7 图　　　图 2.51　题 8 图

9．电路如图 2.52 所示，已知 R_1=12Ω，R_2=6Ω，R_3=6Ω，I_S=4A，U_S=10V。用叠加定理计算 I_2、U_3。

10．试用叠加定理计算如图 2.53 所示的电路的 I 和 U。

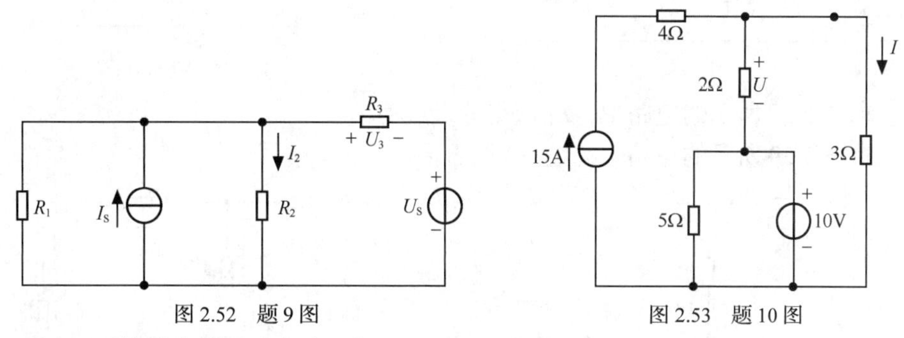

图 2.52　题 9 图　　　图 2.53　题 10 图

11．用电源等效变换法求解如图 2.54 所示的电路的 I。

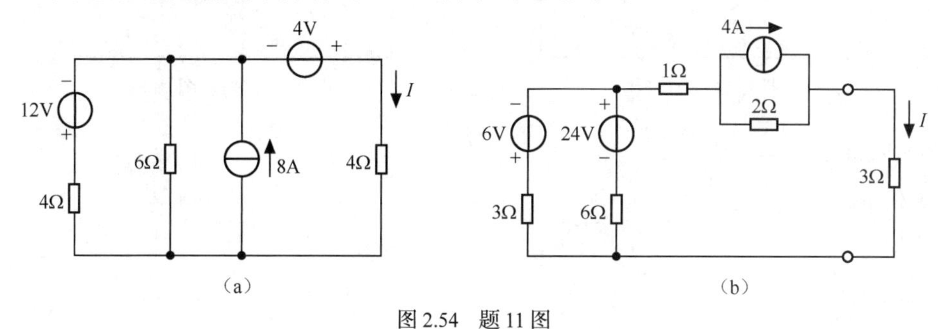

图 2.54　题 11 图

12．求如图 2.55 所示的各电路的戴维南等效电路。

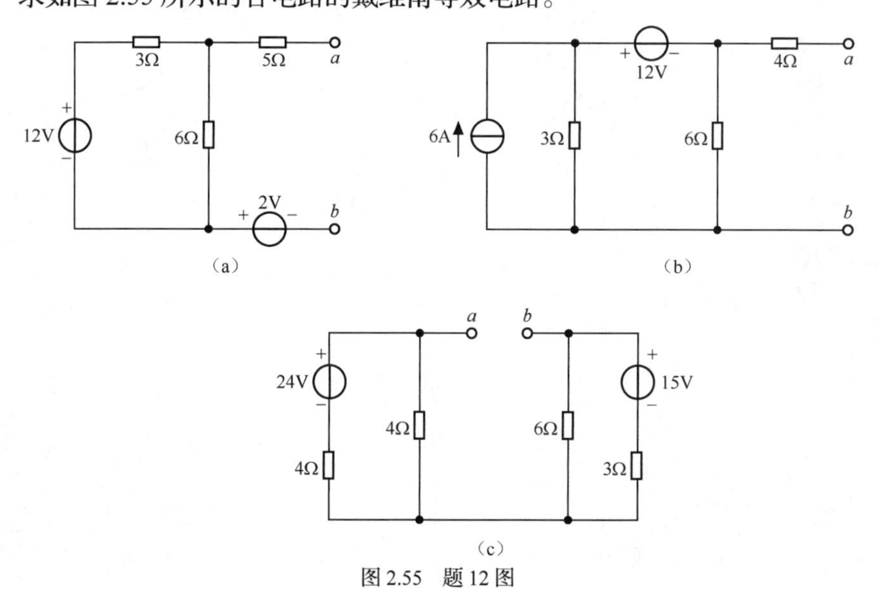

图 2.55　题 12 图

13. 用戴维南定理求图 2.56 所示的电路中的 I 和 a、b 两端电压 U_{ab}。

14. 在图 2.57 所示的电路中，R_1=3Ω，R_2=6Ω，R_3=1Ω，R_4=2Ω，I_S=3A，U_S=18V，用戴维南定理计算电阻 R_2 上的电压 U_2，并用 Multisim 仿真软件验证其计算结果。

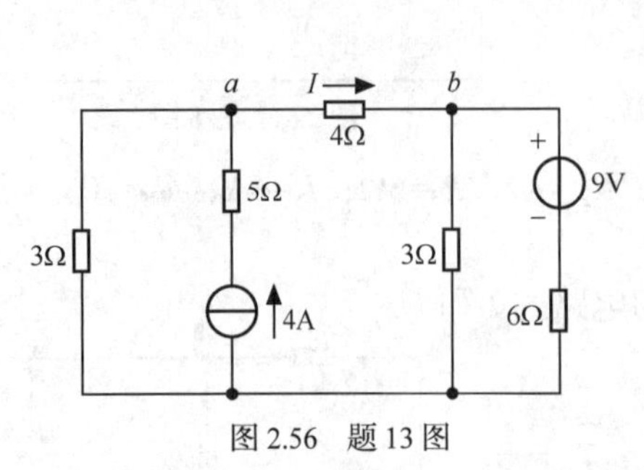

图 2.56　题 13 图

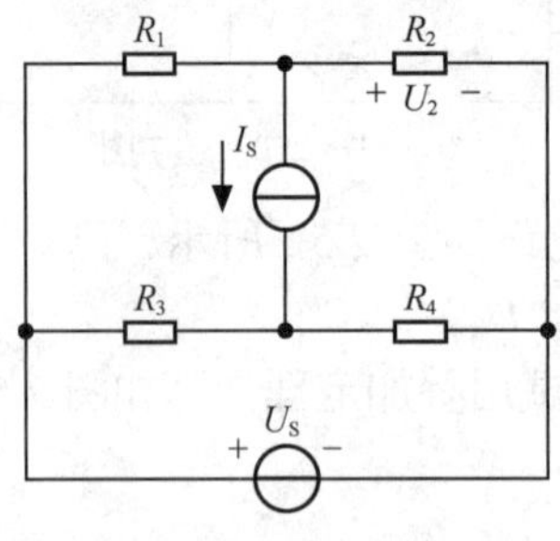

图 2.57　题 14 图

15. 求图 2.58 所示的电路中，R_L 获得的最大功率。

16. 求图 2.59 所示的电路中的电流 I。

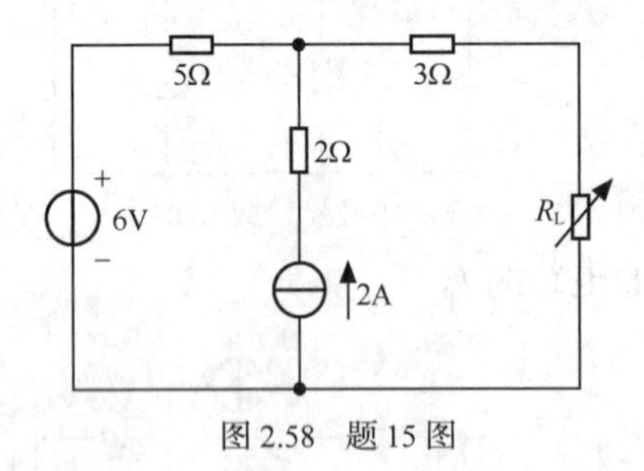

图 2.58　题 15 图

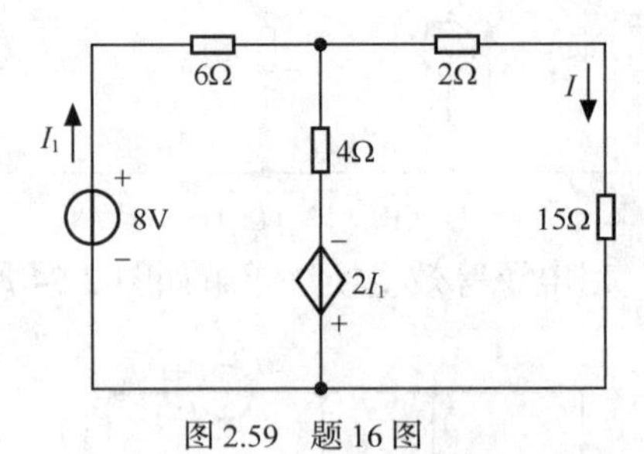

图 2.59　题 16 图

项目3　动态电路的测试与分析

任务3.1　认识和使用电容器

知识要点

- 了解电容器的外观特点、常见种类和主要参数。
- 掌握电容器的识别和检测方法。
- 理解电容元件的定义、特性及约束关系；理解电容器的电场能量；掌握电容器串、并联的有关计算。

技能要点

- 能识别各种电容器，能用简单的方法判别电容器的好坏，能用万用表判断电解电容器的极性。

3.1.1　认识电容器

电容器的基本结构是在两个相互靠近的导体之间覆一层不导电的绝缘材料（介质）。它的功能是介质两边储存一定的电荷或电能。电容器因具有充、放电以及“通交流、隔直流，通高频、阻低频”的特性，被广泛应用于滤波、隔直、交流旁路、交流耦合、调谐、高频等电路中。

电容器

1. 常见的电容器种类

电容器按结构可分为固定电容器和可变电容器，可变电容器一般有半可变电容器（微调电容器）和全可变电容器。

电容器按材料介质可分为气体介质电容器、纸质电容器、瓷质电容器、云母电容器、陶瓷电容器和电解电容器等。图3.1列出了几种常见的电容器的实物图。

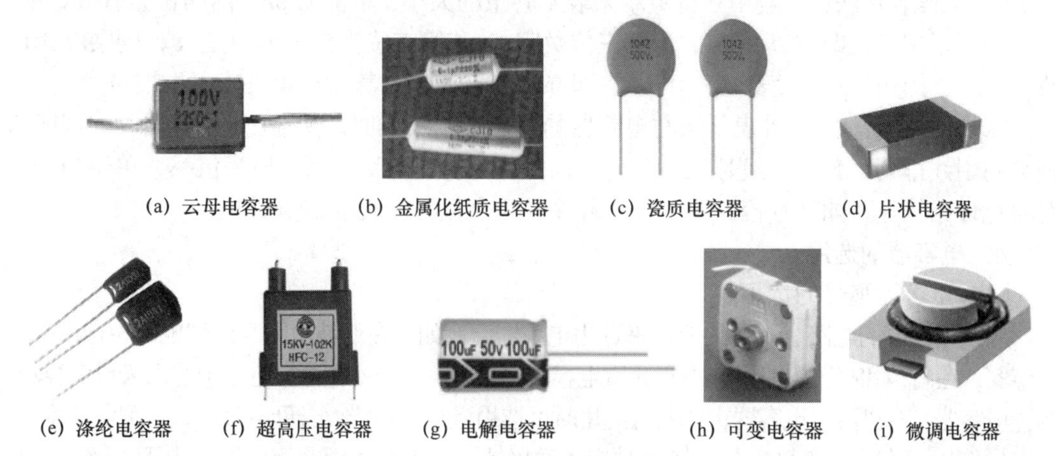

(a) 云母电容器　(b) 金属化纸质电容器　(c) 瓷质电容器　(d) 片状电容器

(e) 涤纶电容器　(f) 超高压电容器　(g) 电解电容器　(h) 可变电容器　(i) 微调电容器

图3.1　几种常见电容器的实物图

2. 电容器的主要参数

电容器的主要参数有标称容量和额定耐压。

电容量是电容器储存电荷的能力，简称电容。国际单位制（SI）单位是法拉（F），其他常用的单位还有毫法（mF）、微法（μF）、纳法（nF）和皮法（pF）。它们之间的换算关系为

$$1\text{F} = 10^3\text{mF} = 10^6\mu\text{F} = 10^9\text{nF} = 10^{12}\text{pF}$$

在电容器上标注的电容量值，称为标称容量。电容器的标称容量与其实际容量之差，再除以标称容量所得的百分比，就是允许误差。电容器允许误差一般分为01、02、Ⅰ、Ⅱ、Ⅲ、Ⅳ、Ⅴ和Ⅵ共8个等级。误差等级有时也用英语字母表示，如J、K、M、N。

额定耐压是指在规定温度范围内，电容器正常工作时能承受的最大直流电压。耐压值一般直接标在电容器上，有些电解电容器在正极根部用色点来表示耐压等级，如6.3V用棕色，10V用红色，16V用灰色。电容器使用时不允许超过耐压值，否则电容器就可能损坏或被击穿，甚至爆炸。

3. 电容器的标志内容及方法

（1）型号命名方法。

根据国家标准，电容器型号命名由四部分内容组成，其中第三部分作为补充说明电容器的某些特征，如无说明，则只需三部分组成，即两个字母一个数字。大多数电容器都由三部分内容组成。型号命名格式如图3.2所示。

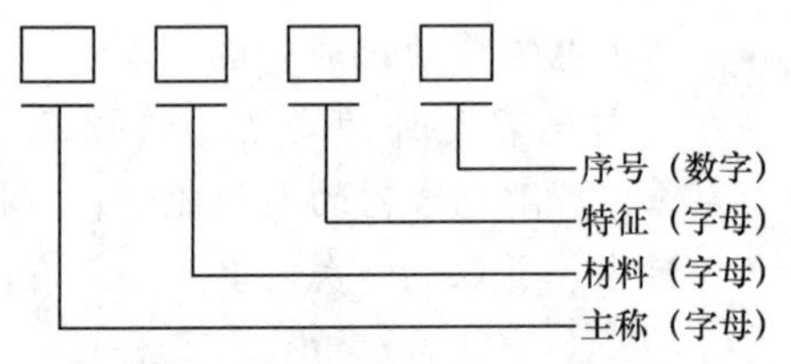

图3.2　电容器型号命名格式

例如：CY510I——云母电容，Ⅰ级精度（±5%）510 pF；

　　　CL1nK——涤纶电容，K级精度（±10%）1nF；

　　　CC224——瓷介质电容，Ⅲ级精度（±20%）0.22μF。

一般电容器主体上除标上述符号外，还标有标称容量、额定电压、精度与技术条件等。

（2）容量的标志方法。

① 字母数字混合标法：其中数字表示有效数值，字母表示数值的单位。字母有时既表示单位也表示小数点。例如，3p3表示3.3pF，μ22表示0.22μF，3n9表示3.9nF。

② 数字直接表示法：用1～4数字表示，不标单位。当数字部分大于1时，其单位为pF；当数字部分大于0小于1时，其单位为μF。例如：2200表示2200pF，0.1表示0.1μF。

③ 数码表示法：一般用三位数字来表示容量的大小，单位为pF。前两位为有效数字，后一位表示位率，即乘以10^i（i为第三位数字）。若第三位为数字9或者8，则乘以10^{-1}或者10^{-2}。例如，224代表22×10^4 pF，即0.22μF；229代表22×10^{-1} pF，即2.2pF。

④ 色码表示法：这种表示法与电阻器的色环表示法类似，颜色涂于电容器的一端或从顶端向引线排列。色码一般是三环颜色，前两环为有效数字，第三环为位率，单位为pF。有时色环比较宽，如红红橙，两个红色环涂成一个宽的，表示22000pF。

4. 电容器的选用

（1）电容器型号的选用。

应根据不同的电路、不同的要求来选用电容器。例如，在滤波电路、退耦电路中选用电解电容器；在高频和高压电路中选用瓷介质电容器、云母电容器；在谐振电路中选用云母电容器、陶瓷电容器、有机薄膜电容器；作隔直流用时可选用涤纶电容器、云母电容器、电解电容器等。

电解电容有正、负极之分，使用时应注意极性，它不能用于交流电路。由于电解电容的介质是一层极薄的氧化膜，在相同容量和耐压下，其体积比其他电容小几个或十几个数量级，

特别是低压电容更为突出。因此，在要求大容量的场合，如滤波等，均选用电解电容。

（2）电容器的额定工作电压选取。

电容器的额定工作电压是指电容器长期使用时能可靠工作，不被击穿，所能承受的最大直流电压值。每个电容器都有一定的耐压程度，所选电容的电压一般应使其额定值高于线路施加在电容两端电压的 20%～30%，个别电路工作电压波动较大时，须有更大的安全裕量。

（3）电容器标称容量及精度等级的选取。

各类电容均有其标称值系列及精度等级。在确定容量精度时，应首先考虑电路对容量精度的要求，不同精度的电容价格相差很大，不要盲目追求电容的精度等级。电容器的电容量应选取靠近计算值的一个标称量。

5. 电容器的检测

数字万用表判断电容的极性和好坏，都是用万用表欧姆挡，通过测量电容器的充放电过程，进行粗略判断。需要指出的是，数字万用表红表笔是内部电池的正极，黑表笔是内部电池的负极。

（1）用万用表判断电解电容器的极性。

电解电容器的介质是一层附着在金属极板上的氧化膜，氧化膜具有单向导电的性质，因此在使用时，应注意电解电容器的极性要求。

一般电解电容器都具有极性标志，若标记不清可借万用表判断其极性。

把万用表调到 200Ω或 2kΩ挡，假定一极为正极，让红表笔与它连接，黑表笔与另一极连接，记下阻值，然后把电容放电，即让两极接触。更换红、黑表笔再次测量电阻，阻值小的一次红表笔连接的就是电容的正极。

指针式万用表检测电容器

（2）用万用表检测电容器的质量。

欧姆挡挡位选择的原则是：1μF 的电容用 20k 挡，1～100μF 的电容用 2k 挡，大于 100μF 的电容用 200Ω挡。

一般小容量电容器（容量小于 1μF），无正负极之分，红、黑表笔可以任意接到电容器的两个引脚。若是电解电容器，则需用万用表的红表笔接电容的正极，黑表笔接电容的负极。

若电容器有充放电过程，即显示从 0 慢慢增加，最后显示溢出符号“1.”，则电容正常；如果始终显示为 0，则电容内部短路；如果始终显示“1.”，则电容内部断路。

【做一做】实训 3-1：万用表检测电容器

实训流程如下。

将电容器的参数记录于表 3-1 中，并对其质量进行检测。

表 3-1　电容器的识别与检测

电容器标志	电容器名称	标称容量	额定耐压	允许误差	质量检测（好、坏）

3.1.2　电容元件的特性及其连接

下面介绍电容元件及其特性与电容的连接。

1. 电容元件及其特性

充电后的电容器，两极板间存在电压，介质中建立起电场，并且储存电场能量，这就是电容器的基本性能。如果忽略电容器的其他次要性质，电容器用一种代表其基本性能的理想二端元件做模型，这就是电容元件。电容元件的常见符号见图 3.3。

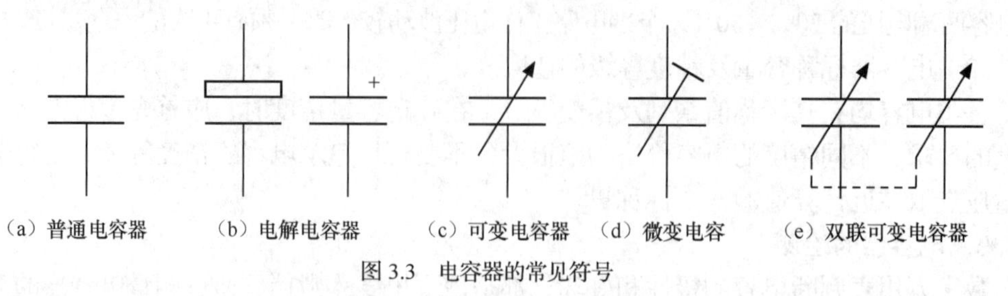

图 3.3　电容器的常见符号

若电容器极板上所带的电荷量为 q，电容器两端的电压为 u，且参考方向规定带正电的极板指向带负电的极板，则电荷量与电压的比值就是电容器的电容，用 C 表示。即

$$C=\frac{q}{u}$$

若电容 C 的大小为定值，即电荷量 q 与电压 u 满足线性正比关系，这种电容器称为线性电容。反之，C 的大小不是定值，称为非线性电容。无特别说明，一般指线性电容。

当电容两端的电压发生变化时，电容极板上的电荷也会相应地发生变化，在电路中就会形成电流。当电容上的电流与电压取关联参考方向时，如图 3.4 所示，则电路中的电流为

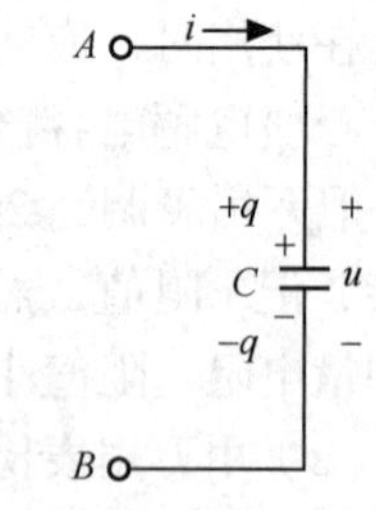

图 3.4　电容上的电压与电流

$$i=\frac{\mathrm{d}q}{\mathrm{d}t}$$

将 $q=Cu$ 代入，就可得到关联参考方向下的电容的伏安特性表达式，即

$$i=C\frac{\mathrm{d}u}{\mathrm{d}t}$$

可见，电容元件在任意时刻的电流不是取决于该时刻电容的电压值，而是取决于此时电压的变化率，故电容元件也称为动态元件。电压变化越快，则电流越大；反之，电流越小；当电压不随时间变化时，电容电流等于零，这时电容元件相当于开路。故电容元件有隔断直流的作用。

由于流经电容的电流是有限值，因此，$\frac{\mathrm{d}u}{\mathrm{d}t}$ 也须为有限值，即电容两端的电压不可能跃变，即电容电压的变化具有连续性。

电容是储能元件。设 $t=0$ 瞬间电容的电压为零，经过时间 t，电容 C 的电压升至 $u(t)$，则任意时刻 t 电容储存的电场能量 $w(t)$ 为

$$w(t)=\int_0^t p(\tau)\mathrm{d}\tau=\int_0^t u(\tau)i(\tau)\mathrm{d}\tau=\int_0^t Cu(\tau)\frac{\mathrm{d}u(\tau)}{\mathrm{d}\tau}\mathrm{d}\tau=\frac{1}{2}Cu(\tau)\Big|_0^t=\frac{1}{2}Cu^2(t)$$

所以，电容在某一时刻的储能只取决于该时刻的电容两极间的电压值。

2. 电容的连接

当电容器的容量或者耐压不符合要求时，可以通过多个电容进行适当的连接以达到要求。

（1）电容器的并联。

图 3.5（a）所示为三个电容并联的电路。电容并联时，各电容的电压为同一电压。若电压为 u，则它们所带的电量分别为

$$q_1 = C_1 u,\ \ q_2 = C_2 u,\ \ q_3 = C_3 u$$

三个电容所带的总电量

$$q = q_1 + q_2 + q_3 = (C_1 + C_2 + C_3)u$$

图 3.5（b）所示为并联电容的等效电容，有

$$q = Cu$$

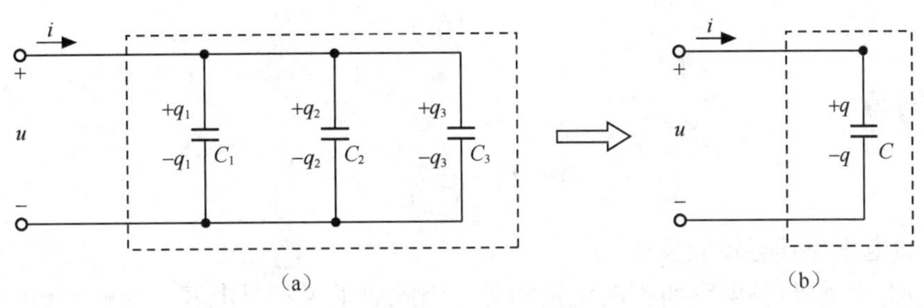

图 3.5　电容的并联

则可得到并联电容的等效公式

$$C = C_1 + C_2 + C_3$$

显然，电容器并联时，电容器的电容增加，但工作电压不能超过各电容中的最低额定电压。

（2）电容器的串联。

图 3.6（a）所示为三个电容串联的电路。电容串联时，各电容所带的电量相等，设为 q，即

$$q = C_1 u_1 = C_2 u_2 = C_3 u_3$$

则它们的电压分别为

$$u_1 = \frac{q}{C_1},\ \ u_2 = \frac{q}{C_2},\ \ u_3 = \frac{q}{C_3}$$

串联电路的总电压

$$u = u_1 + u_2 + u_3$$

$$= \frac{q}{C_1} + \frac{q}{C_2} + \frac{q}{C_3} = \left(\frac{1}{C_1} + \frac{1}{C_2} + \frac{1}{C_3}\right)q$$

图 3.6（b）所示为串联电容的等效电容，有

$$q = Cu \qquad (3\text{-}1)$$

则可得到串联电容的等效公式

$$\frac{1}{C} = \frac{1}{C_1} + \frac{1}{C_2} + \frac{1}{C_3}$$

即多个电容串联时，等效的总电容的倒数等于各电容倒数之和。

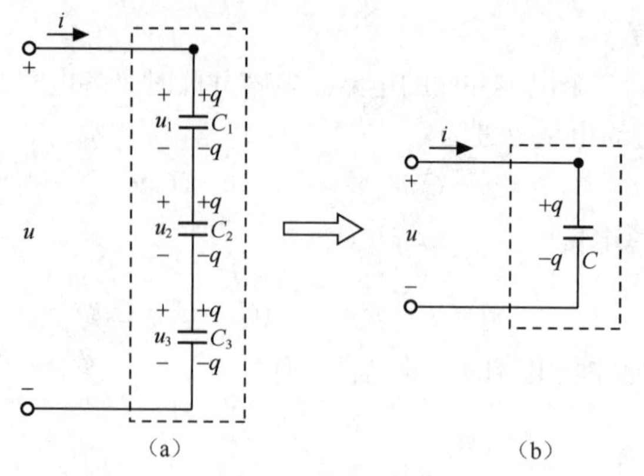

图 3.6　电容的串联

同样可得

$$u_1 : u_2 : u_3 = \frac{1}{C_1} : \frac{1}{C_2} : \frac{1}{C_3}$$

即各电容的电压与其容量成反比。

由于电容串联时各电容所带的电量相等，因此要求每一只电容器均能安全工作的电荷量是各电容器最大允许带电量的最小值。然后根据式（3-1）来确定串联电容组的耐压。

【例 3-1】　现有两个电容 C_1：100μF/500V（电容/耐压），C_2：200μF/100V。

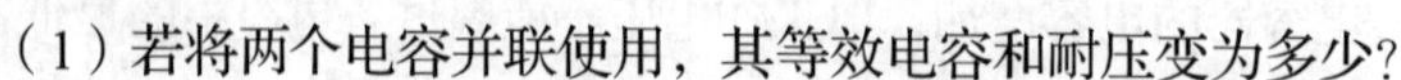
（1）若将两个电容并联使用，其等效电容和耐压变为多少？

（2）若将两个电容串联使用，其等效电容和耐压又变为多少？

解：（1）将两个电容并联使用时，等效电容

$$C = C_1 + C_2 = 100 + 200 = 300(\mu\text{F})$$

耐压

$$U_{\text{N}} = \min(U_{1\text{N}}, U_{2\text{N}}) = \min(500, 100) = 100(\text{V})$$

（2）将两个电容串联使用时，等效电容

$$C = \frac{C_1 C_2}{C_1 + C_2} = \frac{100 \times 200}{100 + 200} = 66.7(\mu\text{F})$$

电容 C_1 最多允许带的电量

$$q_1 = C_1 U_{1\text{N}} = 100\mu\text{F} \times 500\text{V} = 5 \times 10^{-2}\text{C}$$

电容 C_2 最多允许带的电量

$$q_2 = C_2 U_{2\text{N}} = 200\mu\text{F} \times 100\text{V} = 2 \times 10^{-2}\text{C}$$

所以等效电容 C 最多允许带的电量

$$q = \min(q_1, q_2) = q_2 = 2 \times 10^{-2}\text{C}$$

串联电容组耐压

$$U_{\text{N}} = \frac{q}{C} = \frac{2 \times 10^{-2}}{66.7 \times 10^{-6}} = 300(\text{V})$$

任务 3.2　认识和使用电感器

知识要点

- 了解电感器的外观特点、常见种类和主要参数。
- 了解电感器的识别和检测方法。
- 理解电感元件的定义、特性及约束关系；理解电感器的磁场能量。

技能要点

- 能识别各种电感器，能对电感器线圈进行简单检测。

3.2.1　认识和检测电感器

电感器（简称电感）是把导线（漆包线、纱包线或裸导线）一圈靠一圈（导线间互相绝缘）地绕在骨架（绝缘体、铁芯或磁芯）上制成的，它有时也被绕成空心的。电感器也称为电感线圈（简称线圈）。

电感器具有电磁转换以及“通直流、阻交流，通低频、阻高频”的特性，它广泛应用于调谐、振荡、耦合、匹配、扼流以及滤波等电路中。由于其用途、工作频率、功率、工作环境不同，对电感器的基本参数和结构形式就有不同的要求，从而导致电感器的类型和结构多样化。

1. 常见的电感器

电感器的种类很多，结构和外形各不相同。按其外形可分为固定电感器、可变电感器和微调电感器三类；按电感线圈内有无磁芯或磁芯所用材料，又可分为空心线圈、磁芯线圈以及铁芯线圈等电感器；按用途分类，有高频扼流线圈、低频扼流线圈、调谐线圈、退耦线圈等电感器。图 3.7 列出了常见的几种电感器的实物图。

图 3.7　常见电感器的实物图

2. 电感器的主要参数

（1）电感量标称值与误差。

电感量的 SI 单位是亨利（H），常用的单位还有毫亨（mH）、微亨（μH），它们之间的换算关系为

$$1\text{H}=10^3\text{mH}=10^6\mu\text{H}$$

电感量表示了线圈本身固有特性，与电流大小无关。除专门的电感线圈（色码电感器）

外，电感量一般不专门标注在线圈上，而以特定的名称标注。

误差是指电感量的实际值与标称值之差除以标称值所得的百分数。振荡线圈误差一般要求较高，而如耦合阻流线圈则要求较低。

（2）品质因数。

电感器的品质因数 Q 是表示线圈质量的一个重要物理量。线圈的 Q 值愈高，回路的损耗愈小。线圈的 Q 值与导线的直流电阻、骨架的介质损耗、屏蔽罩或铁芯引起的损耗、高频趋肤效应的影响等因素有关。线圈的 Q 值通常为几十到几百，采用磁芯线圈、多股粗线圈均可提高线圈的 Q 值。

（3）标称电流。

标称电流指线圈允许通过的电流大小，通常用字母 A、B、C、D、E，分别表示标称电流值 50mA、150mA、300mA、700mA、1600mA。

（4）分布电容。

线圈的匝与匝间、线圈与屏蔽罩间、线圈与地之间存在的电容被称为分布电容。分布电容的存在使线圈的 Q 值减小，稳定性变差，因而线圈的分布电容越小越好。采用分段绕法可减少分布电容。

3. 电感器线圈的简单检测

对电感器进行检测首先要进行外观检查，查看线圈有无松散，引脚有无折断、生锈现象。然后用万用表欧姆挡，测量线圈的直流阻值。若检测到电感器的阻值无穷大，则表明电感线圈有断路；若发现比正常值小很多，则表明有局部短路；若为零，则线圈完全短路。对于有金属屏蔽罩的电感器线圈，还需检查线圈与屏蔽罩间是否短路；对于有磁性的可调电感器，检查螺纹配合是否完好。电感器内部的局部关系构成其他电参数，则须通过专用的仪器进行检测。

指针式万用表判别电感器的好坏

【做一做】实训 3-2：万用表检测中频变压器（中周）线圈

实训流程如下。

（1）直观检测。

如图 3.8 所示，根据中周线圈的外表有无异常情况，推断其质量好坏，如观察线圈有无烧坏，有无断裂情况等。

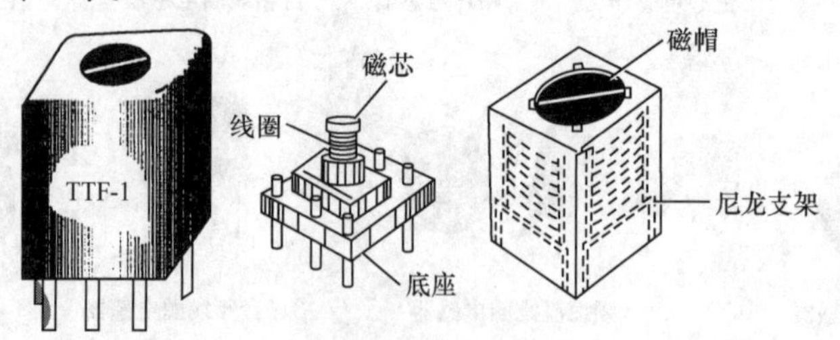

图 3.8　中频变压器(中周)

（2）测试线圈与外壳绝缘。

用万用表欧姆挡，分别测量每个绕组线圈与外壳之间的绝缘电阻，若测得的电阻很小，则说明内部引线碰壳，不能使用。

（3）测试线圈间绝缘。

用万用表欧姆挡，测量每个绕组线圈之间的绝缘电阻，电阻应为无穷大，否则说明线圈间短路，不能使用。

（4）检测线圈。

用万用表欧姆挡，测量各绕组线圈，应有一定的阻值，因为不同的绕组线圈的圈数是不一样的，所以测得的电阻应略有不同。如测得 $R=\infty$，则说明线圈内部断路；如果测得的阻值为0，则说明该绕组内部短路。

（5）检查屏蔽罩、磁芯等。

对于有金属屏蔽罩的电感器线圈还需检查它的线圈与屏蔽罩间是否短路；对于有磁芯的可调电感器，则还需查看可变磁芯是否松动或者断裂。若完好的话，可用无感改锥进行伸缩调整检查。

3.2.2　电感元件

电感器的主要部分是线圈。当电感线圈通入电流时，线圈内及其周围都会产生磁场，将电能转换成磁场能储存起来。如果忽略其他的能量变换，实际的电感线圈就可以用一种理想二端元件做模型，这就是电感元件。实际电感器及电感元件的符号如图3.9所示。

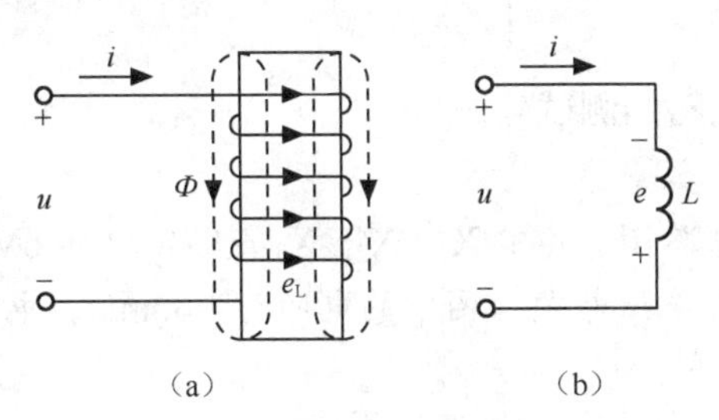

电流的磁效应

图3.9　实际电感器及电感元件的符号

电感元件简称电感，电感和电感量通常都用文字符号"L"表示。

当电流发生变化时，线圈本身就产生阻碍电流变化的自感应电动势。根据法拉第电磁感应定律，可得

$$e=-N\frac{\mathrm{d}\Phi}{\mathrm{d}t}=-L\frac{\mathrm{d}i}{\mathrm{d}t}$$

其中 Φ 为电流产生磁场的磁通量，SI单位为韦伯（Wb）；N 为线圈匝数；"−"表示自感应电动势总是阻碍磁通量或者线圈中电流的变化。

这样，在关联参考方向下，电感元件两端产生的感应电压为

$$u=-e=L\frac{\mathrm{d}i}{\mathrm{d}t}$$

这就是理想电感元件的伏安特性。

可见，电感元件在任意时刻的电压不是取决于该时刻的电流值，而是取决于此时电流的变化率，故电感元件也是动态元件。电流变化越快，则电感电压越大；反之，电感电压越小；当电流不随时间变化时，电感电压等于零，这时电感元件相当于短路。故电感元件有通直流、阻交流的作用。

由于电感两端的电压是有限值，因此，$\frac{\mathrm{d}i}{\mathrm{d}t}$ 也须为有限值，即流过电感上的电流不可能发生跃变，电感上的电流的变化具有连续性。

电感也是储能元件。设 $t=0$ 瞬间流过电感的电流为零，经过时间 t，电流增至 $i(t)$，则任意时刻 t 电感储存的磁场能量 $w(t)$ 为

$$w(t)=\int_0^t p(\tau)\mathrm{d}\tau=\int_0^t i(\tau)u(\tau)\mathrm{d}\tau=\int_0^t Li(\tau)\frac{\mathrm{d}i(\tau)}{\mathrm{d}\tau}\mathrm{d}\tau=\frac{1}{2}Li^2(\tau)\Big|_0^t=\frac{1}{2}Li^2(t)$$

电感在某一时刻的储能只取决于该时刻流过电感的电流值。

任务 3.3　动态电路的测试和分析

知识要点

- 掌握换路定律及初始值的计算。
- 掌握时间常数、零输入响应、零状态响应、全响应的概念及计算。
- 掌握恒定电源作用下的一阶电路三要素的求解方法，会用三要素法求解全响应动态电路。

技能要点

- 会对 RC 电路、RL 电路的暂态响应进行测试。
- 会设计、制作和调试动态电路。

【做一做】实训 3-3：动态电路的测试

实训流程如下。

（1）如图 3.10 所示接好测试电路图。其中 X_1、X_2、X_3 是额定电压 6V、额定功率 3.6W 的小白炽灯。V_1 是提供 6V 电压的稳压电源。图中的电阻为 200mΩ，电容为 1mF/10V 的电解电容，电感为 50mH，J_1 为开关。

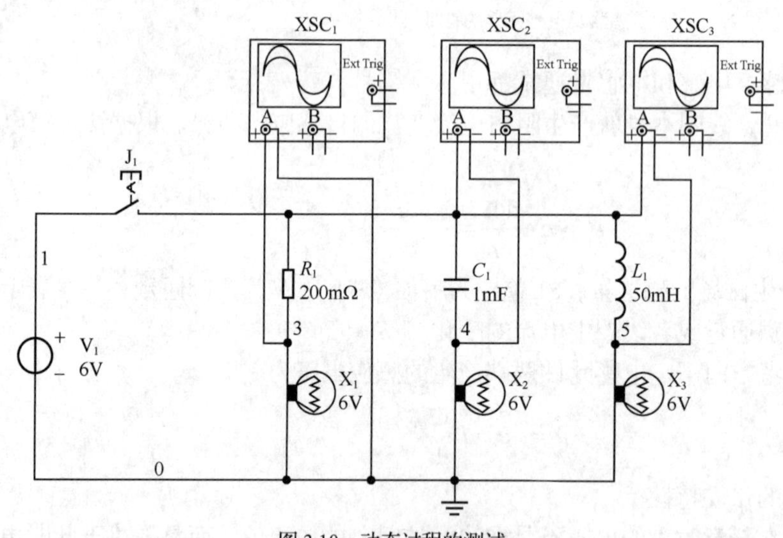

图 3.10　动态过程的测试

电感动态电路测试 1

电感动态电路测试 2

（2）合上开关，观察 3 个白炽灯发光的情况，并回答下列问题。

① 开关 J_1 闭合时，电阻支路上的白炽灯 X_1________（立即/延时）发光，且亮度________（变化/不变化），说明该支路__________（存在/不存在）动态变化过程。

② 开关 J_1 闭合时，电容支路上的白炽灯 X_2 由______（亮/暗）逐渐变______（亮/暗），最后______（能/不能）进入稳定过程，说明该支路______（存在/不存在）动态变化过程。

③ 开关 J_1 闭合时，电感支路上的白炽灯 X_3 由______（亮/暗）逐渐变______（亮/暗），最后______（能/不能）进入稳定过程，说明该支路______（存在/不存在）动态变化过程。

（3）用示波器测量电阻支路的白炽灯两端（可认为是电阻两端）、电容支路电容两端和电感支路电感两端在开关 J_1 闭合瞬间及其以后的电压变化情况（如图 3.11 所示为测量所得的电压变化参考图，其中 XSC_1、XSC_2 和 XSC_3 为电阻支路、电容支路、电感支路上的白炽灯两端、电容两端和电感两端的电压变化情况），并分析下列情况。

① 电阻支路上的白炽灯两端电压变化情况：________________。

② 电容支路上的电容两端电压变化情况：________________。

③ 电感支路上的电感两端电压变化情况：________________。

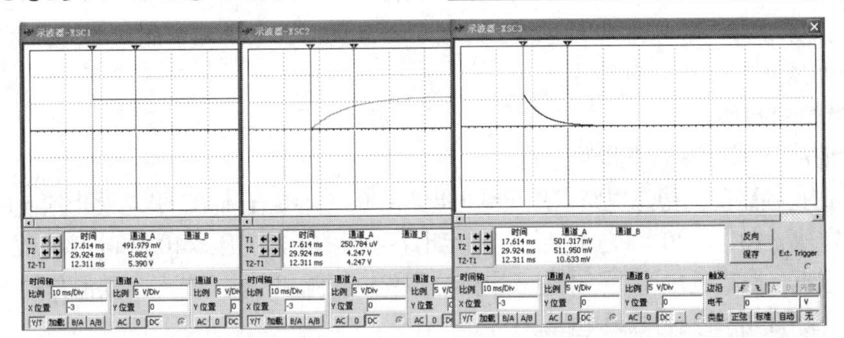

图 3.11　电阻支路上的白炽灯、电容支路上的电容和电感支路上的电感两端电压的变化时序图

（4）结合电阻元件、电容元件和电感元件的特性，回答下列问题：

① 电阻支路在开关闭合瞬间，电阻两端的电压是否会产生跃变？为什么？

____

② 电容支路在开关闭合瞬间，电容两端的电压是否会产生跃变？为什么？

____

③ 电感支路在开关闭合瞬间，电感两端的电压是否会产生跃变？为什么？

____

【想一想】

在开关闭合瞬间，流过电阻支路、电容支路和电感支路的电流是否会产生跃变？结合电阻元件、电容元件和电感元件的特性，分析它们的原因。

3.3.1　动态电路与换路定律

1. 动态电路的概念

电路中的电压与电流恒定不变，或者随时间按周期规律变化的电路，其状态是稳定的，此时的状态就叫稳定状态。

从实训 3-3 中可以发现，在含有储能元件（如电容、电感）的电路中，当电路状态发生变化（如切换开关、电源变化、电路变动、改变元件参数等）时，电路存在着从一个稳定状态向另一个稳定状态转变的过程，这个过程称为暂态过程，或者称为过渡过程，这种电路称作动态电路。电路状态的变化，统称为换路，一般假定换路是瞬间完成的。

研究动态过程具有很大的实际意义。在弱电系统中，有些电路就是利用电容器充电和放电的过渡过程来完成积分电路、微分电路、多谐振荡器等的。在电力系统中，由于电路动态过程会出现过电压和过电流现象而损坏电气设备，因此要对其进行分析研究，并采取措施进行抑制。本书仅对线性动态电路的过渡过程进行分析研究。

2. 换路定律

从 3.1.2 节和 3.2.2 节中可以知道：电容电压的变化具有连续性，流过电感上的电流的变化也具有连续性，根据这些特性可得到电路在换路时所遵循的规律（即换路定律）。

连接了电容的电路，在换路后的一瞬间，如果电容中的电流保持为有限值，则电容上的电压应当保持换路前一瞬间的原有值而不能跃变，即电容上的电压不能跃变。用下列等式来表示

$$u_{\mathrm{C}}(0_{+})=u_{\mathrm{C}}(0_{-})$$

连接了电感的电路，在换路后的一瞬间，如果电感两端的电压保持为有限值，则电感中的电流应当保持换路前一瞬间的原有值而不能跃变，即电感中的电流不能跃变。用下列等式来表示

$$i_{\mathrm{L}}(0_{+})=i_{\mathrm{L}}(0_{-})$$

注意：电路在换路时，只有电容上的电压和电感中的电流是不能跃变的，电路中其他的电压和电流是可以跃变的。

3. 计算初始值

初始值的计算可按如下步骤进行。

（1）根据换路前的稳态电路求出 t=0$_-$时电路中的电容电压 $u_{\mathrm{C}}(0_{-})$和电感电流 $i_{\mathrm{L}}(0_{-})$，然后利用换路定律 $u_{\mathrm{C}}(0_{+})=u_{\mathrm{C}}(0_{-})$、$i_{\mathrm{L}}(0_{+})=i_{\mathrm{L}}(0_{-})$确定出 t=0$_+$时的电容电压 $u_{\mathrm{C}}(0_{+})$和电感电流 $i_{\mathrm{L}}(0_{+})$。

（2）根据换路后的电路，将电容和电感分别用电压源和电流源代替，其值分别等于 $u_{\mathrm{C}}(0_{+})$和 $i_{\mathrm{L}}(0_{+})$，画出 t=0$_+$时刻的等效电路。

（3）根据 t=0$_+$时刻的等效电路，利用 KCL、KVL 和欧姆定律求出电路中其他元件或支路上的电压或电流的初始值 $u(0_{+})$和 $i(0_{+})$。注意，独立源取 t=0$_+$时的值。

【例 3-2】 在如图 3.12（a）所示的电路中，U_{S}=50V，R_1=20Ω，R_2=30Ω，开关断开前电路处于稳定状态，试求开关断开瞬间的 $u_{\mathrm{C}}(0_{+})$和 $i_{\mathrm{C}}(0_{+})$。

解： 选定电流和电压的参考方向，如图 3.12（a）所示。

开关 S 断开前，电容在直流稳定状态下相当于开路，电容 C 两端的电压就是电阻 R_2 两端的电压，即

$$u_{\mathrm{C}}(0_{-})=\frac{R_2}{R_1+R_2}U_{\mathrm{S}}=\frac{30}{20+30}\times 50=30(\mathrm{V})$$

当开关断开时，根据换路定律，可得

$$u_{\mathrm{C}}(0_{+})=u_{\mathrm{C}}(0_{-})=30\mathrm{V}$$

电路在 $t=0$ 时刻的等效电路，如图 3.12（b）所示，此时 C 等效为电压源。

根据 KVL，可得

$$i_{\mathrm{C}}(0_{+})=i_1(0_{+})=\frac{U_{\mathrm{S}}-u_{\mathrm{C}}(0_{+})}{R_1}=\frac{50-30}{20}=1(\mathrm{A})$$

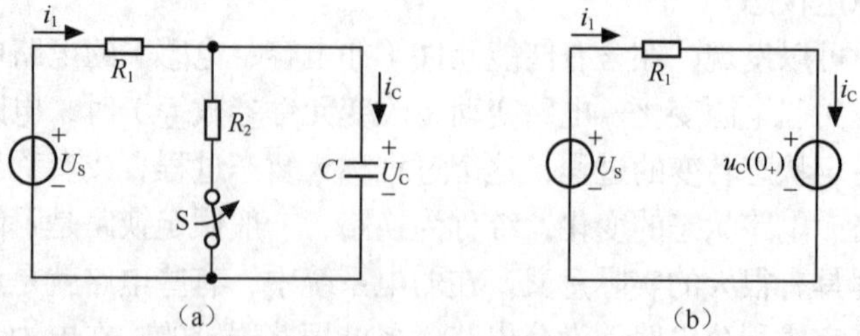

（a）　　　　（b）

图 3.12　例 3-2 电路图

【例 3-3】 在如图 3.13（a）所示的电路中，U_{S}=20V，R_1=6Ω，R_2=4Ω，求开关闭合瞬间流过电感的电流 $i_{\mathrm{L}}(0_{+})$和电感两端的电压 $u_{\mathrm{L}}(0_{+})$。

解： 选定电流和电压的参考方向，如图 3.13（a）所示。

开关 S 闭合前，电感在直流稳定状态下相当于短路，流过电感 L 的电流为

$$i_{\mathrm{L}}(0_{-})=\frac{U_{\mathrm{S}}}{R_1+R_2}=\frac{20}{6+4}=2(\mathrm{A})$$

开关闭合时，根据换路定律，可得

$$i_{\mathrm{L}}(0_{+})=i_{\mathrm{L}}(0_{-})=2\mathrm{A}$$

电路在 t=0 时刻的等效电路，如图 3.13（b）所示，根据 KVL 有

$$U_{\mathrm{S}}-i_{\mathrm{L}}(0_{+})R_1-u_{\mathrm{L}}(0_{+})=0$$

解得

$$u_{\mathrm{L}}(0_{+})=U_{\mathrm{S}}-i_{\mathrm{L}}(0_{+})R_1=20-2\times 6=8(\mathrm{V})$$

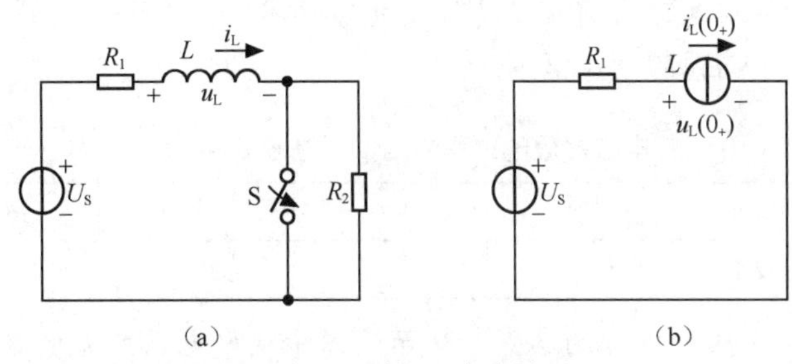

（a）　　　　（b）

图 3.13　例 3-3 电路图

3.3.2　RC 电路的测试与分析

【做一做】实训 3-4：RC 电路充放电特性的仿真测试

实训流程如下。

（1）按图 3.14（a）所示接好测试电路图。U_{S} 是提供 10V 电压的稳压电源。S 为双掷开关，仿真测试时，其切换可由默认的空格键（Key=Space）进行控制。XSC1 为示波器，双击图表可打开示波器面板，可对时间轴、A 和 B 通道的比例、位置进行设置。移动游标指针 T1、T2 可测定某一时刻的电压值。

（2）将开关 S 置于位置“B”，启动仿真运行开关，手动切换开关使其置于位置“A”，从示波器面板中观察电容的充电情况。

（3）切换开关使其置于位置“B”，从示波器面板中观察电容的放电情况。电容充放电曲线如图 3.14（b）所示。

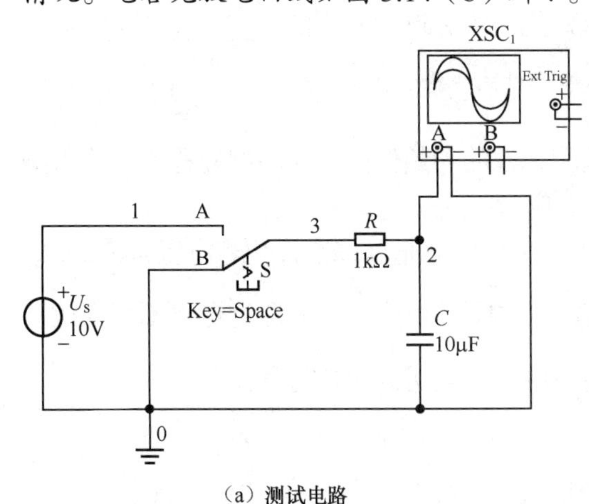

（a）测试电路

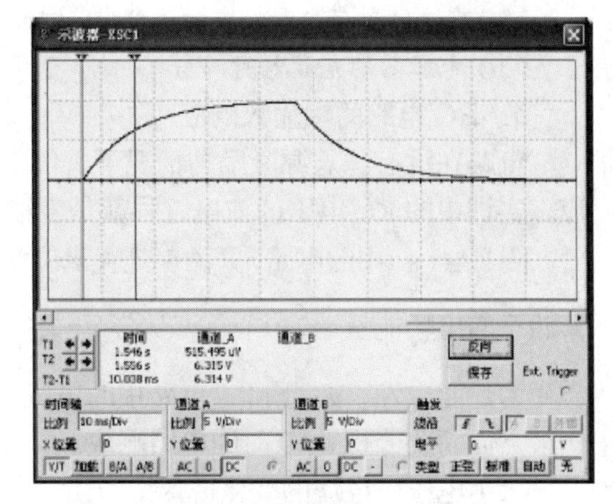

（b）测试波形

图 3.14　RC 充放电电路与电容充放电时的波形

（4）分析电容充放电曲线。

将游标指针 T1 移到电容器刚开始进行充电的时间点，如图 3.14（b）所示。将游标指针 T2 移到间隔时间为 1τ 的位置（τ 为电路的时间常数，$\tau=RC$，这里的 τ 值计算为 10ms，即使 T2−T1=1τ =10 ms），记录 T2 所测到的电压幅度。根据表 3-2 所要求的进行测量，并进行记录。

表 3-2　　电容器充电过程的测试（电源 U_S=10V）

时间 t = T2−T1（τ =10 ms）	1τ	2τ	3τ	4τ	5τ
电容器两端的电压（V）					

将游标指针 T1 移到电容器刚开始进行放电的时间点。将游标指针 T2 移到表 3-3 所要求的位置，记录 T2 所测到的电压幅度。

表 3-3　　电容器放电过程的测试（电源 U_S=10V）

时间 t = T2−T1（τ =10 ms）	1τ	2τ	3τ	4τ	5τ
电容器两端的电压（V）					

（5）修改电路中电阻与电容的参数，从示波器中观察电路的充电与放电的快慢情况，并根据表 3-4 所要求的进行测试记录。

表 3-4　　参数变化时电容器充放电的时间（电源 U_S=10V）

项目	数值	充电至 0.632U_S（6.32V）的时间（s）	放电至 0.368U_S（3.68V）的时间（s）
电容不变，改变电阻（C=10μF）	R=0.5 kΩ		
	R=1 kΩ		
	R=2 kΩ		
电阻不变，改变电容（R=1kΩ）	C=5μF		
	C=10μF		
	C=20μF		

根据测试数据，回答下列问题。

（1）在电容器充电和放电的过程中，增大电阻值，电容充放电的过程_______（变长/变短）。

（2）在电容器充电和放电的过程中，增大电容量，电容充放电的过程_______（变长/变短）。

（3）电容器的充放电时间与_______和______成正比。

1. RC 电路的零输入响应

电路在没有独立源激励的情况下，仅由储能元件的初始储能引起的响应称为零输入响应。实训中的 RC 电路的放电过程就是零输入响应。

图 3.14（a）中的电路，开关 S 先置于位置“A”，使电容被充电，此时，电容电压 $u_C(0_-)=U_S$，其储存的电场能量 $W_C(0_-)=\frac{1}{2}CU_S^2$。开关换至位置“B”，电容的电能通过电阻不断释放，转变为热能散发，u_C 下降，电路中的电流 i 也下降，电路进入过渡过程。

下面简要分析 $t \geqslant 0$ 时的电路响应。

（1）电压、电流的变化规律。

在图 3.15 所示的 RC 电路中，假定 $t<0$ 时是稳定状态，即电容充电完毕，电容上的电

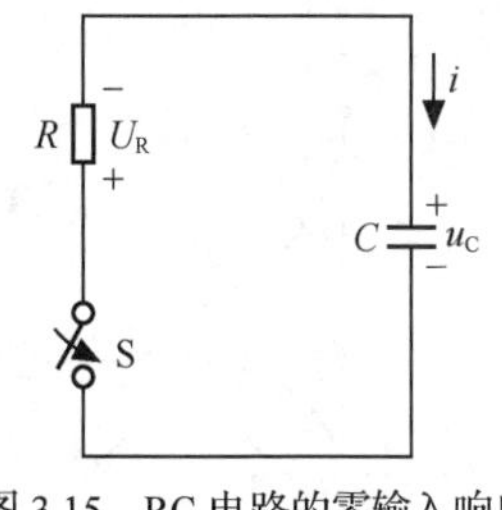

图 3.15　RC 电路的零输入响应

压 $u_C(0_-)=U_0$。

$t=0$ 时，开关闭合，电路进入过渡过程。根据换路定律，换路后电容电压的初始值，即电路的初始状态 $u_C(0_+)=u_C(0_-)=U_0$。

对于换路后的电路，由 KVL 有

$$u_C+u_R=0$$

根据电阻和电容的伏安关系，可得

$$u_R=Ri$$

$$i=C\frac{\mathrm{d}u_C}{\mathrm{d}t}$$

代入 KVL 方程，可得到

$$RC\frac{du_C}{dt}+u_C=0$$

初始条件 $u_C(0_+)=U_0$，利用高等数学知识可求出该一阶齐次常微分方程的解

$$u_C(t)=u_C(0_+)\mathrm{e}^{-\frac{1}{RC}t}=U_0\mathrm{e}^{-\frac{1}{RC}t}\ (t>0)$$

因此，电阻两端的电压

$$u_R(t)=-u_C(t)=-U_0\mathrm{e}^{-\frac{1}{RC}t}\ (t>0)$$

电路中的电流

$$i(t)=\frac{u_R(t)}{R}=-\frac{U_0}{R}\mathrm{e}^{-\frac{1}{RC}t}\ (t>0)$$

或者

$$i(t)=C\frac{du_C(t)}{dt}=-\frac{U_0}{R}\mathrm{e}^{-\frac{1}{RC}t}\ (t>0)$$

显然，电容放电过程中电容上的电压 u_C、放电的电流 i 以及电阻上的电压 u_R 均随时间按指数函数的规律衰减，随时间变化的曲线如图 3.16 所示。

从上面分析也可看到：换路瞬间 u_C 不能跃变，而 u_R 和 i 是可以跃变的。

（2）时间常数。

电容放电快慢取决于电路中 R 与 C 乘积的数值，令 $RC=\tau$，则 τ 的值是一个取决于电路参数的常数。τ 的单位为

$$[\tau]=[R]\cdot[C]=\Omega\cdot\mathrm{F}=\frac{\mathrm{V}}{\mathrm{A}}\cdot\frac{\mathrm{C}}{\mathrm{V}}=\mathrm{s}$$

由于 τ 具有时间的量纲，故称为时间常数。

u_C、u_R 和 i 可分别表示为

$$u_C(t)=U_0\mathrm{e}^{-\frac{t}{\tau}}$$

$$u_R(t)=-u_C(t)=-U_0\mathrm{e}^{-\frac{t}{\tau}}$$

$$i(t)=\frac{u_R(t)}{R}=-\frac{U_0}{R}\mathrm{e}^{-\frac{t}{\tau}}$$

时间常数 τ 的大小决定过渡过程中暂态响应衰减的快慢。τ 越大，暂态响应衰减越慢，如图 3.17 所示。

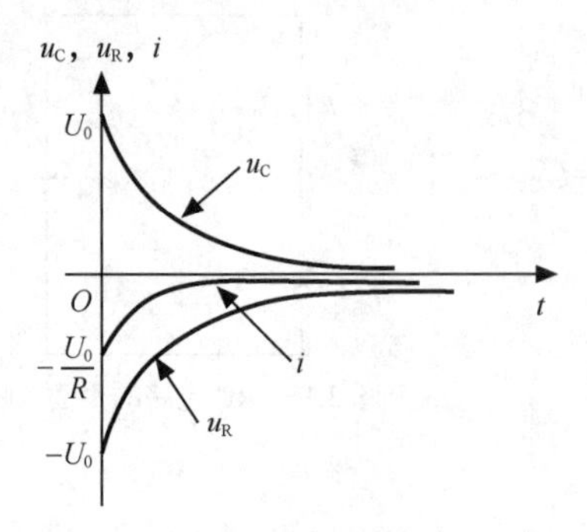

图 3.16　RC 电路零输入响应曲线

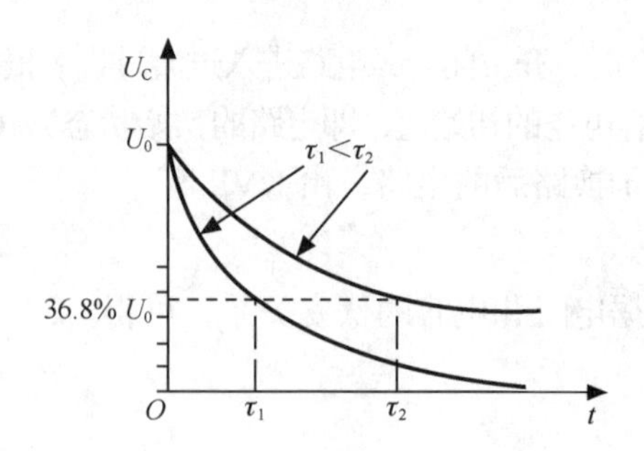

图 3.17　τ 对暂态响应衰减的影响

假设开始放电时 $u_C=U_0$，经过时间常数τ的时间后，u_C 衰减为

$$u_C(t)=U_0\mathrm{e}^{-1}=0.368U_0$$

即 $t=\tau$时，暂态响应衰减为初始时刻的 36.8%，也就是说，衰减了 63.2%。

而当 $t=5\tau$ 时，暂态响应只有初始时刻的 0.7%，电容电压已十分接近稳态值，通常认为经历 3～5τ的时间，过渡过程即已结束，电路达到新的稳态（对照实训 3-4 中的表 3-4）。

【例 3-4】　如图 3.18 所示，U_S=20V，R_1=2kΩ，R_2=3kΩ，R_3=1kΩ，C=10μF，开关 S 预先闭合。t=0 时开关打开。求换路后电容两端电压的响应表达式 $u_C(t)$，并画出变化曲线。

解：开关 S 闭合时，电路处于稳态，电容 C 可看作是开路，且已经储能。此时，电容电压

$$u_C(0_-)=\frac{R_2}{R_1+R_2}U_S=\frac{3}{2+3}\times 20=12(\mathrm{V})$$

根据换路定律，电容电压的初始值

$$U_0=u_C(0_+)=u_C(0_-)=12\mathrm{V}$$

开关打开时，R_2、R_3 串联与 C 组成 RC 电路。因此，电路的时间常数

$$\tau=(R_2+R_3)\times C=(3+1)\times 10^3\times 10\times 10^{-6}$$
$$=40\times 10^{-3}(\mathrm{s})=40\ (\mathrm{ms})$$

换路后电容两端电压的响应表达式

$$u_C(t)=U_0\mathrm{e}^{-\frac{t}{\tau}}=12\mathrm{e}^{-\frac{t}{0.04}}=12\mathrm{e}^{-25t}(\mathrm{V})$$

$u_C(t)$的变化曲线如图 3.19 所示。不同时刻对应的电容电压见表 3-5。

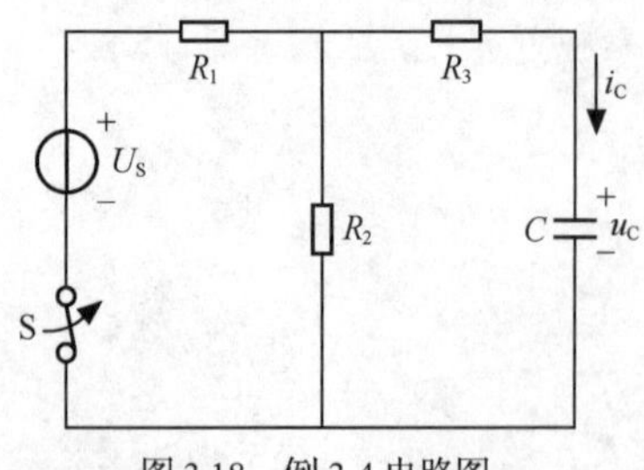

图 3.18　例 3-4 电路图

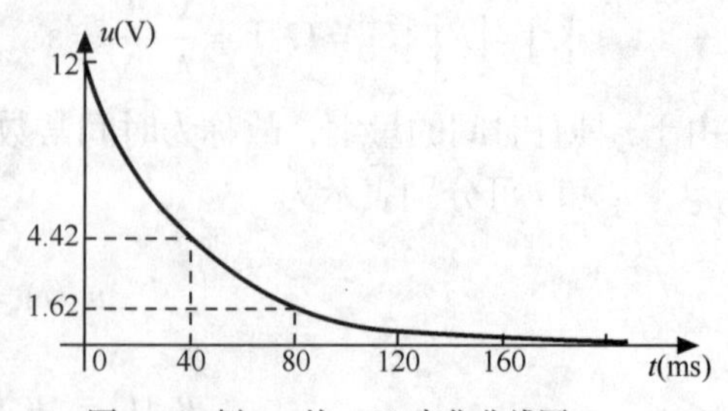

图 3.19　例 3-4 的 $u_C(t)$ 变化曲线图

表 3-5　　　　不同时刻对应的电容电压

t	40 ms(τ)	80 ms(2τ)	120 ms(3τ)
u_C	4.42V	1.62V	0.6V

【例 3-5】　高压电路中有一个 30μF 的电容器 C，断电前已充电至电压 4kV。断电后，电容器经本身的漏电阻进行放电。若电容器的漏电阻 R 为 100MΩ，1 小时后电容器的电压降至多少？若电路需要检修，应采取怎样的安全措施？

解： 由题意可知电容电压的初始值

$$u_C(0_+)=u_C(0_-)=4\times10^3\text{V}$$

放电时间常数

$$\tau=RC=100\times10^6\times30\times10^{-6}=3\times10^3(\text{s})$$

当 $t=1\text{h}=3600\text{s}$ 时

$$u_C(t)=4\text{e}^{-\frac{t}{3000}}\times10^3=4\text{e}^{-\frac{3600}{3000}}\times10^3=1205(\text{V})$$

可见，断电 1 小时后，电容器仍有很高的电压。为了安全，必须在电容器充分放电后才能进行电路检修。为了缩短电容器的放电时间，一般用一个阻值较小的电阻并联到电容器两端，使放电时间常数减小，加速放电过程。

2. RC 电路的零状态响应

电路在零初始条件下，即电路中的储能元件均未储能，仅由外施激励产生的电路响应称为零状态响应。实训中的 RC 电路在充分放电后的充电过程就是零状态响应。

在如图 3.20 所示的 RC 电路中，假定 $t<0$ 时，电容已充分放电，电容上的电压 $u_C(0_-)=0$。

$t=0$ 时将开关闭合，RC 电路与外激励 U_S 接通，电容 C 充电，进入过渡过程。根据换路定律，换路后电容电压的初始值，即电路的初始状态 $u_C(0_+)=u_C(0_-)=0$。

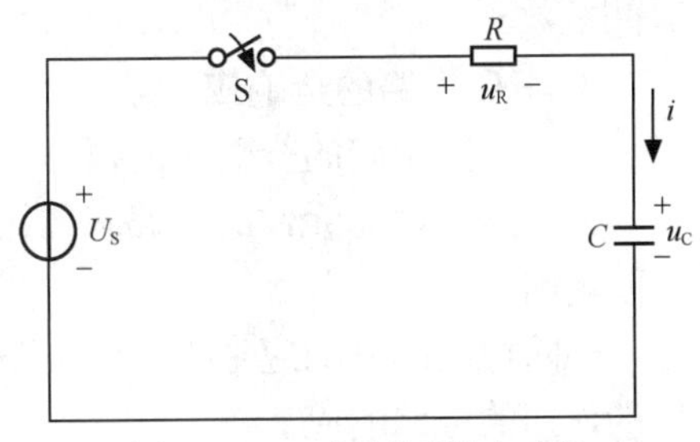

图 3.20　RC 电路的零输入响应

对于换路后的电路，由 KVL 有

$$u_C+u_R=U_S$$

根据电阻和电容的伏安关系，可得

$$u_R=Ri$$

$$i=C\frac{\text{d}u_C}{\text{d}t}$$

代入 KVL 方程，可得到

$$RC\frac{\text{d}u_C}{\text{d}t}+u_C=U_S$$

初始条件 $u_C(0_+)=0$，利用高等数学的知识可求出该一阶齐次常微分方程的解

$$u_C(t)=U_S(1-\text{e}^{-\frac{1}{RC}t})\ (t>0)$$

$RC=\tau$ 为时间常数，则

$$u_C(t)=U_S(1-\text{e}^{-\frac{t}{\tau}})\quad(t>0)$$

电阻两端的电压

$$u_R(t)=U_S-u_C(t)=U_S\text{e}^{-\frac{t}{\tau}}\quad(t>0)$$

电路中的电流

$$i(t)=\frac{u_{\mathrm{R}}(t)}{R}=\frac{U_{\mathrm{S}}}{R}\mathrm{e}^{-\frac{t}{\tau}}\quad (t>0)$$

过渡过程中 u_{C}、u_{R} 和 i 随时间变化的曲线如图 3.21 所示。

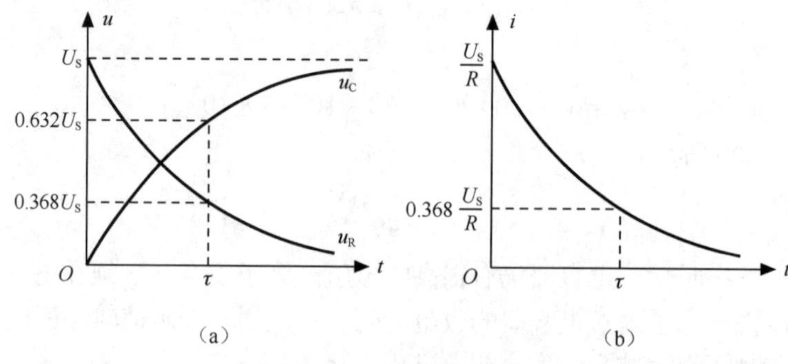

图 3.21　RC 电路的零输入响应曲线

与电容放电时一样，充电过程中的响应也都是时间的指数函数，进行的快慢也取决于时间常数 τ。

3. RC 电路的全响应

（1）一阶电路的全响应的概念。

只含一个动态元件的电路只需用一阶微分方程来描述，称为一阶电路。RC 电路就是一阶电路。

一阶电路的全响应是指一阶电路在非零初始状态（即有初始储能），换路后又有外施激励的作用的电路响应。

（2）一阶电路的全响应的分析。

电路如图 3.22 所示，换路前电容被充电，电容的初始电压 $u_{\mathrm{C}}(0_-)=U_0$。$t=0$ 瞬间开关合上，RC 电路与直流电压源 U_{S}（$U_{\mathrm{S}}\neq U_0$）接通，电路进入过渡过程。

根据换路定律，换路后电容电压的初始值，即电路的初始状态 $u_{\mathrm{C}}(0_+)=u_{\mathrm{C}}(0_-)=U_0$。

在外施激励 U_{S} 和电路的初始状态 $u_{\mathrm{C}}(0_+)=U_0$ 共同作用下有

$$u_{\mathrm{C}}+Ri=U_{\mathrm{S}}$$

$$i=C\frac{\mathrm{d}u_{\mathrm{C}}}{\mathrm{d}t}$$

可得到方程

$$RC\frac{\mathrm{d}u_{\mathrm{C}}}{\mathrm{d}t}+u_{\mathrm{C}}=U_S$$

初始条件 $u_{\mathrm{C}}(0_+)=U_0$，利用高等数学的知识可求出该一阶齐次常微分方程的解

$$u_{\mathrm{C}}(t)=U_{\mathrm{S}}+(U_0-U_{\mathrm{S}})\mathrm{e}^{-\frac{t}{RC}}\ (t>0)$$

$RC=\tau$ 为时间常数，则

$$u_{\mathrm{C}}(t)=U_{\mathrm{S}}+(U_0-U_{\mathrm{S}})\mathrm{e}^{-\frac{t}{\tau}}(t>0) \tag{3-2}$$

$$=U_0\mathrm{e}^{-\frac{t}{\tau}}+U_{\mathrm{S}}(1-\mathrm{e}^{-\frac{t}{\tau}})\ (t>0) \tag{3-3}$$

$u_{\mathrm{C}}(t)$随时间变化的曲线如图 3.23 所示。

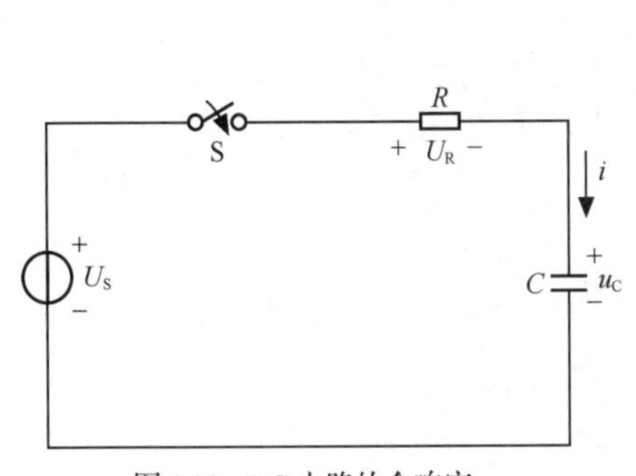

图 3.22 RC 电路的全响应

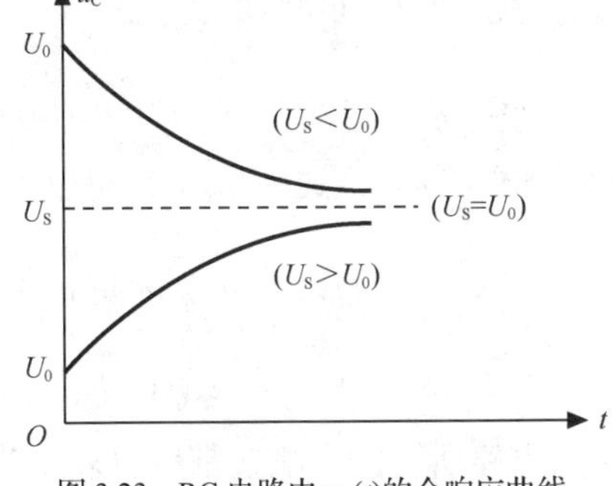

图 3.23 RC 电路中 $u_C(t)$的全响应曲线

当 $U_S>U_0$ 时，过渡过程就是充电过程；当 $U_S<U_0$ 时，过渡过程就是放电过程；当 $U_S=U_0$ 时，无过渡过程。

当 $U_S=0$ 时，$u_C(t)$为零输入响应；当 $U_0=0$ 时，$u_C(t)$为零状态响应。零输入响应和零状态响应是全响应的两种特例。

电阻 R 的电压

$$u_R(t)=U_S-u_C(t)=(U_S-U_0)e^{-\frac{t}{\tau}} \tag{3-4}$$

电路中的电流

$$i(t)=\frac{u_R}{R}=\frac{U_S-U_0}{R}e^{-\frac{t}{\tau}} \tag{3-5}$$

（3）全响应的分解。

式（3-2）中，电压 u_C（t）等于两项分量之和，其中第二项为时间 t 的指数函数，随时间按负指数规律衰减，当 $t\to\infty$ 时

$$(U_0-U_S)e^{-\frac{t}{\tau}}=(U_0-U_S)e^{-\infty}=0$$

可见该项仅存在于过渡过程中，故称为 $u_C(t)$的暂态分量或者暂态响应。当 $t\to\infty$ 时，电路进入新的稳态时，暂态分量为零，电容电压即为 U_S，U_S 为 $u_C(t)$的稳态分量，也称稳态响应。

由式（3-4）和式（3-5）可知，电压 $u_R(t)$和电流 $i(t)$都只有暂态分量，这是因为当 $t\to\infty$ 时，电路进入新的稳态时，它们的稳态值均为零。

所以，无论电容电压、电阻电压，还是电流，其全响应都可以表示为稳态响应和暂态响应之和，即

全响应=稳态响应+暂态响应

从式（3-3）中还可知道，第一项是零输入响应，第二项是零状态响应。即

全响应= 零输入响应+零状态响应

全响应也可表示为零输入响应和零状态响应之和，其实，这就是叠加原理在线性动态电路中的一种体现，即非零初始状态和外施激励状态的叠加。

（4）全响应表示式的一般形式。

由式（3-2）可知，当 $t=0_+$ 时

$$u_C(0_+)=U_S+(U_0-U_S)e^0=U_0$$

$$u_C(\infty)=U_S+(U_0-U_S)e^{-\infty}=U_S$$

所以，式（3-2）可写作

$$u_C(t)=u_C(\infty)+\left[u_C(0_+)-u_C(\infty)\right]e^{-\frac{t}{\tau}}$$

同理，式（3-4）、式（3-5）也可以写作

$$u_R(t)=u_R(\infty)+\left[u_R(0_+)-u_R(\infty)\right]e^{-\frac{t}{\tau}}$$

$$i_C(t)=i_C(\infty)+\left[i_C(0_+)-i_C(\infty)\right]e^{-\frac{t}{\tau}}$$

因此，RC 电路所有的全响应都可以表示为

$$f(t)=f(\infty)+\left[f(0_+)-f(\infty)\right]e^{-\frac{t}{\tau}}$$

其中，$f(0_+)$ 和 $f(\infty)$ 分别是该响应的初始值和稳态值，τ 是时间常数。

【例 3-6】 在图 3.24 所示的电路中，U_{S1}=6V，U_{S2}=9V，R_1=1kΩ，R_2=2kΩ，C=3μF，开关 S 预先闭合于 a 端。$t=0$ 瞬间时开关从 a 端换接至 b 端，用叠加定律求换路后电容两端电压 $u_C(t)$ 和流过电阻 R_2 的电流 $i_2(t)$ 的响应表达式。

解：求解电路中的多个电流、电压响应，首先应求出电路中的关键响应 $u_C(t)$，然后根据电路的约束方程，推导出其他各响应。

电路的初始条件 $u_C(0_-)=\dfrac{R_2}{R_1+R_2}U_{S1}=\dfrac{2}{1+2}\times 6=4(\text{V})$，换路后受到外电源 U_{S2} 的激励，此过程为全响应过程，它可通过分解为零输入响应和零状态响应，然后进行叠加的方法来求得。

求零输入响应的电路如图 3.25 所示。

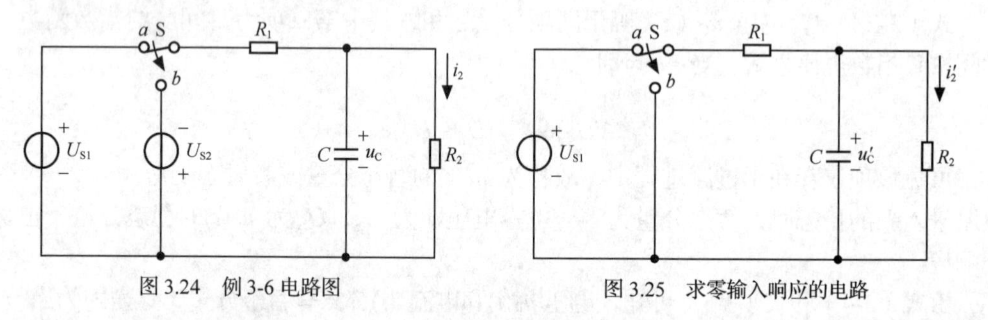

图 3.24 例 3-6 电路图　　图 3.25 求零输入响应的电路

初始条件为 $U_0'=u_c'(0_+)=u_c'(0_-)$=4V，电路的时间常数 $\tau=RC$。而 R 则是与电容 C 连接的等效电阻，该电路的 R 为

$$R=\frac{R_1\times R_2}{R_1+R_2}=\frac{1\times 2}{1+2}=\frac{2}{3}(\text{k}\Omega)$$

所以时间常数

$$\tau=RC=\frac{2}{3}\times 3=2(\text{ms})$$

则零输入响应

$$u_C'(t)=U_0'e^{-\frac{t}{\tau}}=4e^{-\frac{t}{2\times 10^{-3}}}=4e^{-500t}(\text{V})$$

求零状态响应的电路如图 3.26 所示。初始条件为 $U_0''=0$，电路的时间常数 τ 仍然是 2ms，电容 C 上电压的稳态值 $U_S''=-\dfrac{R_2}{R_1+R_2}U_{S2}=-\dfrac{2}{1+2}\times 9=-6(\text{V})$。

U_{S2}的极性与u_C的参考极性相反，故取负值。

零状态响应为

$$u''_C(t)=U''_S\left(1-e^{-\frac{t}{\tau}}\right)=-6(1-e^{-500t})\ \text{V}$$

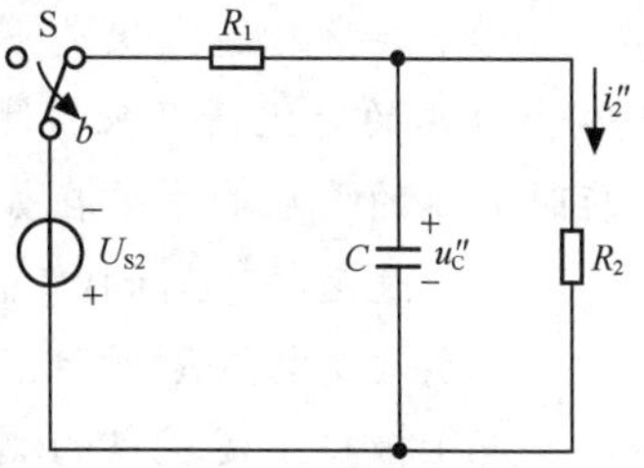

所以全响应

$$u_C(t)=u''_C(t)+u''_C(t)=4e^{-500t}-6(1-e^{-500t})=-6+10e^{-500t}\,(\text{V})$$

流过电阻R_2的电流

$$i_2(t)=\frac{u_2}{R_2}=\frac{u_C(t)}{R_2}=-3+5e^{-500t}\,(\text{mA})$$

图 3.26　求零状态响应的电路

【练一练】实训 3-5：RC 电路全响应的仿真测试

实训流程如下。

（1）按例 3-6 中的图 3.24 所示画好仿真电路。

（2）将开关 S 置于位置“a”，用万用表测出电容 C 上的电压和流过电阻 R_2 的电流的初始值。

$u_C(0)$=__________ ，$i_2(0)$=_________ 。

（3）启动仿真运行开关，将开关 S 置于位置“b”，用示波器观察电容 C 上的电压波形，用万用表测出电容 C 上的电压和流过电阻 R_2 的电流的稳态值。

$u_C(\infty)$=___________，$i_2(\infty)$=___________。

（4）画出电容 C 上的电压响应曲线。

3.3.3　RL 电路的测试与分析

实际应用中，除 RC 动态电路外，还有 RL 动态电路，如铁芯线圈、继电器、电磁铁、变压器、电动机等电路。

【做一做】实训 3-6：测试 RL 电路的过渡过程

实训流程如下。

1. RL 电路零输入响应和零状态响应的测试

（1）按如图 3.27 所示接好测试电路图。

（2）将开关 J_1 置于位置“A”，启动仿真运行开关，手动切换开关使其置于位置“B”，从示波器面板中观察电阻 R_2 上电压的变化情况来推测电感 L_1 在零输入响应时电流的变化，并将电感 L_1 在零输入响应时电流的响应曲线画在图 3.28 所示的坐标系中。

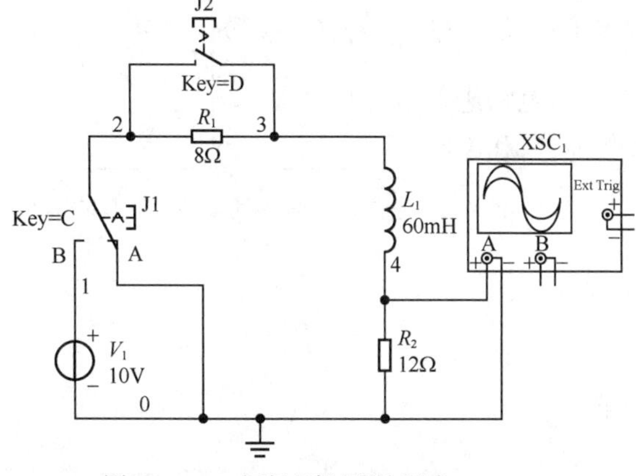

图 3.27　RL 电路过渡过程的测试

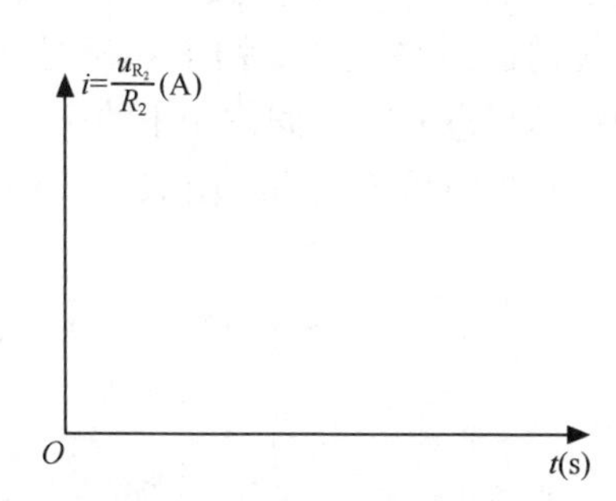

图 3.28　RL 电路的零输入响应曲线

（3）在仿真运行状态下，手动切换开关使其回到位置“A”，从示波器面板中观察电阻 R_2 上电压的变化情况来推测电感 L_1 在零状态响应时电流的变化，并将电感 L_1 在零状态响应时电流的响应曲线画在如图 3.29 所示的坐标系中。

（4）改变电感 L_1 的电感量，重复步骤（2）和（3），比较 RL 电路的过渡过程的时间。

（5）改变电阻 R_2 的阻值，重复步骤（2）和（3），比较 RL 电路的过渡过程的时间。

（6）根据上述现象的测试和分析，回答下列问题。

① RL 电路在零输入响应状态时，电阻 R_2 上的电压________（瞬时变大/逐渐变大），说明电感上流过的电流________（能够/不能够）突变。

② RL 电路在零状态响应状态时，电阻 R_2 上的电压________（瞬时减小/逐渐减小），说明电感上流过的电流________（能够/不能够）突变。

③ 增大电感量，RL 电路的过渡过程________（变长/变短）。

④ 增大电阻值（R_1+R_2），RL 电路的过渡过程________（变长/变短）。

2. RL 电路全响应的测试

（1）保持如图 3.27 所示的元件参数，将开关 J_1 置于位置“B”，启动仿真运行开关，从示波器面板观察到电阻 R_2 上的电压保持稳定。将开关 J_2 闭合，从示波器面板中观察电阻 R_2 上电压的变化情况，推测电感 L_1 在全响应时电流的变化，并将电感 L_1 在全响应时电流的响应曲线画在如图 3.30 所示的坐标系中。

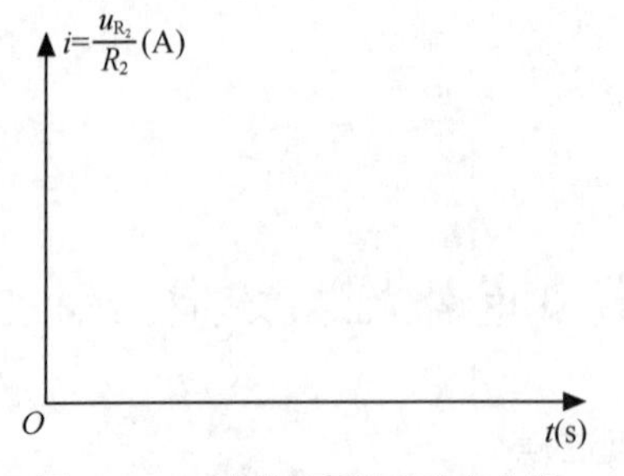

图 3.29　RL 电路的零状态响应曲线

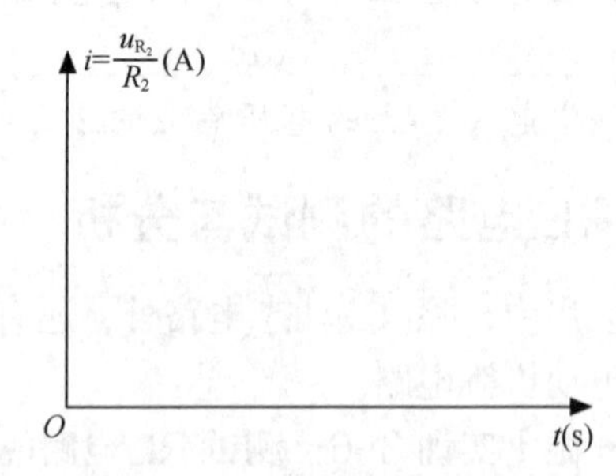

图 3.30　RL 电路的全响应曲线

（2）改变电感 L_1 的电感量，重复步骤（1），比较 RL 电路的过渡过程的时间。

（3）改变电阻 R_2 的阻值，重复步骤（1），比较 RL 电路的过渡过程的时间。

1. RL 电路的全响应

如图 3.31 所示的 RL 电路，假设开关 S 合于 a 端，电路已处于稳定，储能元件电感上的电流 $i(0_-)=U_{S0}/R=I_0$，其储存的磁场能量 $W_L(0_-)=\frac{1}{2}Li^2(0_-)$。$t$ =0 瞬间 S 从 a 端合至 b 端，RL 电路换接电压源 $U_S(U_S\neq U_{S0})$，电路进入过渡过程，显然换路后 RL 电路是在外施激励 U_S 和电路的初始状态 $i(0_+)$共同作用下的全响应。

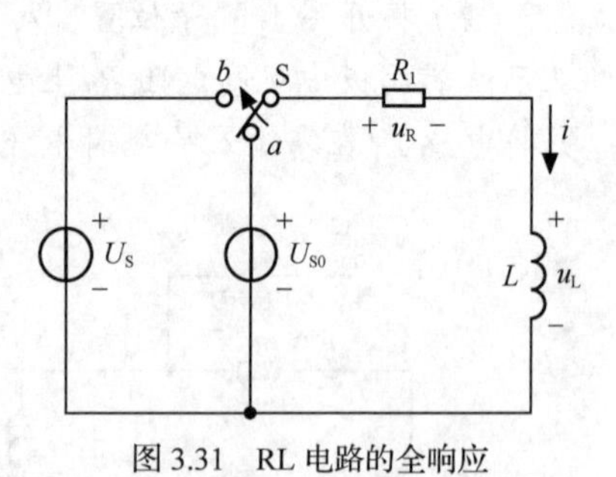

图 3.31　RL 电路的全响应

对换路后的电路，由 KVL 得

$$u_R + u_L = U_S$$

即

$$Ri + L\frac{di}{dt} = U_S$$

可变形为

$$\frac{L}{R}\frac{\mathrm{d}i}{\mathrm{d}t}+i=\frac{U_S}{R}$$

初始条件 $i(0_+)=i(0_-)=U_{S0}/R=I_0$，利用高等数学的知识可求出该一阶齐次常微分方程的解

$$i(t)=\frac{U_S}{R}+\left(I_0-\frac{U_S}{R}\right)\mathrm{e}^{-\frac{t}{L/R}}\ (t>0)$$

设 $L/R=\tau$ 为时间常数，则

$$i(t)=\frac{U_S}{R}+\left(I_0-\frac{U_S}{R}\right)\mathrm{e}^{-\frac{t}{\tau}}\quad (t>0)$$

即

$$i(t)=i(\infty)+[i(0_+)-i(\infty)]\mathrm{e}^{-\frac{t}{\tau}}\quad (t>0)$$

电阻 R 两端的电压

$$u_R(t)=Ri(t)=U_S+(U_{S0}-U_S)\mathrm{e}^{-\frac{t}{\tau}}$$

电感 L 两端的电压

$$u_L(t)=U_S-u_R(t)=(U_S-U_{S0})\mathrm{e}^{-\frac{t}{\tau}}$$

它们的曲线如图 3.32 所示。

同样，电阻或电感两端的电压也可以写作

$$u(t)=u(\infty)+\left[u(0_+)-u(\infty)\right]\mathrm{e}^{-\frac{t}{\tau}}$$

因此，RL 电路所有的全响应也都可以表示为

$$f(t)=f(\infty)+\left[f(0_+)-f(\infty)\right]\mathrm{e}^{-\frac{t}{\tau}}\tag{3-6}$$

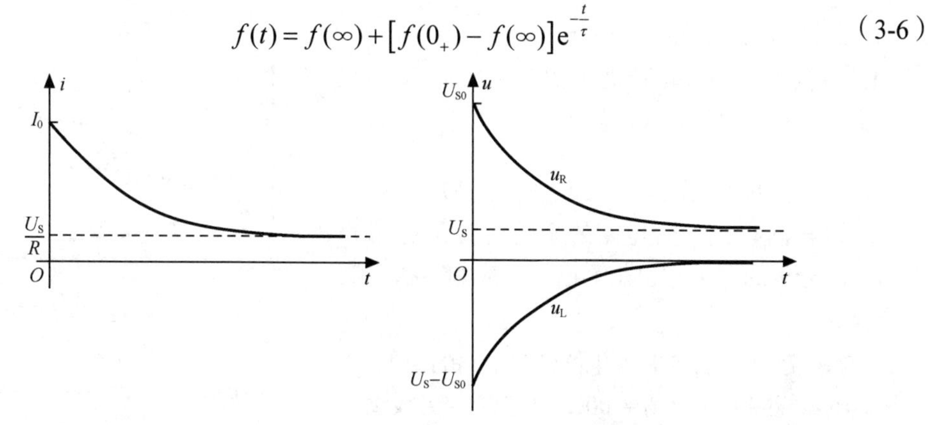

（a）电感上的电流　　（b）电阻和电感两端的电压

图 3.32　RL 电路的全响应曲线

2. RL 电路的零输入响应

当 $U_S=0$，$U_{S0}\neq 0$ 时，RL 电路的响应为零输入响应。电路各变量的表达式为

$$i(t)=\frac{U_{S0}}{R}\mathrm{e}^{-\frac{t}{\tau}}=I_0\mathrm{e}^{-\frac{t}{\tau}}$$

$$u_R(t)=U_{S0}\mathrm{e}^{-\frac{t}{\tau}}$$

$$u_L(t)=-U_{S0}\mathrm{e}^{-\frac{t}{\tau}}$$

即一般表达式为

$$f(t)=f(0_{+})e^{-\frac{t}{\tau}}$$

RL 电路的零输入响应曲线如图 3.33 所示。

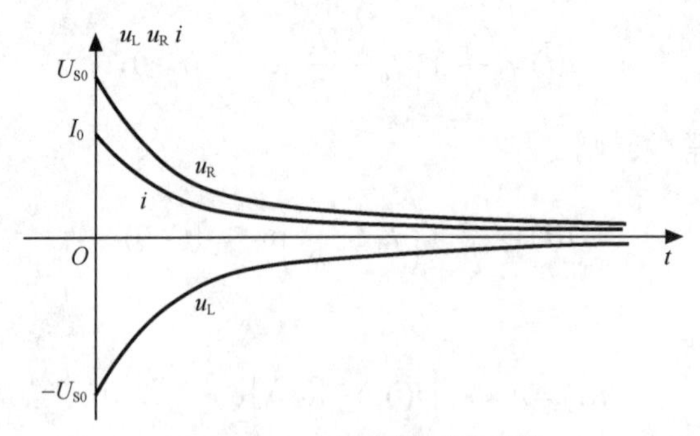

图 3.33 RL 电路零输入响应曲线

3. RL 电路的零状态响应

当 $U_{S0}=0$，$U_S\neq0$ 时，RL 电路的响应为零状态响应。电路各变量的表达式为

$$i(t)=\frac{U_S}{R}(1-e^{-\frac{t}{\tau}})$$

$$u_R(t)=U_S(1-e^{-\frac{t}{\tau}})$$

$$u_L(t)=U_S e^{-\frac{t}{\tau}}$$

即一般表达式为

$$f(t)=f(\infty)(1-e^{-\frac{t}{\tau}})$$

RL 电路的零状态响应曲线如图 3.34 所示。

将式（3-6）变形，可得

$$f(t)=f(0_{+})e^{-\frac{t}{\tau}}+f(\infty)(1-e^{-\frac{t}{\tau}})$$

可以再次得出一阶电路的全响应既是稳态分量和暂态分量的叠加，也是零输入响应和零状态响应的叠加。

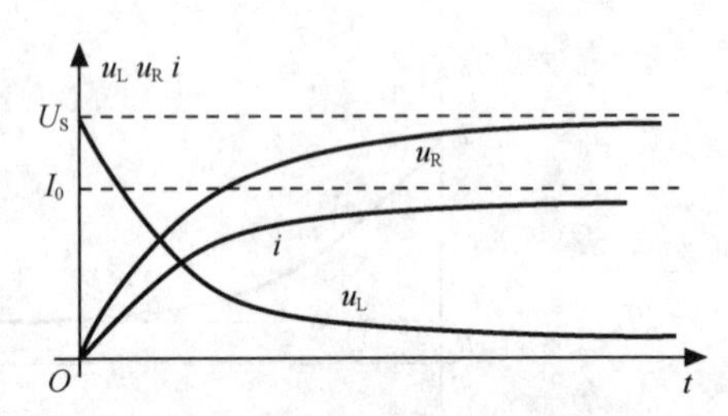

图 3.34 RL 电路零状态响应曲线

【例 3-7】 图 3.35 是继电器延时电路的模型。已知继电器线圈参数为 R_L=200Ω，L=10H。当线圈电流达到 6mA 时，继电器的触头接通。电路的开关闭合到继电器触头接通的时间称为延时时间。为了便于改变延时时间，在电路中串联一个电位器 R_W。若外接电源电压 U_S 为 12V，R_W 的值为 0～800Ω，试求该电路的延时时间的变化范围是多少？

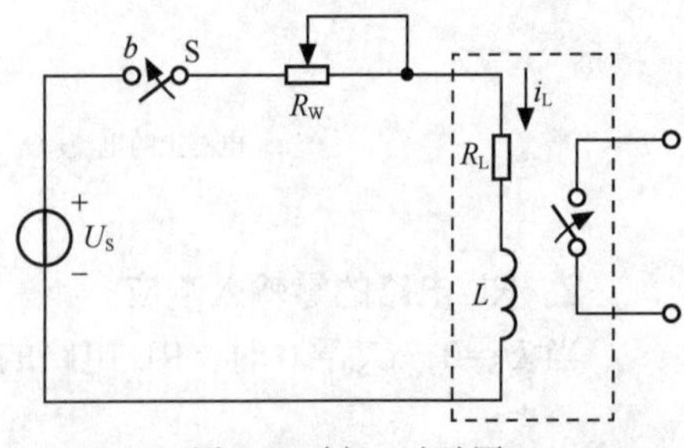

图 3.35 例 3-7 电路图

解：开关闭合后，电路发生的是 RL 电路的零状态响应。初始条件 $i_L(0_+)=i_L(0_-)=0$，等效电阻 $R=R_L+R_W$，时间常数 $\tau=L/R$。

因此，可得到继电器线圈的电流

$$i_L(t)=\frac{U_S}{R}(1-e^{-\frac{t}{\tau}})$$

设 t_0 为延时时间，$i_L(t_0)$为继电器线圈的电流，则有

$$i_L(t_0)=\frac{U_S}{R}(1-e^{-\frac{t_0}{\tau}})$$

于是延时时间

$$t_0=-\tau\ln\left[1-\frac{Ri_L(t_0)}{U_S}\right]$$

（1）当 R_W=0 时，R=200Ω

$$\tau=\frac{L}{R}=\frac{10}{200}=0.05s$$

$$t_0=-0.05\ln\left[1-\frac{200\times6\times10^{-3}}{12}\right]=5.27\times10^{-3}(s)=5.27(ms)$$

（2）当 R_W=800Ω时，R=1000Ω

$$\tau=\frac{L}{R}=\frac{10}{1000}=0.01s$$

$$t_0=-0.01\ln\left[1-\frac{1000\times6\times10^{-3}}{12}\right]=6.93\times10^{-3}(s)=6.93(ms)$$

可得到该电路的延时时间的变化范围是 5.27～6.93ms。

3.3.4　用三要素法分析一阶动态电路

从上述分析可知，直流激励下一阶电路的全响应的一般表示式为

$$f(t)=f(\infty)+[f(0_+)-f(\infty)]e^{-\frac{t}{\tau}}$$

初始值 $f(0_+)$、稳态值 $f(\infty)$ 和时间常数τ称为一阶动态电路的三要素。

初始值 $f(0_+)$ 是指电路在换路后的瞬间（$t=0_+$）所对应的待求电流或电压。动态元件满足换路定律可得初始条件 $u_C(0_+)=u_C(0_-)$，$i_L(0_+)=i_L(0_-)$。其他元件的初始条件则要将电容或电感替代为电压源 $u_C(0_+)$或电流源 $i_L(0_-)$后，根据电路的组成来进行分析求解待求响应的初始值。

稳态值 $f(\infty)$ 是指电路在换路后完成过渡过程，进入新的稳态时所对应的待求电流或电压。由于电路进入新的稳态，因此，电容可视为开路，电感可视为短路，再分析求解待求响应的稳态值。

时间常数τ是一个用以反映过渡过程快慢的物理量，代表暂态过程完成 63.2%所需的时间。它的大小取决于电路自身的元件特性参数 R、C 或 L。在 RC 电路中，$\tau=RC$；而在 RL 电路中，$\tau=L/R$。这里的电阻 R 是指在换路后的电路中，从储能元件（C 或 L）两端看进去的入端电阻，即戴维南等效电路中的等效电阻。

【例 3-8】　在如图 3.36 所示的电路中，U_S=9V，R_1=3Ω，R_2=6Ω，C=10μF，开关 S 闭合前电路已经稳定，求 t=0 时开关 S 闭合后的 $u_C(t)$、$i_C(t)$。

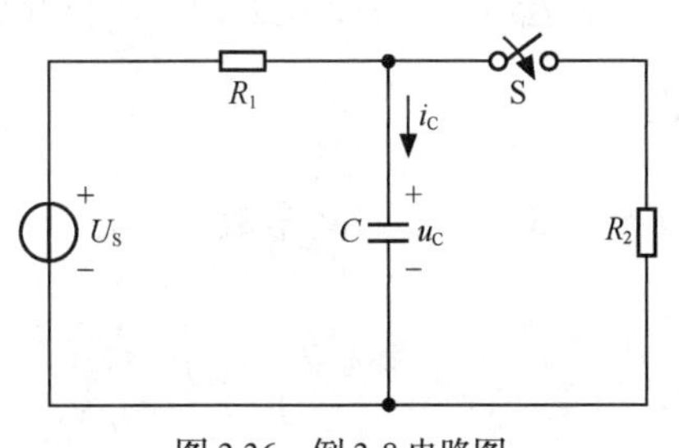

图 3.36　例 3-8 电路图

解：用三要素法求解。

（1）确定初始值。

换路前

$$u_C(0_-)=U_S$$

由换路定律得

$$u_C(0_+) = u_C(0_-) = U_S = 9\text{V}$$

$$i_C(0_+) = -\frac{u_C(0_+)}{R_2} = -\frac{9}{6} = -1.5(\text{A})$$

（2）确定稳态值。

$$u_C(\infty) = \frac{R_2}{R_1 + R_2}U_S = \frac{6}{3+6} \times 9 = 6(\text{V})$$

$$i_C(\infty) = 0$$

（3）确定时间常数。

$$R = \frac{R_1R_2}{R_1 + R_2} = \frac{3\times 6}{3+6} = 2(\Omega)$$

$$\tau = RC = 2\times 10\times 10^{-6} = 20\times 10^{-6}(\text{s})$$

所以，开关 S 闭合后的 $u_C(t)$、$i_C(t)$分别为

$$u_C(t) = u_C(\infty) + [u_C(0_+) - u_C(\infty)]\text{e}^{-\frac{t}{\tau}} = 6 + [9-6]\text{e}^{-\frac{t}{20\times 10^{-6}}} = 6 + 3\text{e}^{-5\times 10^4 t}(\text{V})$$

$$i_C(t) = i_C(\infty) + [i_C(0_+) - i_C(\infty)]\text{e}^{-\frac{t}{\tau}} = i_C(0_+)\text{e}^{-\frac{t}{\tau}} = -1.5\text{e}^{-5\times 10^4 t}(\text{A})$$

$i_C(t)$也可以根据电容的伏安特性表达式求解，即

$$i_C(t) = C\frac{\text{d}u(t)}{\text{d}t} = 10\times 10^{-6}\times 3\text{e}^{-5\times 10^4 t}\times(-5\times 10^4) = -1.5\text{e}^{-5\times 10^4 t}(\text{A})$$

【例 3-9】 在如图 3.37 所示的电路中，I_S=4A，R_1=10Ω，R_2=15Ω，L=0.3H，开关 S 原为断开，t=0 时开关 S 闭合，用三要素法求换路后的电感电流 $i_L(t)$和电流源电压 $u(t)$。

解：用三要素法求解。

（1）确定初始值。

换路前

$$i_L(0_-) = 0$$

由换路定律得

$$i_L(0_+) = i_L(0_-) = 0$$

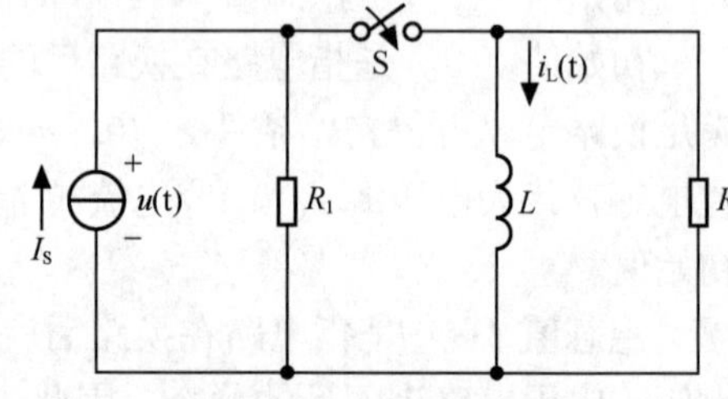

图 3.37 例 3-9 电路图

换路后最初的瞬间，电感支路因无电流可视为开路，电流源作用于 R_1 和 R_2 的并联支路，可求得

$$u(0_+) = \frac{R_1R_2}{R_1 + R_2}I_S = \frac{10\times 15}{10+15}\times 4 = 24(\text{V})$$

（2）确定稳态值。

达到稳态后，电感可视为短路，电流源电流全部通过电感，即

$$i_L(\infty) = I_S = 4\text{A}$$

$$u(\infty) = 0\text{V}$$

（3）确定时间常数。

$$R = \frac{R_1R_2}{R_1 + R_2} = \frac{10\times 15}{10+15} = 6(\Omega)$$

$$\tau = \frac{L}{R} = \frac{0.3}{6} = 0.05(\text{s})$$

所以，换路后电感电流和电流源电压分别为

$$i_L(t)=i_L(\infty)+[i_L(0_+)-i_L(\infty)]e^{-\frac{t}{\tau}}=4+[0-4]e^{-\frac{t}{0.05}}=4-4e^{-20t}(A)$$

$$u(t)=u(\infty)+[u(0_+)-u(\infty)]e^{-\frac{t}{\tau}}=0+[24-0]e^{-\frac{t}{0.05}}=24e^{-20t}(V)$$

$u(t)$也可以根据电感的伏安特性表达式求解，即

$$u(t)=u_L(t)=L\frac{di_L(t)}{dt}=0.3\times(-4e^{-20t})\times(-20)=24e^{-20t}(V)$$

习　题

1. 电容器有哪些主要特性和作用？其主要的参数有哪些？

2. 写出下列标有数字和字母的电容器的标称容量。

103　　224K　　2p2　　22　　508　　4n7J　　0.47　　3m3

3. 电感器有哪些主要特性和作用？其主要的参数有哪些？

4. 如何用万用表来判断电感器的好坏？

5. 现有 50μF/400V、100μF/250V 两只电容器，分别将它们作并联与串联连接，其等效电容值各为多少？在这两种情况下，外加电压分别为多少才能保证它们正常工作？

6. 某一个电容元件的电压和电流为关联参考方向，它两端的电压 u_C（t）的波形如图 3.38 所示。已知 C=100μF，求：（1）流过电容 C 的电流，并绘出电流的波形；（2）t_1=2ms、t_2=4ms、t_3=6ms 时电容储存的电场能量。

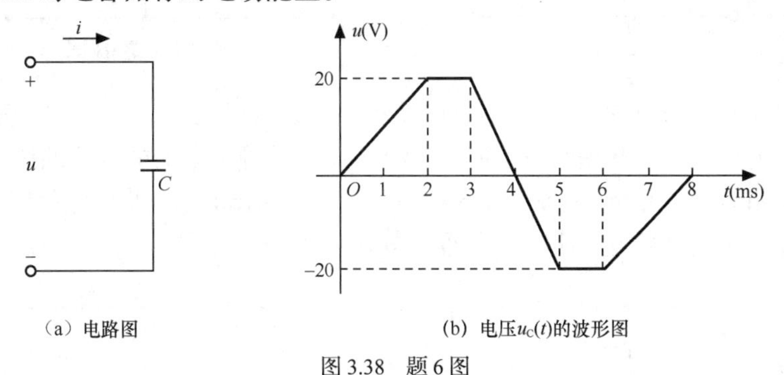

（a）电路图　　（b）电压$u_C(t)$的波形图

图 3.38　题 6 图

7. 某一个电感元件的电压和电流为关联参考方向，通过它的电流 $i_L(t)$的波形如图 3.39 所示。已知 L=10mH，求：（1）电感 L 两端的电压，并绘出电压的波形；（2）电感的最大储能。

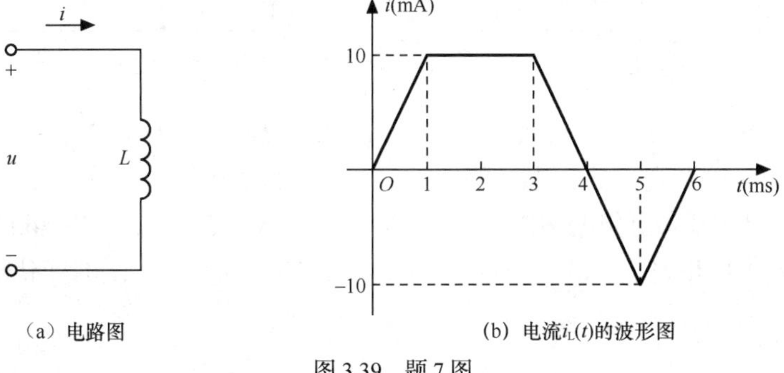

（a）电路图　　（b）电流$i_L(t)$的波形图

图 3.39　题 7 图

8. 在如图 3.40 所示的电路中，已知 R_1=4Ω，R_2=6Ω，U_S=10V，开关 S 闭合前电路已达到稳定状态，求换路后的瞬间各元件上的电压和电流。

9. 电路如图 3.41 所示，已知 R_1=8Ω，R_2=6Ω，R_3=12Ω，U_S=15V，开关 S 断开前电路已达到稳定状态，求开关断开瞬间的 $u_C(0_+)$、$i_3(0_+)$。

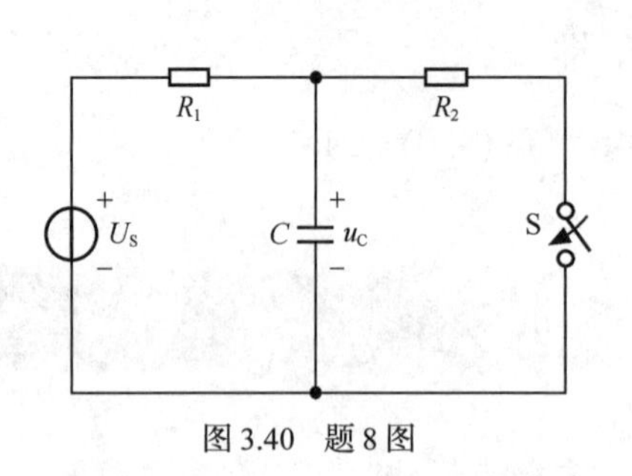

图 3.40 题 8 图

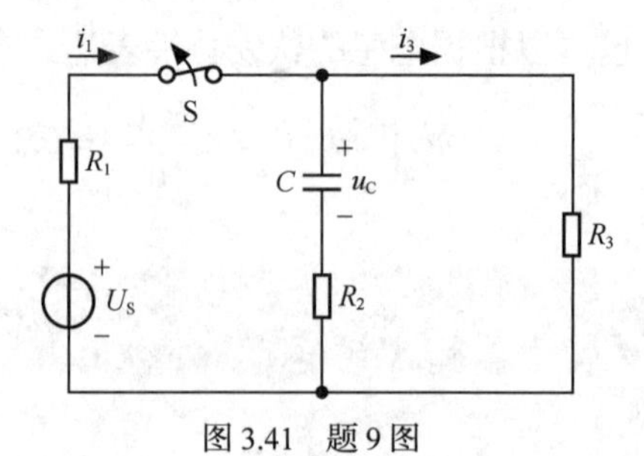

图 3.41 题 9 图

10. 如图 3.42 所示，已知 R_1=R_2=8Ω，U_S=4V，t = 0 时刻开关断开，求 $i_L(0_+)$和 $u_L(0_+)$。

11. 如图 3.43 所示，已知 R = 50Ω，U_S =100V，开关 S 闭合前电路已达到稳定状态，求开关闭合瞬间的 $i_C(0_+)$和 $i_R(0_+)$。

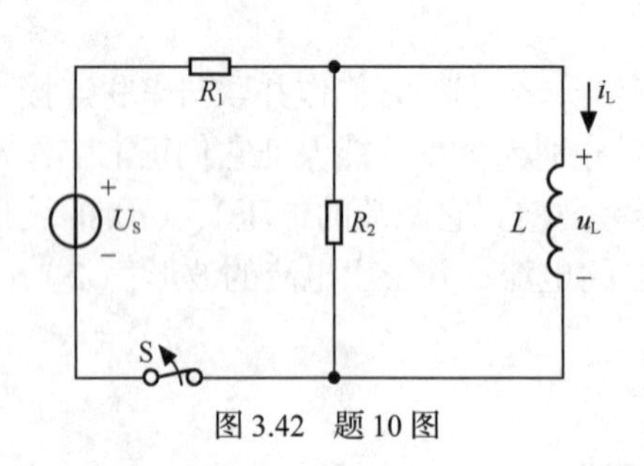

图 3.42 题 10 图

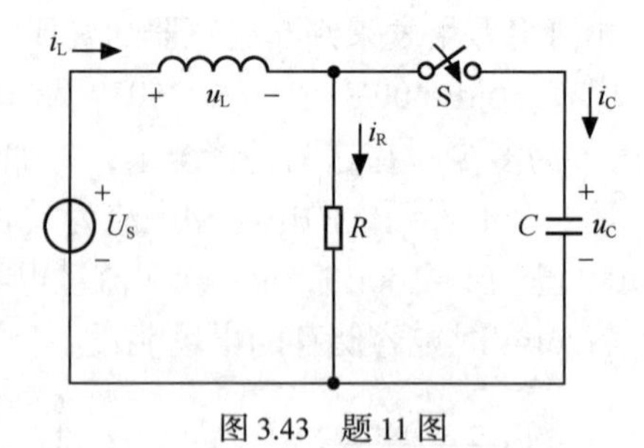

图 3.43 题 11 图

12. 如图 3.44 所示，R_1=3kΩ，R_2=6kΩ，R_3=2kΩ，U_S=12V，C=10μF，开关 S 断开前电路已达到稳定状态，求开关断开后的 $u_C(t)$和 $i_C(t)$，并画出它们的变化曲线图。

13. 电路如图 3.45 所示，已知 I_S=5A，R=2Ω，C=0.1mF，电路原已稳定，当 t=0 时合上开关，求开关 S 闭合后 $u_C(t)$和 $i_C(t)$的变化规律。

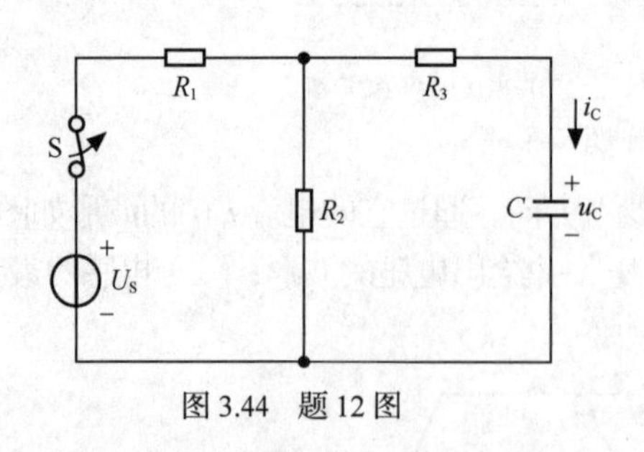

图 3.44 题 12 图

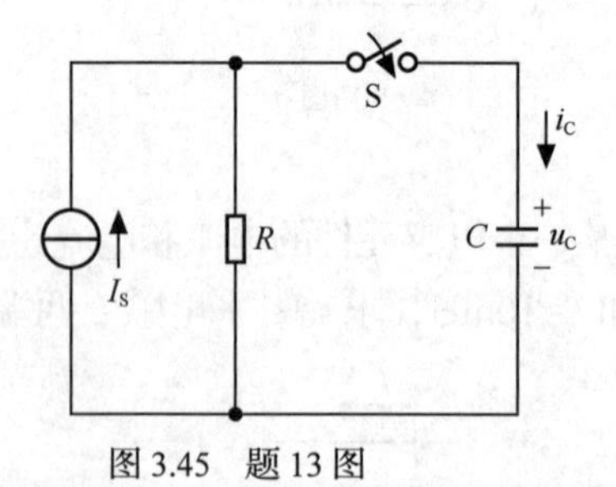

图 3.45 题 13 图

14. 电路如图 3.46 所示，已知 U_S=6V，R_1=4Ω，R_2=8Ω，L=0.1H，电路原已稳定，当 t=0 时开关从“a”转换到“b”，求换路后 $i_L(t)$、$u_L(t)$的变化规律。

15. 在如图 3.47 所示的电路中，U_{S1}=12V，U_{S2}=9V，R_1=2kΩ，R_2=4kΩ，C=30μF，原处于稳态，当 t=0 时开关从“a”转换到“b”，求换路后 $u_C(t)$、$i_C(t)$的变化规律。

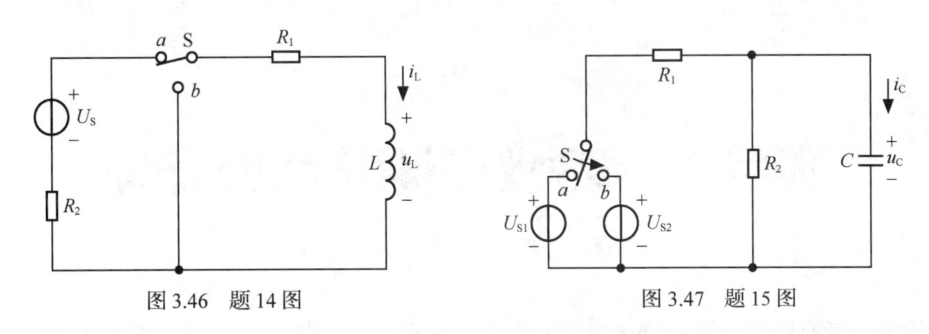

图 3.46　题 14 图　　图 3.47　题 15 图

16. 在如图 3.48 所示的电路中，U_S=24V，R_1=3Ω，R_2=12Ω，R_3=4Ω，L=8mH，原处于稳态，当 t=0 时开关闭合。求换路后 $i_L(t)$、$u_L(t)$、$i_1(t)$的变化规律。

17. 在如图 3.49 所示的电路中 U_S=12V，R_1=4Ω，R_2=6Ω，L=30mH，I_S=1.5A，原处于稳态，当 t=0 时开关闭合。用三要素法求 $t>0$ 时的 $i_L(t)$、$u_L(t)$，并用 Multisim 仿真软件观察 u_L（t）波形变化的情况。

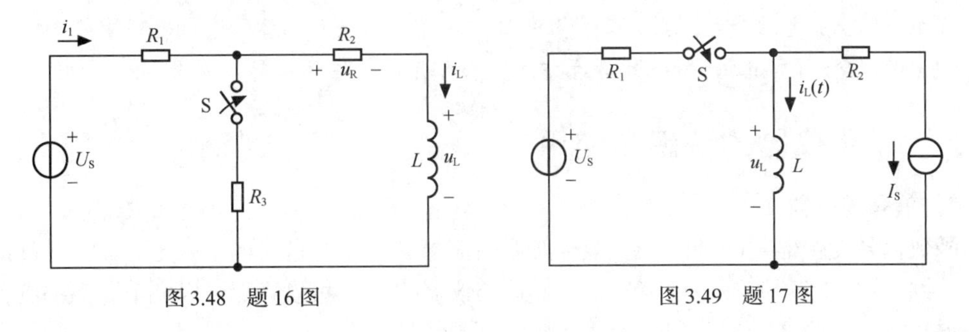

图 3.48　题 16 图　　图 3.49　题 17 图

18. 在如图 3.50 所示的电路中，I_S=2A，R_1=4Ω，R_2=6Ω，C=2mF，原处于稳态，当 t=0 时开关闭合。用三要素法求 $t>0$ 时的 $i_C(t)$、$u_C(t)$、$i_1(t)$，并用 Multisim 仿真软件观察 $u_C(t)$ 波形变化的情况。

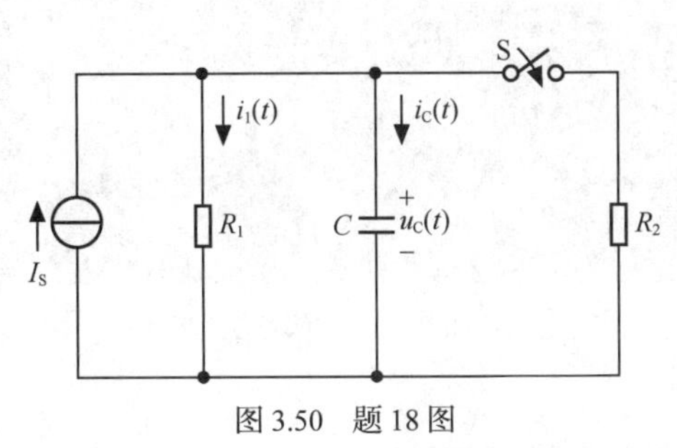

图 3.50　题 18 图

项目 4　荧光灯照明电路的安装

任务 4.1　正弦交流信号的测试

知识要点	技能要点
• 了解常见信号发生器、晶体管毫伏表和数字示波器的使用方法及注意事项。 • 了解正弦交流电的产生，理解正弦量的三要素的概念，了解正弦量的相量表示方法。	• 能按要求调整信号发生器的输出波形、频率及幅度。 • 能正确使用晶体管毫伏表测量交流电压。 • 会用数字示波器测试信号的波形。

4.1.1　常用仪器的认识和使用

1. 信号发生器

函数信号发生器是一种能产生多种波形的信号发生器。它的输出有正弦波、脉冲波、方波、锯齿波、三角波等多种信号，一般这类仪器的频率和幅值都可以调节，频率的范围覆盖很宽，从百分之一赫兹到几十兆赫兹的高频信号都有。

常见的 GFG-8016G 函数信号发生器面板如图 4.1 所示。

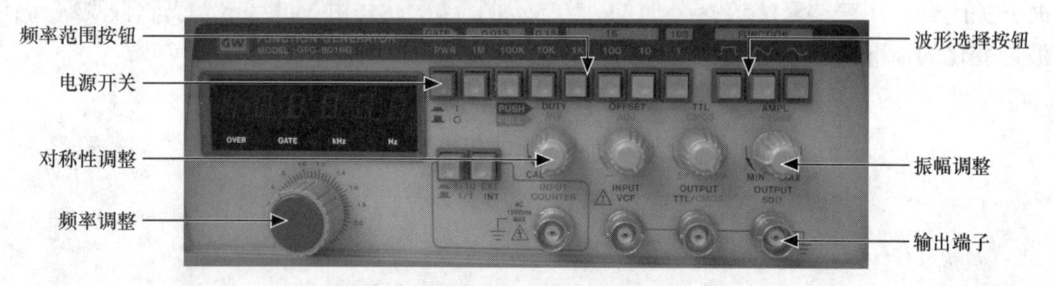

图 4.1　GFG-8016G 信号发生器面板

（1）面板介绍。

① PWR 开关：电源开关，提供函数发生器的工作电源。

② RANGE 频率范围按钮：面板上有 7 个固定的 10 倍关系的频率范围选择按钮，这 7 个按钮是互锁的，按下其中一个，将释放其他的按钮。

③ FUNCTION 函数波形选择按钮：3 个互锁的按钮可提供选择需要的输出波形。按一个开关可将先前的设定解除。可提供的波形有方波、三角波和正弦波，以满足大多数的应用。

信号发生器面板及使用介绍

④ MULTIPLIER 频率调整：提供在各挡位的频率范围之内调整所需的频率。可从刻度 0.2 校正到 2.0，而频率旋钮的动态范围是 1000：1。

⑤ DUTY 和 INV 对称性调整：输出波形及 TTL 或 CMOS 脉冲输出的周期对称性由 DUTY 旋钮控制。当此旋钮位于 CAL 位置时，输出波形的时间对称比是 50：50 或近似 100%。

⑥ OFFSET 直流偏移控制量：当 OFFSET 拉起时，可控制直流偏移量，调整输出波形的直流偏移量。特别需要注意的是，偏移量加上振幅的设定值不能超过最大峰值，否则会发生箝位现象。

⑦ 输出衰减及振幅调整钮：本旋钮可连续调整输出波形到 20dB 衰减及调整振幅，将此旋钮拉出，则输出再衰减 20 dB，输出最大衰减为 40dB。

⑧ OUTPUT 输出端子：在输出端子开路时，可输出振幅高达 20Vp-p 的方波、三角波、正弦波、斜波及脉冲波（在不按下 ATT 键时）。

⑨ VCF INPUT 电压控制频率输入端子：VCF 输入端子可自外部输入电压扫描频率。在 VCF 输入端输入约+10V 的电压，可使函数发生器的频率向下降至 1000：1；在 VCF 输入一个负压值，可使函数发生器的频率向上增加。

⑩ PULSE OUTPUT 脉冲输出：TTL 或 CMOS 输出信号用于驱动 TTL 或 CMOS 逻辑电路。

⑪ CMOS 电压控制：将 CMOS 电位控制旋钮拉出，可提供 5～15V 的连续可变的 CMOS 所需的电压输出。

⑫ 脉冲输出开关：按下或拉起选择开关，可观察 TTL 和 CMOS 输出。按下为 TTL 脉冲输出，拉起为 CMOS 脉冲输出。

（2）基本的操作方法。

① 按下“电源”开关，仪器接通电源，电源指示灯亮。

② 按下“波形选择”按钮，选择所需的波形。

③ 按下“频率范围”按钮，选择所需信号的频率，并对所需信号的频率进行调整。

④ 当需要小信号输出时，选择“输出衰减”按钮（作非正弦周期信号谐波分析实验的信号源时，一般不用此按钮）。

⑤“振幅调整钮”可以调节信号需要的输出幅度。

（3）使用时应注意的事项。

① 信号发生器输出探头的黑夹子和红夹子严禁短接（即信号源输出不可短路，否则会烧坏器件）。

② 信号发生器的输出探头的接地端（黑夹子）应和电路的地连接（公共接地）。

③ 输出大信号时，例如输出 0.1V，直接调节“振幅调整钮”，不需衰减，由交流毫伏表测量为 0.1V。

④ 输出微弱信号时，例如 5mV，必须先调节衰减按钮（分为 20dB 和 40dB，单按下 20dB 衰减 10 倍，单按下 40dB 衰减 100 倍，同时按下 20dB 和 40dB 衰减 1000 倍），再调节“振幅调整钮”，由交流毫伏表测量出 5mV。

⑤ 频率调整方法为先选择频率范围，再进行频率细调。

2. 晶体管毫伏表

晶体管毫伏表是电路实验中常用的交流电压测量仪器。它具有输入阻抗大，准确度高，工作稳定，电压测量范围广，工作频带宽等特点。

常见的 CA2172 晶体管毫伏表的面板图如图 4.2 所示。

晶体管毫伏表在结构上与普通万用表有些相似，由表头、刻度面板和量程转换开关等组成。不同的是它的输入线不用万用表那样的两支表笔，而用同轴屏蔽电缆。电缆的外层是接地线，其目的是为了减小外来感应电压的影响。电缆端接有两个夹子，用来作输入接线端。毫伏表的背面连着 220V 的工作电源线，使用 220V 交流电压，经整流后供晶体管毫伏表作为工作电源。

毫伏表面板
及使用介绍

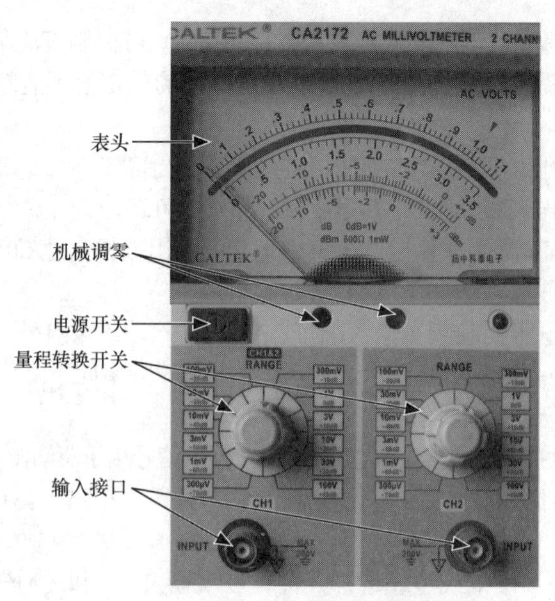

图 4.2　CA2172 晶体管毫伏表面板图

（1）面板介绍。

① 表头。表头用于指示测量值。有 0～1.1 和 0～3.5 两行均匀标尺刻度，用于指示交流电压有效值。CA2172 毫伏表采用一个延长刻度，使读数范围大于传统的满刻度，如表 4-1 所示。

表 4-1　　毫伏表传统满刻度与延伸满刻度对照表

传统满刻度	延伸满刻度
0～1.0	0～1.12
0～3.1(3.2)	0～3.5
−20～0dB	−20～+1dB
−20～+2dBm	−20～+3.2dBm

当“转换开关”放置在 1mV、10mV、100mV、1V、10V、100V 等挡位时，观察 0～1.1 的刻度线；当“转换开关”放置 300μV、3mV、30mV、300mV、3V、30V 等挡位时，观察 0～3.5 刻度线。

② 调零。指针的机械调零。黑色标志的螺丝调节 CH1 的指针，红色标志的螺丝调节 CH2 的指针。

③ 量程转换开关。电压范围有 12 个挡位：300μV，1mV，3mV，10mV，30mV，100mV，300mV，1V，3V，10V，30V，100V。分贝范围 12 个挡位−70dB～+40dB 相邻两挡相差 10dB。当“转换开关”放至某挡时，表头最大示值为该挡量程。如“转换开关”放置 10V 挡，表头最大有效示值为 10V。

④ 输入接口。用于输入测量信号的接口，分为 CH1 和 CH2 相对独立接口。

⑤ 电源开关。控制毫伏表是否接入市电。

⑥ 指示灯。电源正常接入时指示灯发光。

（2）基本操作方法。

① 关掉电源，检查指针是否在零位，如果有偏差，调整机械调零。

② 将挡位选择开关设置在 100V 挡，接通 220V 交流电压，闭合电源开关，电源指示灯亮。

③ 将测试线连接到输入端口，开始测量。

④ 根据被测电压的大约值，选择适当的量程，如果不知道被测电压数值，应将量程转换开关旋到最大挡位（测电压后再根据读数逐渐降低量程，直到适当的量程为止）。测量的读数刻度一般使表针偏转至满刻度的 2/3 为佳。

⑤ 测量完毕，量程转换开关应放置在最大挡位。

（3）使用时应注意的事项。

① 晶体管毫伏表的灵敏度较高，打开电源后，在较低量程时由于干扰信号（感应信号）的作用，指针会发生偏转，称为自起现象。所以在不测试信号时应将量程旋钮旋到较高量程挡，以防打弯指针。

② 晶体管毫伏表接入被测电路时，其接地端（黑夹子）应该始终接在电路的地上（称为公共接地），以防干扰。

③ 使用前应先检查量程旋钮与量程标记是否一致，若错位会产生读数错误的现象。

④ 晶体管毫伏表只能用来测量正弦交流信号的有效值。

⑤ 在测量接线时，先接上地线夹子，再接另一个（信号线）夹子。测量完毕拆线时则相反，先拆另一个（信号线）夹子，再拆地线夹子。这样可避免当人手触及不接地的另一个（信号线）夹子时，交流电通过仪表与人体构成回路，形成数十伏的感应电压，打坏表针。

⑥ 使用时间较长后，应多次检查零点是否正确，以免带来附加误差。

⑦ 晶体管毫伏表测量电压的频率范围为 10Hz～2MHz。超出测量电压的频率范围的交流电压，不宜用该表进行测量，因为仪表的频带宽度不够带来的测量误差很大。

3. 示波器

示波器是时域分析的最典型的仪器，也是当前电子测量领域中，品种最多、数量最大、最常用的一种仪器，使用示波器可直观地看到电信号随时间变化的图形。进一步地说，只要能把两个有关系的变量转化为电参数，分别加至示波器的 X、Y 通道，就可以在荧光屏上显示这两个变量之间的关系。

数字示波器的工作原理是首先将被测信号抽样和量化，变为二进制信号存贮起来，再从存储器中取出信号的离散值，通过算法将离散的被测信号以连续的形式在屏幕上显示出来。

数字示波器具有波形触发、储存、显示、测量、波形数据处理等优点，在显示上可媲美模拟示波器甚至优于模拟示波器，同时具有模拟示波器不能完成的几十种测量，使用日益普及。这里以 UT2000 系列的数字存储示波器为例介绍数字示波器的性能和使用方法。图 4.3 所示为 UT2000 系列的数字存储示波器的外形图。

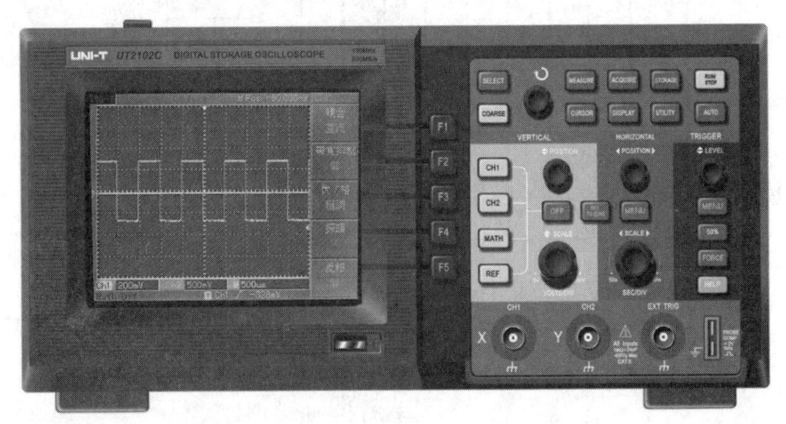

图 4.3　UT2000 系列的数字存储示波器

（1）面板介绍。

图 4.4 所示为 UT2000 系列示波器面板操作示意图。

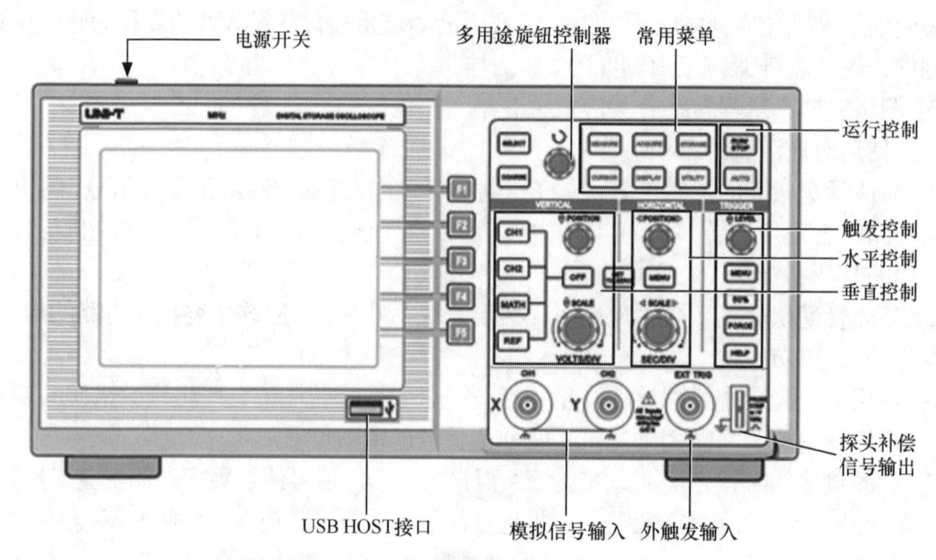

图 4.4　UT2000 系列示波器面板操作示意图

① 电源开关：控制示波器电源的通断。

② 模拟信号输入：用于连接输入电缆，以便输入被测信号，共有两路，CH1 和 CH2。

③ 探头补偿信号输出：提供 1kHz、3V 的基准信号，用于示波器的自检。

④ 垂直控制：用于选择被测信号，控制显示的被测信号在 Y 轴方向的大小或移动。

⑤ 水平控制：用于控制显示的波形在水平轴方向的变化。

⑥ 触发控制：用于控制显示的被测信号的稳定性。

⑦ 运行控制：提供"自动调整"和"显示静止"两种选择。

⑧ 常用菜单：提供显示方式、测量方式、光标方式、采样频率、应用方式等选择。

⑨ 显示界面：用于显示被测信号的波形，测量刻度，以及操作菜单，如图 4.5 所示。

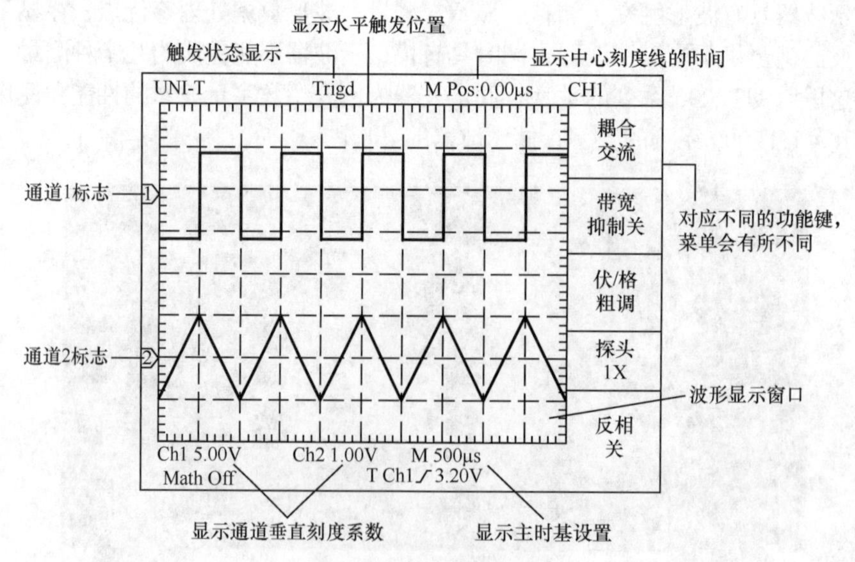

图 4.5　显示界面说明图

（2）基本操作方法。

① 垂直通道调整及电压参数测量。

a. 探头：在输入信号插座上接上测试探头，探头如图 4.6 所示。

b. Y 通道选择：按 CH1 可取得 CH1 的控制权，随后，垂直位置旋钮和电压挡开关只对 CH1 信号有效而对 CH2 信号无效。若要在屏幕上关闭 CH1 信号，则应先按一下 CH1 键，再按 OFF 键。

按 CH1 键调出 CH1 菜单。再按屏幕菜单选择键 F4 将衰减设为 1X，屏幕菜单中的“探头衰减”就被设置为 1X。

c. 输入耦合选择：按屏幕菜单选择键 F1 可选择输入耦合方式，耦合方式共有接地、交流和直流 3 种。

d. Y 轴位移调整：旋转 Y 轴位移旋钮，可对波形进行 Y 轴位移调整。

e. 电压测量读数：旋转电压挡位调整开关，可改变每格电压挡位的指示值（显示在屏幕上）。通过计算可得到实际电压值（电压值= 每挡指示值 × 格数）。

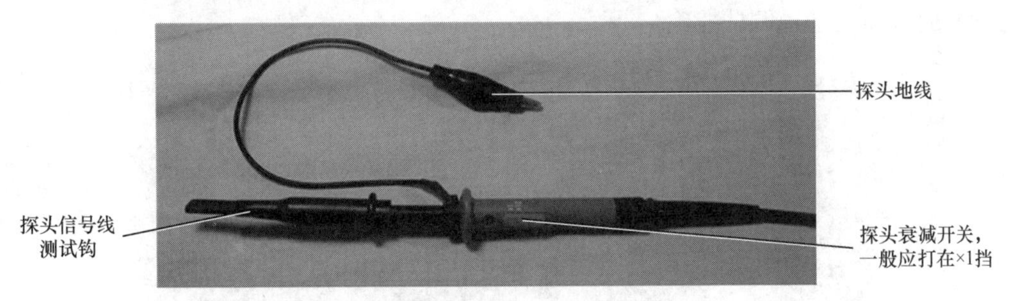

图 4.6　示波器探头

② 扫描调整及时间参数测量。

a. 时间挡位调整：按水平系统菜单按钮，调出扫描菜单。按屏幕菜单选择键可对该菜单进行设置。旋转时间挡调整开关可调整每个大格的扫描时间值，时间挡位值在屏幕上显示。

调整 X 轴位移旋钮，可使被测信号波形的后沿（或者前沿）对准 X=0 的轴线以利于比较精确地读数。

b. 时间参数测量：通过计算可得到被测信号的周期 T（T= 时间挡位值 × 格数）。

③ 稳定触发调整。

a. 触发调节的作用。当触发调节不当时，显示的波形将出现不稳定现象。所谓波形不稳定，是指波形左右移动不能停止在屏幕上，或者，出现多个波形交织在一起，无法清楚地显示波形。

触发调节是示波器操作的难点和易错点，触发调节的关键是正确选择触发源信号。

b. 触发源选择。按触发菜单键调出触发菜单，用屏幕菜单键 F2 选择触发源。

触发源选择的原则如下。

（a）单路测试时，触发源必须与被测信号所在的通道一致。例如，Y 通道 CH1 测试时触发源必须选 CH1，否则波形将不稳定。

（b）两个同频信号双路测试时，应选信号强的一路为触发信号源。

（c）两个有整倍数频率关系的信号，应选频率低的一路作为触发信号源。

（d）两路没有整倍数频率关系的信号，无法同时稳定显示，除非用存储方式。

在屏幕上，可以看到触发源指示、触发电平数值、触发电平指示线。触发电平指示线只有在调“LEVEL”旋钮时才出现，随后自动消失。

c. 触发电平调整。调整电平旋钮，使触发电平线进入被测信号电压的范围内，可使波形稳定；按 50%按钮可使触发电平自动调整到被测电压值的中点，从而使波形稳定。

当选择正弦波信号为触发源时，仅正弦波一路信号稳定，此时非正弦波，如方波信号就不稳定。

④ 校准信号的使用。

a. 校准信号的作用。示波器提供一个频率为 1kHz、电压为 3V 的校准信号，其作用如下。

（a）可以用于检查示波器自身的测量是否准确。

（b）可以检查输入探头是否完好。

（c）当使用比较法测量其他信号时，用作标准并作为参考信号。

b. 校准信号的接入，如图 4.7 所示。

c. 校准信号的测量。当测得校准信号为 1kHz、3V 时，说明接入探头线完好，并且示波器 Y 通道和 X 通道测试准确。

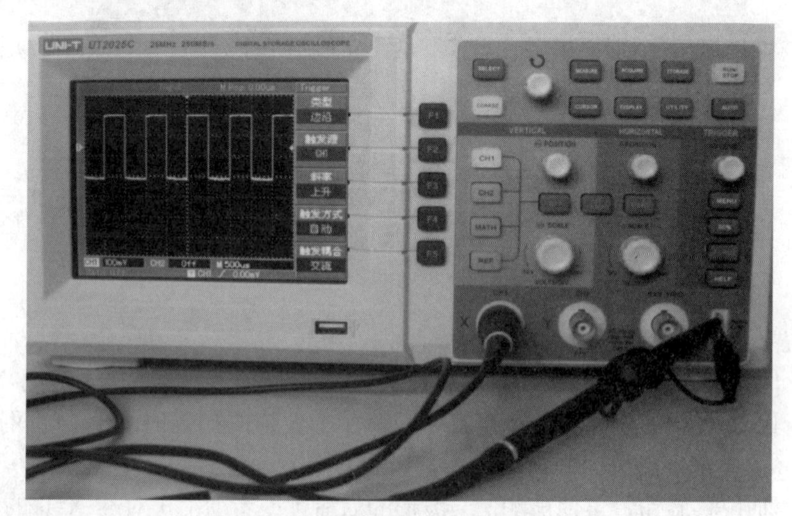

图 4.7　校准信号接入示意图

（3）示波器应用示例。

① 简单正弦波信号观测。

观测电路中一个未知信号，迅速显示和测量信号的频率和峰-峰值。

欲迅速显示该信号，请按如下步骤操作。

a. 将探头菜单衰减系数设定为 10×，并将探头上的开关设定为 10×。

b. 将 CH1 的探头连接到电路被测点。

c. 按下 AUTO 按钮。

数字存储示波器将自动设置使波形显示达到最佳。在此基础上，可以进一步调节垂直、水平挡位，直至波形的显示符合所需的要求。

② 自动测量信号的电压和时间参数。

数字存储示波器可对大多数显示信号进行自动测量。欲测量信号的频率和峰-峰值，请按如下步骤操作。

a. 按 MEASURE 按键，以显示自动测量菜单。

b. 按下 F1 键，进入测量菜单种类选择。

c. 按下 F3 键，选择电压类。

d. 按下 F5 键翻至 2/4 页，再按 F3 选择测量类型，峰-峰值。

e. 按下 F2 键，进入测量菜单种类选择，再按 F4 选择时间类。

f. 按 F2 键即可选择测量类型：频率。

此时，峰-峰值和频率的测量值分别显示在 F1 和 F2 的位置，如图 4.8 所示。

③ 双踪显示正弦波并观测延时。

与上例相同，设置探头和数字存储示波器通道的探头衰减系数为 10×。将数字存储示波器 CH1 通道与电路信号输入端相接，CH2 通道则与输出端相接。操作步骤如下。

a. 显示 CH1 通道和 CH2 通道的信号。

（a）按下 AUTO 按钮。

（b）继续调整水平、垂直挡位直至波形显示满足您的测试要求。

（c）按 CH1 按键选择 CH1，旋转垂直位置旋钮，调整 CH1 波形的垂直位置。

（d）按 CH2 按键选择 CH2，如前操作，调整 CH2 波形的垂直位置。使通道 1、2 的波形既不重叠在一起，又利于观察比较。

b. 测量正弦信号通过电路后产生的延时，并观察波形的变化。

（a）自动测量通道延时。

按 MEASURE 按钮以显示自动测量菜单；按 F1 键，进入测量菜单种类选择；按 F4 键，进入时间类测量参数列表。

按两次 F5 键，进入 3/3 页；按 F2 键，选择延迟测量；按 F1 键，选择从 CH1，再按下 F2 键，选择到 CH2，然后按 F5 确定键。此时，可以在 F1 区域的“CH1-CH2 延迟”下看到延迟值。

（b）观察波形的变化（如图 4.9 所示）。

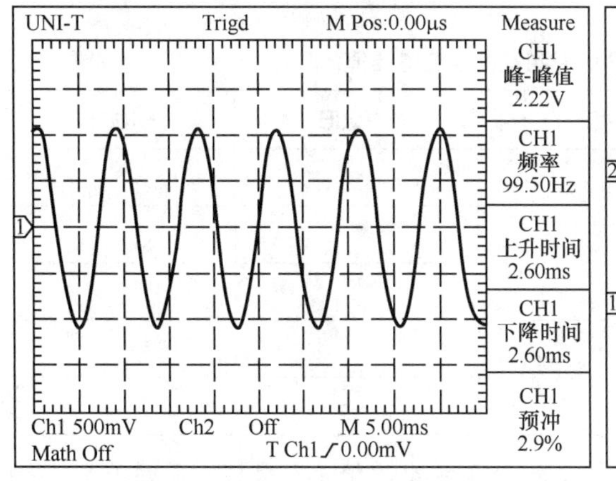

图 4.8　示波器测量正弦波信号图

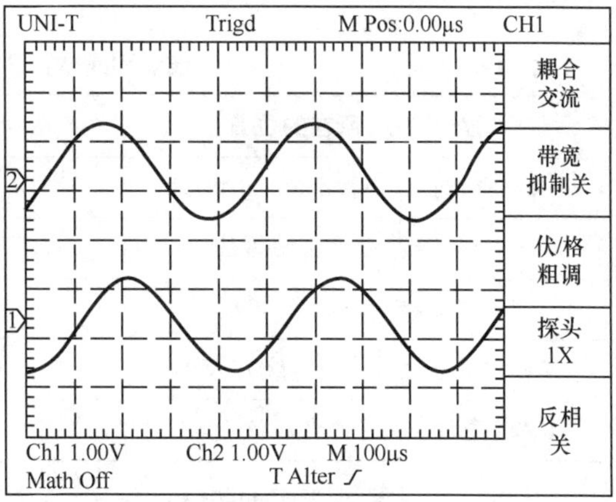

图 4.9　波形延时观测

【做一做】实训 4-1：用示波器观察并测量正弦交流信号的参数

实训流程如下。

1. 标准信号的幅值和频率的测量

根据图 4.7 接入校准信号，用示波器测量信号幅值和频率，并记录在表 4-2 和表 4-3 中。

表 4-2　　标准信号幅值的测量

每格电压挡位的指示值（mV）	
标准信号峰-峰值所占的格数	
标准信号峰-峰值的读数（V）	

表 4-3　　标准信号频率的测量

扫描时间挡位值（μs）	
一周期所占的格数	
标准信号周期的读数（ms）	
信号频率的读数（kHz）	

2. 用示波器和晶体管毫伏表测量正弦波信号的幅值和有效值

（1）按照图 4.10 连接。

（2）设置低频信号发生器。

波形选择：正弦波；输出衰减：0dB；输出信号频率 1kHz；调节“振幅调整”旋钮，使信号发生器电压表头的读数为 1.0V。

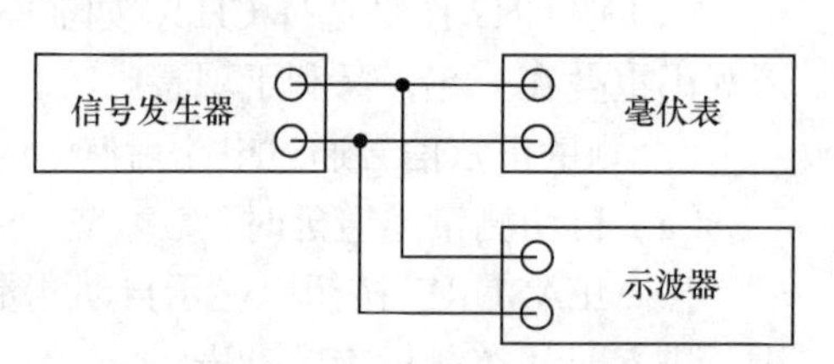

图 4.10　信号发生器与示波器的连接

（3）用晶体管毫伏表测量输出信号的电压值（有效值）。

（4）用示波器显示和测量信号的电压值。

（5）改变低频信号发生器“输出衰减”的位置，用晶体管毫伏表测量信号的电压值，用示波器显示和测量信号的电压值，计算有效值，记录在表 4-4 中，并与晶体管毫伏表测量的值进行比较。

表 4-4　　示波器和晶体管毫伏表测量信号的电压值

“输出衰减”所在的位置	0dB	−20dB	−40dB
每格电压挡位的指示值（mV）			
正弦波峰-峰值所占的格数			
正弦波峰-峰值的读数（V）			
正弦波的有效值（计算值）（V）			
晶体管毫伏表测量的电压值（V）			

注意：信号发生器的电压表头或者晶体管毫伏表测量出的值是有效值，而示波器直接测出的是信号电压的峰-峰值，要经过换算才能求得有效值。另外，由于示波器往往使用探头测量，这时被测信号可能有 10∶1 的衰减，因此在计算中要考虑这一影响。

3. 用示波器测量信号的周期

测量信号的周期时，应将水平扫描时间的挡位值置于合适的位置，使示波器的屏幕上显示的一个周期占有足够的格数，按表 4-5 所列，测量信号的周期，计算其频率。

表 4-5　　用示波器测量信号的周期

信号频率（kHz）	1	5	50	100
扫描时间的挡位值（μs）				
一个周期所占的格数				
信号的周期的读数（μs）				
测出的信号频率的读数（kHz）				

4. 用示波器观察并测试正弦交流信号的波形

（1）按照图 4.11 连接。

（2）信号源还是采用有效值 1V、频率 1kHz 的正弦交流信号。用示波器观察信号源的波形。

（3）用 CH1 通道观察电阻两端（探头信号线接 a 端，探头地线接 b 端）的电压波形；用 CH2 通道观察电容两端（探头信号线接 b，探头地线接 c 端）的电压波形。

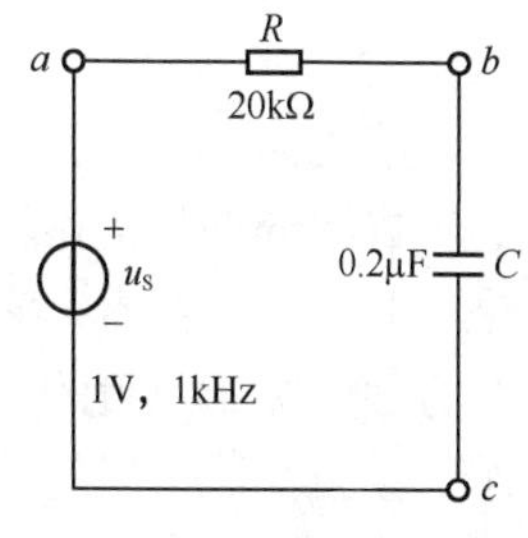

图 4.11　测试电路图

（4）通过观察和测量可得到下列结论。

① 信号源的波形是________（正弦波/非正弦波），电阻和电容端电压的波形是（正弦波/非正弦波）。

② 电阻端电压的峰-峰值是_______V，周期是_______s；电容端电压的峰-峰值是V，周期是_____s。电阻端电压的波形与电容端电压的波形_______（没有延时/出现延时）。

4.1.2　正弦交流电的基本概念

电路中，大小和方向均随时间作周期性变化的电流和电压，分别称为交变电流和交变电压，统称为交流电。电流和电压的大小和方向随时间按正弦规律变化的，称为正弦交流电。

正弦交流电可通过变压器任意变换电流、电压，方便输送、分配和使用，广泛应用于电力供电系统中。在通信电路和自控系统中的信号，虽然不是按正弦方式变化，但可通过傅氏变换展开成正弦量的叠加。此外，交流发电机和交流电动机都比直流的简单、经济和耐用。所以，研究交流电不论在理论上还是实际应用上都有重要的意义和价值。

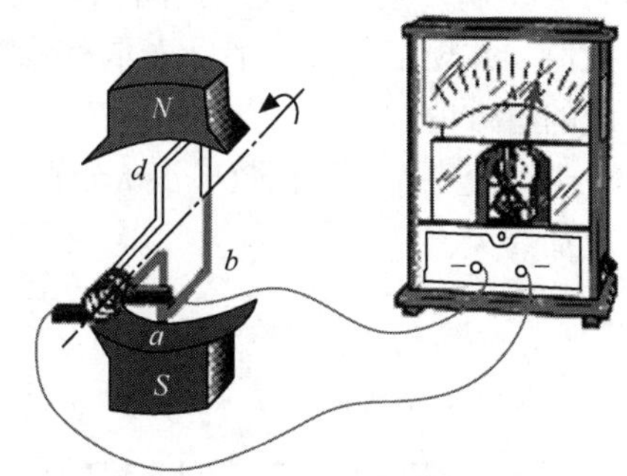

图 4.12　正弦交流电的产生

1. 正弦交流电的产生

如图 4.12 所示，让矩形线圈在匀强磁场中匀速转动，由于线圈在作切割磁力线运动，线圈中就有感应电动势产生。电流计中可以看到线圈每转一周，指针就左右摆动一次。可以证明，当线圈匝数为 n，线圈边的长度为 l，线圈匀速转动线速度为 v，匀强磁场的磁感应强度为 B 时，线圈产生的感应电动势

$$e = E_{\mathrm{m}}\sin(\omega t + \varphi_e)$$

其中

$$E_{\mathrm{m}} = 2nBlv$$

若线圈未接外电路，线圈中没有电流，则两个引出端子间的电压等于线圈产生的感应电动势，即

$$u = U_m \sin(\omega t + \varphi_u)$$

其中

$$U_m = E_m = 2nBlv$$

外接电路中的电流也是正弦量，即

$$i = I_m \sin(\omega t + \varphi_i)$$

2. 表征正弦交流电的物理量

以电压为例，正弦量与时间的函数关系一般可表示为

$$u = U_m \sin(\omega t + \varphi_u)$$

该式称为瞬时值表达式。式中的 U_m、ω 和 φ_u 三个参数分别称为振幅、角频率和初相位。这就是正弦量的三要素，它们分别反映了正弦量的 3 个方面，即正弦量的大小、变化快慢和变化的状态。正弦交流电压的波形如图 4.13 所示。

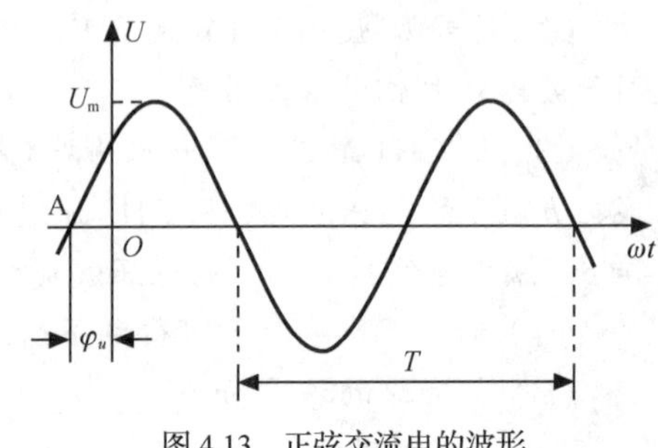

图 4.13 正弦交流电的波形

（1）交流电大小的描述。

① 振幅。振幅指正弦量在一个周期内所能达到的最大数值。振幅也称最大值、幅值或峰值。如正弦电压

$$u = 5\sin(314t + 30°)\text{V}$$

其振幅为 5V，而

$$u = -5\sin(314t + 30°)\text{V}$$

其振幅也是 5V。振幅通常用带下标 m 的大写字母表示，如正弦电压和电流的振幅值分别用 U_m 和 I_m 表示。

正弦交流电的波形图表示

② 有效值。工程上常用有效值来衡量周期量的大小。

交流电的有效值是用热效应来确定的。假设在一个线性电阻 R 上，分别通以直流电流 I 和正弦电流 i，若在一个周期 T 的时间内，它们在电阻 R 上所产生的热效应相同，则该直流电流 I 就定义为正弦电流 i 的有效值，并规定用大写字母表示有效值，如 U 和 I 分别表示正弦电压和电流的有效值。

正弦交流电的三要素

直流电流 I 和正弦电流 i 分别通过 R 时在一个周期 T 内产生的热量分别为

$$Q_I = I^2 RT$$

$$Q_i = \int_0^T i^2 R \mathrm{d}t$$

一个周期 T 内，它们的热效应相同，可得交流电流的有效值

$$I = \sqrt{\frac{1}{T}\int_0^T i^2 \mathrm{d}t}$$

正弦交流电的有效值和平均值

将正弦电流 $i = I_m \sin(\omega t + \varphi_i)$ 代入并计算可得

$$I = \sqrt{\frac{1}{T}\int_0^T i^2 \mathrm{d}t} = \sqrt{\frac{1}{T}\int_0^T I_m^2 \sin^2(\omega t + \varphi_i) \mathrm{d}t} = \frac{1}{\sqrt{2}} I_m = 0.707 I_m$$

同样可得正弦电压、正弦电动势的有效值

$$U = \frac{1}{\sqrt{2}}U_{\mathrm{m}} = 0.707U_{\mathrm{m}}$$

$$E = \frac{1}{\sqrt{2}}E_{\mathrm{m}} = 0.707E_{\mathrm{m}}$$

通常所说的交流电压、电流的大小都是指有效值，如日常生活中使用的 220V 交流电就是指电压的有效值为 220V。常用的交流电压表和交流电流表所指示的是交流有效值；交流电气设备铭牌上所标的额定电压、额定电流值也都是有效值。但是，电容器及其他电气设备绝缘的耐压、整流器的击穿电压等，则须根据交流电压的振幅值（而不是有效值）来考虑。

③ 平均值。工程中有时还用到平均值的概念。所谓平均值是指在一个周期内交流电的绝对值的平均值。正弦电流的平均值

$$I_{av} = \frac{1}{T}\int_0^T |i|\mathrm{d}t = \frac{1}{T}\int_0^T |I_{\mathrm{m}}\sin(\omega t + \varphi_i)|\,\mathrm{d}t = \frac{2I_{\mathrm{m}}}{\pi} \approx 0.637I_{\mathrm{m}}$$

注意：因为有效值用得最多，几乎所有的交流电表的表盘都是按“有效值”来刻度的。电磁式电表指针偏转的角度正比于电流的平方，它测量的是有效值；而磁电式电表上加接整流二极管用来测量交流电流时，电表真正测量的是交流电流的平均值，再将其换算成有效值进行刻度。

（2）交流电变化快慢的描述。

① 周期。周期是指交流电完成一次周期性变化所需的时间，用符号 T 表示，单位是秒（s）。

② 频率。频率是指交流电在 1s 内完成周期性变化的次数，用符号 f 表示，单位是赫兹（Hz）。

③ 角频率。角频率指交流电在 1s 内变化的电角度，用 ω 表示，单位是弧度/秒（rad/s）。

周期、频率和角频率之间的关系为

$$T = \frac{1}{f};\quad \omega = 2\pi f = \frac{2\pi}{T}$$

在我国供电系统中，交流电的频率是 50Hz，即周期为 0.02s，角频率为 314rad/s。该交流电也称工频交流电。

（3）交流电变化状态的描述。

① 相位。对于一个正弦量，如 $i=I_{\mathrm{m}}\sin(\omega t+\varphi_i)$，其中 $\omega t+\varphi_i$ 决定了交流电在某一瞬间的大小、方向和变化趋势，称为正弦量的相位。

② 初相。交流电在 t=0 时的相位称为初相位，简称初相，如 φ_i、φ_u、φ_e，可用 φ_0 表示。正弦起点在计时起点左侧初相为正，右侧为负，其取值范围规定为 $\varphi_0\in(-\pi, \pi]$。

正弦交流电的相位差

③ 相位差。两个同频率的正弦量相位的差值称为相位差。如 $u=U_{\mathrm{m}}\sin(\omega t+\varphi_u)$，$i=I_{\mathrm{m}}\sin(\omega t+\varphi_i)$，则电压与电流的相位差 $\Delta\varphi=(\omega t+\varphi_u)-(\omega t+\varphi_i)=\varphi_u-\varphi_i$。对于不同频率的交流电之间没有相位差的概念。

相位差体现了两个正弦量的变化步调。

a. $\Delta\varphi=\varphi_u-\varphi_i>0$，表示 u 超前 i。

b. $\Delta\varphi=\varphi_u-\varphi_i<0$，表示 u 滞后 i。

c. $\Delta\varphi=\varphi_u-\varphi_i=0$，表示 u 与 i 同相。

d. $\Delta\varphi=\varphi_u-\varphi_i=\pi$，表示 u 与 i 反相。

e. $\Delta\varphi=\varphi_u-\varphi_i=\pm\pi/2$，表示 u 与 i 正交。

如图 4.14（a）、（b）、（c）、（d）所示，分别对应 a、c、d、e 4 种情况的相位关系。

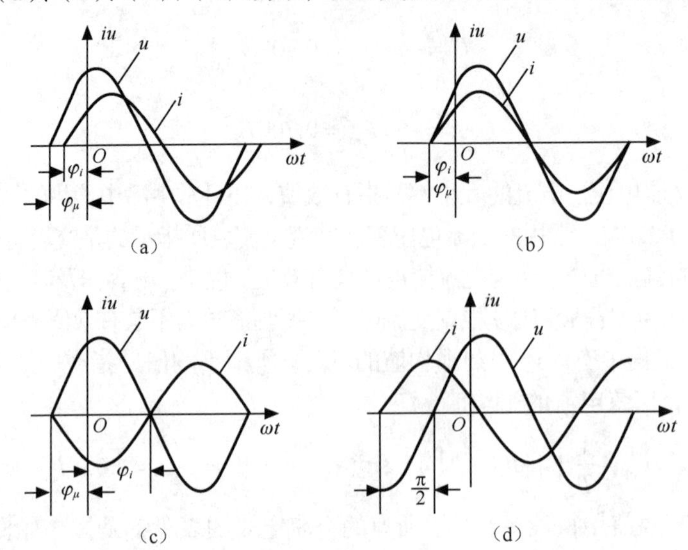

图 4.14　同频率正弦量的相位关系

3. 正弦量的表示方法

（1）解析式表示法。

用正弦函数式表示正弦量周期性变化规律的方法称为解析式表示法，简称解析法。

正弦交流电的电流、电压和电动势的解析式分别表示为

$$i = I_{\mathrm{m}}\sin(\omega t + \varphi_i)$$

$$u = U_{\mathrm{m}}\sin(\omega t + \varphi_u)$$

$$e = E_{\mathrm{m}}\sin(\omega t + \varphi_e)$$

由于解析式确定了正弦量每一个瞬间的状态，故也称作瞬时值表达式。

（2）波形图表示法。

用正弦函数曲线表示正弦量周期性变化规律的方法称为波形图表示法，简称波形图或图像法。一般地，横坐标表示时间（或电角度），纵坐标表示正弦量（电流、电压或电动势），如图 4.13 所示。

【例 4-1】　已知某正弦交流电的瞬时值表达式为

$$i(t) = 10\sin(314t + 45°)\text{A}$$

试求其振幅、初相、角频率、频率和周期，绘出波形图，并求出 $t = 0$、$t = 0.0025\text{s}$、$t = 0.0125\text{s}$ 时电流的瞬时值。

解：根据瞬时值表达式可知

振幅：$I_{\mathrm{m}} = 10\text{A}$，初相：$\varphi_i = 45°$，角频率：$\omega = 314\text{rad/s}$。

频率：$f = \dfrac{\omega}{2\pi} = \dfrac{314}{2\pi} = 50(\text{Hz})$，周期：$T = \dfrac{1}{f} = \dfrac{1}{50} = 0.02(\text{s})$。

波形图如图 4.15 所示。

当 $t = 0$ 时，$i(0) = 10\sin\left(314 \times 0 + \dfrac{\pi}{4}\right) = 7.07(\text{A})$，此即电流的初始值。

当 $t = 0.0025\text{s}$ 时，$i(0.0025) = 10\sin\left(314 \times 0.0025 + \dfrac{\pi}{4}\right) = 10\sin\left(\dfrac{\pi}{2}\right) = 10(\text{A})$。

当 t = 0.0125s 时，$i(0.0125)=10\sin\left(314\times0.0125+\dfrac{\pi}{4}\right)=10\sin\left(\dfrac{3\pi}{2}\right)=-10(\text{A})$。电流为负值，表示电流在 $t=0.0125$s 时的实际方向与参考方向相反。

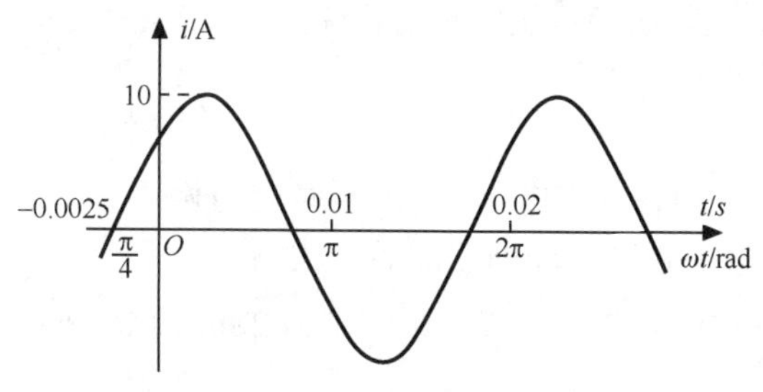

图 4.15 例 4-1 的电流波形图

（3）相量表示法。

所谓相量表示法，就是利用复数和正弦量之间的一一对应关系，用复数表示同频率正弦量的方法。

【知识链接】复数的四种表示形式

① 代数形式。$A=a+\text{j}b$ 即复数的代数形式，其中 a 表示复数 A 的实部，b 表示复数 A 的虚部，$\text{j}=\sqrt{-1}$（电工学中因 i 代表电流，故用 j 代表虚单位）。

复数可以用复平面上的矢量表示，如图 4.16 所示。其中矢量长度 $r=\sqrt{a^2+b^2}$ 是复数的模；矢量与实轴正方形间的夹角，为复数的幅角 φ，$\varphi=\arctan(b/a)$，规定 $\varphi\in(-\pi,\ \pi]$。

② 三角函数形式。因为 $a=r\cos\varphi$，$b=r\sin\varphi$，所以复数的三角函数表示式为 $A=r(\cos\varphi+\text{j}\sin\varphi)$。

③ 指数形式。根据欧拉公式 $\text{e}^{\text{j}\varphi}=\cos\varphi+\text{j}\sin\varphi$，可得复数的指数形式为 $A=r\text{e}^{\text{j}\varphi}$。

④ 极坐标形式。根据图 4.16 所示，可将复数表示成极坐标形式为 $A=r\underline{/\varphi}$。

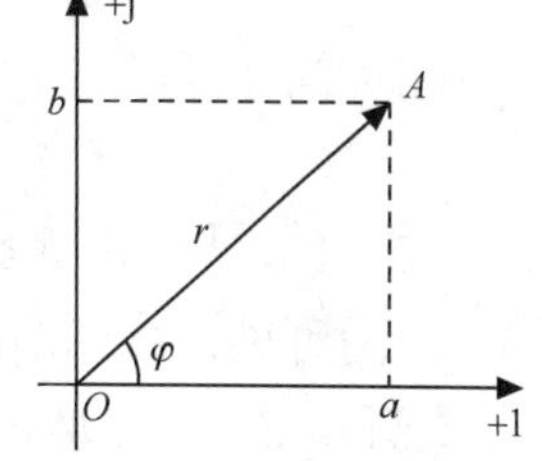

图 4.16 复数的矢量表示

正弦量常用复数极坐标形式的相量表示（也可用其他形式表示，如：加减法运算时常表示为代数形式）。一个复数有模和幅角两个特征，复数的模表示正弦量的有效值，幅角表示正弦量的初相，而对应的相量则用大写字母并在其上加点表示。如 $i=\sqrt{2}I\sin(\omega t+\varphi_i)\rightarrow\dot{I}=I\underline{/\varphi_i}$。采用相量法表示正弦量，其目的是为了将正弦交流电路分析时的三角函数运算转变为较为简捷的复数运算。

正弦量的旋转矢量图

注意：①由于在相量表示法中并不能反映正弦量的频率，因此只有同频率的正弦量之间才能进行复数运算；②相量法是表示正弦量的一种方法，但两者并不相等，即 $i=\sqrt{2}I\sin(\omega t+\varphi_i)\neq\dot{I}=I\underline{/\varphi_i}$。

（4）相量图表示法。

复数可以用复平面上的矢量表示，同样相量也可以用复平面上的相量来表示。用有向线段长度表示正弦量的有效值或最大值（一般情况下表示有效值），用有向线段与横轴正方向的夹角表示正弦量的初相位，这种在复平面上表示正弦量的方法，称为相量图表示法，这种图形叫作相量图。

正弦量的相量图表示

图 4.17 是电流和电压的相量图。

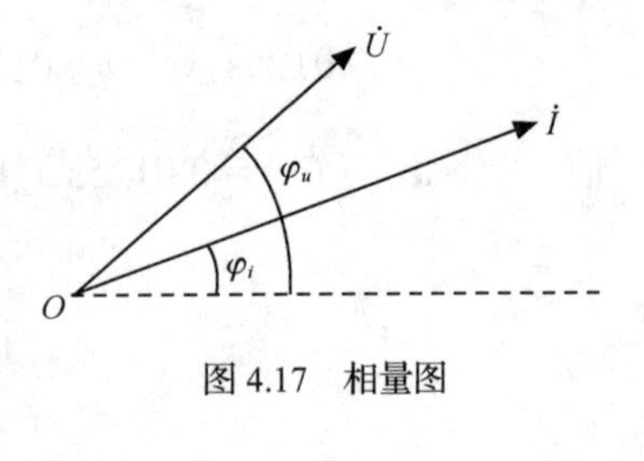

图 4.17　相量图

在相量图上能形象地看出各个正弦量之间的大小及相位关系，同时对于正弦量的加减运算中，就可以用相量合成的方法（如平行四边形或三角形的方法），使其运算变得直观和简单。

【特别提示】画相量图时，只有同频率的正弦量才能画在同一张图上。

【例 4-2】　试写出下列各正弦电压、电流所对应的相量，做出相量图，并比较各正弦量超前、滞后的关系。

（1）$u_1 = 10\sqrt{2}\sin(314t + 45°)\text{V}$；（2）$u_2 = -10\sqrt{2}\sin(314t + 60°)\text{V}$；

（3）$i = 5\sqrt{2}\sin(314t - 30°)\text{A}$。

解：（1）由已知得

$$\dot{U}_1 = 10\underline{/45°}\ \text{V}$$

（2）因为

$$\begin{aligned} u_2 &= -10\sqrt{2}\sin(314t + 60°) \\ &= 10\sqrt{2}\sin(314t + 60° - 180°) \\ &= 10\sqrt{2}\sin(314t - 120°) \end{aligned}$$

所以

$$\dot{U}_2 = 10\underline{/-120°}\ \text{V}$$

（3）同样可得到

$$\dot{I} = 5\underline{/-30°}\ \text{A}$$

$\dot{U}_1$、$\dot{U}_2$、$\dot{I}$ 的相量图如图 4.18 所示。

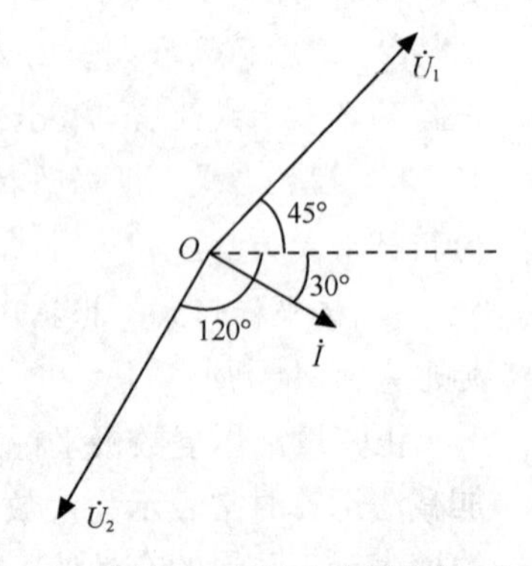

图 4.18　例 4-2 的相量图

由图可见，$\dot{U}_1$超前$\dot{U}_2$165°，$\dot{U}_1$超前$\dot{I}$75°，$\dot{I}$超前$\dot{U}_2$90°。

【例 4-3】　将如下相量转换成相应的正弦量解析式（已知f= 1kHz）。

（1）$\dot{U}_1 = 20\underline{/-60°}\ \text{V}$；（2）$\dot{U}_2 = 5\text{V}$；（3）$\dot{I} = \text{j}5\text{mA}$

解：正弦量的角频率为

$$\omega = 2\pi f = 2 \times 3.14 \times 1000 = 6280(\text{rad/s})$$

可得

（1）$u_1 = 20\sqrt{2}\sin(6280t - 60°)\text{V}$；

（2）$u_2 = 5\sqrt{2}\sin 6280t\ \text{V}$；

（3）$i = 5\sqrt{2}\sin(6280t + 90°)\text{mA}$。

【例 4-4】　已知$u_1 = 8\sqrt{2}\sin(\omega t + 30°)\text{V}$，$u_2 = 6\sqrt{2}\sin(\omega t - 60°)\text{V}$。

求：u_1+u_2，并画出相量图。

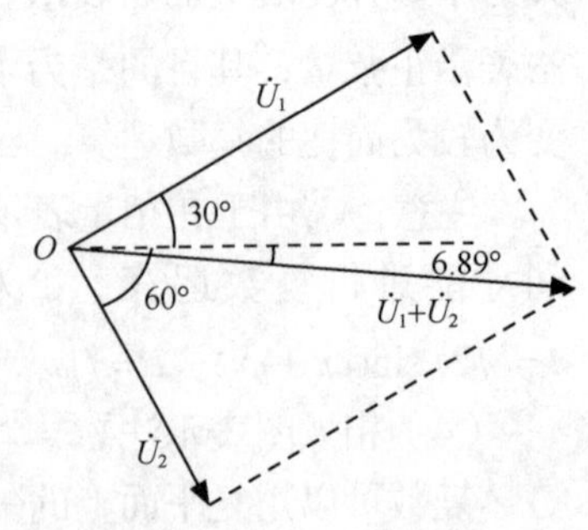

图 4.19　例 4-4 的相量图

解：因为

$$u_1 \to \dot{U}_1 = \underline{/8\ 30°}\ \text{V}，\ u_2 \to \dot{U}_2 = \underline{/6 - 60°}\ \text{V}$$

则

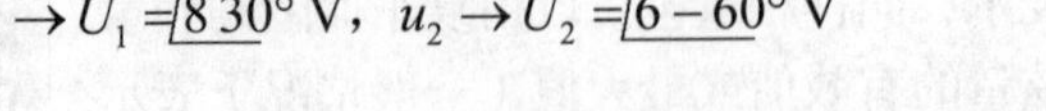

$$\dot{U}_1 + \dot{U}_2 = 8\cos 30° + \text{j}8\sin 30° + 6\cos(-60°) + \text{j}6\sin(-60°)$$

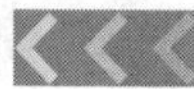

$$= 4\sqrt{3} + j4 + 3 - j3\sqrt{3} = 9.93 - j1.2 = 10\underline{/-6.89°}\,(V)$$

所以

$$u_1 + u_2 = 10\sqrt{2}\sin(\omega t - 6.89°)V$$

相量图如图 4.19 所示。也可以先画 $\dot{U}_1$和 $\dot{U}_2$ 的相量图，用平行四边形方法求出 $\dot{U}_1 + \dot{U}_2$ 合成相量，再写出 $u_1 + u_2$ 的解析式。

【练一练】实训 4-2：正弦交流信号的仿真测试

实训流程如下。

（1）本实训采用测量仪器中的函数信号发生器来产生正弦交流信号。双击信号发生器面板可设置参数：波形为正弦波，频率为 1kHz，振幅为 10Vp（最大值），如图 4.20 中的下部所示。

（2）用双通道示波器 XSC1 来观察正弦交流信号的波形；用万用表 XMM1 来测量正弦交流信号的有效值。万用表 XMM1 的面板设置见图 4.20 左上角所示。

（3）单击仿真开关按钮，从示波器 XSC1 的面板中测试正弦交流信号的参数：正弦信号电压的振幅值（最大值）是_______，周期是______；该信号的解析式为_______________。

（4）用时间基轴 T1 确定信号的初始位置，用时间基轴 T2 测出信号典型点的大小和与初始位置的时间差，画出该正弦交流信号的波形。

（5）用万用表 XMM1 的交流电压挡测量该信号的电压有效值为_______，并与理论计算值_________进行比较。

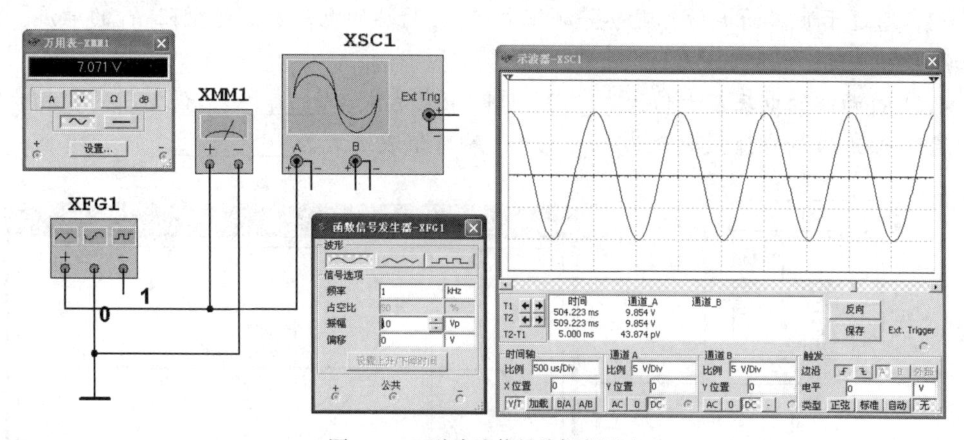

图 4.20　正弦交流信号的仿真测试

（6）按下列要求改变参数设置，观察示波器中波形的变化情况。

① 改变函数信号发生器的振幅与频率，观察波形的变化情况。

② 改变示波器时间轴（X 轴）的比例，观察波形的变化情况。

③ 改变示波器时间轴的初始位置，观察波形的变化情况。

④ 改变示波器输入通道 A 的 Y 轴幅度的刻度选择，观察波形的变化情况。

⑤ 改变示波器输入通道 A 的 Y 轴波形偏移位置，观察波形的变化情况。

（7）从电源库中选取交流电压源，设置参数为电压有效值 220V，频率为 50Hz 的正弦交流电源，用示波器 XSC1 观察其波形，验证其最大值和周期值，用万用表 XMM1 的交流电压挡测量该信号的电压有效值，并与信号源数值进行比较。如图 4.21 所示。

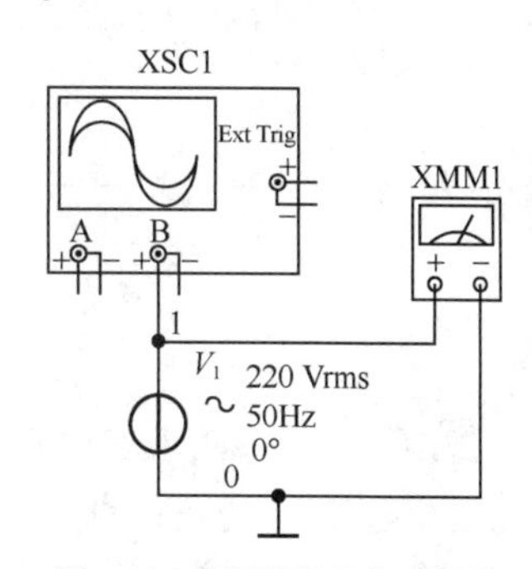

图 4.21　工频信号的仿真测试

任务 4.2 单一参数正弦交流电路的测试和分析

知识要点

- 掌握单一参数交流电路中电压和电流的关系、功率的概念和计算。
- 掌握感抗、容抗的概念和计算。

技能要点

- 能对单一参数正弦交流电路的特性进行测试，并能对测试值进行分析。

4.2.1 电阻元件的正弦交流电路的测试和分析

【做一做】实训 4-3：电阻元件交流特性的测试

实训流程如下。

（1）按图 4.22（a）所示画好仿真电路。其中示波器通道 A 用于观察和测试电阻 R_1 两端的电压，而电阻 R_1 上的电流则通过电流探针 XCP1 转变为电压，由示波器通道 B 展示出来。默认的探针输出电压到电流的比率为 1V/mA，双击电流探针可通过属性对话框进行修改。本实训设置为 1mV/mA，即通道 B 图形上的电压 1mV 代表电流 1mA。为了只显示交流分量，示波器触发耦合方式采用 AC（交流耦合）。

（2）通过示波器面板仿真观察并测试电阻 R_1 两端的电压和流过电阻 R_1 的电流，参考图如图 4.22（b）所示。

电阻 R_1 两端的电压最大值为_____V,瞬时值表达式为_________（设电压的初相为零）。

流过电阻 R_1 的电流最大值为_____mA，瞬时值表达式为_________。

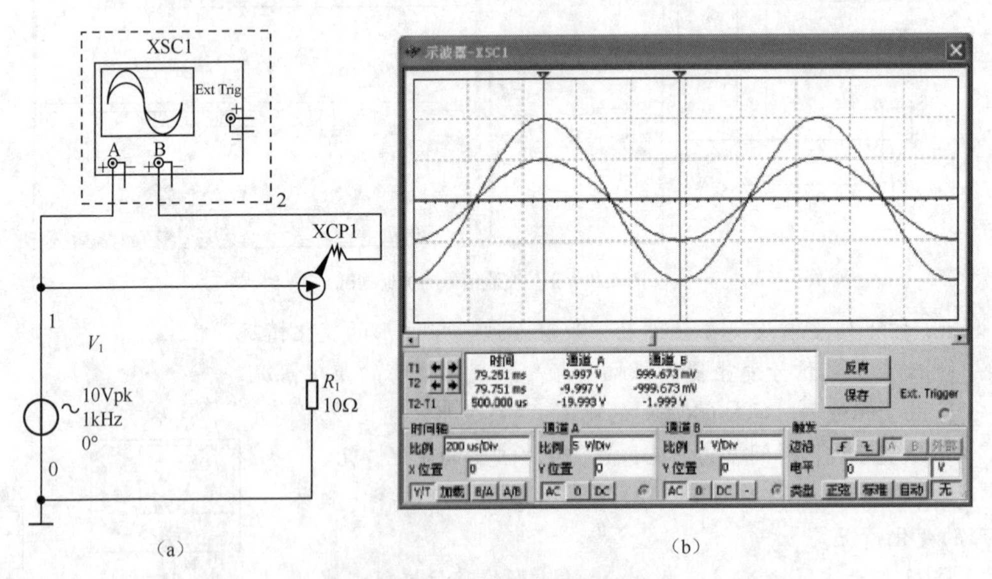

（a）　　　　（b）

图 4.22　电阻元件交流特性的测试

（3）用万用表交流电压挡和交流电流挡分别测量电阻 R_1 上的电压和电流的有效值。

电阻 R_1 两端的电压有效值为_____V，流过电阻 R_1 的电流有效值为_____mA。

（4）根据观察和测量的结果回答下列问题。

① 在电阻两端加上正弦交流电压，电阻中会有电流通过，该电流是___________（正

弦交流电流/非正弦交流电流），频率与交流电压频率________（相同/不相同）。

② 在交流电路中，电阻元件两端的电压与流过的电流的____________（瞬时值/有效值/最大值）满足欧姆定律。

③ 在交流电路中，电阻元件两端的电压与流过的电流在相位关系上是电压的相位_____（超前/滞后/等同于）电流的相位。

1. 电阻元件上电压与电流的关系

从实训 4-3 中可以看到：在电阻 R 上加一个正弦电压时，电阻上会有同频率的正弦电流流过，电压和电流的瞬时值、有效值和最大值均满足欧姆定律，并且在关联参考方向的情况下电压与电流同相。理论分析如下。

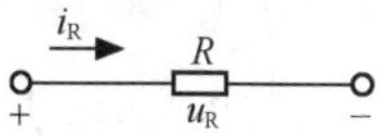

设电阻元件 R 的电压、电流为关联参考方向，如图 4.23 所示，且通过 R 的电流

图 4.23 电阻元件

$$i_{\rm R} = I_{\rm Rm}\sin(\omega t + \varphi_{{\rm R}i})$$

则电阻 R 上的电压

$$u_{\rm R} = Ri_{\rm R} = RI_{\rm Rm}\sin(\omega t + \varphi_{{\rm R}i})$$

或者

$$u_{\rm R} = U_{\rm Rm}\sin(\omega t + \varphi_{{\rm R}u})$$

（1）数量关系。

瞬时值：$u_{\rm R}(t) = Ri_{\rm R}(t)$

最大值：$U_{\rm Rm} = RI_{\rm Rm}$

有效值：$U_{\rm R} = RI_{\rm R}$

（2）相位关系。

电压和电流同相位，即 $\varphi_{{\rm R}u} = \varphi_{{\rm R}i}$。

（3）相量表示。

$$\dot{U}_{\rm R} = R\dot{I}_{\rm R}$$

或者

$$U_{\rm R}\underline{/\varphi_{{\rm R}u}} = RI_{\rm R}\underline{/\varphi_{{\rm R}i}}$$

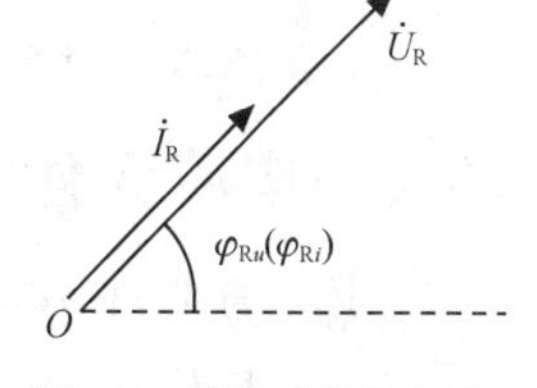

图 4.24 电阻元件的电压、电流的相量图

其相量图如图 4.24 所示。

2. 电阻元件上的功率

（1）瞬时功率。

$$\begin{aligned} p_{\rm R} &= i_{\rm R}u_{\rm R} \\ &= I_{\rm Rm}\sin(\omega t + \varphi_{{\rm R}i})U_{\rm Rm}\sin(\omega t + \varphi_{{\rm R}u}) \\ &= I_{\rm Rm}U_{\rm Rm}\sin^2(\omega t + \varphi_{{\rm R}i}) \\ &= \frac{U_{\rm Rm}I_{\rm Rm}}{2}[1 - \cos 2(\omega t + \varphi_{{\rm R}i})] \\ &= U_{\rm R}I_{\rm R}[1 - \cos 2(\omega t + \varphi_{{\rm R}i})] \end{aligned} \qquad (4\text{-}1)$$

由式（4-1）可知，瞬时功率由两部分组成，一部分是常量 UI，它与时间无关；另一部分是正弦量，随时间以两倍于电流（电压）的频率而变化。瞬时功率的波形图如图 4.25 所示，其数值总是正的，说明电阻元件总是消耗能量的。

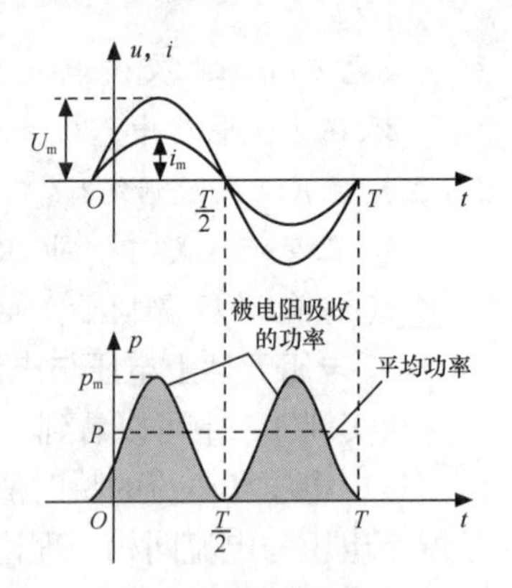

图 4.25　电阻元件的电压、电流和功率的波形图

（2）平均功率。

由于瞬时功率是变化的，因此工程上一般使用瞬时功率的平均值，即平均功率，或称作有功功率。

平均功率用大写字母 P 表示，其定义式

$$P=\frac{1}{\mathrm{T}}\int_0^T p\mathrm{d}t$$

将式（4-1）代入上式，可得电阻元件的平均功率

$$P_{\mathrm{R}}=\frac{1}{T}\int_0^T U_{\mathrm{R}}I_{\mathrm{R}}[1-\cos2(\omega t+\varphi_{\mathrm{R}i})]\mathrm{d}t=U_{\mathrm{R}}I_{\mathrm{R}}=I_{\mathrm{R}}^2R=\frac{U_{\mathrm{R}}^2}{R}$$

式（4-1）的第一部分就是平均功率，它与直流电路中计算电阻元件的功率完全一样，单位也是瓦特（W）。通常说用电器（如白炽灯）额定电压为 220V，额定功率为 40W，就是指该用电器接电压有效值 220V 时，它消耗的平均功率是 40W。

纯电阻元件的交流电路

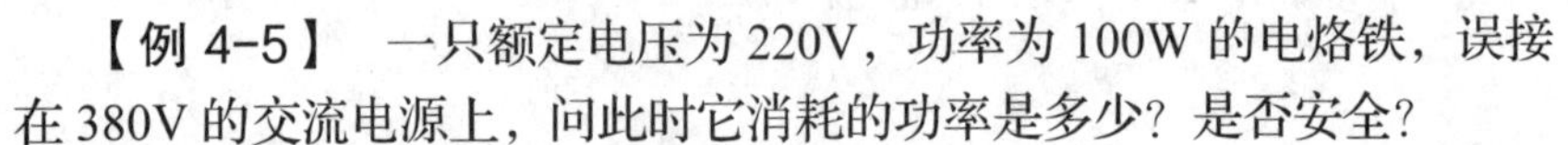

【例 4-5】　一只额定电压为 220V，功率为 100W 的电烙铁，误接在 380V 的交流电源上，问此时它消耗的功率是多少？是否安全？

解：根据电烙铁的额定电压和额定功率，可确定电烙铁的电阻

$$R=\frac{U_{\mathrm{R}}^2}{P}=\frac{220^2}{100}=484(\Omega)$$

当误接至 380V 的交流电源上时，电烙铁将产生功率

$$P'=\frac{U_{\mathrm{R}}^2}{R}=\frac{380^2}{484}=298.3(\mathrm{W})$$

显然，大大超过其额定功率，会烧坏电烙铁。

4.2.2　电感元件的正弦交流电路的测试和分析

【做一做】实训 4-4：电感元件交流特性的测试

实训流程如下。

（1）按图 4.26（a）所示画好仿真电路。其中示波器通道 A 用于观察测试电感 L_1 两端的电压，而电感 L_1 上的电流则通过电流探针 XCP1 转变为电压，由示波器通道 B 展示出来。探针输出电压到电流的比率设置为 1mV/mA，即通道 B 图形上的电压 1mV 代表电流 1mA。为了只显示交流分量，示波器触发耦合方式采用 AC（交流耦合）。

（2）通过示波器面板仿真观察并测量电感 L_1 两端的电压和流过电感 L_1 的电流，参考图如图 4.26（b）所示。根据观察和测量的结果回答下列问题。

① 在电感两端加上正弦交流电压，电感中有电流通过，该电流是__________（正弦交流电流/非正弦交流电流），其频率与交流电压频率___________（相同/不相同）。

② 在交流电路中，电感元件两端的电压与流过的电流在相位关系上是电压的相位______（超前/滞后/等同于）电流的相位。

（3）用万用表 XMM1 交流电压挡和万用表 XMM2 交流电流挡分别测量电感 L_1 上的电压和电流的有效值，如图 4.27 所示。按表 4-6、表 4-7、表 4-8 中的要求填写测量结果。

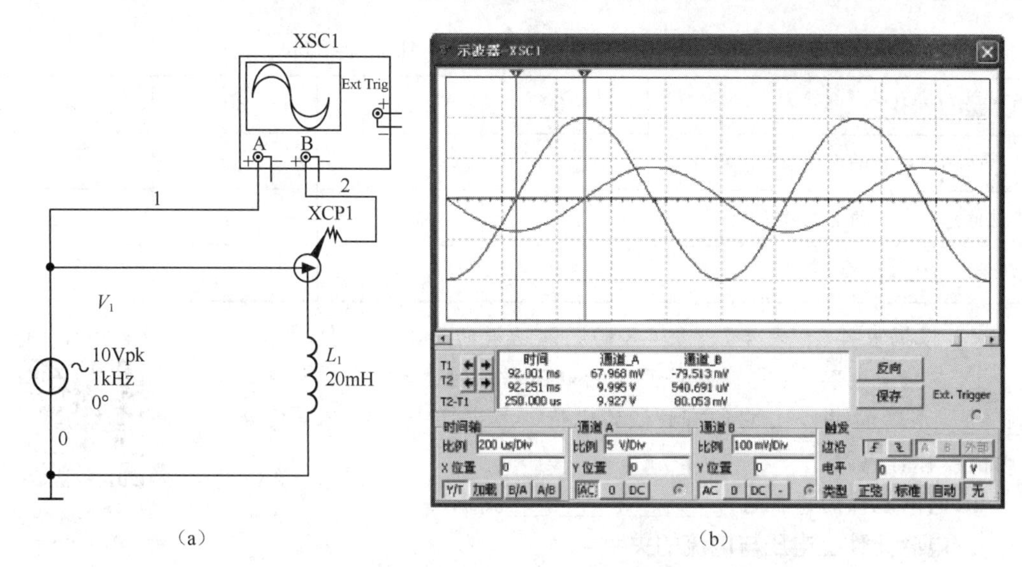

（a）　　　　　　　　　　　　　　　　（b）

图 4.26　电感元件交流特性的测试（一）

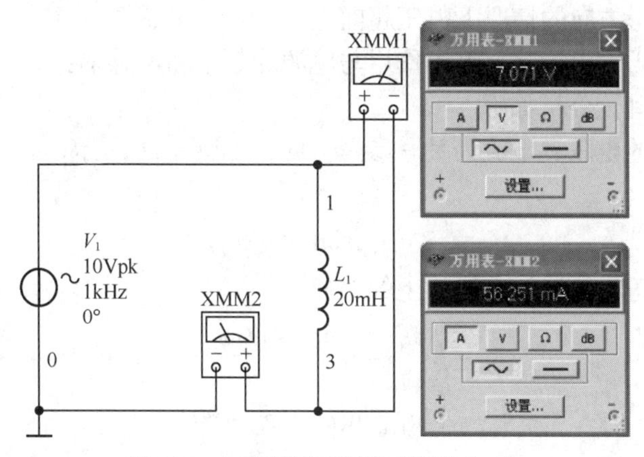

图 4.27　电感元件交流特性的测试（二）

表 4-6　　　　交流电源电压变化时的参数测量（f=1kHz，L=20mH）

交流电源电压的最大值 U_m(V)	10	20	30	40
电感两端电压的有效值 U_L(V)				
流过电感的电流的有效值 I_L(mA)				
U_L 与 I_L 的比值(V/A)				

表 4-7　　　　交流电源频率变化时的参数测量（U_m=10V，L=20mH）

交流电源的频率 f(kHz)	1	2	3	4
电感两端的电压的有效值 U_L(V)				
流过电感的电流的有效值 I_L(mA)				
U_L 与 I_L 的比值(V/A)				

表 4-8　　电感量变化时的参数测量（U_m =10V，f=1kHz）

电感量 L(mH)	10	20	30	40
电感两端的电压的有效值 U_L(V)				
流过电感的电流的有效值 I_L(mA)				
U_L 与 I_L 的比值(V/A)				

（4）根据表 4-6、表 4-7、表 4-8 的测试结果回答下列问题。

纯电感电路实验

① 在交流电路中，电感元件两端的电压增加时，流过电感元件的电流_______（增加/减小），它们有效值的比值_______（是常数/不是常数），该比值被称作感抗。

② 电感元件的感抗与_______和_______成正比。

1. 电感元件上电压与电流的关系

从实训 4-4 中可以看到：在电感 L 上加一个正弦电压时，电感上会有同频率的正弦电流流过，在关联参考方向的情况下电压超前电流 90°。电感像电阻一样对电流也有阻碍作用，这个阻碍作用与电源的频率和电感本身的电感量 L 有关。理论分析如下。

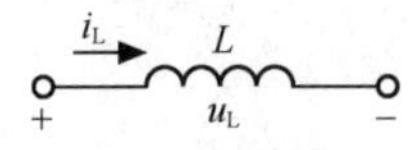

图 4.28　电感元件

设电感元件 L 的电压、电流为关联参考方向，如图 4.28 所示，且通过 L 的电流

$$i_L = I_{Lm}\sin(\omega t + \varphi_{Li})$$

根据电感的电压与电流关系得 L 上的电压

纯电感元件的交流电路

$$u_L = L\frac{di_L}{dt} = L\frac{dI_{Lm}\sin(\omega t + \varphi_{Li})}{dt} = \omega L I_{Lm}\sin(\omega t + \varphi_{Li} + 90°)$$

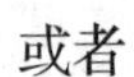
或者

$$u_L = U_{Lm}\sin(\omega t + \varphi_{Lu})$$

（1）数量关系。

瞬时值：$u_L(t) = L\dfrac{di_L(t)}{dt}$

最大值：$U_{Lm} = \omega L I_{Lm} = X_L I_{Lm}$，其中 $X_L = \omega L$，称作感抗。

有效值：$U_L = \omega L I_L = X_L I_L$

（2）相位关系。

电压超前电流 90°，即 $\varphi_{Lu} = \varphi_{Li} + 90°$。

（3）相量表示。

$$\dot{U}_L = jX_L\dot{I}_L = j\omega L\dot{I}_L$$

或者

$$U_L\angle\varphi_{Lu} = X_L I_L\angle\varphi_{Li} + 90°$$

其相量图如图 4.29 所示。

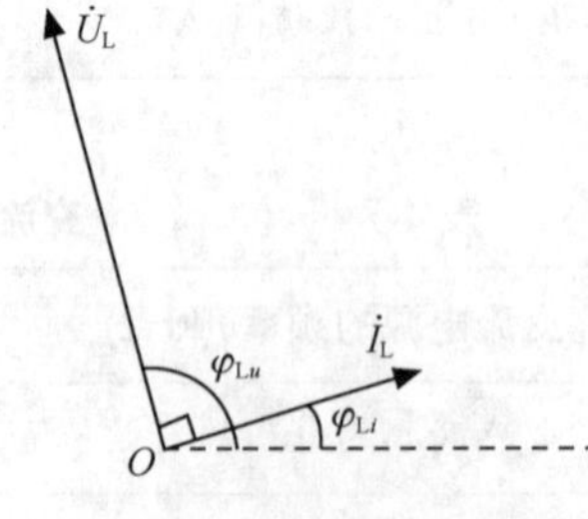

图 4.29　电感元件电压、电流的相量图

2. 感抗

电感元件上电压与电流的有效值（或者最大值）之比称为感抗，单位是欧姆（Ω），用

X_L表示。即

$$X_L=\frac{U_L}{I_L}=\frac{U_{Lm}}{I_{Lm}}=\omega L=2\pi fL$$

感抗反映了电感元件对电流的阻碍作用。当电感L一定时，感抗X_L与频率f成正比，即频率越高，感抗越大。当频率为0，即直流时，感抗为0，相当于短路。在实际工作中，常常利用电感“通直流、阻交流，通低频、阻高频”的特性来处理直流信号和高频信号。

3. 电感元件上的功率

（1）瞬时功率。

$$\begin{aligned}p_L&=i_Lu_L\\&=I_{Lm}\sin(\omega t+\varphi_{Li})U_{Lm}\sin(\omega t+\varphi_{Lu})\\&=I_{Lm}U_{Lm}\sin(\omega t+\varphi_{Li})\cos(\omega t+\varphi_{Li})\\&=\frac{U_{Lm}I_{Lm}}{2}\sin2(\omega t+\varphi_{Li})\\&=U_LI_L\sin2(\omega t+\varphi_{Li})\end{aligned}$$

可见，瞬时功率p_L是一个振幅为U_LI_L，随时间以两倍于电流（电压）频率而变化的交流量，其波形图如图4.30所示。

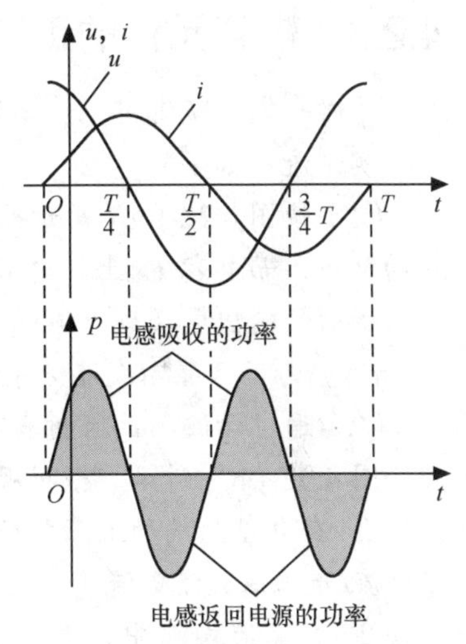

图4.30　电感元件的电压、电流和功率的波形图

当$p_L>0$时，电感元件将电能转变成磁能储存，相当于负载吸收能量。

当$p_L<0$时，电感元件将磁能转变成电能释放，相当于负载释放能量。

（2）平均功率。

根据平均功率定义

$$P_L=\frac{1}{T}\int_0^T p_L\mathrm{d}t=0$$

电感元件的平均功率或者有功功率为零，表明电感元件在一个周期内吸收能量与释放能量相等，即元件本身不消耗能量，只跟电源做能量交换，交换的频率为电源工作频率的两倍。

（3）无功功率。

电感元件瞬时功率的最大值称为电感电路的无功功率，用Q_L表示。即

$$Q_L=U_LI_L=I_L^2X_L=\frac{U_L^2}{X_L}$$

无功功率反映了电感元件与电源能量交换的最大速率。它的单位是乏（var），其他的单位还有千乏（kvar）等。

【例4-6】　在电压$u=220\sqrt{2}\sin(314t+30°)$ V的电源上，接入L=127mH的电感。试求：（1）电感元件的感抗X_L；（2）关联方向下电感的电流$\dot{I}_L$、i_L；（3）电感元件的无功功率；（4）做出电压与电流的相量图。

解：（1）电感的感抗为

$$X_L=\omega L=314\times127\times10^{-3}=40(\Omega)$$

（2）电压的相量为

$$\dot{U}_L = 220\underline{/30^\circ}\text{ V}$$

因为

$$\dot{U}_L = jX_L\dot{I}_L$$

可以得到电流的相量为

$$\dot{I}_L = \frac{\dot{U}_L}{jX_L} = \frac{220\underline{/30^\circ}}{j40} = 5.5\underline{/-60^\circ}\text{(A)}$$

电流的瞬时表达式为

$$i_L = 5.5\sqrt{2}\sin(314t - 60^\circ)\text{A}$$

（3）电感元件的无功功率为

$$Q_L = U_L I_L = 220 \times 5.5 = 1210\text{(var)}$$

（4）电压与电流的相量图如图 4.31 所示。

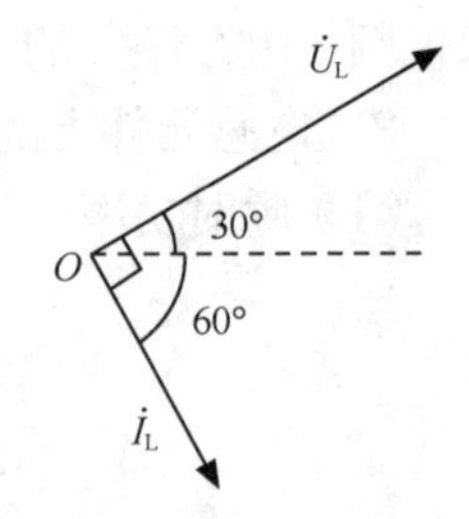

图 4.31　例 4-6 的相量图

4.2.3　电容元件的正弦交流电路的测试和分析

【做一做】实训 4-5：电容元件交流特性的测试

实训流程如下。

（1）按图 4.32（a）所示画好仿真电路。其中示波器通道 A 用于观察和测试电容 C_1 两端的电压，而电容 C_1 上的电流则通过电流探针 XCP1 转变为电压，由示波器通道 B 展示出来。探针输出电压到电流的比率设置为 1mV/mA，即通道 B 图形上的电压 1mV 代表电流 1mA。为了只显示交流分量，示波器触发的耦合方式采用 AC（交流耦合）。

（2）通过示波器面板仿真观察并测量电容 C_1 两端的电压和流过电容 C_1 的电流，参考图如图 4.32（b）所示。根据观察和测量的结果回答下列问题。

① 在电容两端加上正弦交流电压，电容中有电流通过，该电流是＿＿＿＿＿＿（正弦交流电流/非正弦交流电流），其频率与交流电压频率＿＿＿＿（相同/不相同）。

② 在交流电路中，电容元件两端的电压与流过的电流在相位关系上是电压的相位＿＿＿（超前/滞后/等同于）电流的相位。

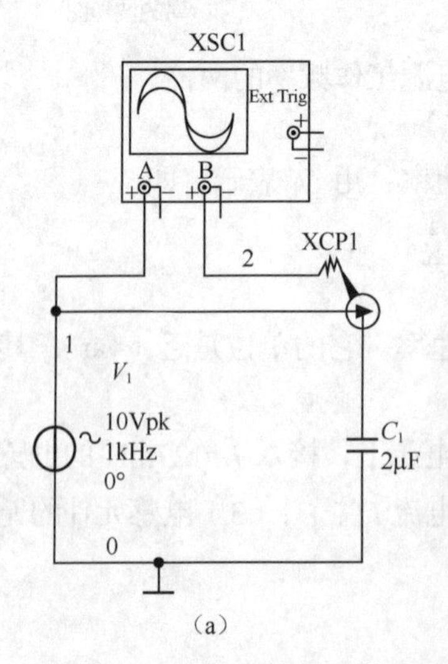

（a）

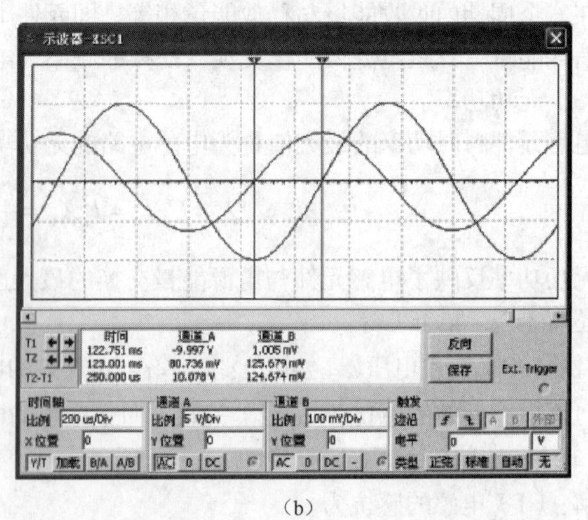

（b）

图 4.32　电容元件交流特性的测试（一）

（3）用万用表 XMM1 交流电压挡和万用表 XMM2 交流电流挡分别测量电容 C_1 上的电压和电流的有效值，如图 4.33 所示。按表 4-9、表 4-10、表 4-11 中的要求填写测量结果。

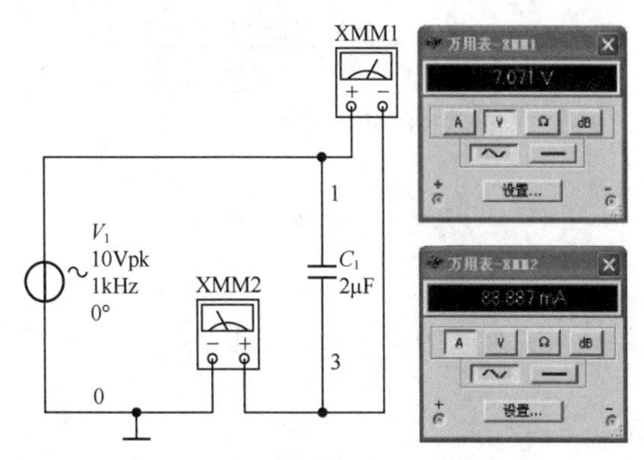

图 4.33　电容元件交流特性的测试（二）

表 4-9　　交流电源电压变化时的参数测量（f=1kHz，C=2μF）

交流电源电压的最大值 U_m（V）	10	20	30	40
电容两端电压的有效值 U_C（V）				
流过电容的电流的有效值 I_C（mA）				
U_C 与 I_C 的比值（V/A）				

表 4-10　　交流电源频率变化时的参数测量（U_m =10V，C=2μF）

交流电源的频率 f（kHz）	1	2	3	4
电容两端电压的有效值 U_C（V）				
流过电容的电流的有效值 I_C（mA）				
U_C 与 I_C 的比值（V/A）				

表 4-11　　电容量变化时的参数测量（U_m =10V，f =1kHz）

电容量 C（μF）	1	2	3	4
电容两端电压的有效值 U_C（V）				
流过电容的电流的有效值 I_C（mA）				
U_C 与 I_C 的比值（V/A）				

（4）根据表 4-9、表 4-10、表 4-11 的测试结果回答下列问题。

①在交流电路中，电容元件两端的电压增加时，流过电容元件的电流________（增加/减小），它们有效值的比值_______（是常数/不是常数），该比值被称作容抗。

②电容元件的容抗与电源频率成______（正比/反比/无法确定），与电容量成______（正比/反比/无法确定）。

1. 电容元件上电压与电流的关系

从实训 4-5 中可以看到：在电容 C 上加一个正弦电压时，电容上会有同频率的正弦电流流过，在关联参考方向的情况下电压滞后电流 90°。电容也有阻碍作用，这个阻碍作用与电源的频率和电容本身的电容量 C 有关。理论分析如下。

设电容元件 C 的电压、电流为关联参考方向，如图 4.34 所示，且 C 两端的电压

$$u_{\mathrm{C}}=U_{\mathrm{Cm}}\sin(\omega t+\varphi_{\mathrm{C}u})$$

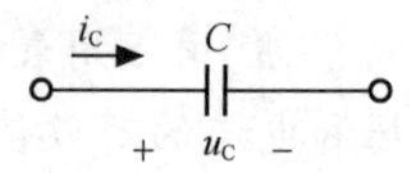

图 4.34　电容元件

根据电容的电压与电流的关系可得 C 上的电流

$$\begin{aligned}i_{\mathrm{C}}=C\frac{\mathrm{d}u_{\mathrm{C}}}{\mathrm{d}t}&=C\frac{\mathrm{d}U_{\mathrm{Cm}}\sin(\omega t+\varphi_{\mathrm{C}u})}{\mathrm{d}t}\\&=\omega CU_{\mathrm{Cm}}\sin(\omega t+\varphi_{\mathrm{C}u}+90°)\end{aligned}$$

或者

$$i_{\mathrm{C}}=I_{\mathrm{Cm}}\sin(\omega t+\varphi_{\mathrm{C}i})$$

纯电容元件的交流电路

（1）数量关系。

瞬时值：$i_{\mathrm{C}}(t)=C\dfrac{\mathrm{d}u_{\mathrm{C}}(t)}{\mathrm{d}t}$ 或者 $u_{\mathrm{C}}(t)=\dfrac{1}{C}\int_{-\infty}^{0}i_{\mathrm{C}}(t)\mathrm{d}t$

最大值：$I_{\mathrm{Cm}}=\omega CU_{\mathrm{Cm}}=\dfrac{U_{\mathrm{Cm}}}{X_{\mathrm{C}}}$

其中 $X_{\mathrm{C}}=\dfrac{1}{\omega C}$，称作容抗。

有效值：$I_{\mathrm{C}}=\omega CU_{\mathrm{C}}=\dfrac{U_{\mathrm{C}}}{X_{\mathrm{C}}}$

（2）相位关系。

电压滞后电流 90°，即 $\varphi_{\mathrm{C}u}=\varphi_{\mathrm{C}i}-90°$。

（3）相量表示。

$$\dot{I}_{\mathrm{C}}=\mathrm{j}\omega C\dot{U}_{\mathrm{C}}=\mathrm{j}\frac{\dot{U}_{\mathrm{C}}}{X_{\mathrm{C}}}$$

即

$$\dot{U}_{\mathrm{C}}=-\mathrm{j}X_{\mathrm{C}}\dot{I}_{\mathrm{C}}=-\mathrm{j}\frac{\dot{I}_{\mathrm{C}}}{\omega C}$$

或者

$$U_{\mathrm{C}}\underline{/\varphi_{\mathrm{C}u}}=X_{\mathrm{C}}I_{\mathrm{C}}\underline{/\varphi_{\mathrm{C}i}-90°}$$

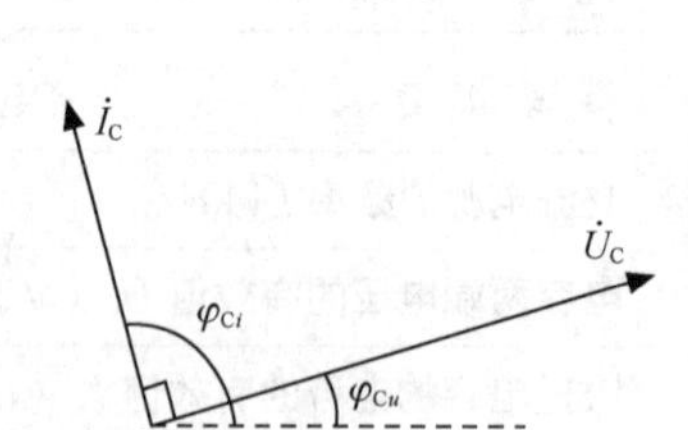

图 4.35　电容元件的电压、电流的相量图

其相量图如图 4.35 所示。

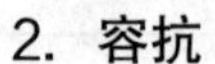

2. 容抗

电容元件电压与电流的有效值（或者最大值）之比称为容抗，单位是欧姆（Ω），用 X_{C} 表示。即

$$X_{\mathrm{C}}=\frac{U_{\mathrm{C}}}{I_{\mathrm{C}}}=\frac{U_{\mathrm{Cm}}}{I_{\mathrm{Cm}}}=\frac{1}{\omega C}=\frac{1}{2\pi fC}$$

容抗的概念

容抗反映了电容元件对电流的阻碍作用。当电容 C 一定时，容抗 X_{C} 与频率 f 成反比，即频率越高，容抗越小。当频率为 0，即电流是直流时，容抗为∞，相当于开路。说明电容具有“通交流、隔直流，通高频、阻低频”的特性。

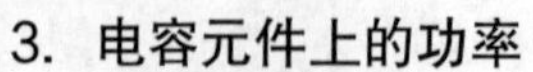

3. 电容元件上的功率

（1）瞬时功率。

$$\begin{aligned}p_{\mathrm{C}}&=i_{\mathrm{C}}u_{\mathrm{C}}\\&=I_{\mathrm{Cm}}\sin\left(\omega t+\varphi_{\mathrm{C}i}\right)U_{\mathrm{Cm}}\sin\left(\omega t+\varphi_{\mathrm{C}u}\right)\\&=I_{\mathrm{Cm}}U_{\mathrm{Cm}}\cos(\omega t+\varphi_{\mathrm{C}u})\sin(\omega t+\varphi_{\mathrm{C}u})\end{aligned}$$

$$=\frac{U_{\mathrm{Cm}}I_{\mathrm{Cm}}}{2}\sin2(\omega t+\varphi_{\mathrm{C}u})$$
$$=U_{\mathrm{C}}I_{\mathrm{C}}\sin2(\omega t+\varphi_{\mathrm{C}u})$$

可见，瞬时功率 p_{C} 是一个振幅为 $U_{\mathrm{C}}I_{\mathrm{C}}$，随时间以两倍于电流（电压）频率而变化的交流量，其波形图如图 4.36 所示。

当 $p_{\mathrm{C}}>0$ 时，电容元件将电能转变成电场能储存，相当于负载吸收能量。

当 $p_{\mathrm{C}}<0$ 时，电容元件将电场能转变成电能释放，相当于负载释放能量。

（2）平均功率。

根据平均功率定义

$$P_{\mathrm{C}}=\frac{1}{T}\int_0^T p_{\mathrm{C}}\mathrm{d}t=0$$

电容元件的平均功率或者有功功率为零，表明电容元件在一个周期内吸收的能量与释放的能量相等，即元件本身也不消耗能量，只跟电源做能量交换，交换的频率为电源工作频率的两倍。

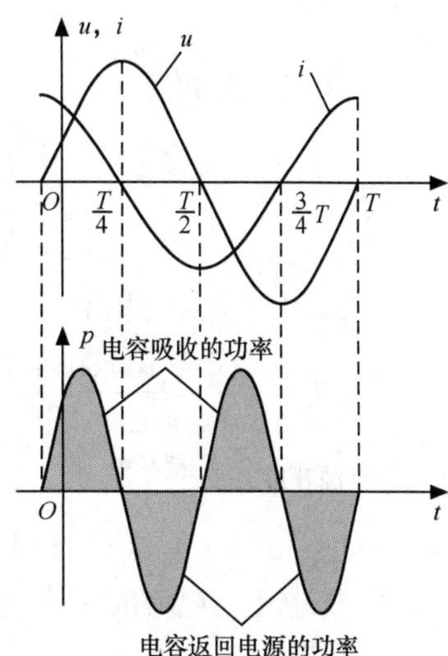

图 4.36　电容元件的电压、电流和功率的波形图

（3）无功功率。

电容电路的无功功率就是电容元件瞬时功率的最大值，用 Q_{C} 表示。即

$$Q_{\mathrm{C}}=U_{\mathrm{C}}I_{\mathrm{C}}=I_{\mathrm{C}}^2X_{\mathrm{C}}=\frac{U_{\mathrm{C}}^2}{X_{\mathrm{C}}}$$

它也反映了电容元件与电源能量交换的最大速率。单位有乏（var），千乏（kvar）等。

【例 4-7】　将一个 20μF 的电容元件接到频率为 50Hz、电压有效值为 10V 的电源上，问电流的有效值是多少？若电源的电压有效值保持不变，而频率变为 5000Hz，这时电流的有效值又为多少？

解：（1）频率为 50Hz 时：

电容的容抗为

$$X_{\mathrm{C}}=\frac{1}{2\pi fC}=\frac{1}{2\times\pi\times50\times20\times10^{-6}}=159.2(\Omega)$$

电流的有效值

$$I_{\mathrm{C}}=\frac{U_{\mathrm{C}}}{X_{\mathrm{C}}}=\frac{10}{159.2}=0.0628(\mathrm{A})=62.8(\mathrm{mA})$$

（2）频率为 5000Hz 时：

电容的容抗为

$$X_{\mathrm{C}}=\frac{1}{2\pi fC}=\frac{1}{2\times\pi\times5000\times20\times10^{-6}}=1.592(\Omega)$$

电流的有效值

$$I_{\mathrm{C}}=\frac{U_{\mathrm{C}}}{X_{\mathrm{C}}}=\frac{10}{1.592}=6.28(\mathrm{A})$$

【例 4-8】 40μF 的电容元件接到 $u=100\sqrt{2}\sin(314t+60°)$ V 的交流电源上，试求通过电容元件的电流瞬时值表达式，并画出相量图。

解：（1）电容的容抗为

$$X_C=\frac{1}{\omega C}=\frac{1}{314\times 40\times 10^{-6}}\approx 80(\Omega)$$

（2）电压的相量为

$$\dot{U}_C=100\angle 60°\ \text{V}$$

因为

$$\dot{U}_C=-\text{j}X_C\dot{I}_C$$

可以得到电流的相量为

$$\dot{I}_C=\text{j}\frac{\dot{U}_C}{X_C}=\frac{100\angle 60°+90°}{80}=1.25\angle 150°(\text{A})$$

电流的瞬时表达式

$$i_C=1.25\sqrt{2}\sin(314t+150°)\text{A}$$

（3）电压与电流的相量图如图 4.37 所示。

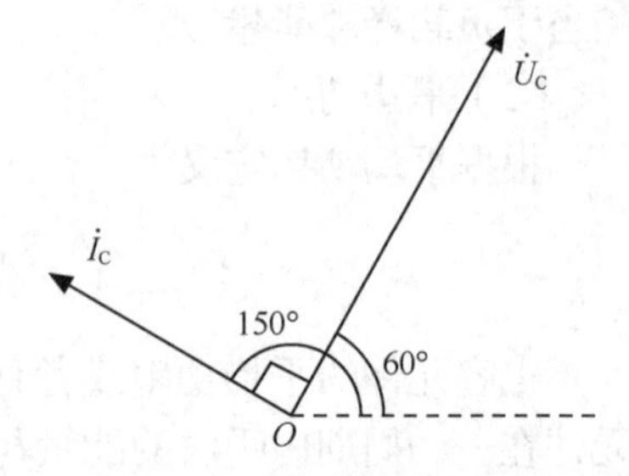

图 4.37 例 4-8 的相量图

任务 4.3 多参数组合正弦交流电路的测试和分析

知识要点

- 熟练掌握 RLC 串联和并联电路的性质，掌握感抗、容抗、复阻抗、复导纳、平均功率、无功功率、视在功率的概念及计算。
- 掌握应用相量法（含相量图法）对正弦交流电路进行分析和计算。
- 了解谐振概念，正确理解串联和并联谐振电路的基本特性及应用。

技能要点

- 能对较复杂的交流电路进行测试，并能对测试值进行分析。

4.3.1 RLC 串联电路特性的测试和分析

【做一做】实训 4-6：RLC 串联电路特性的测试

实训流程如下。

（1）按图 4.38（a）所示画好仿真电路。其中示波器通道 A 用于观察测试电路的电流。电流探针 XCP1 输出电压与电流的比率设置为 1mV/mA，即通道 A 图形上的电压 1mV 代表电流 1mA。为了只显示交流分量，示波器触发耦合方式采用 AC（交流耦合）。

（2）图 4.38（a）所示的示波器通道 B 用于测试电感 L_1 两端的电压，根据示波器面板[如图 4.38（b）所示]回答下列问题。

① 电感元件两端的电压与流过的电流之间的相位关系如何？________。

② 写出电路电流的相量形式________（假定电流的初相为 0）。

注意：写相量式时注意最大值与有效值间的换算。

③ 写出电感元件两端电压的相量形式________（假定电流的初相为 0）。

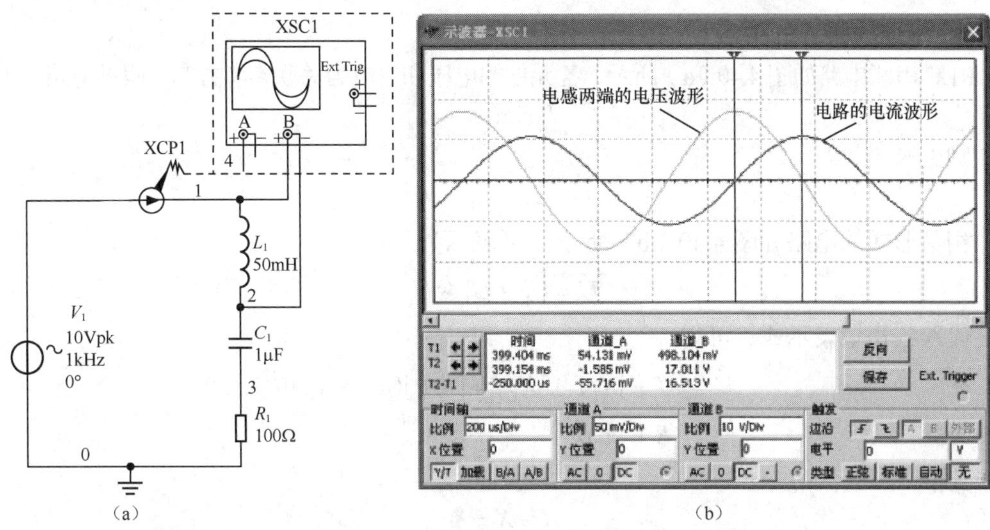

图4.38　RLC串联电路特性的测试

（3）用示波器通道B测试电容C_1两端的电压，根据示波器面板回答下列问题。

① 电容元件两端的电压与流过电容元件的电流之间的相位关系如何？____________。

② 写出电容元件两端电压的相量形式______________（假定电流的初相为0）。

（4）用示波器通道B测试电阻R_1两端的电压，根据示波器面板回答下列问题。

① 电阻元件两端的电压与流过电阻元件的电流之间的相位关系如何？____________。

② 写出电阻元件两端电压的相量形式______________（假定电流的初相为0）。

（5）用示波器通道B测试电源V_1两端的电压（即串联电路的外加电压），根据示波器面板（如图4.39所示）回答下列问题。

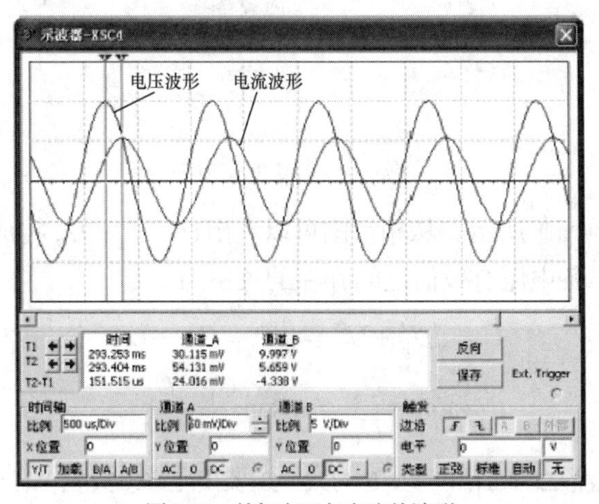

图4.39　外加电压与电流的波形

①外加电压与电流之间的相位关系如何？__________________________。

②写出外加电压的相量形式______________（假定电流的初相为0）。

（6）画出电感电压$\dot{U}_L$、电容电压$\dot{U}_C$、电阻电压$\dot{U}_R$的相量图，应用相量合成的方法画出串联电路总电压的相量$\dot{U}$。

（7）将画出的串联电路总电压的相量与测试出的外加电压的相量进行比较，这两者关系如何？

（8）改变电感、电容或电阻的参数，观察外加电压与电流之间的相位关系是否变化？

1. 电压与电流的关系

RLC 串联电路如图 4.40（a）所示，各元件的电压和电流为关联参考方向。假设电路的电流

$$i = I_{\mathrm{m}}\sin(\omega t + \varphi_i)$$

则由 KVL 得

$$u = u_{\mathrm{R}} + u_{\mathrm{L}} + u_{\mathrm{C}}$$

相量形式的电路如图 4.40（b）所示，可表示为

$$\dot{U} = \dot{U}_{\mathrm{R}} + \dot{U}_{\mathrm{L}} + \dot{U}_{\mathrm{C}}$$

代入各相量表示式，可得

$$\dot{U} = R\dot{I} + \mathrm{j}X_{\mathrm{L}}\dot{I} - \mathrm{j}X_{\mathrm{C}}\dot{I} = [R + \mathrm{j}(X_{\mathrm{L}} - X_{\mathrm{C}})]\dot{I}$$
$$= (R + \mathrm{j}X)\dot{I}$$

其中

$$X = X_{\mathrm{L}} - X_{\mathrm{C}}$$

设

$$Z = R + \mathrm{j}X \qquad (4\text{-}2)$$

则

$$\dot{U} = Z\dot{I} \qquad (4\text{-}3)$$

这就是欧姆定律的相量形式，式中的复数 Z 称为复阻抗，如图 4.40（c）所示。

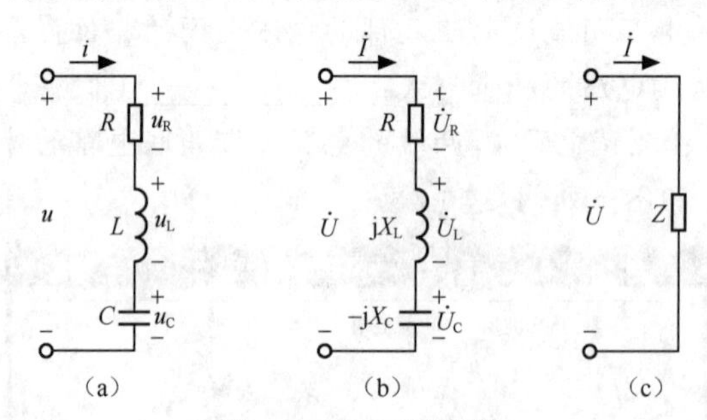

图 4.40 RLC 串联电路

相量图如图 4.41（a）所示。从相量图可以看出 $\dot{U}$、$\dot{U}_{\mathrm{X}}$、$\dot{U}_{\mathrm{R}}$ 构成了一个电压三角形，如图 4.41（b）所示。各电压有效值之间存在的关系为

$$U = \sqrt{U_{\mathrm{R}}^2 + U_{\mathrm{X}}^2} = \sqrt{U_{\mathrm{R}}^2 + (U_{\mathrm{L}} - U_{\mathrm{C}})^2}$$

$$\theta = \arctan\frac{U_{\mathrm{X}}}{U_{\mathrm{R}}} = \arctan\frac{U_{\mathrm{L}} - U_{\mathrm{C}}}{U_{\mathrm{R}}}$$

θ 为端口电压与电流之间的相位差，θ 的大小主要由电路（负载）的参数，即复阻抗 Z 决定。

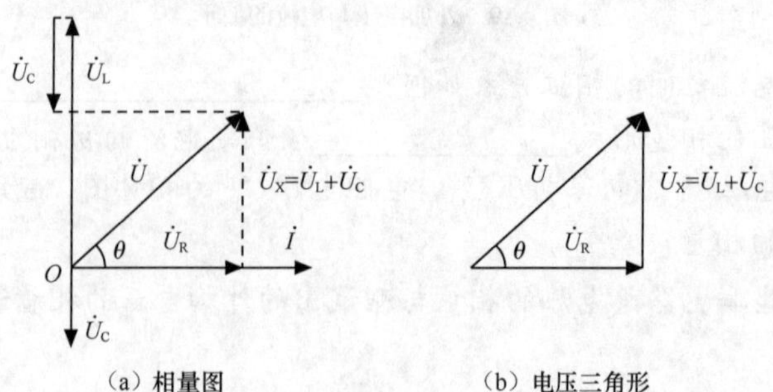

图 4.41 RLC 串联电路相量图及电压三角形

2. 复阻抗

在关联参考方向下，正弦交流电路中单口无源网络的端口电压相量与电流相量之比，定义为该网络的复阻抗，简称阻抗，记为 Z，单位为欧姆（Ω）。

阻抗定义式为

$$Z = \frac{\dot{U}}{\dot{I}} \tag{4-4}$$

式（4-4）以极坐标表示，即

$$Z = \frac{\dot{U}}{\dot{I}} = \frac{U\angle\varphi_u}{I\angle\varphi_i} = \frac{U}{I}\angle\varphi_u - \varphi_i = |Z|\angle\theta$$

式中，$|Z|$ 称为阻抗 Z 的模，它等于电压与电流有效值的比值；θ 称为阻抗 Z 的幅角，或者称作阻抗角，它就是端口电压与电流之间的相位差。

阻抗的另一个表达式为

$$Z = R + \mathrm{j}X = \sqrt{R^2 + X^2}\angle\arctan\frac{X}{R}$$

阻抗的实部是电阻 R，而虚部则是

$$X = X_L - X_C$$

X 是电路中感抗与容抗之差，称为电抗。感抗和容抗总是正的，而电抗为一个代数量，可正可负。

将电压三角形的三条边同时除以电流的有效值，可以得到由电阻、电抗和阻抗组成的三角形，这就是阻抗三角形，如图 4.42 所示。

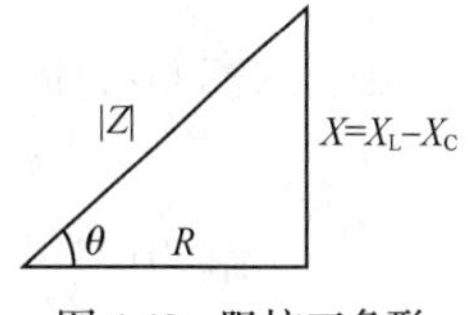

图 4.42　阻抗三角形

3. 电路的性质

根据上述分析，得出如下结论。

（1）如果 $X_L > X_C$，即 $U_L > U_C$，则 $\theta > 0$，电压 $\dot{U}$ 超前于电流 $\dot{I}$ 角度 θ，电路呈感性，如图 4.41（a）所示。

（2）如果 $X_L < X_C$，即 $U_L < U_C$，则 $\theta < 0$，电压 $\dot{U}$ 滞后于电流 $\dot{I}$ 角度 θ，电路呈容性，如图 4.43（a）所示。

（3）如果 $X_L = X_C$，即 $U_L = U_C$，则 $\theta = 0$，电压 $\dot{U}$ 与电流 $\dot{I}$ 同相位，这种情况称为谐振。显然谐振时，电路呈阻性，如图 4.43（b）所示。

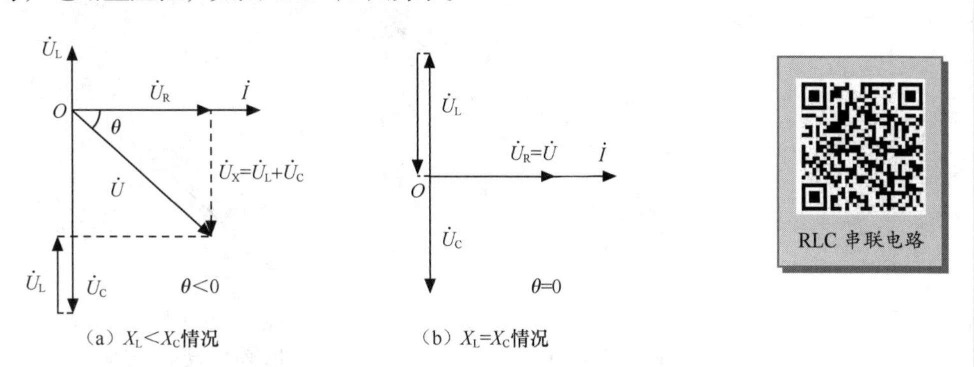

（a）$X_L < X_C$ 情况　　（b）$X_L = X_C$ 情况

图 4.43　RLC 串联电路的相量图

【例 4-9】　已知 RLC 串联电路中，R=100Ω，L=50mH，C=1μF，设电流与电压为关

联参考方向，端口总电压 u=10sin6240t V。试求：（1）感抗、容抗和阻抗；（2）电流 i；（3）各元件上的电压；（4）做出相量图。

解：（1）感抗：$X_L = \omega L = 6240 \times 50 \times 10^{-3} = 312(\Omega)$

容抗：$X_C = \dfrac{1}{\omega C} = \dfrac{1}{6240 \times 1 \times 10^{-6}} = 160.3(\Omega)$

阻抗：$Z = R + \mathrm{j}(X_L - X_C) = 100 + \mathrm{j}(312 - 160.3) = 181.7\underline{/56.6^\circ}\ (\Omega)$

（2）将 u 用相量表示为

$$\dot{U} = \frac{10}{\sqrt{2}}\underline{/0^\circ} = 7.07\underline{/0^\circ}\ (\mathrm{V})$$

则

$$\dot{I} = \frac{\dot{U}}{Z} = \frac{7.07\underline{/0^\circ}}{181.7\underline{/56.6^\circ}} = 0.0389\underline{/-56.6^\circ}\ (\mathrm{A})$$

电流
$$i = 0.0389\sqrt{2}\sin(6240t - 56.6^\circ)\mathrm{A}$$
或者
$$i = 0.055\sin(6240t - 56.6^\circ)\mathrm{A}$$

（3）电阻两端的电压：

$$\dot{U}_R = R\dot{I} = 100 \times 0.0389\underline{/-56.6^\circ} = 3.89\underline{/-56.6^\circ}\ (\mathrm{V})$$

电感两端的电压：

$$\dot{U}_L = \mathrm{j}X_L\dot{I} = 312\underline{/90^\circ} \times 0.0389\underline{/-56.6^\circ} = 12.1\underline{/33.4^\circ}\ (\mathrm{V})$$

电容两端的电压：

$$\dot{U}_C = -\mathrm{j}X_C\dot{I} = 160.3\underline{/-90^\circ} \times 0.0389\underline{/-56.6^\circ} = 6.24\underline{/-146.6^\circ}\ (\mathrm{V})$$

（4）相量图如图 4.44 所示。

将其结果与实训 4-6 测量的数据比较，验证理论与实训结果的一致性。

4. 功率

将电压三角形三条边同时乘以电流的有效值，可以得到一个与电压三角形相似的三角形，称为功率三角形，如图 4.45 所示。不难看出，对于同一个交流电路，电压三角形、阻抗三角形和功率三角形，是相似直角三角形，但阻抗三角形和功率三角形不是相量三角形，三条边均不带箭头。

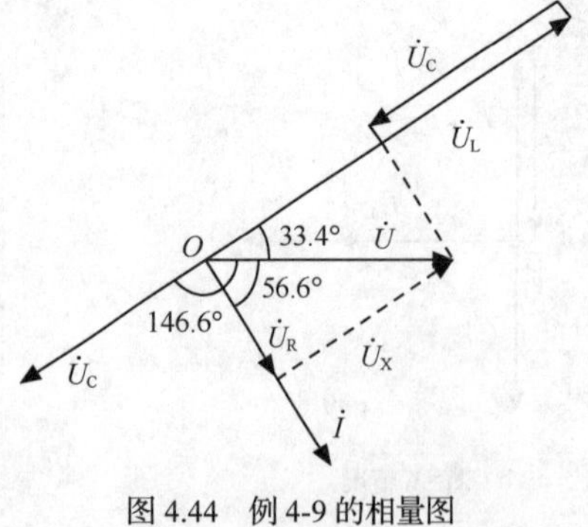

图 4.44　例 4-9 的相量图

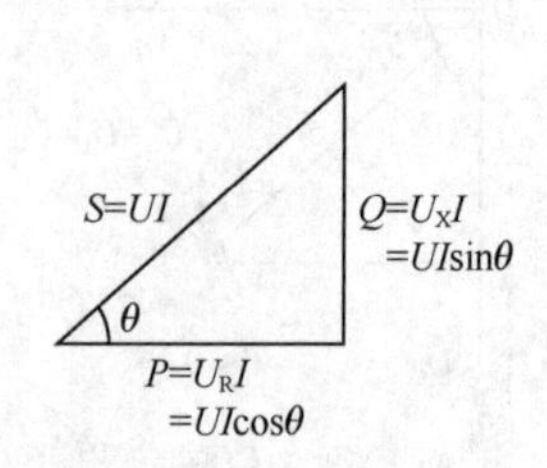

图 4.45　功率三角形

（1）有功功率（也称平均功率，简称功率）。

电路中的有功功率为电路中等效电阻上所消耗的功率。即

$$P = UI\cos\theta = U_{\mathrm{R}}I = I^2R = \frac{U_{\mathrm{R}}^2}{R}$$

有功功率不仅与电压、电流有效值的乘积有关，而且与电压与电流间的相位差有关。

$\lambda=\cos\theta$ 称为功率因数。$\cos\theta$ 的值取决于电压与电流间的相位差，即取决于电路的阻抗角 θ。θ 角也称为功率因数角。

有功功率

（2）无功功率。

一般交流电路的无功功率是指电感和电容与电源交换的功率，即

$$Q = UI\sin\theta = U_{\mathrm{X}}I = I^2X = \frac{U_{\mathrm{X}}^2}{X}$$

或者表示为

$$Q = Q_{\mathrm{L}} - Q_{\mathrm{C}}$$

其中电感的无功功率

无功功率

$$Q_{\mathrm{L}} = U_{\mathrm{L}}I = I^2X_{\mathrm{L}} = \frac{U_{\mathrm{L}}^2}{X_{\mathrm{L}}}$$

电容的无功功率

$$Q_{\mathrm{C}} = U_{\mathrm{C}}I = I^2X_{\mathrm{C}} = \frac{U_{\mathrm{C}}^2}{X_{\mathrm{C}}}$$

（3）视在功率。

在交流电路中，端电压和电流的有效值的乘积称为视在功率，用符号 S 表示，即

$$S = UI$$

视在功率用于表示发电机、变压器等电气设备的容量。视在功率的单位有伏安（VA）和千伏安（kVA）等。

由功率三角形可以得到

$$S = \sqrt{P^2 + Q^2}$$

$$\theta = \arctan\frac{Q}{P}$$

【例 4-10】　电阻 $R=60\Omega$，电感 $L=414\text{mH}$ 的线圈与电容 $C=63.7\mu\text{F}$ 串联后，接到电压为 $u = 220\sqrt{2}\sin(314t + 20°)\text{V}$ 的交流电源上，求电路中的电流 i、电路的功率因数、有功功率、无功功率和视在功率。

解：感抗、容抗、阻抗分别为

$$X_{\mathrm{L}} = \omega L = 314 \times 414 \times 10^{-3} = 130(\Omega)$$

$$X_{\mathrm{C}} = \frac{1}{\omega C} = \frac{1}{314 \times 63.7 \times 10^{-6}} = 50(\Omega)$$

$$Z = R + \mathrm{j}X = R + \mathrm{j}(X_{\mathrm{L}} - X_{\mathrm{C}}) = 60 + \mathrm{j}(130 - 50) = 60 + \mathrm{j}80 = 100\underline{/53.1°}\,(\Omega)$$

交流电源的电压

$$\dot{U} = 220\underline{/20°}\text{ V}$$

电路中的电流

$$\dot{I} = \frac{\dot{U}}{Z} = \frac{220\underline{/20°}}{100\underline{/53.1°}} = 2.2\underline{/-33.1°}\,(\text{A})$$

$$i = 2.2\sqrt{2}\sin(314t - 33.1°)(\text{A})$$

功率因数角就是阻抗角，即

$$\theta = 53.1°$$

电路的功率因数

$$\lambda = \cos\theta = \cos 53.1° = 0.6$$

有功功率

$$P = UI\cos\theta = 220 \times 2.2 \times 0.6 = 290.4(\text{W})$$

无功功率

$$Q = UI\sin\theta = I^2 X = 2.2^2 \times 80 = 387.2(\text{var})$$

视在功率

$$S = UI = 220 \times 2.2 = 484(\text{VA})$$

4.3.2 RLC 并联电路特性的分析和测试

1. 电压与电流的关系

RLC 并联电路如图 4.46（a）所示，各元件的电压和电流为关联参考方向。假设作用于并联电路两端的电压

$$u = U_{\text{m}}\sin(\omega t + \varphi_u)$$

则由 KCL 得

$$i = i_{\text{R}} + i_{\text{L}} + i_{\text{C}}$$

相量形式电路如图 4.46（b）所示，可表示为

$$\dot{I} = \dot{I}_{\text{R}} + \dot{I}_{\text{L}} + \dot{I}_{\text{C}}$$

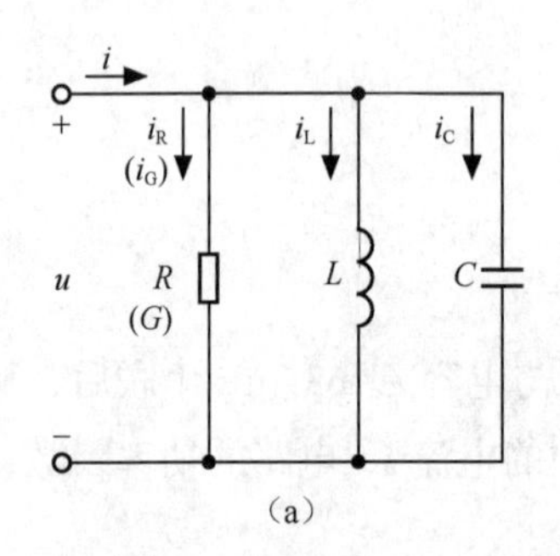

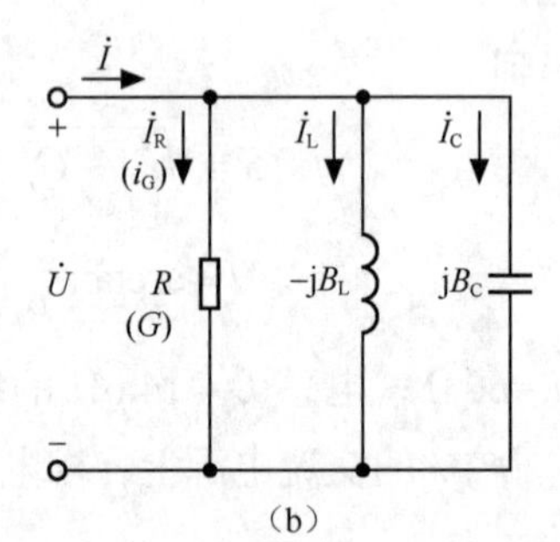

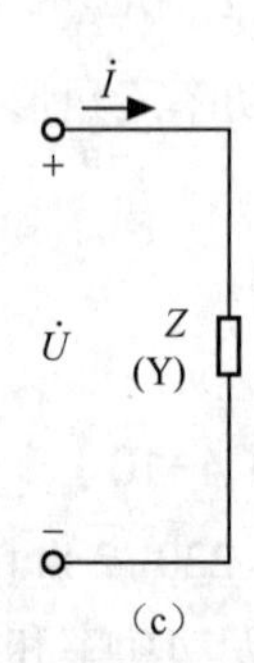

图 4.46 RLC 并联电路

代入各相量表示式，可得

$$\dot{I} = \frac{\dot{U}}{R} + \frac{\dot{U}}{\text{j}\omega L} + \frac{\dot{U}}{\frac{1}{\text{j}\omega C}} = \left(\frac{1}{R} + \frac{1}{\text{j}\omega L} + \text{j}\omega C\right)\dot{U}$$

$$= [G + \text{j}(B_{\text{C}} - B_{\text{L}})]\dot{U} = (G + \text{j}B)\dot{I}$$

其中，$B_{\text{C}} = \omega C = \dfrac{1}{X_{\text{C}}}$ 和 $B_{\text{L}} = \dfrac{1}{\omega L} = \dfrac{1}{X_{\text{L}}}$ 分别称为电容的容纳和电感的感纳，B 是容纳与感纳之差，即 $B = B_{\text{C}} - B_{\text{L}}$，称为电纳。容纳、感纳和电纳的单位与电导相同，都是西门子（S）。

设

$$Y=G+\text{j}B$$

则

$$\dot{I}=Y\dot{U}$$

这也是欧姆定律的相量形式，式中的复数 Y 称为复导纳，单位也是西门子（S）。

相量图如图 4.47（a）所示。从相量图中可以看出 $\dot{I}$、$\dot{I}_G$、$\dot{I}_B$ 构成了一个电流三角形，如图 4.47（b）所示。各电流有效值之间存在的关系为

$$I=\sqrt{I_G^2+I_B^2}=\sqrt{I_G^2+(I_C-I_L)^2}$$

$$\theta'=\arctan\frac{I_B}{I_G}=\arctan\frac{I_C-I_L}{I_G}$$

θ'为端口电流与电压之间的相位差。

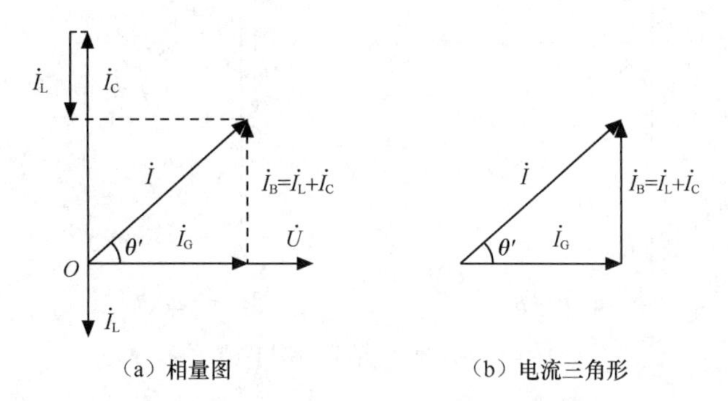

（a）相量图　　（b）电流三角形

图 4.47　RLC 并联电路的相量图及电流三角形

2. 复导纳

在关联参考方向下，正弦交流电路中单口无源网络的端口电流相量与电压相量之比，定义为该网络的复导纳，简称导纳，记为 Y。

导纳定义式为

$$Y=\frac{\dot{I}}{\dot{U}}$$

用极坐标表示，即

$$Y=\frac{\dot{I}}{\dot{U}}=\frac{I\angle\varphi_i}{U\angle\varphi_u}=\frac{I}{U}\angle\varphi_i-\varphi_u=|Y|\angle\theta'$$

式中，$|Y|$ 称为导纳 Y 的模，它等于电流与电压有效值的比值；θ' 称为导纳 Y 的幅角，或者称作导纳角，它就是端口电流与电压之间的相位差。

导纳的另一个表达式为

$$Y=G+\text{j}B=\sqrt{G^2+B^2}\angle\arctan\frac{B}{G}$$

导纳的实部是电导 G，而虚部则是电纳 B。

电纳是电路中容纳与感纳之差，容纳和感纳总是正的，而电纳为一个代数量，可正可负。单一电阻、电容和电感的复导纳分别为 $Y=G$、$Y=\text{j}B_C=\text{j}\omega C$ 和 $Y=-\text{j}B_L=-\text{j}\dfrac{1}{\omega L}$。

将电流三角形的三条边同时除以电压的有效值，可以得到由电导、电纳和导纳组成的三角形，这就是导纳三角形，如图 4.48 所示。

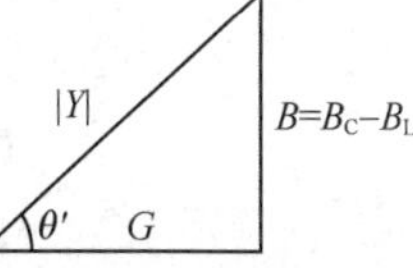

图 4.48　导纳三角形

3. 电路的性质

同样可以得到下列结论。

（1）如果 $B_C>B_L$，即 $I_C>I_L$，则 $\theta'>0$，电流 $\dot{I}$ 超前于电压 $\dot{U}$ 角度 θ'，电路呈容性，如图 4.47（a）所示。

（2）如果 $B_C<B_L$，即 $I_C<I_L$，则 $\theta'<0$，电流 $\dot{I}$ 滞后于电压 $\dot{U}$ 角度 θ'，电路呈感性，如图 4.49（a）所示。

（3）如果 $B_C=B_L$，即 $I_C=I_L$，则 $\theta'=0$，电流 $\dot{I}$ 与电压 $\dot{U}$ 同相位，这种情况也是谐振，电路呈阻性，如图 4.49（b）所示。

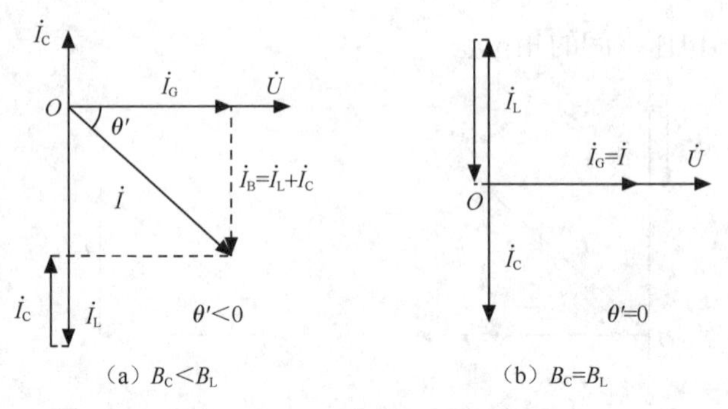

图 4.49 RLC 并联电路相量图

【例 4-11】 已知 RLC 并联电路中，$R=100\Omega$，$L=150\text{mH}$，$C=50\mu\text{F}$，设电流与电压为关联参考方向，端口总电流 $i=120\sin(100\pi t+30^\circ)\text{mA}$。试求：（1）感纳、容纳和导纳，并说明电路的性质；（2）端口电压 u；（3）各元件上的电流。

解：（1）感纳、容纳和导纳

电导：$G=\dfrac{1}{R}=\dfrac{1}{100}=0.01(\text{S})$

感纳：$B_L=\dfrac{1}{\omega L}=\dfrac{1}{100\pi\times0.15}=0.021(\text{S})$

容纳：$B_C=\omega C=100\pi\times50\times10^{-6}=0.0157(\text{S})$

所以可得

导纳：$Y=G+\text{j}(B_C-B_L)=0.01+\text{j}(0.0157-0.021)=0.01-\text{j}0.0053$

$=0.0113\angle-27.9^\circ(\text{S})$

因为 $\theta'=-27.9^\circ<0^\circ$，所以电路呈感性。

（2）电流 i 用相量形式表示为

$$\dot{I}=\frac{120}{\sqrt{2}}\angle30^\circ=84.9\angle30^\circ(\text{mA})$$

则

$$\dot{U}=\frac{\dot{I}}{Y}=\frac{84.9\angle30^\circ}{0.0113\angle-27.9^\circ}=7510\angle57.9^\circ(\text{mV})=7.51\angle57.9^\circ(\text{V})$$

端口电压：$u=7.51\sqrt{2}\sin(100\pi t+57.9^\circ)\text{V}$

（3）各元件上的电流

$$\dot{I}_G = G\dot{U} = 0.01 \times 7510\angle 57.9° = 75.1\angle 57.9°\ (\text{mA})$$
$$\dot{I}_L = -jB_L\dot{U} = -j0.021 \times 7510\angle 57.9° = 157.7\angle -32.1°\ (\text{mA})$$
$$\dot{I}_C = jB_C\dot{U} = j0.0157 \times 7510\angle 57.9° = 117.9\angle 147.9°\ (\text{mA})$$

4. 功率

同样，将电流三角形的三条边同时乘以电压的有效值，可以得到功率三角形，如图 4.50 所示。不难看出，对于同一个交流电路，电流三角形、导纳三角形和功率三角形，是相似直角三角形。

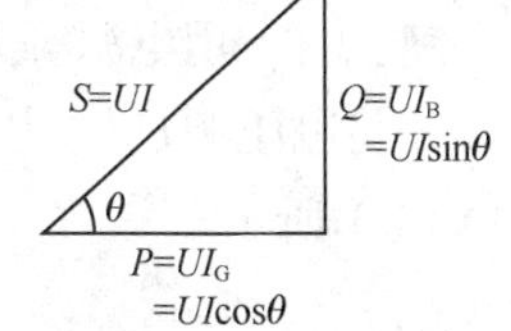

图 4.50　功率三角形

从上述分析可以看到，RLC 并联电路中，电路的有功功率仍然是电阻的有功功率，无功功率仍然是电感无功功率和电容无功功率的差，它们和视在功率之间满足直角三角形。

【练一练】实训 4-7：RLC 并联电路特性的测试

实训流程如下。

（1）根据例 4-11 提供的参数画好仿真电路。图 4.51（a）为参考电路图。电流探针 XCP1 输出电压与电流的比率设置为 1mV/mA，即示波器面板图形中的 1mV 代表 1mA。示波器通道 A 用于观察测试电路的端口电压［图 4.51（b）］。

（2）用示波器通道 B 通过电流探针 XCP1 分别测试电阻 R_1 通路、电感 L_1 通路、电容 $C1$ 通路以及端口上的电流。写出电路的端口电压、各通路电流、端口电流的相量式（注意：相量式的值是有效值）。

（3）分析电路的端电压与各通路电流的相位关系。

（4）改变电感、电容或电阻的参数，观察端口电压与端口电流之间的相位关系是否变化。

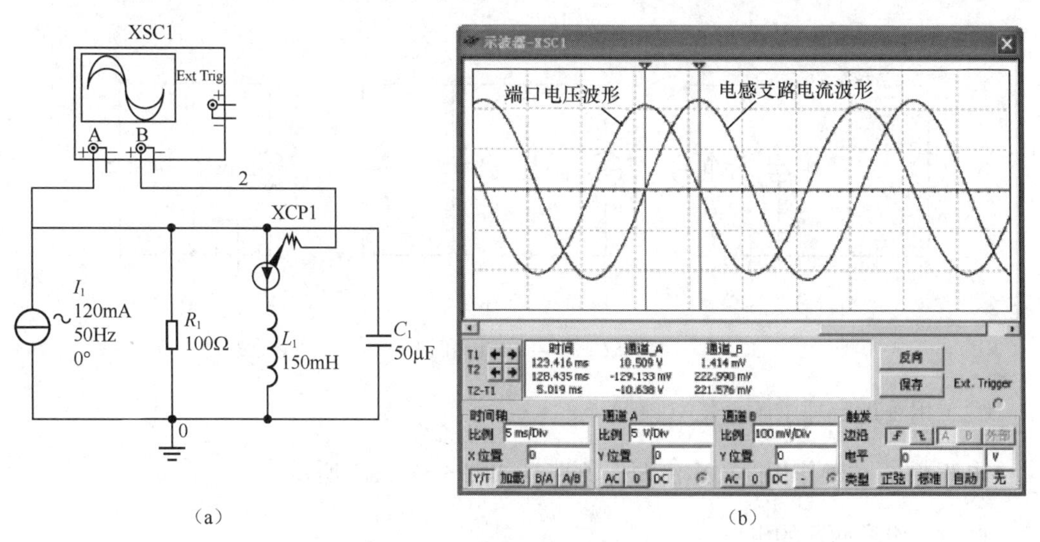

（a）　　　（b）

图 4.51　RLC 并联电路特性的测试

4.3.3　复杂正弦交流电路的分析

1. 用相量法分析正弦交流电路

在正弦交流电路中引入相量后，电路的欧姆定律、基尔霍夫定律以及正弦交流电路中各元件的伏安关系都可以用相量形式表示，并且在形式上与直流电路中所用的公式完全相同。因此，分析和计算直流电路的各种定理和计算方法，如电阻串并联等效变换、电压源和电流源的等效变换、支路电流法、叠加定理和戴维南定理等，完全适用于线性正弦交流电路的分析和计算。所不同的仅在于用电压相量和电流相量取代直流电压和电流；以复阻抗和复导纳取代直流电阻和电导。这就是分析正弦交流电路的相量法。

【例 4-12】　在图 4.52（a）所示的电路中，已知$\dot{U}_S = 20\angle 0°$V，$\dot{I}_S = 15\angle 60°$A，X_L=4Ω，X_C=3Ω，用电源等效变换法和叠加定理求电容两端的电压$\dot{U}_C$。

解：（1）用电源等效变换法求解。

先将电压源$\dot{U}_S$与电感 jX_L 串联的模型变换成电流源$\dot{I}_{S1}$与电感 jX_L 并联的模型，如图 4.52（b）所示。

$$\dot{I}_{S1} = \frac{\dot{U}_S}{jX_L} = \frac{20\angle 0°}{j4} = 5\angle -90° \text{ (A)}$$

再将电流源$\dot{I}_{S1}$与$\dot{I}_S$并联，得到电流源$\dot{I}_{S2}$，如图 4.52（c）所示。

$$\dot{I}_{S2} = \dot{I}_{S1} + \dot{I}_S = 5\angle -90° + 15\angle 60° = -j5 + 7.5 + j13 = 7.5 + j8 = 11\angle 46.8° \text{ (A)}$$

等效导纳

$$Y = Y_L + Y_C = \frac{1}{Z_L} + \frac{1}{Z_C} = \frac{1}{jX_L} + \frac{1}{-jX_C} = -j\frac{1}{4} + j\frac{1}{3} = j\frac{1}{12} \text{(S)}$$

电容两端的电压

$$\dot{U}_C = \frac{\dot{I}_{S2}}{Y} = \frac{11\angle 46.8°}{j\frac{1}{12}} = 132\angle -43.2° \text{ (V)}$$

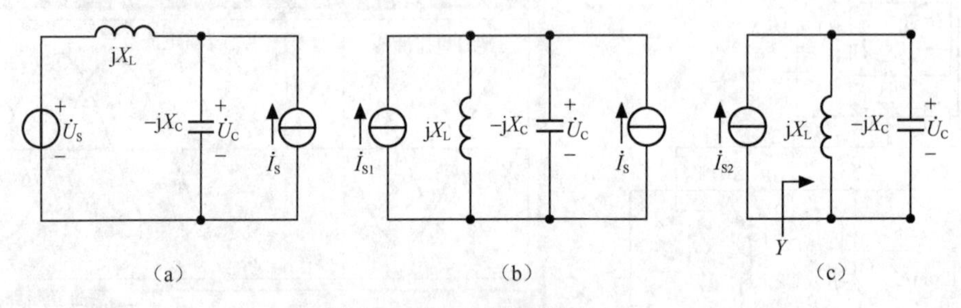

图 4.52　例 4-12 的电路图（一）

（2）用叠加定理求解。

电压源$\dot{U}_S$单独作用时，电流源$\dot{I}_S$开路，如图 4.53（a）所示。

此时，电容两端的电压

$$\dot{U}'_C = \frac{-jX_C}{jX_L - jX_C}\dot{U}_S = \frac{-j3}{j4 - j3} \times 20\angle 0° = -60\angle 0° \text{ (V)}$$

电流源$\dot{I}_S$单独作用时，电压源$\dot{U}_S$短路，如图 4.53（b）所示。

此时，电容两端的电压

$$\dot{U}_C'' = \frac{\dot{I}_S}{Y} = \frac{15\angle 60^\circ}{-j\frac{1}{4}+j\frac{1}{3}} = \frac{15\angle 60^\circ}{j\frac{1}{12}} = 180\angle -30^\circ\,(\text{V})$$

两者叠加得电压源和电流源同时作用时的电压

$$\dot{U}_C = \dot{U}_C' + \dot{U}_C'' = -60\angle 0^\circ + 180\angle -30^\circ = -60 + 155.9 - j90$$
$$= 95.9 - j90 = 131.5\angle -43.2^\circ\,(\text{V})$$

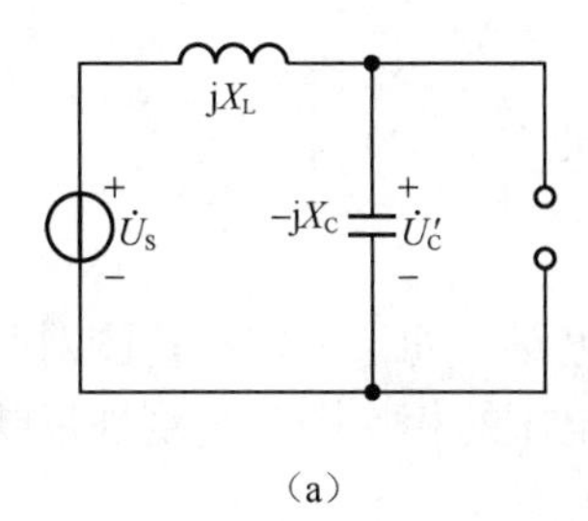

（a）

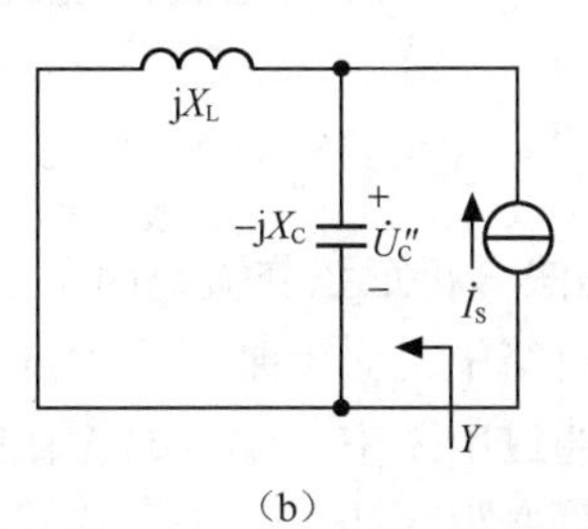

（b）

图 4.53　例 4-12 的电路图（二）

【例 4-13】　已知在图 4.54 所示的电路中，已知$\dot{U} = 10\angle 0^\circ$ V，求电感上的电流$\dot{I}_L$。

解：（1）用阻抗串并联方法求解。

端口等效阻抗

$$Z = 2 - j2 + \frac{(2+j2)\times j2}{2+j2+j2} = 2 - j2 + \frac{-4+j4}{2+j4}$$
$$= 2 - j2 + \frac{2+6j}{5} = 2.4 - j0.8$$
$$= 2.53\angle -18.4^\circ\,(\Omega)$$

端口电流

$$\dot{I} = \frac{\dot{U}}{Z} = \frac{10\angle 0^\circ}{2.53\angle -18.4^\circ} = 3.95\angle 18.4^\circ\,(\text{A})$$

电感上的电流

$$\dot{I}_L = \frac{2+j2}{2+j2+j2}\dot{I} = \frac{2\sqrt{2}\angle 45^\circ}{4.47\angle 63.4^\circ}\times 3.95\angle 18.4^\circ = 2.5(\text{A})$$

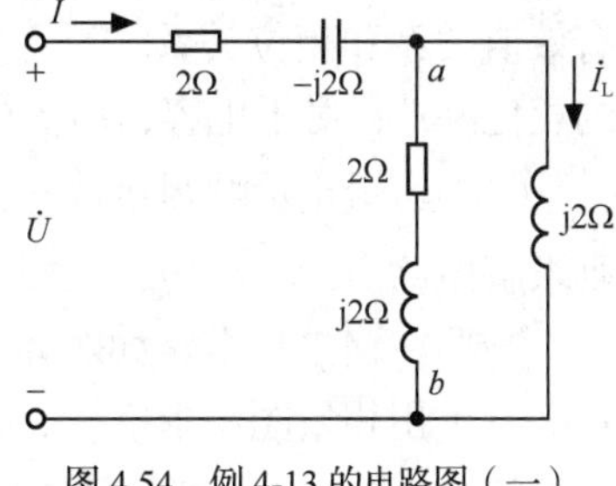

图 4.54　例 4-13 的电路图（一）

（2）用戴维南定理求解。

去掉电流$\dot{I}_L$所在的支路，并设开路电压$\dot{U}_{OC}$的参考方向如图 4.55（a）所示，则开路电压

$$\dot{U}_{OC} = \frac{2+j2}{2-j2+2+j2}\dot{U} = \frac{2\sqrt{2}\angle 45^\circ}{4}\times 10\angle 0^\circ = 5\sqrt{2}\angle 45^\circ\,(\text{V})$$

无源网络等效阻抗

$$Z_0 = \frac{(2-j2)\times(2+j2)}{(2-j2)+(2+j2)} = \frac{8}{4} = 2(\Omega)$$

将电感接上后的有源二端网络如图 4.55（b）所示，则电感上的电流

$$\dot{I}_L = \frac{\dot{U}_{OC}}{Z_0 + j2} = \frac{5\sqrt{2}\angle 45^\circ}{2\sqrt{2}\angle 45^\circ} = 2.5(\text{A})$$

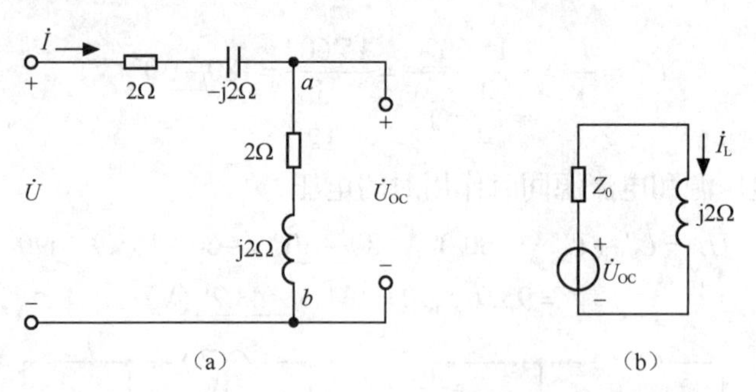

图 4.55　例 4-13 的电路图（二）

2. 用相量图法分析正弦交流电路

在正弦交流电路中，对于某些不太复杂的电路，如果采用相量图对其进行定性或定量的分析和计算，通过电路中各电流的相量图及电压的相量图来直观地反映出相互之间的关系，可使电路计算变得简洁。

用相量图法求解正弦交流电路的一般步骤如下。

（1）根据电路结构及已知条件选择参考相量。

同一个电路中只可选择一个参考相量，其余相量都是以这一个参考相量作为基准。对于串联电路，常选电流为参考相量；对于并联电路，常选电压为参考相量。而对于混联电路，可根据已知条件选定电路内部某串联支路的电流或并联支路的电压作为参考相量；也可选择末端电压或电流为参考相量。

（2）以参考相量为基准，依据各元件或电路的电压与电流的相位关系画出其余电压、电流相量图。

在相量图中，应体现电阻、电感和电容三种基本元件的电压与电流的相量关系，包括有效值关系和相位关系。对于电阻，电压与电流同相位；对于电感，电压的相位超前电流的相位 90°；对于电容，电流的相位超前电压的相位 90°。

（3）运用相量欧姆定律 $\dot{U}=Z\dot{I}$、基尔霍夫定律（$\sum\dot{I}=0,\sum\dot{U}=0$）及三角函数运算法则求解电路。

【例 4-14】　电路如图 4.56 所示，已知 I_1=3A，I_2=4A，U=60V，且 $\dot{U}$ 与 $\dot{I}$ 同相。

（1）用相量图法求 $\dot{I}$、X_C、R 值；（2）画出电压、电流的相量图。

解： 以 a、b 两点间的电压 $\dot{U}_{ab}$ 为参考量，则电阻上的电流 $\dot{I}_1$ 与 $\dot{U}_{ab}$ 同相位，而电容上的电流 $\dot{I}_2$ 的相位则超前 $\dot{U}_{ab}$ 的相位 90°。

$\dot{I}_1$ 与 $\dot{I}_2$ 相量合成得到 $\dot{I}$。因为 $\dot{U}$ 与 $\dot{I}$ 同相，电感两端的电压 $\dot{U}_L$ 的相位超前流过的电流 $\dot{I}$ 的相位 90°，$\dot{U}$ 相量是由 $\dot{U}_L$ 和 $\dot{U}_{ab}$ 相量之和的条件下，通过图解法可获得相应参数的有效值和幅角，如图 4.57 所示。

$$I=\sqrt{I_1^2+I_2^2}=\sqrt{3^2+4^2}=5(\text{A})$$

$$\theta=\arctan\frac{I_2}{I_1}=\arctan\frac{4}{3}=53.1°$$

所以，电流 $\dot{I}=5\underline{/53.1°}\text{A}$。

$$U_{ab}=\frac{U}{\cos\theta}=\frac{60}{\cos53.1°}=100(\text{V})$$

$$R=\frac{U_{ab}}{I_1}=\frac{100}{3}=33.3(\Omega)$$

$$X_C=\frac{U_{ab}}{I_2}=\frac{100}{4}=25(\Omega)$$

电压、电流的相量图如图 4.57 所示。

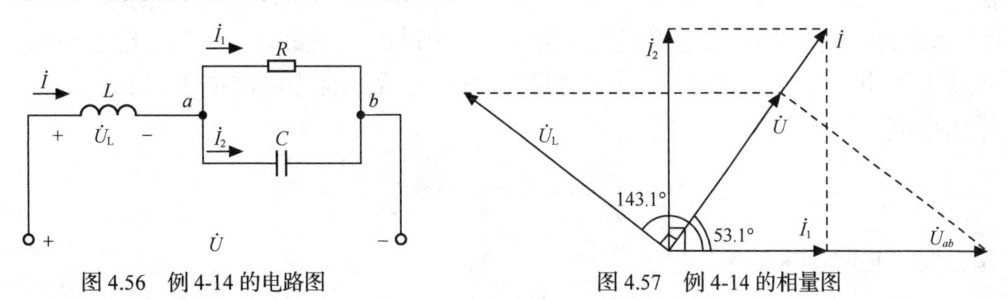

图 4.56　例 4-14 的电路图　　图 4.57　例 4-14 的相量图

当然，如果在相量图画得比较精确，而所求量的精度要求不是很高的情况下，可通过测量各相量的长度和角度直接得到所求相量的有效值和幅角。

4.3.4　谐振电路的分析与测试

在含有电感和电容元件的正弦交流电路中，当端口电压与电流同相，电路呈电阻性，这种现象称为谐振。谐振电路在通信和电子技术中应用很广，其物理本质是电路中无功功率实现完全补偿，无须与外界交换能量。而在电力输配电系统中发生谐振有可能破坏系统的正常工作状态，要加以避免。

1. 串联谐振电路

（1）串联谐振条件。

RLC 串联谐振电路如图 4.58 所示。由谐振时端口的电压与电流同相，电路的电抗为零，可得谐振的条件

$$Z=R+\mathrm{j}X=R+\mathrm{j}\left(\omega L-\frac{1}{\omega C}\right)=R$$

即

$$\omega L=\frac{1}{\omega C}$$

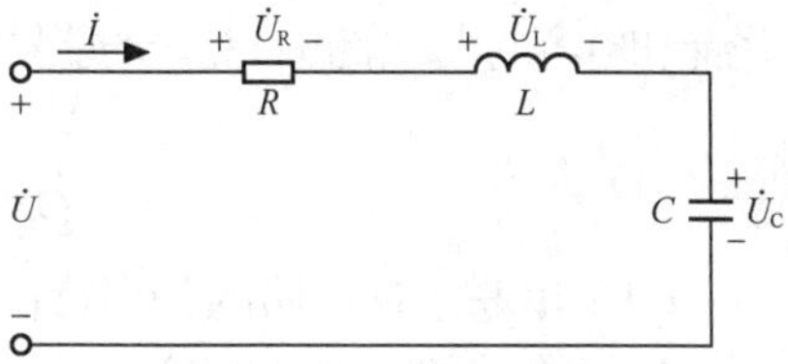

图 4.58　RLC 串联谐振电路

（2）串联谐振频率。

谐振时的角频率用 ω_0 表示，称为谐振角频率。对应的频率称为谐振频率，用 f_0 表示。有

$$\omega_0=\frac{1}{\sqrt{LC}}\text{或}f_0=\frac{1}{2\pi\sqrt{LC}} \tag{4-5}$$

由式（4-5）可见，电路的谐振频率 f_0 仅由电路中的元件参数（L 或 C）所确定，而与外加的电源无关，因此，串联谐振频率又叫电路的固有频率。

调节电路中的参数 L 或 C（通常调节 C），使电路的固有频率和外加电源频率相等，就可实现谐振。当然，调节电源的频率，使其和电路的固有频率相等，也可实现谐振。

（3）串联谐振电路的特性。

① 串联谐振时，电路的总阻抗最小，且等于 R，为纯阻性。谐振时，电抗虽然为零，但感抗和容抗都不为零，它们数值相等，称为特性阻抗。

谐振时电路的电抗 X=0，阻抗

$$Z_0 = R + \mathrm{j}X = R$$

感抗、容抗等于电路的特性阻抗

$$\rho = \omega_0 L = \frac{1}{\omega_0 C} = \sqrt{\frac{L}{C}}$$

ρ 的单位为欧姆（Ω）。特性阻抗是由电路参数 L 或 C 所决定，与谐振频率无关。

② 串联谐振时，在外加电压不变的情况下，电路的电流最大，且与总电压同相。谐振时，电感上的电压与电容上的电压大小相等、方向相反，且为电源电压的 Q 倍。

谐振电流

$$\dot{I}_0 = \frac{\dot{U}}{Z} = \frac{\dot{U}}{R} \text{或者} \quad I_0 = \frac{U}{|Z|} = \frac{U}{R}$$

谐振时，电阻两端的电压

$$\dot{U}_{\mathrm{R0}} = \dot{U}$$

电感上的电压与电容上的电压

$$\dot{U}_{\mathrm{L0}} = \mathrm{j}\omega_0 L\dot{I}_0 = \mathrm{j}\rho\frac{\dot{U}}{R} = \mathrm{j}\frac{\rho}{R}\dot{U} = \mathrm{j}Q\dot{U}，\ U_{\mathrm{L0}} = QU$$

$$\dot{U}_{\mathrm{C0}} = -\mathrm{j}\frac{1}{\omega_0 C}\dot{I}_0 = -\mathrm{j}\rho\frac{\dot{U}}{R} = -\mathrm{j}\frac{\rho}{R}\dot{U} = -\mathrm{j}Q\dot{U}，\ U_{\mathrm{C0}} = QU$$

式中，Q 称为串联谐振的品质因数

$$Q = \frac{\rho}{R} = \frac{\sqrt{L/C}}{R} = \frac{U_{\mathrm{L0}}}{U} = \frac{U_{\mathrm{C0}}}{U}$$

Q 的单位是个无量纲。当 Q 较大时，电感上的电压与电容上的电压均会远远高于外加的电源电压，故串联谐振也称为电压谐振。

③ 谐振时，电路的无功功率为零，电源只提供能量给电阻元件消耗，而电路内部电感的磁场能和电容的电场能进行完全的能量转换。电感和电容的无功功率相等并且等于有功功率的 Q 倍。

$$P = U_{\mathrm{R0}}I_0 = UI_0$$

$$Q_{\mathrm{L}} = Q_{\mathrm{C}} = U_{\mathrm{C0}}I_0 = QUI_0 = QP$$

（4）串联谐振电路的频率特性曲线。

谐振电路的感抗、容抗均为频率的函数，因而电路的电抗、阻抗、阻抗角、电压和电流等也都会随频率的变化而变化。它们随频率的变化关系叫频率特性，随频率变化的曲线叫频率特性曲线。其中，电压、电流的频率特性曲线也称为谐振曲线。

① 阻抗的频率特性。

RLC 串联电路的阻抗

$$Z = R + \mathrm{j}X = R + \mathrm{j}(X_{\mathrm{L}} - X_{\mathrm{C}}) = R + \mathrm{j}\left(\omega L - \frac{1}{\omega C}\right)$$

则

$$|Z| = \sqrt{R^2 + X^2}，\ \theta = \arctan\frac{X}{R}$$

电源频率变化时，串联电路的阻抗模 $|Z|$ 和阻抗角 θ 随频率的变化关系分别叫阻抗的幅频特性和相频特性。图 4.59（a）给出了阻抗模 $|Z|$、感抗 X_{L}、容抗 X_{C}、电抗 X 和电阻 R 的频率特性，图 4.59（b）是阻抗角 θ 随频率变化的相频特性。当频率（ω 或者 f）由零逐

渐增大时，感抗 X_L 呈正比例增大，容抗 X_C 沿双曲线减小，电路的电抗 X 由负的无限大变化到正的无限大。电源频率小于 ω_0 时，电路呈容性；而大于 ω_0 时，电路呈感性。频率对电阻 R 基本没有影响。随着频率由零逐渐增大时，阻抗角 θ 由 $-\frac{\pi}{2}$ 逐渐改变到 $\frac{\pi}{2}$。当电源频率等于 ω_0 即谐振时，θ 为零，阻抗模 $|Z|$ 最小且等于 R。

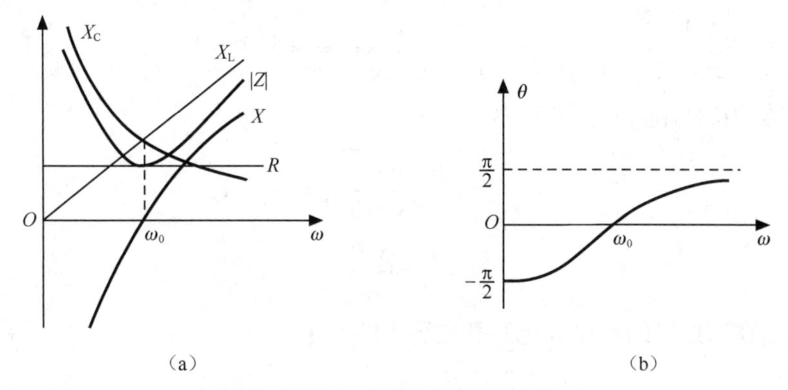

图 4.59　RLC 串联电路的频率特性

② 电流的谐振曲线。

当电源电压一定，其有效值为 U，则电路中的电流有效值

$$I = \frac{U}{|Z|} = \frac{U}{\sqrt{R^2 + \left(\omega L - \frac{1}{\omega C}\right)^2}} \tag{4-6}$$

它也会随电源频率的变化而变化，其变化曲线如图 4.60 所示。当串联谐振（$\omega = \omega_0$）时，电流达到最大值，即谐振电流 I_0；ω 越偏离 ω_0，电流越小。

将式（4-6）变形，可得

$$\frac{I}{I_0} = \frac{1}{\sqrt{1 + Q^2\left(\frac{\omega}{\omega_0} - \frac{\omega_0}{\omega}\right)^2}} = \frac{1}{\sqrt{1 + Q^2\left(\frac{f}{f_0} - \frac{f_0}{f}\right)^2}}$$

以 $\frac{\omega}{\omega_0}$ 为横坐标，$\frac{I}{I_0}$ 为纵坐标绘出上式的曲线，称为串联谐振电路的通用谐振曲线。图 4.61 绘出了对应于不同 Q 值的 3 条通用谐振曲线。从图中可以看到：Q 值越大，谐振曲线的形状越尖锐，外加信号频率稍稍偏离 ω_0，电路中的电流就急剧下降，说明电路对非谐振频率的信号有较强的抑制作用，选择性好；反之，Q 值越小，曲线越平缓，电路选择性越差。

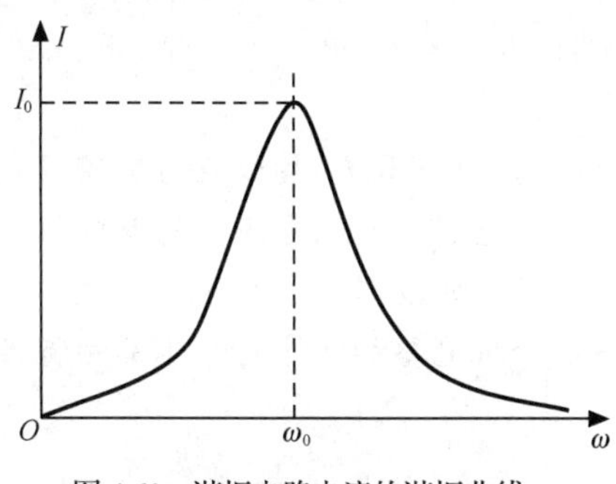

图 4.60　谐振电路电流的谐振曲线

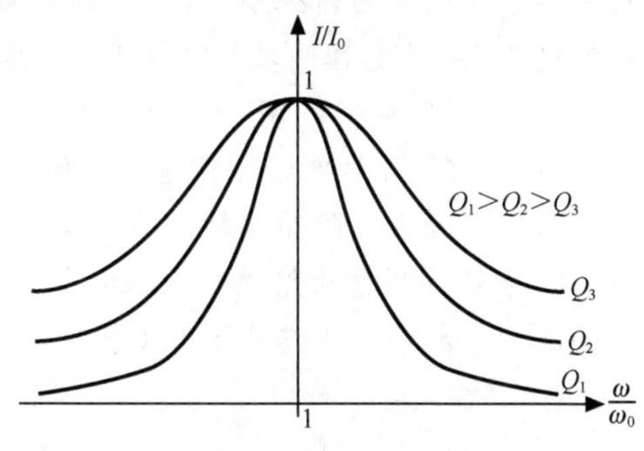

图 4.61　谐振电路电流的通用谐振曲线

【例 4-15】 RLC 串联电路中，已知 $R=10\Omega$，$L=0.14\text{mH}$，$C=558\text{pF}$，电源电压 $U=2\text{mV}$。试求：（1）该电路的谐振频率；（2）电路的特性阻抗和品质因数；（3）电路在谐振时的电流、电感和电容上的电压；（4）当频率增加 10%时，电路的电流和电容上的电压。

解：（1）电路的谐振频率

$$f_0=\frac{1}{2\pi\sqrt{LC}}=\frac{1}{2\pi\sqrt{0.14\times10^{-3}\times558\times10^{-12}}}\approx570\times10^3(\text{Hz})=570(\text{kHz})$$

（2）电路的特性阻抗和品质因数

$$\rho=\sqrt{\frac{L}{C}}=\sqrt{\frac{0.14\times10^{-3}}{558\times10^{-12}}}\approx500(\Omega)$$

$$Q=\frac{\rho}{R}=\frac{500}{10}=50$$

（3）电路在谐振时的电流、电感和电容上的电压

$$I_0=\frac{U}{R}=\frac{2\times10^{-3}}{10}=0.2\times10^{-3}(\text{A})=0.2(\text{mA})$$

$$U_{\text{L0}}=U_{\text{C0}}=QU=50\times2\times10^{-3}=0.1(\text{V})$$

（4）当频率增加 10%时的频率

$$f=(1+10\%)f_0=1.1\times570=627(\text{kHz})$$

$$X_{\text{L}}=2\pi fL=2\times\pi\times627\times10^3\times0.14\times10^{-3}=551.5(\Omega)$$

$$X_{\text{C}}=\frac{1}{2\pi fC}=\frac{1}{2\times\pi\times627\times10^3\times558\times10^{-12}}=454.9(\Omega)$$

$$|Z|=\sqrt{R^2+(X_{\text{L}}-X_{\text{C}})^2}=\sqrt{10^2+(551.5-454.9)^2}=97.1(\Omega)$$

$$I=\frac{U}{|Z|}=\frac{2\times10^{-3}}{97.1}=0.021\times10^{-3}(\text{A})=0.021(\text{mA})$$

$$U_{\text{C}}=X_{\text{C}}I=454.9\times0.021\times10^{-3}=9.55\times10^{-3}(\text{V})=9.55(\text{mV})$$

可见偏离谐振频率 10%时，I 和 U_{C} 就大大减小，该电路具有较好的选择性。

【做一做】实训 4-8：RLC 串联谐振电路特性的测试

实训流程如下。

RLC 串联电路的参数设置为 $R=10\Omega$，$L=10\text{mH}$，$C=1\mu\text{F}$，信号源电压（有效值）$U=10\text{mV}$。

1. 理论分析和计算

计算该串联电路的谐振频率 f_0、品质因数 Q、谐振时电流 I_0、电阻两端的电压 U_{R0}、电感两端的电压 U_{L0}、电容两端的电压 U_{C0}，并将它们填入表 4-12 中。

2. 电路谐振频率的测试

（1）按图 4.62 所示画好仿真电路。其中电流表 U_1、电压表 U_2 均设置为交流模式，用以测量电路的电流、电阻两端的电压（或者电感两端、电容两端的电压）的有效值；示波器 XSC1 的通道 A 用于观察端口输入电压（信号源电压）的波形，通道 B 用于观察电阻两端电压的波形；XBP1 是波特图仪（扫频仪）可用以分析电路的频率特性（幅频特性、相频特性）。

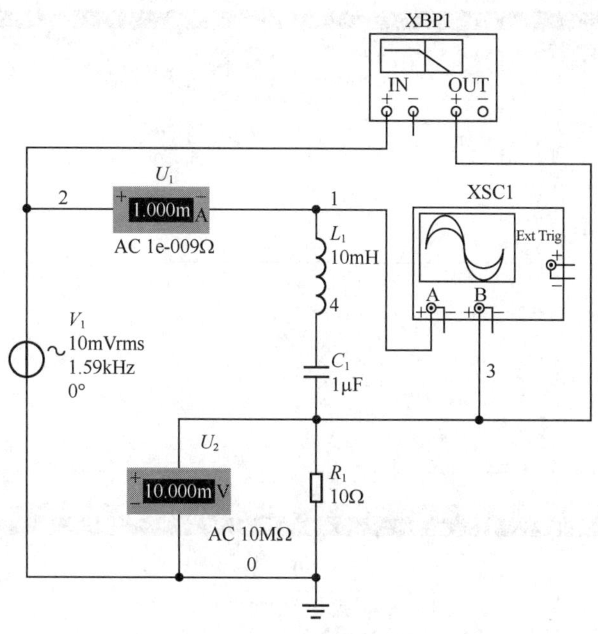

图 4.62　RLC 串联电路谐振特性的测试

（2）改变信号源频率，找出电路的谐振频率。注意：可根据谐振时，电路电流最大，电阻两端的电压最大，示波器中端口电压与电阻两端电压同相位等特性确定谐振频率，也可在波特图仪上直接得到谐振频率。将仿真测量得到的电路谐振频率填入表 4-12 中。

结论：串联电路谐振的条件是：信号源的频率____（大于/等于/小于）电路的谐振频率。

3．电路谐振特性的测试

（1）将信号源频率设置为谐振频率，测量出谐振时的谐振电流 I_0、电阻两端的电压 U_{R0}、电感两端的电压 U_{L0}、电容两端的电压 U_{C0}，填入表 4-12 中并与理论值进行比较。

（2）根据所测得的参数，计算品质因数 Q（U_{L0}/U）。

表 4-12　RLC 串联谐振电路实训数据（交流信号源电压有效值 U=10mV，R=10Ω）

	f_0(Hz)	I_0(mA)	U_{R0}(mV)	U_{L0}(mV)	U_{C0}(mV)	Q
理论计算值						
仿真测量值						

（3）双击波特图仪图标，在波特图仪面板上可得幅频特性和相频特性曲线，如图 4.63（a）、图 4.63（b）所示；也可通过如图 4.63（c）所示的交流分析功能来分析电路的频率特性和电路的选择性。

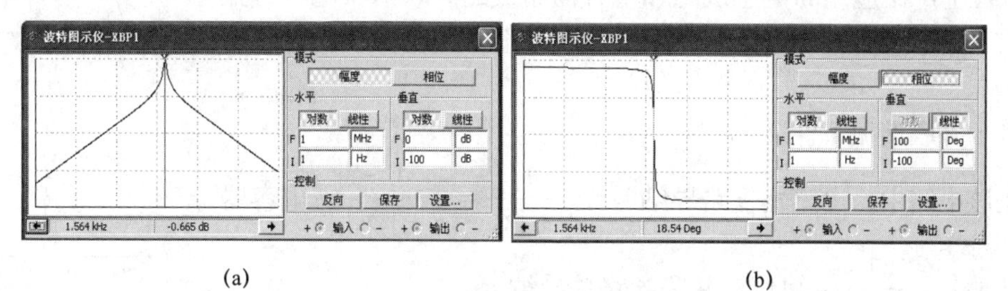

(a)　　(b)

图 4.63　频率特性曲线

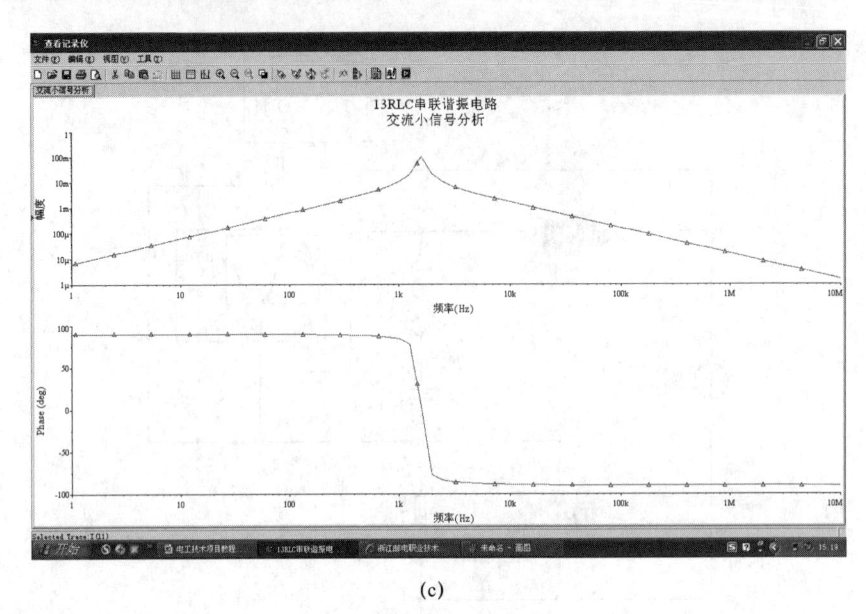

(c)

图 4.63　频率特性曲线（续）

4. 不同的 Q 值对谐振电路的影响

（1）在其他参数不变的情况下，通过调整电阻 R 的大小来改变 Q 值。在不同 Q 值的情况下，测量出谐振时的电流 I_0、电阻两端的电压 U_{R0}、电感两端的电压 U_{L0}、电容两端的电压 U_{C0}，填入表 4-13 中。

表 4-13　　RLC 串联谐振电路实训数据（交流信号源电压有效值 U=10mV）

R(Ω)	f_0(Hz)	I_0(mA)	U_{R0}(mV)	U_{L0}(mV)	U_{C0}(mV)	Q
100						
1						

（2）打开波特图仪面板，观察幅频特性和相频特性曲线的变化。

（3）根据表 4-12、表 4-13 的测试结果回答下列问题。

① 在电路中的电感和电容参数不变的情况下，电阻 R 增加，电路的品质因数将______（增加/不变/减小）。

② 品质因数 Q 越大，电路谐振时，电阻两端的电压______（越大/不变/越小），电感两端的电压______（越大/不变/越小），电容两端的电压______（越大/不变/越小），______（电压/电流）谐振效果______（越显著/差不多/越不显著）；幅频特性曲线______（越尖锐/不变/越平坦），电路的选择性______（越好/差不多/越差）。

2. 并联谐振电路

工程上广泛应用的电感线圈和电容器组成的并联谐振电路，如图 4.64 所示。其中，R 和 L 分别为线圈的电阻和电感，C 为电容器的电容。

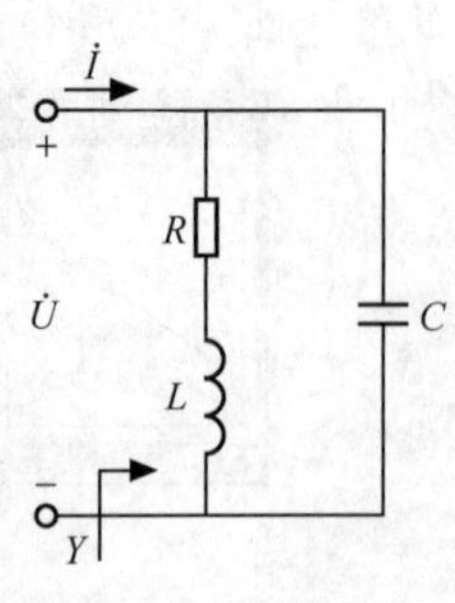

图 4.64　并联谐振电路

（1）并联谐振条件。

在该电路中，电感器支路导纳 $Y_1 = \dfrac{1}{R + \mathrm{j}X_L} = \dfrac{1}{R + \mathrm{j}\omega L}$，电容器支路导纳 $Y_2 = \dfrac{1}{-\mathrm{j}X_C} = \mathrm{j}\omega C$。并联支路总导纳为

$$Y = Y_1 + Y_2 = \frac{1}{R + \mathrm{j}\omega L} + \mathrm{j}\omega C$$

$$= \frac{R}{R^2 + \omega^2 L^2} + \mathrm{j}\left(\omega C - \frac{\omega L}{R^2 + \omega^2 L^2}\right)$$

当并联谐振时，端口的电压与电流同相，电路的表现为电阻性，即其电纳

$$B = \omega C - \frac{\omega L}{R^2 + \omega^2 L^2} = 0$$

即

$$\omega C = \frac{\omega L}{R^2 + \omega^2 L^2}$$

（2）并联谐振频率。

如果并联谐振时的角频率为 ω_{P}，则有

$$R^2 + \omega_{\mathrm{P}}^2 L^2 = \frac{L}{C} = \rho^2$$

$$\omega_{\mathrm{P}}^2 = \frac{\rho^2 - R^2}{L^2} = \omega_0^2\left(1 - \frac{1}{Q^2}\right)$$

即

$$\omega_{\mathrm{P}} = \omega_0\sqrt{1 - \frac{1}{Q^2}} \tag{4-7}$$

式中

$$\omega_0 = \frac{1}{\sqrt{LC}},\quad \rho = \sqrt{\frac{L}{C}},\quad Q = \frac{\rho}{R}$$

由（4-7）式可知，并联谐振频率不但与电路的固有频率有关，而且还与电路的品质因数有关。实际的并联谐振电路，线圈本身的电阻很小，一般都能满足 $Q>>1$，因此有

$$\omega_{\mathrm{P}} \approx \omega_0 = \frac{1}{\sqrt{LC}} \text{或者} f_{\mathrm{P}} \approx f_0 = \frac{1}{2\pi\sqrt{LC}}$$

可见，当 $Q>>1$ 时，并联谐振频率也是电路的固有频率。

（3）并联谐振电路的特性。

① 并联谐振时，电路的总阻抗最大，且为纯阻性。谐振时，导纳中的电纳部分为零，只有电导。即

$$Y = G_{\mathrm{P}} = \frac{R}{R^2 + \omega_{\mathrm{P}}^2 L^2} = \frac{R}{\frac{L}{C}} = \frac{CR}{L}$$

或者

$$Z_{\mathrm{P}} = R_{\mathrm{P}} = \frac{1}{G_{\mathrm{P}}} = \frac{L}{CR} = \frac{\rho^2}{R} = Q^2 R$$

因为通常 R 很小，Q 值很大，所以电路并联谐振时阻抗很大。

② 并联谐振时，端口总电流为一个最小值，且与电路端电压同相；电感中的电流与电容中的电流大小近似相等、方向相反，且为电源电流的 Q 倍。

端口电流

$$\dot{I}_{\mathrm{P}}=\frac{\dot{U}}{Z_{\mathrm{P}}}=\frac{\dot{U}}{R_{\mathrm{P}}}\text{或者}\quad I_{P}=\frac{U}{Z_{\mathrm{P}}}=\frac{U}{R_{\mathrm{P}}}$$

流过电感支路的电流

$$I_{\mathrm{LP}}=\frac{U}{\sqrt{R^{2}+(\omega_{\mathrm{P}}L)^{2}}}=\frac{U}{\rho}=\frac{U}{QR}=Q\frac{U}{R_{\mathrm{P}}}=QI_{\mathrm{P}}$$

流过电容支路的电流

$$I_{\mathrm{CP}}=\omega_{\mathrm{P}}CU\approx\frac{U}{\rho}=QI_{\mathrm{P}}$$

式中的 Q 是并联谐振的品质因数，Q 值一般可达几十到几百。Q 较大时，两支路上的电流均会远远大于外加的总电流，故并联谐振也称为电流谐振。

③ 并联谐振时，电感和电容也同样进行完全的能量交换，电路的无功功率为零。

并联谐振时各电压、电流的相量图，如图 4.65 所示。

④ 并联谐振的选频特性。

并联谐振同样可以进行选频，选频特性的好坏也由 Q 值决定。图 4.66 所示为不同 Q 值时并联谐振电路的阻抗（$|Z|=\frac{1}{|Y|}$）频率特性。如果并联电路由电流源供电，当电源的频率等于并联谐振频率时，电路发生谐振，电路的总阻抗最大，电流通过时在电路两端产生的电压也最大；当电源频率偏离谐振频率时，阻抗较小，电路两端的电压也较小，这样就起到了选频作用。由 $Z_{\mathrm{P}}=Q\rho$ 可知，电路的品质因数越大，谐振电路的阻抗也越大，阻抗频率特性也越尖锐，选择性也越强。

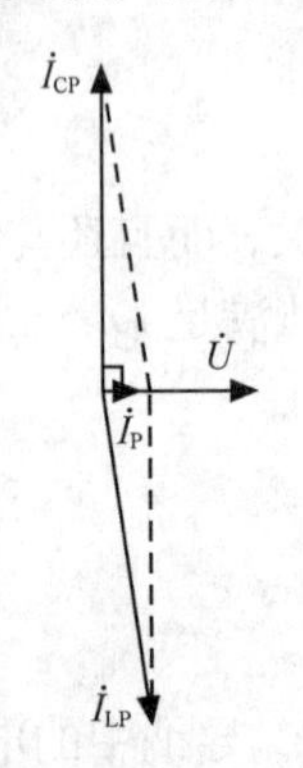

图 4.65 并联谐振时的相量图

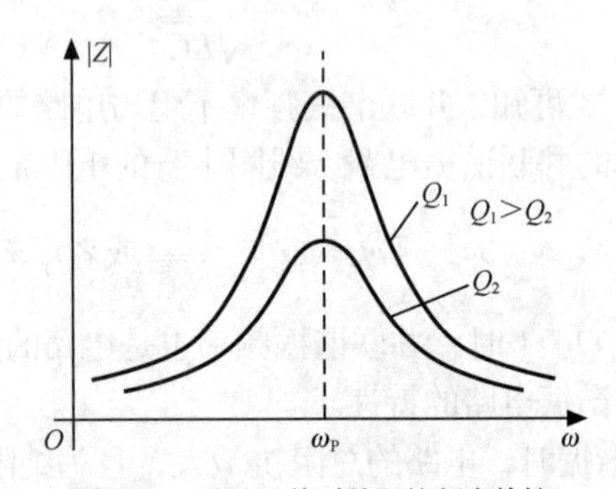

图 4.66 不同 Q 值时的阻抗频率特性

并联谐振常应用于无线电工程和电子技术工程中，如 LC 正弦振荡器就是利用并联谐振选择频率的。

【练一练】实训 4-9：RLC 并联谐振电路特性的测试

实训流程如下。

RLC 并联电路的参数设置为 R=10Ω，L=10mH，C=1μF，信号源电压（有效值）U=100mV。

1. 理论分析和计算

计算该并联电路的谐振频率 f_{P}、谐振时端口电流 I_{P}、端口电压 U_{P}、电感支路的电流 I_{LP}、电容支路的电流 I_{CP} 和品质因数 Q，并将它们填入表 4-14 中。

2. 电路谐振频率的测试

（1）按图 4.67 所示画好仿真电路。其中电流表 I_1、I_2、I_3 均设置为交流模式，分别用以测量电容支路的电流、电感支路的电流和端口电流的有效值。示波器 XSC1 的通道 A 用于观察端口输入电压（信号源电压）的波形，通道 B 通过电流探针 XCP1 用于观察端口电流的波形。

（2）改变信号源频率，找出电路的谐振频率。注意：可通过谐振时示波器中端口电压与端口电流同相位的特性来确定谐振频率，并将其填入表 4-14 中。

3. 电路谐振特性的测试

（1）将信号源频率设置为谐振频率，测量出谐振时的各实验数据。

测量谐振时端口电流 I_P、端口电压 U_P、电感支路的电流 I_{LP}、电容支路的电流 I_{CP}，填入表 4-14 中并与理论值进行比较。

（2）根据所测得的参数，计算品质因数 Q（I_{LP}/I_P）。

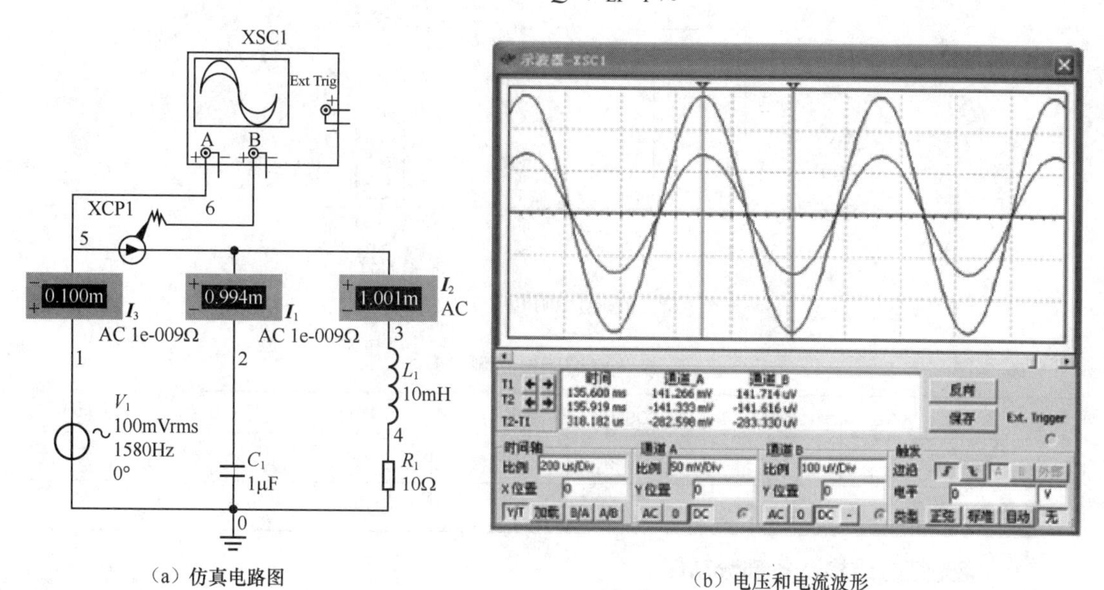

（a）仿真电路图　　　　（b）电压和电流波形

图 4.67　RLC 并联电路谐振特性的测试

表 4-14　RLC 并联谐振电路实训数据（交流信号源电压有效值 U=100mV，R=10Ω）

	f_P(Hz)	I_P(mA)	U_P(mV)	I_{LP}(mA)	I_{CP}(mA)	Q
理论计算值						
仿真测量值						

任务 4.4　荧光灯照明电路的安装与测试

知识要点

- 了解荧光灯照明电路的组成，理解电路的工作原理。
- 了解功率因数及提高功率因数对工程的实际意义。
- 了解电感、电容和电阻实际器件的电路模型。

技能要点

- 会进行荧光灯照明电路的安装和检测。
- 掌握感性负载提高功率因数的方法。

4.4.1 荧光灯照明电路的安装与测试

【做一做】实训 4-10：荧光灯照明电路测试

实训流程如下。

按图 4.68 所示接线。经指导教师检查后接通实验台电源，调节自耦调压器的输出，使其输出电压缓慢增大，直到荧光灯刚启辉点亮为止，记下电压表、电流表和功率表的指示值。然后将电压调至 220V，测量功率 P，电流 I，电压 U，U_L，U_A 等值，验证电压、电流的相量关系。将测量结果填入表 4-15 中。

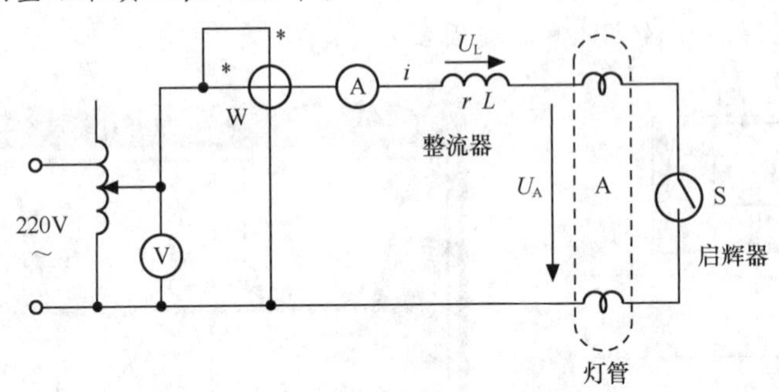

图 4.68 荧光灯照明电路实验电路图

表 4-15 荧光灯照明电路测量表

	P(W)	cosθ	I(A)	U(V)	U_L(V)	U_A(V)
启辉值						
正常工作值						

1. 荧光灯的结构及各部分功能

荧光灯照明电路主要由荧光灯管、镇流器、辉光启动器、灯架和灯座等组成。

灯管是内壁涂有荧光粉的玻璃管，灯管两端各有一个由钨丝绕成的灯丝，灯丝上涂有易发射电子的氧化物。管内充有一定量的氩气和少量水银，氩气具有帮助灯管点燃、保护灯丝，延长灯管使用寿命的作用。当管内产生弧光放电时，水银蒸气受激发辐射大量紫外线，管壁上的荧光粉在紫外线的激发下辐射出白色荧光。因为光色接近于日光，所以也称为日光灯。灯管如图 4.69 所示。

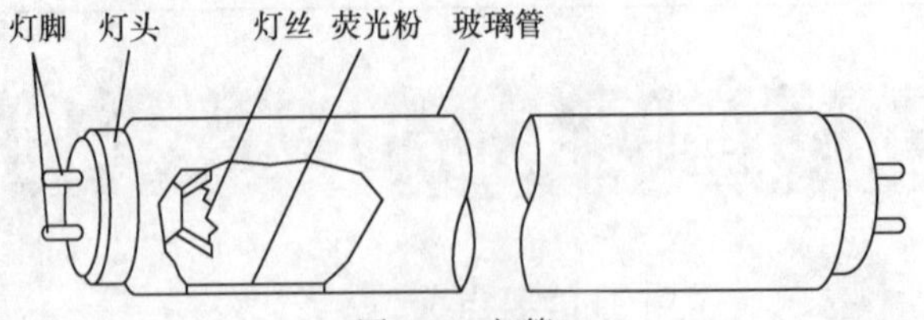

图 4.69 灯管

镇流器是具有铁芯的电感线圈，如图 4.70 所示。它的作用主要有三个：在接通电源的瞬间，使流过灯丝的预热电流受到限制，防止预热过高而烧断灯丝，同时也保证灯丝稳定放电；荧光灯启动时，与辉光启动器配合产生瞬间高压点燃灯管；灯管发光工作后，维持灯管的工作电压和限制灯管的工作电流，以保证灯管稳定工作。

辉光启动器俗称启辉器，由氖泡、纸质电容、出线脚和外壳等组成，如图 4.71 所示。氖泡内装有静触片和 U 形动触片。纸质电容与氖泡并联，其作用是：与镇流器线圈形成

LC 振荡电路，延长灯丝预热时间和维持脉冲放电电压；吸收干扰电子设备的杂波信号。当电容因击穿而被剪除后，启辉器仍可继续使用，但失去了吸收干扰杂波的功能。

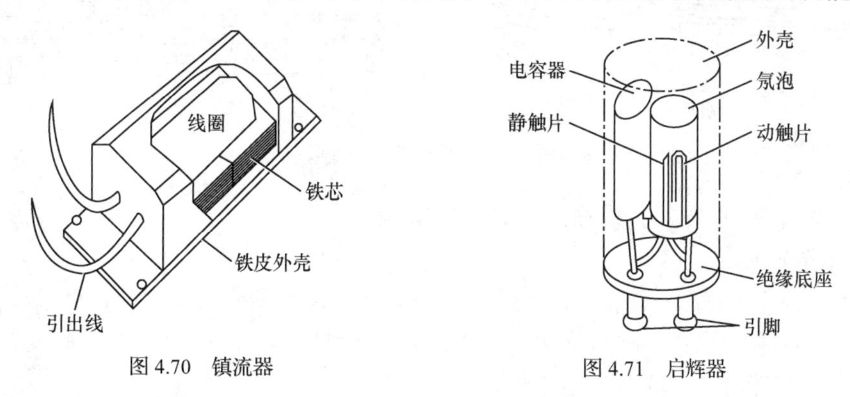

图 4.70　镇流器　　　　图 4.71　启辉器

2. 荧光灯的工作原理

荧光灯的工作原理如图 4.72 所示。

接通电源后，电源电压同时加在灯管和启辉器的两个电极上。电源电压太低，不足以使灯管放电，而对启辉器来说，动、静触片间则会发生辉光放电，使动触片的双金属片受热膨胀伸展与静触片接触，镇流器、灯管灯丝和启辉器构成启辉状态的电流回路。电流流过灯丝，灯丝发热并发射电子，启辉器的动、静触片接触后，辉光放电消失，触片温度下降而恢复断开位置，将启辉电路分断。此时，镇流器线圈中由于电流突然中断，在镇流器两端产生一个很高的自感电动势，产生瞬时脉冲高压，它和电源电压叠加后加在灯管两端，导致管内水银蒸气产生弧光放电，辐射出的紫外线激发管壁上的荧光粉而发出近似日光的灯光。

灯管点亮后，荧光灯管内电阻下降，灯管回路通过的电流增加，镇流器电感线圈两端的电压降跟着增大，使灯管两端的电压比电源电压低得多，不足以使启辉器放电，其触点不再闭合，电流由管内气体导电而形成回路，灯管进入工作状态。

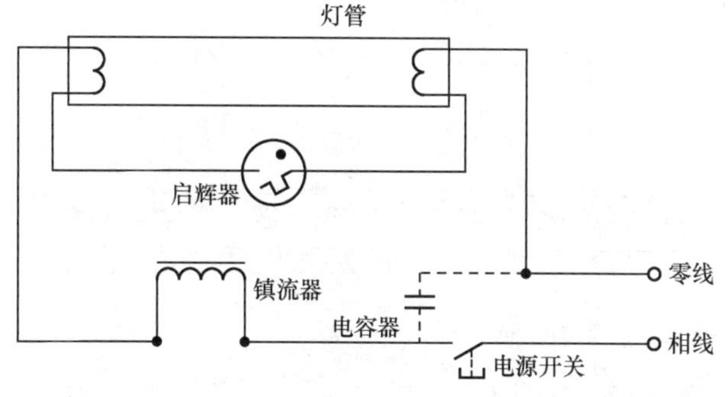

图 4.72　荧光灯的电路原理图

3. 荧光灯等照明灯具安装的要求

照明灯具安装的一般要求：各种灯具、开关、插座及所有附件，都必须安装牢固、可靠，应符合规定的要求。壁灯及吸顶灯要牢固地敷设在建筑物的平面上；吊灯必须装有吊线盒，每只吊线盒一般只允许装一盏电灯（双管荧光灯和特殊吊灯除外），荧光灯和较大的吊灯必须采用金属链条或其他方法支持。灯具与附件的连接必须正确可靠。

荧光灯的安装方式有吸顶式和悬吊式，如图 4.73 所示。悬吊式安装时，应将镇流器用螺钉固定在灯架的中间位置；吸顶式安装时，灯架与天花板之间应留 15mm 的间隙，以利通风，不能将镇流器放在灯架上，以免散热困难，可将镇流器放在灯架外的其他位置。

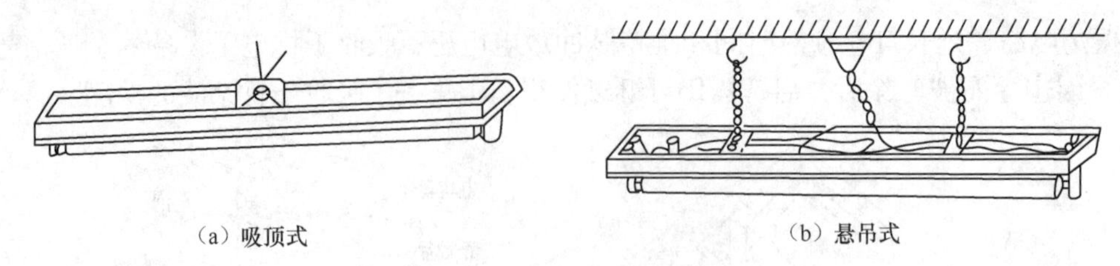

图 4.73　荧光灯的安装方式

【做一做】实训 4-11：悬吊式荧光灯的安装

实训流程如下。

（1）安装前的检查。安装前先检查灯管、镇流器、启辉器等有无损坏，镇流器和启辉器是否与灯管的功率相配合。特别注意，镇流器与荧光灯管的功率必须一致，否则不能使用。

（2）各部件安装。

① 将启辉器座固定在灯架的一端或一侧边上，两个灯座分别固定在灯架的两端，中间的距离按所用灯管长度量好，使灯脚刚好插进灯座的插孔中。

② 将镇流器用螺钉固定在灯架的中间位置。

③ 安装好吊线盒和灯架的挂链吊钩，吊线盒固定在圆木上。圆木和挂链吊钩应固定在平顶的木结构或木棒上，挂链也可挂在预制的吊环上，必须牢固可靠。

④ 将开关固定在侧墙的圆木上。控制荧光灯的开关应串接在相线上。一般拉线开关的安装高度为离地面 2.5m，扳动开关（包括明装或暗装）离地高度为 1.4m。安装扳动开关时，方向要一致，一般向上为“合”，向下为“断”。

（3）电路接线。各部件位置固定好后，进行接线。接线完毕要对照电路图仔细检查，以防接错或漏接。然后把启辉器和灯管分别装入插座内。接电源时，其相线应经开关连接在镇流器上，通电试验正常后，即可投入使用。

荧光灯的安装

悬吊式荧光灯的安装如图 4.74 所示。

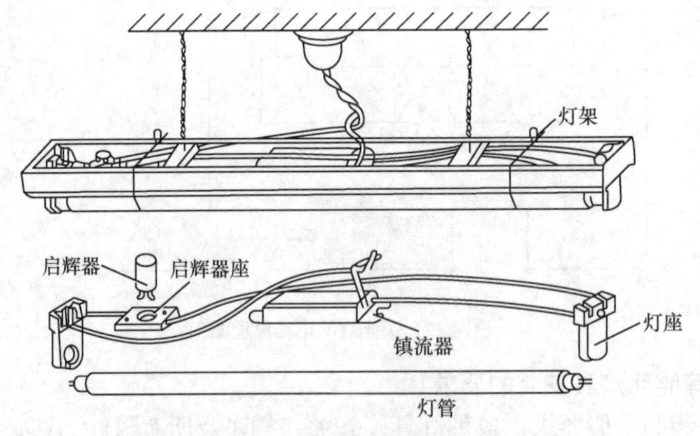

图 4.74　悬吊式荧光灯的安装

4.4.2　功率的测试和功率因数的提高

1. 正弦交流电路中的功率

任务 4.2 和任务 4.3 已经对单一的基本元件电路以及 RLC 串联电路、RLC 并联电路的功率进行了介绍。在这一节中，将进一步讨论由 R、L、C 多个元件组成的任一无源二端网络的功率特性。

（1）瞬时功率。

在正弦交流电路中，对任意无源二端网络，电压和电流的参考方向如图 4.75 所示。

设端口电压为

$$u(t)=U_{\mathrm{m}}\sin(\omega t+\varphi_u)$$

端口电流为

$$i(t)=I_{\mathrm{m}}\sin(\omega t+\varphi_i)$$

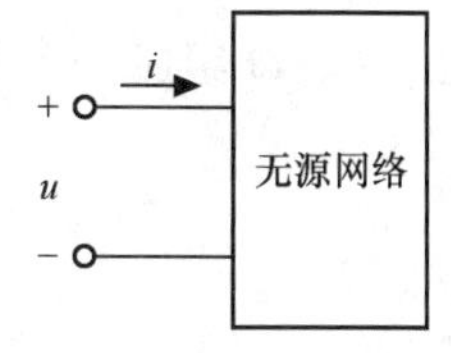

图 4.75　无源网络上的电压与电流

则它的瞬时功率为

$$\begin{aligned}p=ui&=U_{\mathrm{m}}\sin(\omega t+\varphi_u)I_{\mathrm{m}}\sin(\omega t+\varphi_i)\\&=\frac{1}{2}U_{\mathrm{m}}I_{\mathrm{m}}[\cos(\varphi_u-\varphi_i)-\cos(2\omega t+\varphi_u+\varphi_i)]\\&=UI\cos\theta-UI\cos(2\omega t+2\varphi_u-\theta)\\&=UI\cos\theta[1-\cos2(\omega t+\varphi_u)]-UI\sin\theta\sin2(\omega t+\varphi_u)\end{aligned}$$

式中 $\theta=\varphi_u-\varphi_i$ 为电压与电流的相位差。

由上式可以看出：瞬时功率可分为两个分量，一个是与时间无关的常量 $UI\cos\theta$，另一个是随时间按 2 倍频率变化的变量。从上式还可以看出：瞬时功率又可分为恒为正值的分量 $UI\cos\theta[1-\cos2(\omega t+\varphi_u)]$ 和交流变化的分量 $-UI\sin\theta\sin2(\omega t+\varphi_u)$。

（2）平均功率（有功功率）。

根据平均功率的定义

$$P=\frac{1}{T}\int_0^T p\mathrm{d}t=UI\cos\theta$$

对于无源网络而言，平均功率就是网络中所有电阻实际消耗的功率，即电阻将电能转换为其他形式的能量而做功，故也称为有功功率，单位为瓦（W）。

由于平均功率代表了网络中所有电阻消耗的功率，故平均功率也可表示为

$$P=\sum_{k=1}^{n}I_k^2R_k$$

即网络的平均功率等于网络中所有电阻元件 R_k 上所消耗的功率之和。

$\lambda=\cos\theta$ 为功率因数，它反映了有功功率与最大功率的关系。

（3）无功功率。

由于储能元件的存在，无源二端网络与外部一般会有能量的交换，交流变化的分量 $-UI\sin\theta\sin2\left(\omega t+\varphi_u\right)$ 就代表了这一现象，该项系数 $UI\sin\theta$ 可用以衡量无源二端网络对外交换能量的规模，称为该无源二端网络的无功功率，即

$$Q=UI\sin\theta$$

单位为乏（var）。

对于任意无源二端网络，其无功功率等于该网络内所有储能元件的无功功率之和。当网络为感性时，阻抗角 $\theta>0$，无功功率 $Q>0$；若网络为容性时，阻抗角 $\theta<0$，无功功率 $Q<0$。

需要说明的是：无功功率的正负只说明网络是感性还是容性，其绝对值 $|Q|$ 才体现网络对外交换能量的规模。电感和电容无功功率的符号相反，说明它们在能量“吞吐”方面是相互补偿的。

（4）视在功率。

视在功率反映了电源可提供给网络的最大功率，即

$$S = UI$$

单位为伏安（VA）

S、P、Q 组成一个称为功率三角形的直角三角形。有

$$S = \sqrt{P^2 + Q^2}$$

$$\theta = \arctan\frac{Q}{P}$$

【例 4-16】 在如图 4.76 所示的工频交流电路中，已知 R=30Ω，L=127mH，C=40μF，$\dot{U} = 220\angle 30°$V。求：电流 $\dot{I}$，电源向电路提供的有功功率 P、无功功率 Q、视在功率 S 及功率因数 λ。

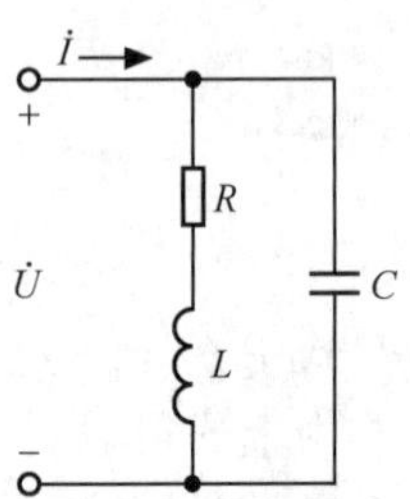

图 4.76 例 4-16 的电路图

解：感抗、容抗、阻抗分别为

$$X_{\mathrm{L}} = 2\pi fL = 2\times\pi\times 50\times 127\times 10^{-3} = 40(\Omega)$$

$$X_{\mathrm{C}} = \frac{1}{2\pi fC} = \frac{1}{2\times\pi\times 50\times 40\times 10^{-6}} = 80(\Omega)$$

$$Z = (R + \mathrm{j}X_{\mathrm{L}})//(-\mathrm{j}X_{\mathrm{C}}) = \frac{(R + \mathrm{j}X_{\mathrm{L}})(-\mathrm{j}X_{\mathrm{C}})}{R + \mathrm{j}X_{\mathrm{L}} - \mathrm{j}X_{\mathrm{C}}}$$

$$= \frac{(30 + \mathrm{j}40)(-\mathrm{j}80)}{30 + \mathrm{j}(40 - 80)} = \frac{100\angle 53.1°\times 80\angle -90°}{100\angle -53.1°}$$

$$= 80\angle 16.2°(\Omega)$$

交流电源电压

$$\dot{U} = 220\angle 30°\ \mathrm{V}$$

电路中的电流

$$\dot{I} = \frac{\dot{U}}{Z} = \frac{220\angle 30°}{80\angle 16.2°} = 2.75\angle 13.8°(\mathrm{A})$$

功率因数角就是阻抗角，即

$$\theta = 16.2°$$

电路的功率因数

$$\lambda = \cos\theta = \cos 16.2° = 0.96$$

有功功率

$$P = UI\cos\theta = 220\times 2.75\times 0.96 = 580.8(\mathrm{W})$$

视在功率

$$S = UI = 220\times 2.75 = 605(\mathrm{VA})$$

无功功率

$$Q = \sqrt{S^2 - P^2} = \sqrt{605^2 - 580.8^2} = 169.4(\mathrm{var})$$

2. 功率的测试

测量电功率的仪表叫功率表，或者瓦特表。它既可以测量直流功率，也可测量交流功率，而且接线和读数的方法完全相同。

（1）功率表的结构和工作原理。

电功率由电路中的电压和电流决定，因此功率表有两个线圈，其中固定线圈的导线较

粗、匝数较少，称为电流线圈；而可动线圈的导线较细、匝数较多，并串有一定的分压电阻，称为电压线圈。

测量时电流线圈要与被测电路串联，通过线圈的电流就是负载电流；电压线圈要与被测电路并联，电压支路的端电压就是负载电压。

图 4.77（a）所示为功率表的结构示意图，而图 4.77（b）所示为功率表在电路图中的符号。

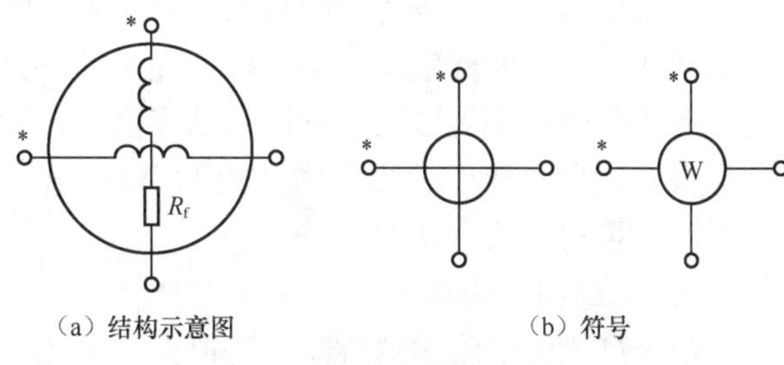

图 4.77　功率表的结构与符号

当测量直流电路功率时，功率表指针的偏转角度取决于负载电流和电压的大小；当测量交流电路时，指针的偏转角度与负载电压、负载电流和功率因数成正比。

（2）功率表的使用。

测量功率的仪表种类和形式很多，但它们一般都属于电动系仪表，其使用方法如下。

① 正确选择功率表的类型和量程。

测直流或单相负荷的功率可用单相功率表，测三相负荷的功率可用三相功率表，也可用单相功率表。

在测量功率前要根据负载的额定电压和额定电流来选择功率表的量程。要保证功率表中的电流量程不小于负载电流，电压量程不低于负载电压，而不能仅从功率量程来考虑。

② 正确连接测量线路。

电动系测量机构的转动力矩方向和两个线圈中的电流方向有关。为了防止电动系功率表的指针反偏，接线时功率表的电流线圈标有“*”（或“•”）记号的端钮必须接到电源的正极端，而电流线圈的另一端则与负载相连，电流线圈以串联形式接入电路中。功率表测量单相交流电时电压线圈标有“*”（或“•”）的端钮可以接到电源端钮的任意一端上，而另一个电压端钮则跨接到负载的另一端。

若接线正确，而功率表反转，表明该电路向外输出功率，这时应将电流端钮换接一下。

当负载电阻远远大于功率表电流线圈的电阻时，应采用电压线圈前接法，如图 4.78（a）所示。这时电压线圈的电压是负载电压和电流线圈电压之和，功率表测量的是负载功率和电流线圈功率之和。由于此时负载电阻远远大于电流线圈的电阻，故可以略去电流线圈分压所造成的影响，测量结果比较接近负载的实际功率值。

当负载电阻远远小于电压线圈电阻时，应采用电压线圈后接法，如图 4.78（b）所示。这时电压线圈两端的电压虽然等于负载电压，但电流线圈中的电流却等于负载电流与功率表电压线圈中的电流之和，测量时功率读数为负载功率与电压线圈功率之和。由于此时负载电阻远远小于电压线圈的电阻，所以电压线圈的分流作用大大减小，其对测量结果的影响也可以大为减小。

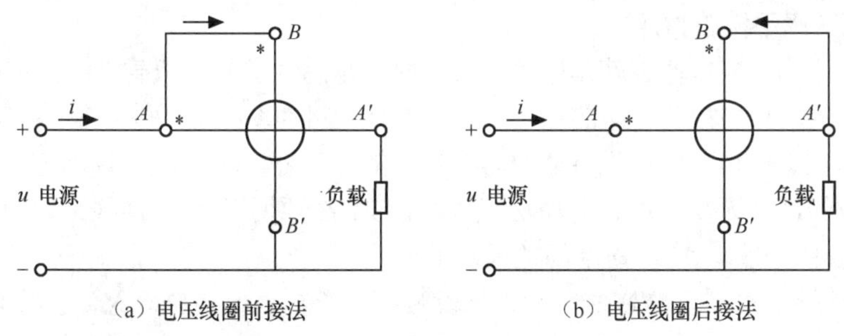

图 4.78　功率表的接法

如果被测负载本身功率较大，可以不考虑功率表本身的功率对测量结果的影响，则两种接法可以任意选择。但最好选用电压线圈前接法，因为功率表中电流线圈的功率一般都小于电压线圈支路的功率。

③ 正确读数。

一般安装式功率表为直读单量程式，表上的示数即为功率数。但便携式功率表一般为多量程式，在表的标度尺上不直接标注示数，只标注分格。在选用不同的电流与电压量程时，每一个分格都可以表示不同的功率数。在读数时，应先根据所选的电压量程、电流量程以及标度尺满量程时的格数，求出每格瓦数（又称功率表常数），然后再乘上指针偏转的格数，就可得到所测功率 P。

3. 功率因数的提高

荧光灯照明电路的镇流器电感很大，因此该电路可视为电阻和电感串联。实际电力系统中多数电气设备均为感性负载，功率因数都比较低，如异步电动机，功率满载时只有 0.8 左右，空载和轻载时仅为 0.2～0.5；荧光灯照明电路的功率因数只有 0.45～0.6。

功率因数

（1）提高功率因数的意义。

① 可充分发挥供电设备的潜在能力，提高经济效益。

假设供电设备的额定电压和额定电流为 U_N、I_N，则供电设备的容量就是其视在功率 $S_N=U_NI_N$，它表示供电设备能向外电路提供的最大功率。而负载能获得多少功率取决于负载的性质，供电设备向外电路输出的有功功率为

$$P_N = U_N I_N \cos\theta = S_N \cos\theta$$

由于负载功率因数 $\cos\theta$ 小于 1，使供电设备的容量不能全部成为有功功率输出。功率因数越高，供电设备输出的有功功率越大，供电设备的容量就越能充分利用。

② 减小供电线路的电压损耗和功率损耗。

当供电电压和负载输送的有功功率一定时，供电线路 I 为

$$I = \frac{P}{U\cos\theta}$$

功率因数 $\cos\theta$ 越高，线路电流 I 越小，电流通过有电阻存在的供电线路的能量损耗也大大减小，节省了电能。

此外，线路电流若太大还可导致电压在线路上降低太多，影响负载获得正常工作所需的额定电压值。

可见，提高供电系统的功率因数，对电力工业的建设和节约电能有着重要意义。我国电力部门对用户用电的功率因数都有明确的规定。功率因数不达标，供电部门会给予罚款，功率因数越低，罚款越多。

（2）提高功率因数的方法。

功率因数不高，根本原因就是电气设备一般都是感性负载，负载（设备）本身的功率因数是无法改变的，只能提高电路的功率因数。提高电路功率因数的途径很多，其中一个最常用的方法就是在感性负载的两端并联电容量适当的电容器。这种方法不会改变负载原来的工作状态，负载的部分无功电流、无功功率从电容支路得到了补偿，使线路的功率因数提高。

【做一做】实训 4-12：功率因数提高的方法

按图 4.79 所示组成实验线路。经指导教师检查后，接通实验台电源，将自耦调压器的输出调至 220V，记录功率表、电压表的读数。通过一只电流表和三个电流插座分别测得三

条支路的电流，改变电容值，进行三次重复测量并记录在表 4-16 中。

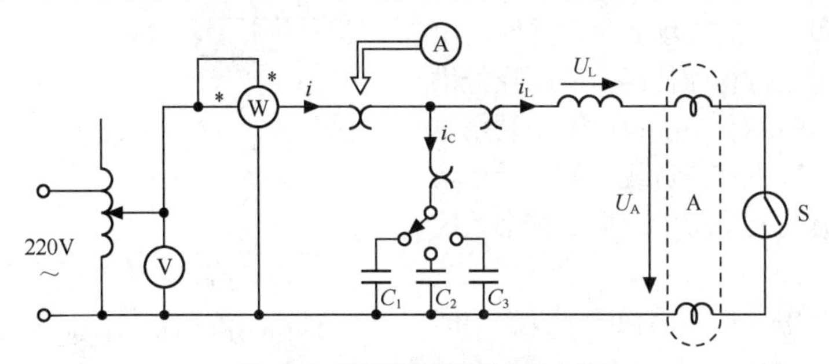

图 4.79　提高功率因数的实验电路

表 4-16　电容值变化时电路的参数值

电容值(μF)	测量数值						计算值	
	P(W)	cosθ	U(V)	I(A)	I_L(A)	I_C(A)	I'(A)	cosθ
0								
1								
2.2								
4.7								
4.7+2.2								

结论：感性负载两端并联补偿电容，____________（能够/不能够）提高功率因数；补偿电容值在一定范围内越大，功率因数____________（越高/影响不大/越低），输入端总电流____________（增大/基本不变/减小）。

（3）并联补偿电容计算公式的推导。

图 4.80（a）所示为一个感性负载的电路模型，由电阻 R 和电感 L 串联组成。假定电路端电压为$\dot{U}$，感性负载需要的有功功率为 P，则两端未并联电容器时，线路电流 $\dot{I}$ 就是负载中的电流 $\dot{I}_L$，大小为

$$I_L=\frac{P}{U\cos\theta_1}$$

θ_1 是感性负载的阻抗角，即线路电流（负载电流）滞后端电压的相位 θ_1，该感性负载的功率因数为 $\cos\theta_1$。

并联电容 C 后，负载中的电流没有变化，仍为 $\dot{I}_L$，但因电容中的电流 $\dot{I}_C$ 超前于电压$\dot{U}$，使相量 $\dot{I}_L$ 与相量 $\dot{I}_C$ 之和，即线路上电流 $\dot{I}$ 的有效值比 $\dot{I}_L$ 减小了，线路电流 $\dot{I}$ 滞后端电压$\dot{U}$的相位也减小为 θ_2，提高了网络整体的功率因数。

根据图 4.80（b）所示相量图的分析，可得

$$I_C=I_L\sin\theta_1-I\sin\theta_2$$

$$=\frac{P}{U\cos\theta_1}\sin\theta_1-\frac{P}{U\cos\theta_2}\sin\theta_2=\frac{P}{U}(\tan\theta_1-\tan\theta_2)$$

而

$$I_C=\omega CU$$

所以

$$C=\frac{P}{\omega U^2}(\tan\theta_1-\tan\theta_2)$$

从能量角度看，并联补偿电容的方法实质上就是通过负载中的磁场能量与并联的电容中的电场能量进行相互补偿，从而降低供电设备与负载间的能量交换；或者说利用电容发出的无功功率去补偿负载所需的无功功率，从而减小总的无功功率，提高整个系统的功率因数。

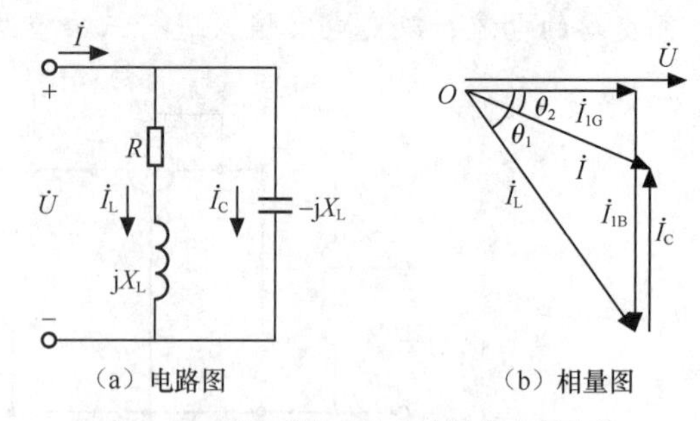

（a）电路图　　（b）相量图

图 4.80　用并联电容的方法提高功率因素

在实际生产中，功率因数一般达到 0.9 左右就可以了,因为功率因数从 0.9 提高到 1 时线路总电流的减少并不明显，而所需的补偿电容量很大，很不经济。

【例 4-17】　有一台发电机，其额定容量 S_N 为 10kVA，额定电压 U_N 为 220V，在工频情况下给一个负载供电。该负载的有功功率 P 为 6kW，功率因数 $\cos\theta_1$ 为 0.58。试求：（1）该负载所需的电流值，该负载是否超载？（2）在负载不变的情况下，若要将该系统的功率因数提高到 0.9，需要并联多大的电容器？此时线路的电流是多少？

解：（1）负载电流为

$$I=\frac{P}{U\cos\theta_1}=\frac{6\times10^3}{220\times0.58}=47.02(\text{A})$$

发电机的额定电流

$$I_N=\frac{S_N}{U_N}=\frac{10\times10^3}{220}=45.45(\text{A})$$

可见，负载已经超载，发电机无法满足负载的需要。

（2）当系统功率因数提高到 0.9 所需并联的电容值

当 $\cos\theta_1$=0.58 时，$\tan\theta_1$=1.4045；当 $\cos\theta_2$=0.9 时，$\tan\theta_2$=0.4843，因此有

$$C=\frac{P}{\omega U^2}(\tan\theta_1-\tan\theta_2)=\frac{6\times10^3}{2\pi\times50\times220^2}(1.4045-0.4843)$$
$$=3.63\times10^{-4}(\text{F})=363(\mu\text{F})$$

并联电容器后线路的电流

$$I=\frac{P}{U\cos\theta_2}=\frac{6\times10^3}{220\times0.9}=30.3(\text{A})$$

并联电容器后线路的电流从 47.02A 下降到 30.3A，发电机容量还有过剩，还可提供给其他负载。

4.4.3　交流电路中的实际器件

前面讨论的电阻、电感、电容等元件都是理想化的，与实际电路中的实际元件存在着差异，这些理想元件只能是近似模拟。随着电源频率等工作条件变化，许多原不突出的次要性质会表现得不容忽略，一个实际元件往往需要两个或多个电路元件来较精确地模拟。下面对一些实际元件的情况进行简单的介绍。

1. 实际电阻器

电阻器有电流通过时，其周围产生磁场，因而电阻器也有一定的电感；电阻器上的电压可使其上存在微量的电荷，这就不可避免地带有微小的电容参数。一个实际电阻器可用

如图 4.81 所示的电路模型来较精确地模拟。图中 C_R、L_R 分别是实际电阻器的等效电容和电感参数。在直流和低频交流电路中，电感和电容效应远小于电阻，可不必考虑。但在高频电路中，寄生电感的作用就很显著。此外，线绕电阻的寄生电感较大，匝间存在分布电容效果也较大，不适合用于高频电路。

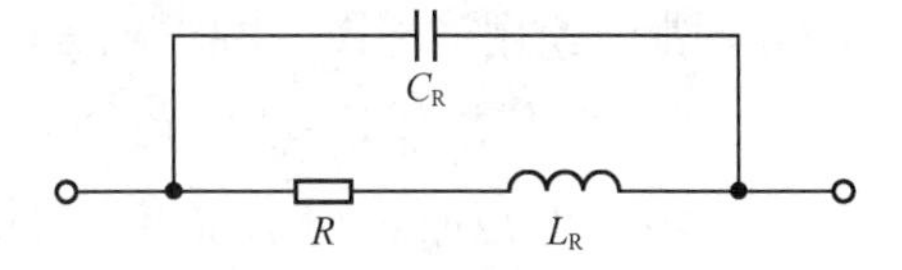

图 4.81　实际电阻器的电路模型

2. **实际电感器**

实际电感器就是线圈，通常可以看作是一个电阻和一个电感的串联。其中电阻包括导线电阻和铁芯损耗的等效电阻。如果通过线圈的电流的频率很高，则还要考虑线圈匝间的分布电容，如图 4.82（a）所示。直流情况下，电感相当于短路，电容相当于开路，空心线圈就是电阻元件 R_L，如图 4.82（b）所示。在低频下（几十赫兹～几百赫兹），电容 C_L 仍看作开路，空心线圈模型为电感 L 与电阻 R_L 的串联，如图 4.82（c）所示。随着频率的增加（几千赫兹～几十万赫兹），电感的感抗 X_L 不断增加，其感抗比电阻值要大得多，此时起作用的主要是电感，故可用一个电感元件作为空心线圈的电路模型，如图 4.82（d）所示。当频率达到几兆或几十兆赫兹以上时，电感的感抗 X_L 变得远远大于线圈的容抗，电感可视为开路，线圈基本失去其本应具有的功能，相当于一个电容器了，其电路模型为一个电容元件。所以在通信及电子设备中要特别注意合理布线，防止高频情况下布线电容对通信或设备造成不良影响。

电感器工作的频率一般有一定的限制，其常用的电路模型为图 4.82（c）和图 4.82（d）。

3. **实际电容器**

实际电容器的损耗很小，电容元件作为实际电容器的模型，通常可以满足工程实际的需要。但从精确化的角度考虑，电容器极板间的介质不可能绝对绝缘，在电压作用下，会产生漏电流而引起功率损耗，在交流情况下其介质反复极化也要消耗能量，这些称为介质损耗。这样一个实际电容器就可用一个电容元件与一个电阻相并联的电路模型来表示，如图 4.83（a）所示。介质损耗的存在使电容器电流超前电压的相位角 φ 小于 90°，其相量图如图 4.83（b）所示。损耗越大，I_R 越大，φ 角越小。通常将 $\delta=90°-\varphi$ 称为损耗角，$\tan\delta$ 称为电容器的损耗系数。损耗系数常用来衡量电容器的损耗和绝缘介质的质量。

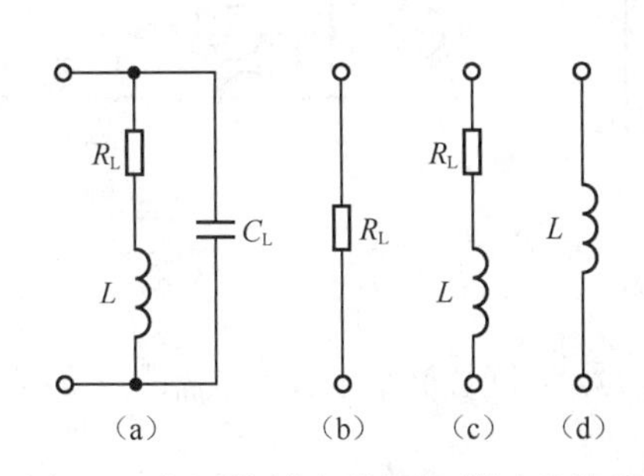

图 4.82　空心线圈在各种频率下的电路模型

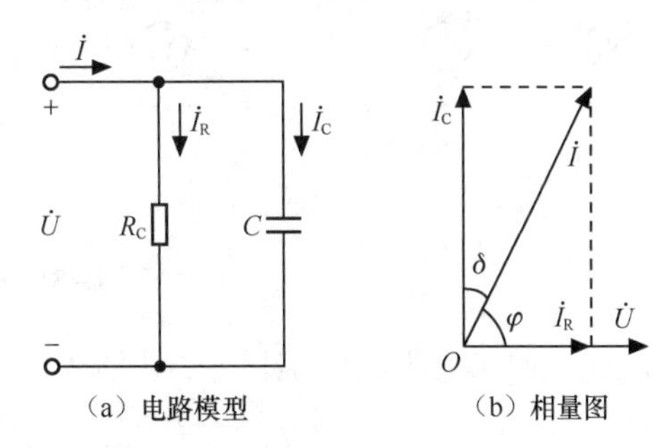

图 4.83　实际电容器的电路模型及其相量图

习　题

1. 生活中的照明电路是 220V，是指交流电的什么参数？其周期是多少？频率是多少？
2. 已知交流电 $u=10\sqrt{2}\sin(100\pi t+30°)$ V，试求其有效值、振幅、初相、角频率、频

率和周期，绘出波形图，并求出 t=0.005s 时的瞬时值。

3. 试写出表示 $u_1 = 220\sqrt{2}\sin 314t$ V，$u_2 = 318\sqrt{2}\sin(314t - 60°)$V，$i = 20\sqrt{2}\sin(314t + 60°)$A 的相量，并画出相量图。

4. 已知正弦量 $\dot{I} = (4 - 3\mathrm{j})$A，$\dot{U} = (-4 + 3\mathrm{j})$V。

（1）写出它们的瞬时表达式（频率为 50Hz）。

（2）在同一个坐标内画出它们的波形图，并说明它们之间的相位关系。

5. 已知 $u_1 = 12\sqrt{2}\sin\omega t$V，$u_2 = 16\sqrt{2}\sin(\omega t + 60°)$V，用相量法求 $u_1 + u_2$，$u_1 - u_2$。

6. 已知 $i_1 = 8\sqrt{2}\sin(\omega t + 30°)$A，$i_2 = 6\sqrt{2}\sin(\omega t - 60°)$A，用相量图法求 $i_1 + i_2$，$i_1 - i_2$。

7. 将一个 220V、35W 的电烙铁接到 $u_1 = 220\sqrt{2}\sin(314t + 30°)$ V 的电源上。试求：（1）流过电烙铁的电流 I_R 和 i_R；（2）电烙铁消耗的功率 P_R；（3）20h 内消耗的电能；（4）绘出电压与电流的相量图。

8. 线圈的电感 L=19.1mH，接到有效值为 220V 的工频电流上，忽略其电阻，此时线圈的感抗是多少？流过电感的电流有效值是多少？若电源电压保持不变，而频率变为 500Hz，此时线圈的感抗变为多少？流过电感的电流有效值又变为多少？

9. 电感元件 L=0.1H，$u_L = 110\sqrt{2}\sin(314t + 60°)$V，试求：（1）线圈的感抗 X_L；（2）电流瞬时值 i_L；（3）线圈的无功功率 Q_L。

10. 将 30μF 的电容接到有效值为 220V 的工频电流上，此时电容的容抗是多少？流过电容的电流有效值是多少？若电源电压保持不变，而频率变为 500Hz，此时容抗变为多少？流过电容的电流有效值又变为多少？

11. 把一个电容器接到 $u_1 = 220\sqrt{2}\sin(314t + 60°)$V 的电源上，测得流过电容器上的电流为 10A。现将该电容器接到 $u_2 = 330\sqrt{2}\sin 628t$ V 的电源上，求：（1）电容中的电流 I_C 和 i_C；（2）绘出电压和电流的相量图；（3）电路的无功功率 Q_C。

12. 在如图 4.84 所示的各图中，电压表 V_1、V_2、V_3 的读数都是 50V，求电压表 V 的读数。

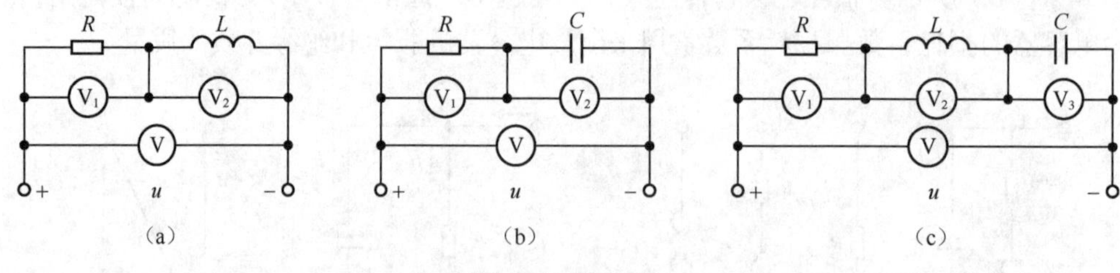

图 4.84　题 12 图

13. 在如图 4.85 所示的各图中，电流表 A_1、A_2、A_3 的读数都是 10A，电流表 A 的读数。

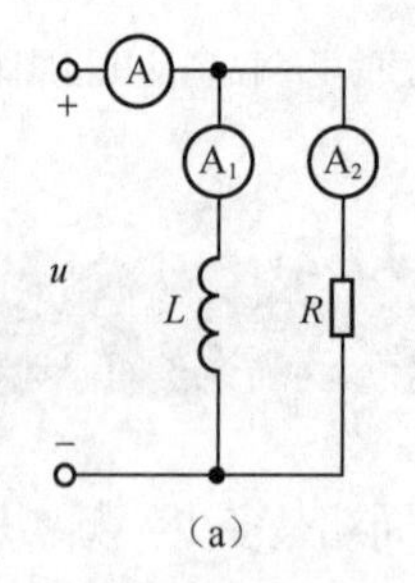

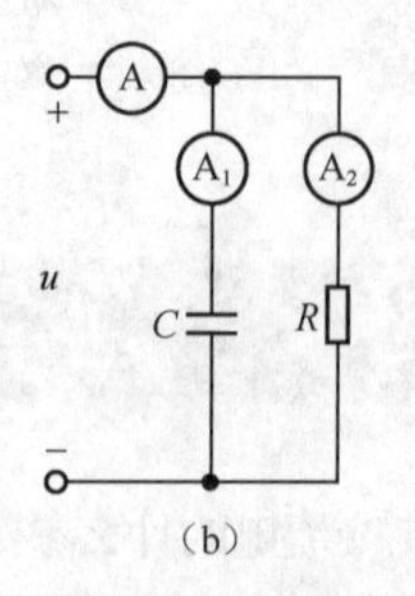

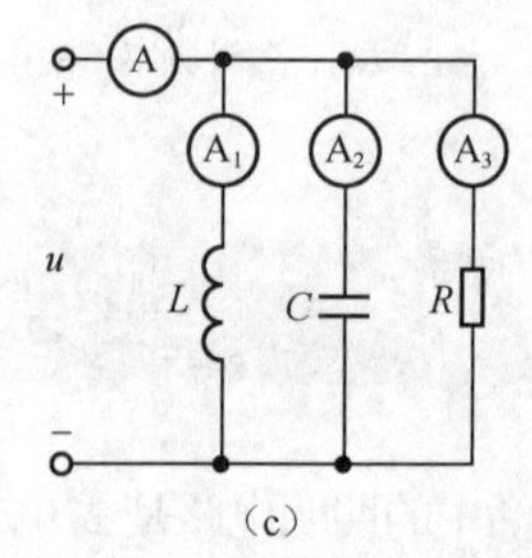

图 4.85　题 13 图

14. 荧光灯工作时的电路模型如图 4.86 所示。如果灯管电阻 R=250Ω，整流器的电阻 R_L=30Ω，电感 L=1.60H，电源为工频 220V，求：（1）荧光灯点亮时通过灯管的电流 I；（2）灯管的电压 U_1、镇流器的电压 U_2；（3）电源电压与灯管电流的相位差；（4）荧光灯的功率以及功率因数。

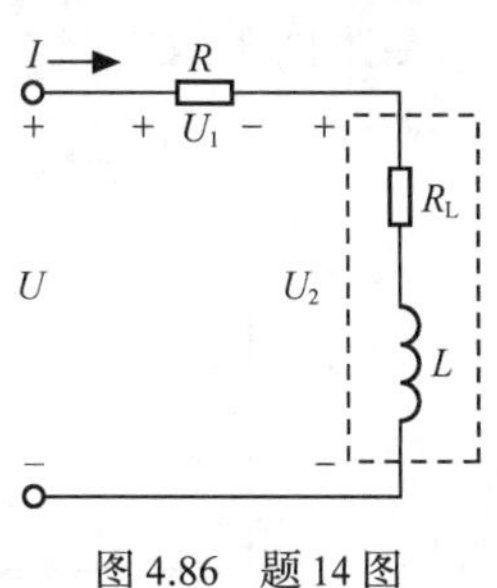

图 4.86　题 14 图

15. 将阻值为 30Ω 的电阻和容量为 80μF 的电容串联接到交流电源上。已知电源电压 U=220V，频率 f=50Hz，试求：（1）电路中电流的大小，并绘出电流、电压的相量图；（2）电路的有功功率、无功功率、视在功率和功率因数。

16. 在 RLC 串联电路中，已知电阻 R=40Ω，电感 L=0.2H，电容 C=100μF，所接电源电压为 $u = 50.9\sin(314t + 30°)\text{V}$。试求：（1）电路的感抗、容抗和复阻抗；（2）端口电流 $\dot{I}$ 和各元件电压 $\dot{U}_R$、$\dot{U}_L$、$\dot{U}_C$；（3）绘出电流和各电压的相量图。

17. 在 RLC 串联电路中，已知 R=80Ω，L=1.5H，C=150μF，接在电压为 $u = 220\sqrt{2}\sin(100t - 60°)\text{V}$ 的交流电源上，求：电路阻抗、有功功率、无功功率、视在功率和功率因数。

18. 在 RLC 并联电路中，已知电阻 R=25Ω，感抗 X_L=20Ω，容抗 X_C=50Ω，端口总电流 i=14.1sin（100πt +30°）mA。试求：（1）感纳、容纳和复导纳，并说明电路的性质；（2）端口电压 $\dot{U}$；（3）各元件上的电流 $\dot{I}_R$、$\dot{I}_L$、$\dot{I}_C$；绘出电压和各电流的相量图。

19. 在如图 4.87 所示的电路中，已知 $\dot{U}_S = 10\angle 0°\text{V}$，用相量法求电流 $\dot{I}$、$\dot{I}_1$、$\dot{I}_2$。

20. 在如图 4.88 所示的电路中，已知 $i_S=6\sqrt{2}\sin 2t$ A，R_1=5Ω，R_2=3Ω，L=2H。用相量法求 $u_L(t)$、$i_1(t)$、$i_2(t)$，并绘出 i_1、i_2、i_S 的相量图。

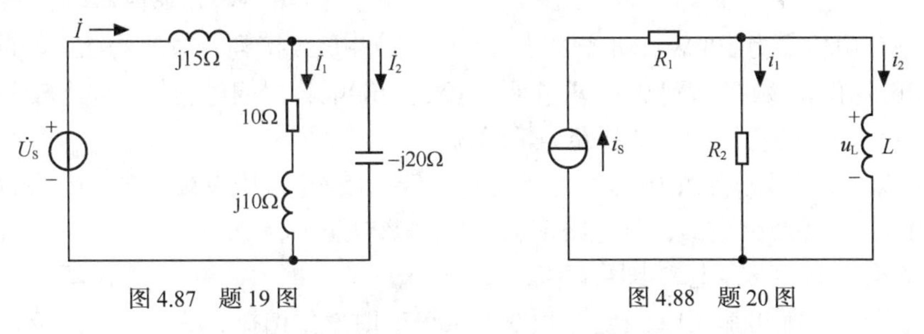

图 4.87　题 19 图　　　图 4.88　题 20 图

21. 在如图 4.89 所示的电路中，已知 R=X_L=X_C=20Ω，电路的平均功率为 180W，求电流 $\dot{I}_1$、$\dot{I}_C$ 和电压 $\dot{U}$。

22. 电路如图 4.90 所示，已知 R=X_L=X_C=10Ω，$\dot{U}_R = 100\angle 0°\text{V}$，用相量图法求 $\dot{I}$ 和 $\dot{U}_S$。

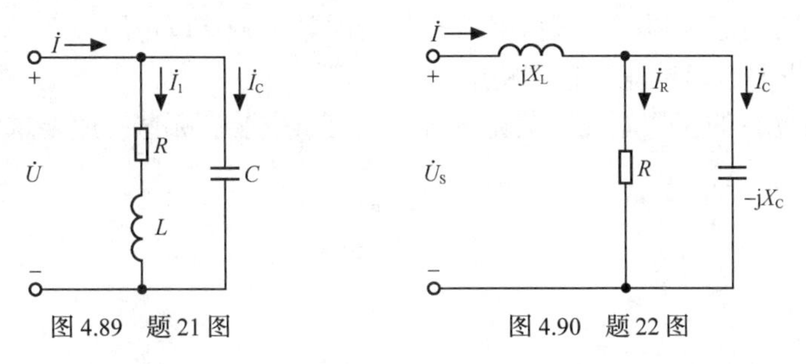

图 4.89　题 21 图　　　图 4.90　题 22 图

23. 在如图 4.91 所示的电路中，已知 R_1=R_2=X_{L1}=X_{C2}=X_{C3}=5Ω，$\dot{U}_{S1} = 100\angle 0°\text{V}$，$\dot{U}_{S2} = 100\angle 53.1°\text{V}$，试用支路电流法和叠加定理求各支路电流 $\dot{I}_1$、$\dot{I}_2$、$\dot{I}_3$。

24. 在如图 4.92 所示的二端网络中，$u_S(t)=5\sqrt{2}\sin(2000t+30°)\text{V}$，试求该二端网络的戴维南等效电路。

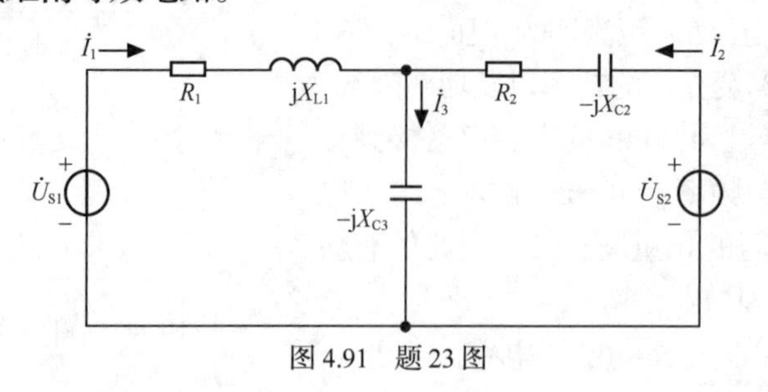

图 4.91　题 23 图

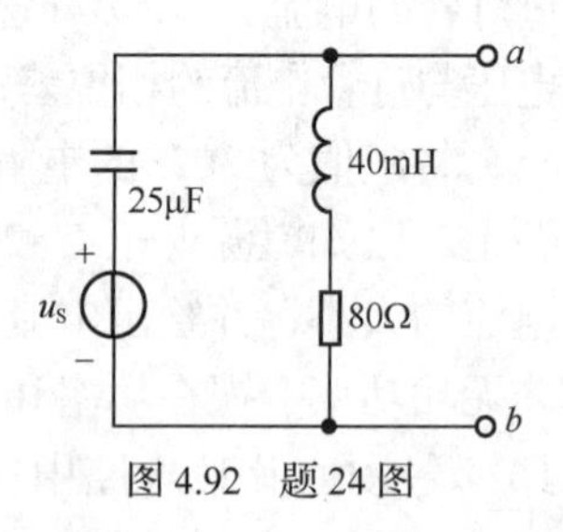

图 4.92　题 24 图

25. 在如图 4.93 所示的电路中，已知 $\dot{U}_S=20\angle 0°\text{V}$。求电源向电路提供的有功功率 P、无功功率 Q、视在功率 S 及功率因数 λ。

26. 在如图 4.94 所示的电路中，已知电阻 R=10Ω，X_L=10Ω，X_C=50Ω，电源电压 U=100V。求：（1）电阻电感串联支路的电流、功率因数；（2）电容支路电流；（3）总电流 I、总电路的阻抗角；（4）总电路有功功率、无功功率、视在功率和功率因数。

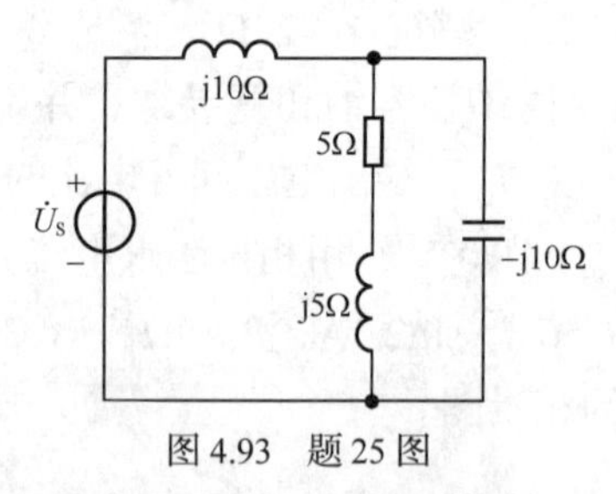

图 4.93　题 25 图

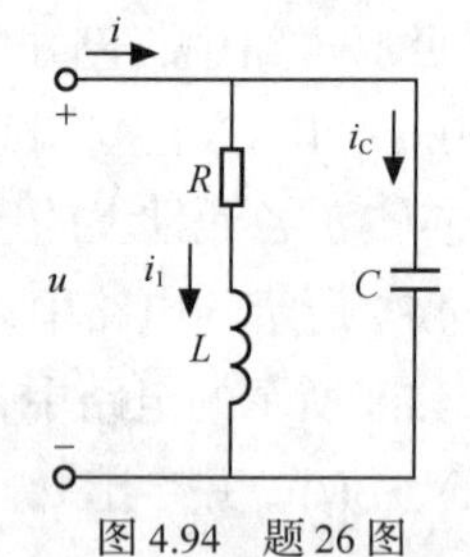

图 4.94　题 26 图

27. 将有功功率为 10kW、功率因数为 0.6 的感性负载接到有效值为 220V 的工频电流中。如要将其功率因数提高到 0.9，求并联在负载两端电容器的电容值，并比较并联电容前后电源向电路提供的各种功率及线路电流情况。

28. 已知 RLC 串联电路中的 $L=159\text{mH}$，C=0.159μF，R=50Ω，求：电路的谐振频率 f_0、特性阻抗 ρ、品质因数 Q；若电路谐振时信号源电压 $U_S=0.1\text{V}$，求电路中的电流 I_0、电容上的电压 U_{C0}。

29. 在 RLC 串联电路中，当电源频率 f=500Hz 时发生谐振，已知谐振时电容的容抗 X_C=628Ω，且电容电压是电源电压的 30 倍，求该电路的电阻和电感。

30. 在如图 4.95 所示的并联谐振电路中，已知 R=10，L=25μF，C=100pF，求电路的谐振频率、谐振阻抗和品质因数。若端口电压为 10mV，求谐振时端口电流和各支路电流。

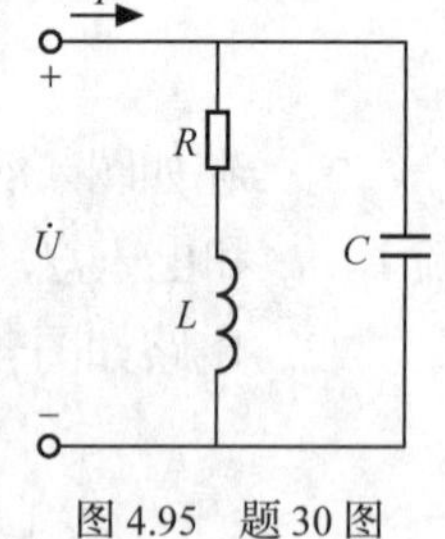

图 4.95　题 30 图

31. 简述荧光灯的工作原理。荧光灯等照明灯具安装有哪些一般要求？

项目 5　低压配电线路的分析和设计

任务 5.1　三相交流电路的分析和测试

知识要点

- 理解和掌握三相电源的概念，三相电源的星形、三角形连接电路。
- 掌握三相负载的星形连接、三角形连接电路特点及三相电路的计算。
- 掌握三相电路功率的概念及计算。

技能要点

- 掌握三相负载的星形电路和三角形电路的电压、电流测量。
- 掌握三相电路功率的测量。

目前，电能的产生、输送、分配和应用等环节一般都采用三相制。所谓三相制，是指由幅值相等、频率相同、相位依次互差 120° 的三个正弦交流电压源按一定方式连接起来的供电体系。由于三相交流电在发电、输电、配电、用电等各方面都比单相交流电优越，所以在各个领域都得到广泛的应用。日常生活中使用的单相电源，实际上是三相电源中的一相。

5.1.1　三相交流电源

1. 三相交流电动势的产生

三相交流电动势是由三相交流发电机产生的，三相交流发电机的结构图如图 5.1（a）所示，它的主要组成部分是定子和转子。

三相交流电的产生

发电机的定子（固定不动部分）铁芯由硅钢片叠成，其内圆周表面沿径向冲有嵌线槽，用以放置三个结构相同、彼此独立、在空间位置上各相差 120° 的三相绕组。这三相绕组分别称为 U 相、V 相和 W 相，三相绕组的始端分别用 U_1、V_1、W_1 表示，末端分别用 U_2、V_2、W_2 表示。三相绕组有时也常用 A 相、B 相、C 相或者 $L_{1相}$、$L_{2相}$、L_3 相表示。

转子铁芯上绕有励磁线圈，通入直流电后，选择合适的截面形状，可使空气隙中形成按正弦规律分布的磁场。当发动机拖动转子以角速度 ω 匀速旋转时，三相定子绕组就会依次切割磁力线而感应产生频率相同、幅值相等、相位互差 120° 的三相对称交流电动势 e_U、e_V、e_W，如图 5.1（b）所示，并使各相绕组始末两端具有电压。电压也是三个频率相同、幅值相等、相位互差 120° 的对称三相正弦电压。在理想情况下，每个绕组的电路模型就是一个电压源，如图 5.2 所示。

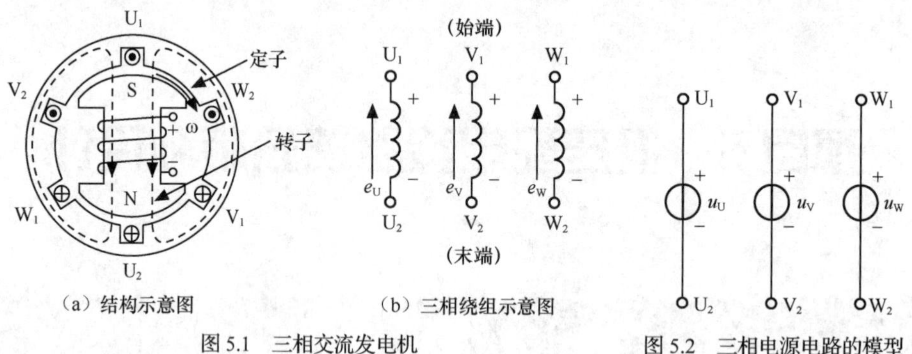

（a）结构示意图　　（b）三相绕组示意图

图 5.1　三相交流发电机　　　　图 5.2　三相电源电路的模型

按习惯规定每相电源电压的参考方向为绕组的始端为“+”、末端为“−”，u_{U} 为参考正弦量，则三相交流电压的瞬时值为

$$\begin{cases} u_{\mathrm{U}} = U_{\mathrm{m}}\sin\omega t \\ u_{\mathrm{V}} = U_{\mathrm{m}}\sin(\omega t - 120°) \\ u_{\mathrm{W}} = U_{\mathrm{m}}\sin(\omega t - 240°) = U_{\mathrm{m}}\sin(\omega t + 120°) \end{cases} \tag{5-1}$$

写出相量形式为

$$\begin{cases} \dot{U}_{\mathrm{U}} = U\angle 0° \\ \dot{U}_{\mathrm{V}} = U\angle -120° \\ \dot{U}_{\mathrm{W}} = U\angle -240° = U\angle 120° \end{cases} \tag{5-2}$$

其波形图和相量图分别如图 5.3（a）、图 5.3（b）所示。

不难证明，对称三相电压的瞬时值之和为零，三相电压的相量之和也为零，即

$$u_{\mathrm{U}} + u_{\mathrm{V}} + u_{\mathrm{W}} = 0$$

$$\dot{U}_{\mathrm{U}} + \dot{U}_{\mathrm{V}} + \dot{U}_{\mathrm{W}} = 0$$

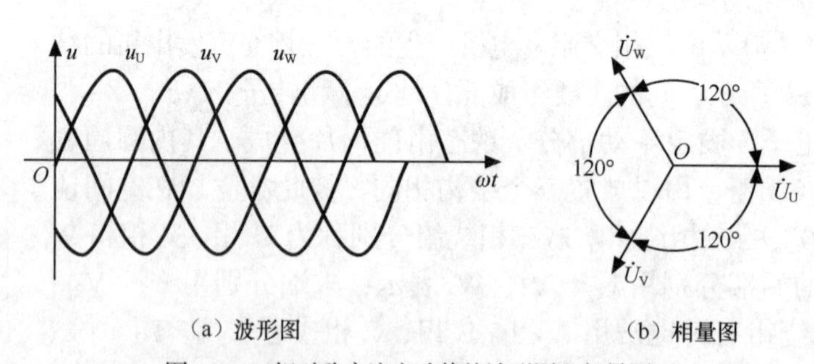

（a）波形图　　（b）相量图

图 5.3　三相对称交流电动势的波形图和相量图

三相交流电压达到最大值的先后次序叫作相序。如果 U 相超前 V 相，V 相超前 W 相，即三相电压的相序根据 U→V→W→U 的次序循环的称为顺序或正序；相反，U 相滞后 V 相，V 相滞后 W 相，即三相电压的相序根据按 U→W→V→U 的次序循环的称为逆序或负序。当三相电源电压的相序改变时，由其供电的三相电动机将改变旋转方向，这种方法常用于控制电动机的正转和反转。

实际使用的三相线中，通常用黄色表示 U 相，绿色表示 V 相，红色表示 W 相。

2. 三相电源的连接

（1）三相电源的星形（Y 形）连接。

若将发电机的三个绕组的末端 U_2、V_2、W_2 连在一起，从三个始端 U_1、V_1、W_1 引出三根导线以连接负载或电力网，这种接法叫作三相电源的星形连接或者 Y 形连接，如图 5.4 所示。

三个绕组末端的连接点称为电源中心点，用 N 表示。从中心点引出的导线称为中心线（或零线），简称中线。而从绕组的始端引出的三条导线称为相线或端线，俗称火线。由三根相线、一根中线构成的供电系统称为三相四线制。若无中线的供电系统则称为三相三线制。

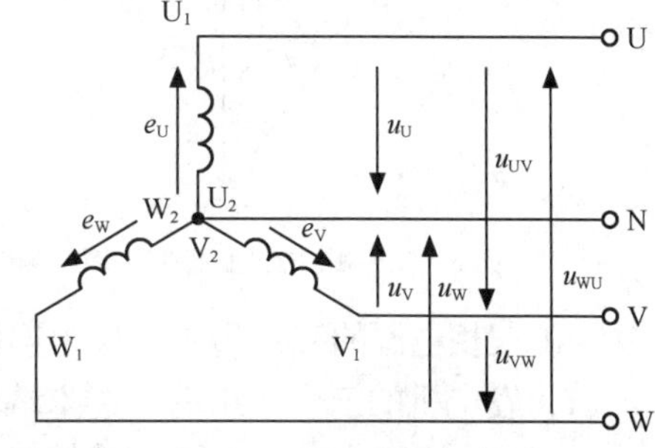

图 5.4　三相电源的星形连接

每相绕组两端的电压，即相线与中线之间的电压，称为相电压，用 u_U、u_V、u_W 或一般用 u_P 表示。对称三相电源相电压的有效值相等，即 $U_U=U_V=U_W=U_P$。任意两相绕组始端之间的电压，即相线与相线之间的电压，称为线电压，用 u_{UV}、u_{VW}、u_{WU} 或一般用 u_L 表示。对称三相电源线电压的有效值相等，即 $U_{UV}=U_{VW}=U_{WU}=U_L$。

根据图 5.4 可得，相电压瞬时值与线电压瞬时值之间的关系为

$$\begin{cases} u_{UV}=u_U-u_V \\ u_{VW}=u_V-u_W \\ u_{WU}=u_W-u_U \end{cases} \tag{5-3}$$

用相量表示，即

$$\begin{cases} \dot{U}_{UV}=\dot{U}_U-\dot{U}_V \\ \dot{U}_{VW}=\dot{U}_V-\dot{U}_W \\ \dot{U}_{WU}=\dot{U}_W-\dot{U}_U \end{cases} \tag{5-4}$$

对于对称的三相电源，如设 $\dot{U}_U=U_P\angle 0°$，则 $\dot{U}_V=U_P\angle -120°$，$\dot{U}_W=U_P\angle 120°$，根据式（5-4）可画出如图 5.5 所示的电压相量图。根据相量图，可得

$$\begin{cases} \dot{U}_{UV}=\sqrt{3}\dot{U}_U\angle 30° \\ \dot{U}_{VW}=\sqrt{3}\dot{U}_V\angle 30° \\ \dot{U}_{WU}=\sqrt{3}\dot{U}_W\angle 30° \end{cases} \tag{5-5}$$

式（5-5）说明，当三相电源作星形连接时，若相电压对称，则其线电压也是对称的，且线电压的有效值是相电压有效值的 $\sqrt{3}$ 倍，即

$$U_L=\sqrt{3}U_P$$

在相位上各线电压比与其相对应的相电压超前 30°。

目前，在我国低压供电网中，大多数采用三相四线制的星形连接，线电压有效值为 380V，相电压有效值为 220V，线电压是相电压的 $\sqrt{3}$ 倍。生活和办公设备中通常采用单相电源，即一根火线（相线）和一根零线（中线）构成的供电方式。

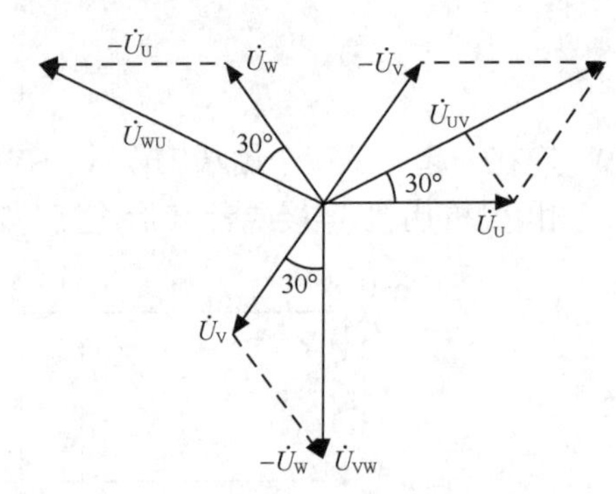

图 5.5 三相电源星形连接时电压的相量图

三相电源的星形连接

（2）三相电源的三角形（△形）连接。

若将发电机的三个绕组的始、末端依次相连，即 U_2 与 V_1、V_2 与 W_1、W_2 与 U_1 相连接成一个三角形回路，再从三个连接点 U、V、W 引出三条端线向外输电的接法称为三相电源的三角形连接或者△形连接，如图 5.6 所示。

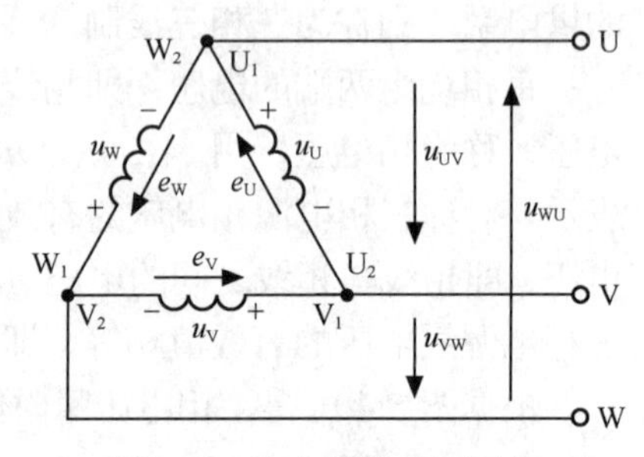

图 5.6 三相电源的三角形连接

根据图 5.6 可知，当三相电源作三角形连接时，线电压就是相对应的相电压，因此，线电压瞬时值与相电压瞬时值之间的关系有

$$\begin{cases} u_{UV} = u_U \\ u_{VW} = u_V \\ u_{WU} = u_W \end{cases} \tag{5-6}$$

如果三相电源是对称的，则其一般表达式为

$$u_L = u_P$$

用相量表示，即

$$\begin{cases} \dot{U}_{UV} = \dot{U}_U \\ \dot{U}_{VW} = \dot{U}_V \\ \dot{U}_{WU} = \dot{U}_W \end{cases} \tag{5-7}$$

或者

$$\dot{U}_L = \dot{U}_P$$

三相电源对称的情况下，三个线电压与三个相电压均相等，其有效值表达式为

$$U_U = U_V = U_W = U_P$$

$$U_{UV} = U_{VW} = U_{WU} = U_L$$

$$U_L = U_P$$

三相电源对称时，接成三角形的形式，其闭合回路内部无环路电流，三相电压的瞬时值和相量的代数和均为零。但是，如果三相电源不对称，或者电源绕组的始末端顺序接错，则将在三相绕组的闭合回路内产生很大的电流，而实际绕组的内阻抗很小，致使发电机绕组烧坏。因此，在比较大容量的交流发电机中一般不采用三角形连接。如果三相绕组必须采用三角形连接时，一般将三个绕组依次串联后，串联入一个交流电压表（量程大于 2 倍的相电压）形成闭合回路，若发电机发电时电压指示为零，说明连接正确，即可撤去电压

表，再将回路闭合。

【做一做】实训 5-1：三相交流电源的测试

实训流程如下。

（1）用数字万用表的交流电压挡分别测量相线与中线之间的相电压、相线与相线之间的线电压的有效值，并将测试数据分别填入表 5-1 和表 5-2 中。

注意：实验时必须注意人身安全，不可触及导电部件，防止意外事故发生。

（2）计算相电压与线电压之间的数值关系，将结果填入表 5-3 中。

表 5-1　　相电压测试表

相电压	U_{UN}	U_{VN}	U_{WN}
测量值（V）			

表 5-2　　线电压测试表

线电压	U_{UV}	U_{VW}	U_{WU}
测量值（V）			

表 5-3　　线电压与相电压的数值关系

线电压与对应相电压之比值	U_{UV}/U_{UN}	U_{VW}/U_{VN}	U_{WU}/U_{WN}
计算值			

【做一做】实训 5-2：制作和测试三相四线制交流电源的仿真子电路

实训流程如下。

（1）三相四线制交流电源仿真子电路的制作。

① 选择 3 个正弦交流信号源 V_1、V_2、V_3，参数分别设置为电压值均为 220V，频率为 50Hz，相位为 0°、−120° 和 120°。为了能对子电路进行外部连接，添加了 4 个输入/输出信号端符号（放置→总线→HB/SC 连接器），并将它们的参考标识分别改为 U、V、W 和 N。根据要求连接，如图 5.7 所示。

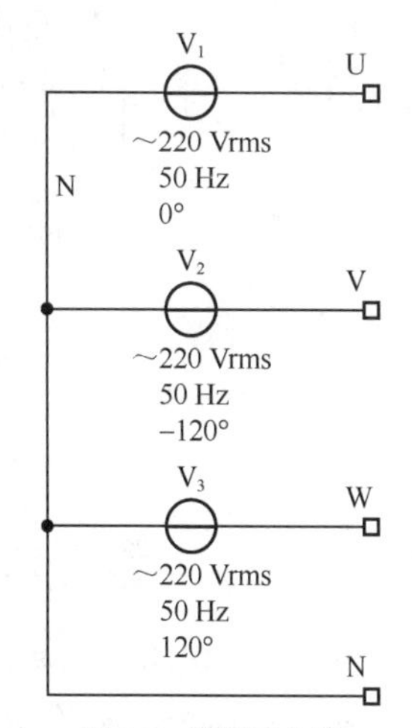

图 5.7　搭建子电路

② 选择要制作子电路的所有器件，创建子电路（放置→以子电路替换），子电路命名为三相交流电源，如图 5.8 所示。

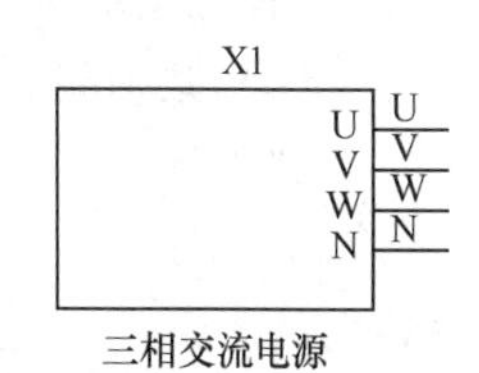

图 5.8　三相四线制星形电源的子电路

另外，只要通过“放置→新建子电路”命令，输入已创建的子电路名称“三相交流电源”就可使用该子电路。双击子电路模块，可对该子电路的结构和参数进行修改。

（2）三相四线制交流电源的测试。

① 用四踪示波器的通道 A、B、C 分别测试三相电源的波形，如图 5.9 所示。测试并计算 U、V、W 相的电压达到最大值时的相位差。根据测试结果回答下列问题。

U、V、W 相的波形的最大值均为_____V，换算成有效值为______V。U 相______（超前/滞后）V 相的时间为_____s，换算成相位角是______。同样，V 相______（超前/滞后）W 相的时间为________s，换算成相位角是______。

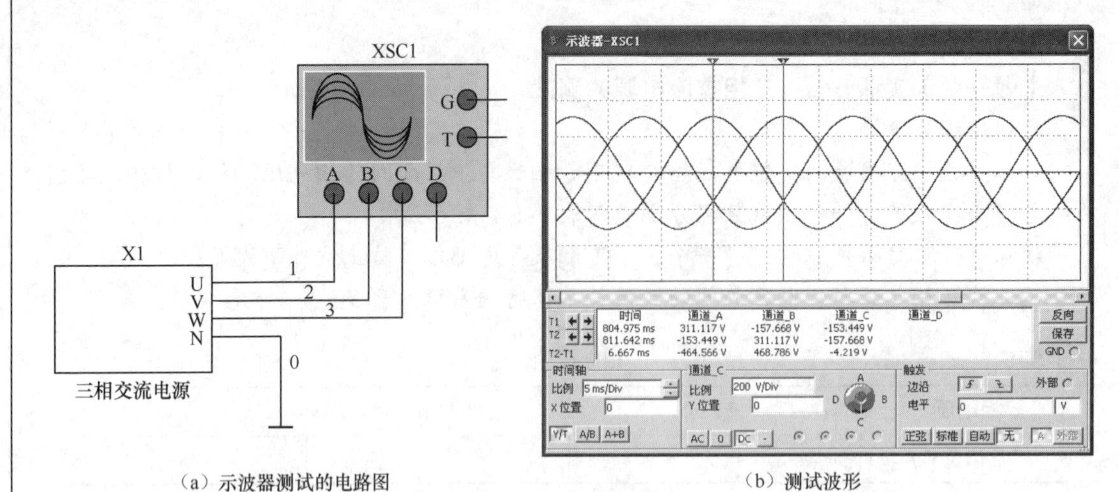

（a）示波器测试的电路图　　　　（b）测试波形

图 5.9　示波器的测试

② 用万用表的交流电压挡分别测量相线与中线之间的相电压、相线与相线之间的线电压的有效值，如图 5.10 所示，并回答下列问题。

相线与中线之间相电压的有效值是_____V，相线与相线之间线电压的有效值是_____V，线电压有效值与相电压有效值的数值关系是__________。

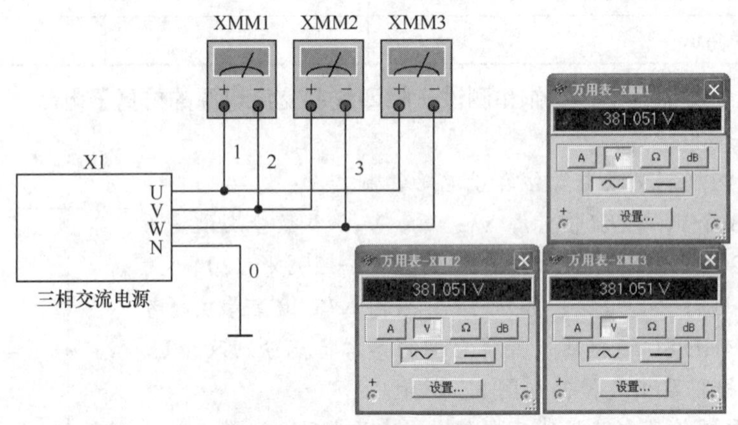

图 5.10　万用表的测试

5.1.2　三相负载星形连接电路的测试与分析

三相电路的负载由 3 个单相负载组成。如果 3 个单相负载阻抗相同（即阻抗值相等，阻抗角相同），则称为对称三相负载，否则称为不对称三相负载。三相负载的连接也有星形（Y 形）和三角形（△形）两种。

【做一做】实训 5-3：三相负载星形连接电路的测试

实训流程如下。

（1）按图 5.11 所示的线路组接实验电路。即三相灯组负载经三相自耦调压器接通三相对称电源。

（2）将三相调压器的旋柄置于输出为 0V 的位置（即逆时针旋到底）。经指导教师检查后，开启实验台三相电源开关，然后调节调压器的输出，使输出的三相线电压为 220V。

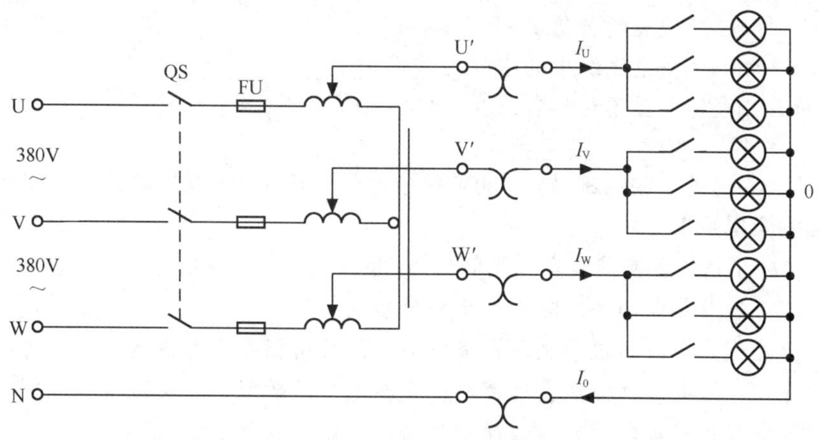

图 5.11　三相负载星形连接电路

（3）按表 5-4 要求的内容完成各项实验，将所测得的数据记入表中，并观察各相灯组亮暗的变化程度，特别要注意观察中线的作用。

表 5-4　　三相负载星形连接测试表

负载情况 \ 测量数据	开灯盏数			线电流（A）			线电压（V）			相电压（V）			中线电流	中点电压
	U相	V相	W相	I_U	I_V	I_W	U_{UV}	U_{VW}	U_{WU}	U_{U0}	U_{V0}	U_{W0}	I_0(A)	U_{N0}(V)
Y_0接对称负载	3	3	3											
Y 接对称负载	3	3	3											
Y_0接不对称负载	1	2	3											
Y 接不对称负载	1	2	3											
Y_0接 V 相断开	1	断	3											
Y 接 V 相断开	1	断	3											
Y 接 V 相短路	1	短	3											

测试的几种情况：①接中线，即在三相四线制(Y_0)接法情况下，三相对称负载；②不接中线，即在三相三线制(Y)接法情况下，三相对称负载；③在三相四线制接法情况下，三相不对称负载；④在三相三线制接法情况下，三相不对称负载；⑤在三相四线制接法情况下，V 相断开；⑥在三相三线制接法情况下，V 相断开；⑦在三相三线制接法情况下，V 相短路。

（4）根据实训数据，回答下列问题。

① 在三相四线制接法情况下，三相负载作星形连接时，线电压有效值与负载的相电压有效值_______（满足/不满足）$\sqrt{3}$倍关系。如果三相负载对称，则各相的总电流_______（相等/不相等），中线电流_______（有较大的数值/约等于零）；如果三相负载不对称，则各相的总电流_______（相等/不相等），中线电流_______（有较大的数值/约等于零）。

② 在三相三线制接法情况下，三相对称负载作星形连接时，线电压有效值与负载的相电压有效值_______（满足/不满足）$\sqrt{3}$倍关系，各相的总电流_______（相等/不相等），中点电压_______（有较大的数值/约等于零）。

③ 在三相三线制接法情况下，三相不对称负载作星形连接时，线电压有效值与负载的相电压有效值_______（满足/不满足）$\sqrt{3}$倍关系，各相的总电流_______（相等/不相等），

中点电压________（有较大的数值/约等于零）。

④ 归纳三相四线供电系统中的中线的作用____________________________。

⑤ 分析三相星形连接不对称负载在无中线的情况下，当某相负载开路或短路时会出现的情况____________________________。

⑥ 为什么要通过三相调压器将380V的市电线电压降为220V的线电压使用？

【实训安全提示】

（1）本实验采用三相交流市电，线电压为380V，应穿绝缘鞋进实验室。实验时要注意人身安全，不可触及导电部件，防止发生意外事故。

（2）每次接线完毕，同组学生应自查一遍，然后由指导教师检查后，方可接通电源。必须严格遵守“先断电、再接线、后通电；先断电、后拆线”的实验操作原则。

（3）星形负载作短路实验时，必须首先断开中线，以免发生短路事故。

1. 负载的星形连接

将三相负载的一端连接在一起与电源的中线N端相连，另一端分别与三相电源的U、V、W端连接的方法称为三相负载的星形（Y）连接，如图5.12所示。图中 Z_U、Z_V、Z_W 分别为U、V、W相的负载，N′ 为负载的中性点。

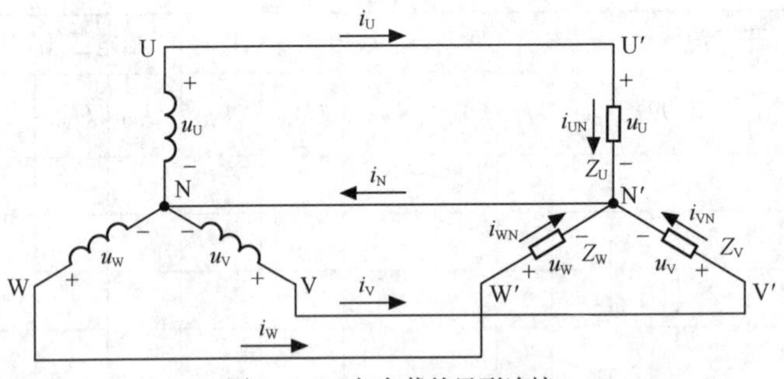

图5.12　三相负载的星形连接

三相电路中，每相负载两端的电压称为负载的相电压，即 u_U、u_V、u_W；流过每相负载的电流，称为负载的相电流，用 i_{UN}、i_{VN}、i_{WN} 表示；流过端线（火线）的电流称为线电流，用 i_U、i_V、i_W 表示；流过中心线的电流称为中心线电流，用 i_N 表示。图5.12中标出了这些电压、电流习惯的参考方向。

负载星形连接时，由于每根端线只与一相负载连接，流过端线的线电流就是流过各相电源绕组或各相负载的电流，也就是说星形连接时的线电流就是相应的相电流，即

$$\begin{cases} i_U = i_{UN} \\ i_V = i_{VN} \\ i_W = i_{WN} \end{cases} \tag{5-8}$$

如果三相电源是对称的，则其一般表达式为

$$i_L = i_P$$

用相量表示，则为

$$\begin{cases} \dot{I}_U = \dot{I}_{UN} \\ \dot{I}_V = \dot{I}_{VN} \\ \dot{I}_W = \dot{I}_{WN} \end{cases} \tag{5-9}$$

或者

$$\dot{I}_{\mathrm{L}}=\dot{I}_{\mathrm{P}}$$

其有效值表达式为

$$I_{\mathrm{L}}=I_{\mathrm{P}}$$

根据 KCL 得中线电流为

$$\dot{I}_{\mathrm{N}}=\dot{I}_{\mathrm{U}}+\dot{I}_{\mathrm{V}}+\dot{I}_{\mathrm{W}}$$

若三相负载对称，即 $Z_{\mathrm{U}}=Z_{\mathrm{V}}=Z_{\mathrm{W}}=Z=|Z|\angle\varphi$，则有

$$\begin{cases}\dot{I}_{\mathrm{UN}}=\dfrac{\dot{U}_{\mathrm{U}}}{Z}=\dfrac{U_{\mathrm{P}}\angle 0^{\circ}}{|Z|\angle\varphi}=I_{\mathrm{P}}\angle-\varphi\\ \dot{I}_{\mathrm{VN}}=\dfrac{\dot{U}_{\mathrm{V}}}{Z}=\dfrac{U_{\mathrm{P}}\angle-120^{\circ}}{|Z|\angle\varphi}=I_{\mathrm{P}}\angle-120^{\circ}-\varphi\\ \dot{I}_{\mathrm{WN}}=\dfrac{\dot{U}_{\mathrm{W}}}{Z}=\dfrac{U_{\mathrm{P}}\angle 120^{\circ}}{|Z|\angle\varphi}=I_{\mathrm{P}}\angle 120^{\circ}-\varphi\end{cases} \quad (5\text{-}10)$$

由此可见，在星形连接的对称三相负载中，相电流也是对称的，相电压与相电流的相量图如图 5.13 所示。并且有

$$\dot{I}_{\mathrm{N}}=\dot{I}_{\mathrm{U}}+\dot{I}_{\mathrm{V}}+\dot{I}_{\mathrm{W}}=0$$

即在对称的三相负载电路中，中线上的电流等于零，中线形同虚设，即使断开，对电路也没有影响。中线断开后电源的中性点 N 与负载的中性点 N′仍是等电位点，因此可以将中线省掉，成为星形连接的三相三线制，各相负载所承受的电压、电流与三相四线制完全一样。

从实训 5-3 中也可看到：三相三线制对于不对称三相负载，或者一相负载断路或短路，将会出现很大的问题，这将在后面分析。

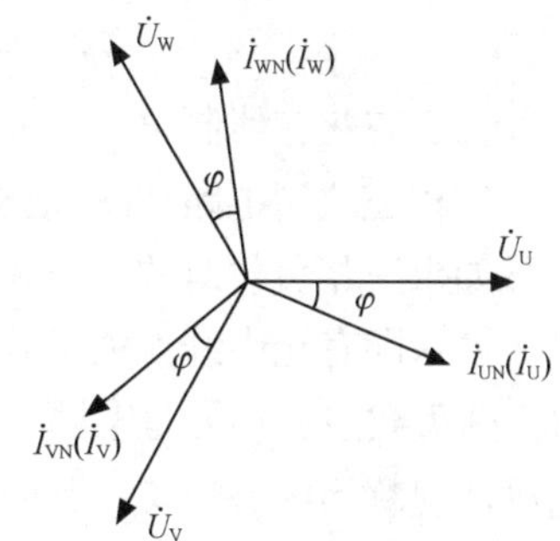

图 5.13　对称负载星形连接时电压、电流的相量图

2. 星形连接的三相电路的分析

（1）三相四线制电路。

在如图 5.14 所示的三相四线制电路中，若中线阻抗远小于各相的负载阻抗而可以忽略，则电源中点 N 与负载的中点 N′ 之间为等电位点，中点电压 $\dot{U}_{\mathrm{NN'}}=0$，因此，不计线路阻抗时，各相之间彼此无关，相互独立，可分别计算各相电压和电流。各相的负载电压就是该相的电源电压，与三相负载对称与否无关，这就使得在三相四线制供电系统中允许各种单相负载（如照明系统、家电等）接入其一相用电。

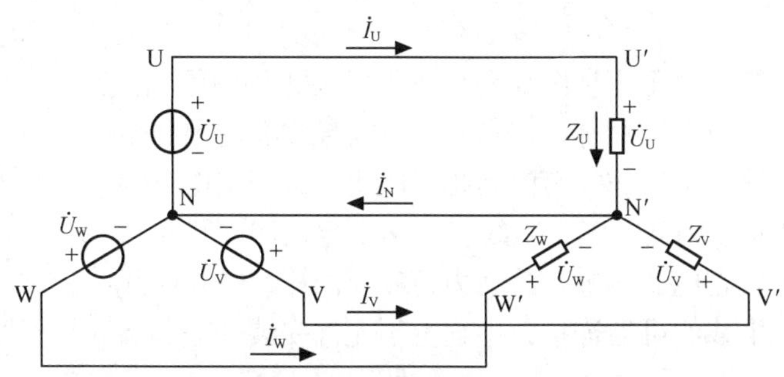

图 5.14　对称三相四线制 Y-Y 电路

【例 5-1】 在如图 5.14 所示的三相四线制 Y-Y 电路中，已知三相负载的阻抗为 $Z_U=(8-j6)\Omega$，$Z_V=(3+j4)\Omega$，$Z_W=10\Omega$，电源的相电压为 220V，求各相电流及中线电流。

解：假定电源的 U 相电压 $\dot{U}_U=220\angle 0°$ V，则 U 相、V 相、W 相负载上的相电压分别为 $\dot{U}_U=220\angle 0°$ V，$\dot{U}_V=220\angle -120°$ V，$\dot{U}_W=220\angle 120°$ V。

U 相、V 相、W 相的相电流分别为

$$\dot{I}_{UN}=\frac{\dot{U}_U}{Z_U}=\frac{220\angle 0°}{8-j6}=\frac{220\angle 0°}{10\angle -36.9°}=22\angle 36.9°\text{(A)}$$

$$\dot{I}_{VN}=\frac{\dot{U}_V}{Z_V}=\frac{220\angle -120°}{3+j4}=\frac{220\angle -120°}{5\angle 53.1°}=44\angle -173.1°\text{(A)}$$

$$\dot{I}_{WN}=\frac{\dot{U}_W}{Z_W}=\frac{220\angle 120°}{10}=22\angle 120°\text{(A)}$$

中线电流

$$\begin{aligned}\dot{I}_N&=\dot{I}_{UN}+\dot{I}_{VN}+\dot{I}_{WN}=22\angle 36.9°+44\angle -173.1°+22\angle 120°\\&=17.6+j13.2-43.7-j5.3-11+j19.1\\&=-37.1+j27=45.9\angle 144.0°\text{(A)}\end{aligned}$$

（2）三相三线制电路。

三相三线制电路如图 5.15 所示。由前面的分析可知：如果三相负载对称，三相三线制与三相四线制完全一样，即有无中线无关紧要。但如果三相负载不对称，则负载中点不再与电源中点等电位，即 $\dot{U}_{N'N}\neq 0$，这种情况称为中点位移，此时，负载各相电压分别为

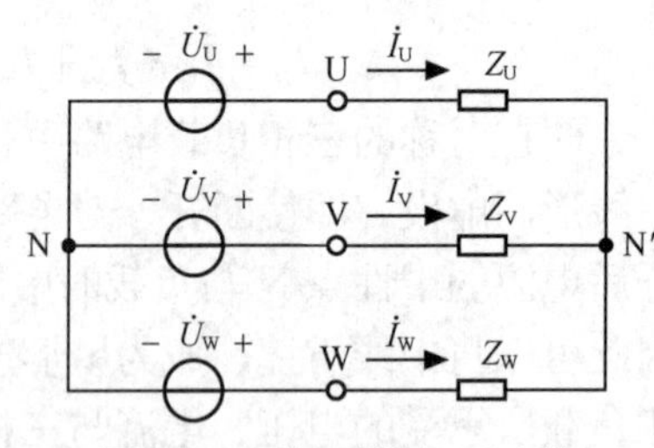

图 5.15　三相三线制 Y-Y 电路

$$\begin{cases}\dot{U}'_U=\dot{U}_{UN'}=\dot{U}_U-\dot{U}_{N'N}\\\dot{U}'_V=\dot{U}_{VN'}=\dot{U}_V-\dot{U}_{N'N}\\\dot{U}'_W=\dot{U}_{WN'}=\dot{U}_W-\dot{U}_{N'N}\end{cases}\tag{5-11}$$

根据 KCL，可得图 5.15　三相三线制 Y-Y 电路

$$\dot{I}_U+\dot{I}_V+\dot{I}_W=\frac{\dot{U}_U-\dot{U}_{N'N}}{Z_U}+\frac{\dot{U}_V-\dot{U}_{N'N}}{Z_V}+\frac{\dot{U}_W-\dot{U}_{N'N}}{Z_W}=0$$

整理后，可得中点电压

$$\dot{U}_{N'N}=\frac{\dfrac{\dot{U}_U}{Z_U}+\dfrac{\dot{U}_V}{Z_V}+\dfrac{\dot{U}_W}{Z_W}}{\dfrac{1}{Z_U}+\dfrac{1}{Z_V}+\dfrac{1}{Z_W}}$$

三相三线制电路的电压相量图如图 5.16 所示。从图中可看出：中点位移使负载相电压不再对称，严重时，可能导致有的因相电压太低而使负载无法正常工作，有的因相电压比负载额定电压要高而使负载设备损坏。因此，三相三线制的 Y-Y 电路不允许负载不对称，它常用于三相电动机等对称动力负载。同样，三相四线制电路也必须保证中线的可靠连接，中线上不允许安装开关和保险丝。

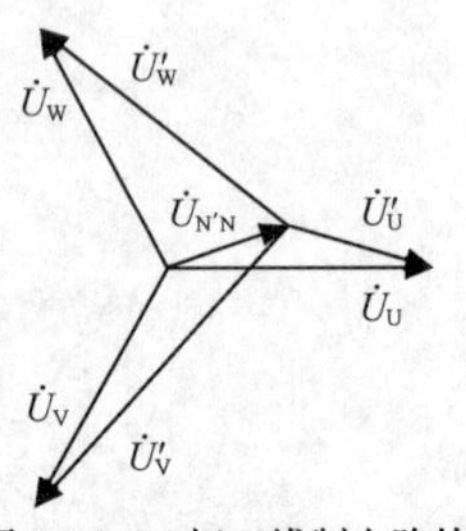

图 5.16　三相三线制电路的电压相量图

5.1.3　三相负载三角形连接电路的测试与分析

【做一做】实训 5-4：三相负载三角形连接电路的测试

实训流程如下。

（1）按图 5.17 所示的线路组接实验电路。

（2）将三相调压器的旋柄置于输出为 0V 的位置（即逆时针旋到底）。经指导教师检查后，开启实验台三相电源的开关，然后调节调压器的输出，使输出的三相线电压为 220V。

（3）按表 5-5 要求的内容完成各项实验，将所测得的数据记入表中。

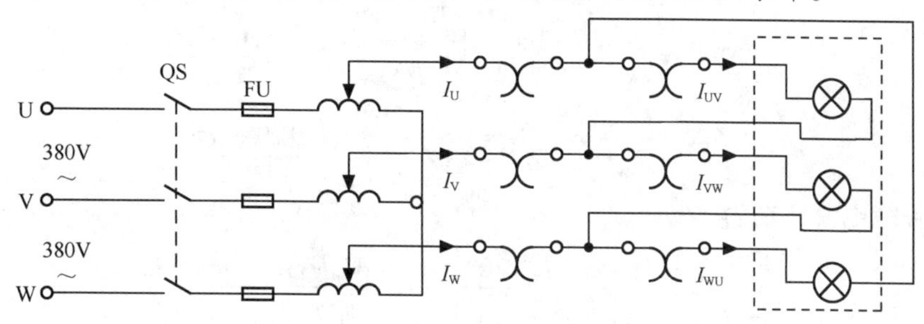

图 5.17　三相负载三角形连接电路

表 5-5　　三相负载三角形连接测试表

测量数据 / 负载情况	开灯盏数			线电压=相电压（V）			线电流（A）			相电流（A）		
	U-V 相	V-W 相	W-U 相	U_{UV}	U_{VW}	U_{WU}	I_U	I_V	I_W	I_{UV}	I_{VW}	I_{WU}
三相对称	3	3	3									
三相不对称	1	2	3									

实训安全提示同实训 5-3。

（4）根据实训数据，回答下列问题。

① 三相对称负载作三角形连接时，线电压与相电压的关系为________；线电流与相电流的关系为__________。

② 三相不对称负载作三角形连接时，线电压与相电压的关系为________；线电流与相电流的关系为__________。

将三相负载顺序相接连成三角形的连接方式，称为负载的三角形（△）连接。将连接点引出与电源端相连，构成三相电路。当每相负载相同时，称为对称的三相负载。

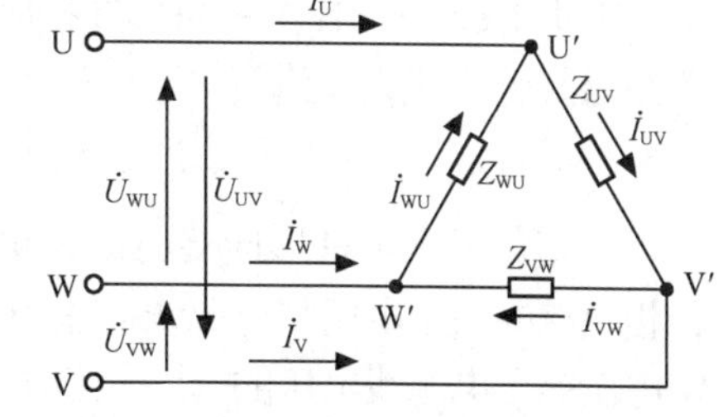

图 5.18　三相负载的三角形连接

图 5.18 所示为三相负载的三角形连接电路。不计线路阻抗时，负载的相电压等于电源的线电压。由于线电压总是对称的，因而，无论三相负载是否对称，负载的相电压总是对称的。各相负载电流

$$\dot{I}_{UV}=\frac{\dot{U}_{UV}}{Z_{UV}},\ \dot{I}_{VW}=\frac{\dot{U}_{VW}}{Z_{VW}},\ \dot{I}_{WU}=\frac{\dot{U}_{WU}}{Z_{WU}}$$

根据 KCL，各线电流分别为

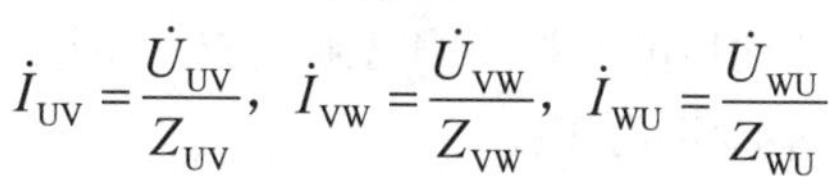

$$\dot{I}_U=\dot{I}_{UV}-\dot{I}_{WU}$$

$$\dot{I}_{\rm V}=\dot{I}_{\rm VW}-\dot{I}_{\rm UV}$$
$$\dot{I}_{\rm W}=\dot{I}_{\rm WU}-\dot{I}_{\rm VW}$$

如果负载对称，即

$$Z_{\rm UV}=Z_{\rm VW}=Z_{\rm WU}=Z=|Z|\underline{/\varphi}$$

则各相负载电流

$$\dot{I}_{\rm UV}=\frac{\dot{U}_{\rm UV}}{Z_{\rm UV}}=\frac{\dot{U}_{\rm UV}}{|Z|\underline{/\varphi}}=I_{\rm P}\underline{/-\varphi}$$
$$\dot{I}_{\rm VW}=\frac{\dot{U}_{\rm VW}}{Z_{\rm VW}}=\frac{\dot{U}_{\rm VW}}{Z}=\frac{\dot{U}_{\rm UV}\underline{/-120^\circ}}{|Z|\underline{/\varphi}}=I_{\rm P}\underline{/-120^\circ-\varphi}$$
$$\dot{I}_{\rm WU}=\frac{\dot{U}_{\rm WU}}{Z_{\rm WU}}=\frac{\dot{U}_{\rm WU}}{Z}=\frac{\dot{U}_{\rm UV}\underline{/120^\circ}}{|Z|\underline{/\varphi}}=I_{\rm P}\underline{/120^\circ-\varphi}$$

可得各线电流分别为

$$\dot{I}_{\rm U}=I_{\rm P}\underline{/-\varphi}-I_{\rm P}\underline{/120^\circ-\varphi}=\sqrt{3}I_{P}\underline{/-30^\circ-\varphi}$$
$$\dot{I}_{\rm V}=I_{\rm P}\underline{/-120^\circ-\varphi}-I_{\rm P}\underline{/-\varphi}=\sqrt{3}I_{\rm P}\underline{/-150^\circ-\varphi}$$
$$\dot{I}_{\rm W}=I_{\rm P}\underline{/120^\circ-\varphi}-I_{\rm P}\underline{/-120^\circ-\varphi}=\sqrt{3}I_{\rm P}\underline{/90^\circ-\varphi}$$

即

$$\dot{I}_{\rm U}=\sqrt{3}\dot{I}_{\rm UV}\underline{/-30^\circ}$$
$$\dot{I}_{\rm V}=\sqrt{3}\dot{I}_{\rm VW}\underline{/-30^\circ}$$
$$\dot{I}_{\rm W}=\sqrt{3}\dot{I}_{\rm WU}\underline{/-30^\circ}$$

因此可得，对称三相负载作三角形连接时，当负载上的相电流对称时，其线电流也是对称的，且线电流的有效值等于相电流有效值的$\sqrt{3}$倍，即

$$I_{\rm L}=\sqrt{3}I_{\rm P}$$

在相位上各线电流比与其相对应的相电流滞后30°。其负载的电流的相量图如图5.19所示。

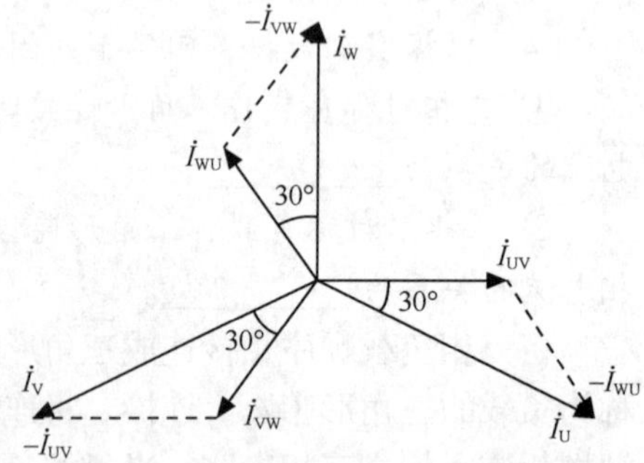

图5.19　负载三角形连接时电流的相量图

根据KCL，负载作三角形连接时，不论三相负载是否对称，线电流满足

$$\dot{I}_{\rm U}+\dot{I}_{\rm V}+\dot{I}_{\rm W}=0$$

三相负载采用星形连接还是三角形连接，根据每相负载的额定电压与电源线电压的大小而定，与电源本身连接方法无关。当各相负载的额定电压等于电源线电压的 $1/\sqrt{3}$ 倍时，负载应作星形连接；如果各相负载的额定电压等于电源的线电压，负载须作三角形连接。例如：如果三相异步电动机的铭牌上标明连接方式是220/380V、△/Y，则当电源的线电压为380V时，电动机的三相绕组必须接成星形（Y）；当电源的线电压为220V时，电动机的三相绕组必须接成三角形（△），否则会使负载因电压过高而烧毁或因电压过低而不能正常工作。

根据三相电源和三相负载接成星形（Y）还是三角形（△），三相电路有Y-Y连接、Y-△连接、△-Y连接和△-△连接四种。

【例 5-2】　对称三相负载每相的阻抗 Z=(8+j6)Ω，现将其分别以星形或者三角形的形式接到线电压为 380V 的对称三相电源上，试分别计算这两种情况下的相电压、相电流和线电流。

解：负载每相的阻抗

$$Z = 8 + \mathrm{j}6 = 10\angle 36.9^\circ(\Omega)$$

（1）三相负载接成 Y 形。

设线电压 $\dot{U}_{\mathrm{UV}} = U_{\mathrm{L}}\angle 0^\circ = 380\angle 0^\circ$ V，则可得 U 相的相电压

$$\dot{U}_{\mathrm{U}} = \frac{\dot{U}_{\mathrm{UV}}}{\sqrt{3}}\angle -30^\circ = \frac{380}{\sqrt{3}}\angle -30^\circ = 220\angle -30^\circ\,(\mathrm{V})$$

根据对称关系，可写出 V 相和 W 相的相电压

$$\dot{U}_{\mathrm{V}} = 220\angle -30^\circ - 120^\circ = 220\angle -150^\circ\,(\mathrm{V})$$

$$\dot{U}_{\mathrm{W}} = 220\angle -30^\circ + 120^\circ = 220\angle 90^\circ\,(\mathrm{V})$$

负载作 Y 形连接时，线电流与相电流是相等的，因此，U 相的相电流和线电流为

$$\dot{I}_{\mathrm{U}} = \dot{I}_{\mathrm{UN}} = \frac{\dot{U}_{\mathrm{U}}}{\mathrm{Z}} = \frac{220\angle -30^\circ}{10\angle 36.9^\circ} = 22\angle -66.9^\circ\,(\mathrm{A})$$

根据对称关系，可写出 V 相和 W 相的相电流和线电流

$$\dot{I}_{\mathrm{V}} = \dot{I}_{\mathrm{VN}} = 22\angle -66.9 - 120^\circ = 22\angle -186.9^\circ = 22\angle 173.1^\circ\,(\mathrm{A})$$

$$\dot{I}_{\mathrm{W}} = \dot{I}_{\mathrm{WN}} = 22\angle -66.9^\circ + 120^\circ = 22\angle 53.1^\circ\,(\mathrm{A})$$

（2）三相负载接成△时，相电压与线电压是相等的。

设一相的线电压为 $380\angle 0^\circ$ V，则可得相应的负载相电压

$$\dot{U}_{\mathrm{UV}} = 380\angle 0^\circ\,\mathrm{V},\quad \dot{U}_{\mathrm{VW}} = 380\angle -120^\circ\,\mathrm{V},\quad \dot{U}_{\mathrm{WU}} = 380\angle 120^\circ\,\mathrm{V}$$

负载的一相的相电流

$$\dot{I}_{\mathrm{UV}} = \frac{\dot{U}_{\mathrm{UV}}}{Z_{\mathrm{UV}}} = \frac{380\angle 0^\circ}{10\angle 36.9^\circ} = 38\angle -36.9^\circ\,(\mathrm{A})$$

根据对称关系，可写出另外两相的相电流

$$\dot{I}_{\mathrm{VW}} = 38\angle -36.9^\circ - 120^\circ = 38\angle -156.9^\circ\,(\mathrm{A})$$

$$\dot{I}_{\mathrm{WU}} = 38\angle -36.9^\circ + 120^\circ = 38\angle 83.1^\circ\,(\mathrm{A})$$

根据线电流与相电流的关系，可得各线电流

$$\dot{I}_{\mathrm{U}} = \sqrt{3}\dot{I}_{\mathrm{UV}}\angle -30^\circ = \sqrt{3}\times 38\angle -36.9^\circ - 30^\circ = 65.8\angle -66.9^\circ\,(\mathrm{A})$$

$$\dot{I}_{\mathrm{V}} = \sqrt{3}\dot{I}_{\mathrm{VW}}\angle -30^\circ = \sqrt{3}\times 38\angle -156.9^\circ - 30^\circ = 65.8\angle -186.9^\circ = 65.8\angle 173.1^\circ\,(\mathrm{A})$$

$$\dot{I}_{\mathrm{W}} = \sqrt{3}\dot{I}_{\mathrm{WU}}\angle -30^\circ = \sqrt{3}\times 38\angle 83.1^\circ - 30^\circ = 65.8\angle 53.1^\circ\,(\mathrm{A})$$

比较上述结果可知：电源电压不变时，对称负载由星形连接改为三角形连接后，相电压为星形连接时的 $\sqrt{3}$ 倍，相电流也为星形连接时的 $\sqrt{3}$ 倍，而线电流为星形连接时的 3 倍。

【练一练】实训 5-5：三相交流电路的仿真测试

实训流程如下。

1．星形负载三相电路的仿真测试

（1）画好如图 5.20 所示的电路仿真参考图。此时开关 J_1 闭合，此状态为三相四线制。三相负载均为电阻（100Ω）和电感（200mH）串联，此为三相对称负载。电流表 I_1、I_2、

I_3分别测量U相，V相和W相的线电流和相电流（此时，两者是同一个），电流表I_4测量流过中线的电流。用万用表XMM1、XMM2、XMM3、XMM4分别测量U相，V相，W相的相电压以及负载中点N′与电源中点N间的电压；用万用表XMM1、XMM2、XMM3，再分别测量U相、V相、W相的线电压，将所测得的数据记入表5-6中，用四踪示波器XSC1观察三相负载电压是否对称相等。

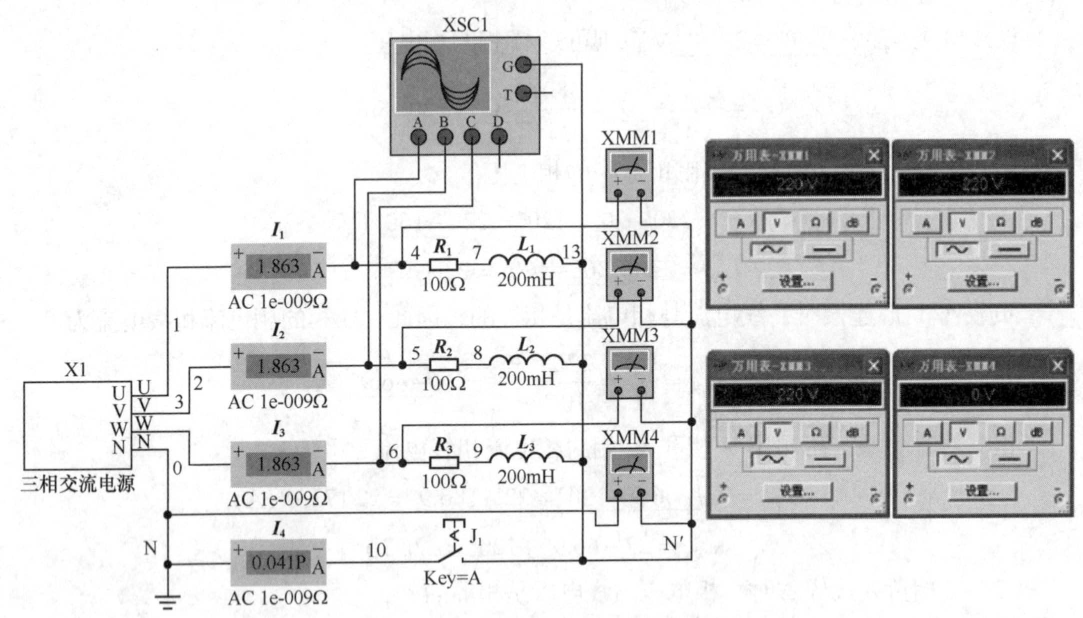

图5.20 星形负载三相电路的仿真电路图

（2）将三相负载改为不对称，如U相为电阻（50Ω）和电感（100mH）串联；V相为电阻（100Ω）和电感（200mH）串联；W相为电阻（150Ω）和电感（100mH）串联。根据表5-6的要求，重新测量不对称负载时的各项电压和电流，并记入表中。用四踪示波器XSC1观察三相负载电压是否对称相等。

（3）打开开关J_1，状态变为三相三线制，将负载改为对称负载[电阻（100Ω）和电感（200mH）串联]，根据表5-7的要求测量对称负载时的各项电压和电流并记入表中，用四踪示波器XSC1观察三相负载电压是否对称相等。

（4）将三相负载改为不对称负载，如U相为电阻（50Ω）和电感（100mH）串联；V相为电阻（100Ω）和电感（200mH）串联；W相为电阻（150Ω）和电感（100mH）串联。根据表5-7的要求，重新测量不对称负载时的各项电压和电流，并记入表中，用四踪示波器XSC1观察三相负载电压是否对称相等。

表5-6　　三相四线制星形负载三相电路的仿真测试数据

测量数据 / 负载情况	线电流（A）			线电压（V）			相电压（V）			中线电流 I_0 (A)	中点电压 U_{N0} (V)
	I_U	I_V	I_W	U_{UV}	U_{VW}	U_{WU}	U_{U0}	U_{V0}	U_{W0}		
对称负载											
不对称负载											

表 5-7　　三相三线制星形负载三相电路的仿真测试数据

测量数据 / 负载情况	线电流（A）			线电压（V）			相电压（V）			中点电压 U_{N0} (V)
	I_U	I_V	I_W	U_{UV}	U_{VW}	U_{WU}	U_{U0}	U_{V0}	U_{W0}	
对称负载										
不对称负载										

（5）根据仿真测试的数据，验证理论结论并回答下列问题。

在三相四线制星形负载三相电路中：

① 三相负载对称与否，是否影响三相负载电压的对称性？电路的线电压有效值是多少？负载的相电压有效值是多少？

② 当三相负载对称时，中线电流是多少？各相的线电流有效值是否相等？

③ 当三相负载不对称时，中线电流是否为零？各相的线电流有效值是否相等？

在三相三线制星形负载三相电路中：

① 三相负载对称与否，是否影响三相负载电压的对称性？

② 当三相负载对称时，电路的线电压有效值是多少？负载的相电压有效值是多少？各相的线电流有效值是否相等？

③ 当三相负载不对称时，各相的负载的相电压有效值是否相等？各相的线电流有效值是否相等？

2. 三角形负载三相电路的仿真测试

（1）画好如图 5.21 所示的电路仿真参考图。三相负载均为电阻（100Ω）和电感（200mH）串联，此为三相对称负载。电流表 I_1、I_2、I_3 分别测量 U 相，V 相和 W 相的线电流，电流表 I_4、I_5、I_6 分别测量对应的相电流。用万用表 XMM1、XMM2、XMM3 分别测量三个线电压（此时，相电压与线电压相等），将所测得的数据记入表 5-8 中。

（2）将三相负载改为不对称，如 U 相为电阻（50Ω）和电感（100mH）串联；V 相为电阻（100Ω）和电感（200mH）串联；W 相为电阻（150Ω）和电感（100mH）串联。根据表 5-8 的要求，测量不对称负载时的各项电压和电流，并记入表中。

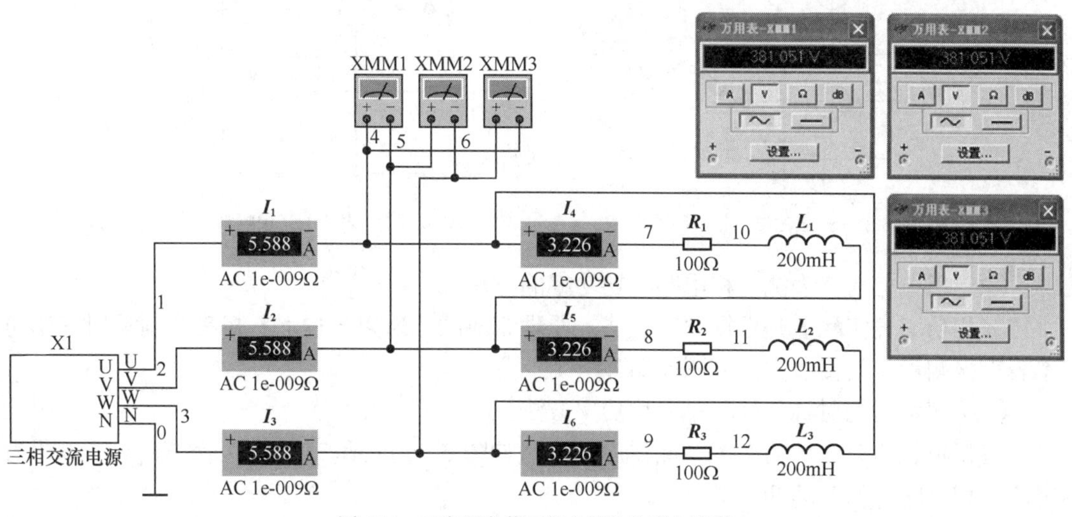

图 5.21　三角形负载三相电路的仿真电路图

表 5-8　　三角形负载三相电路的仿真测试数据

负载情况 \ 测量数据	线电压=相电压（V）			线电流（A）			相电流（A）		
	U_{UV}	U_{VW}	U_{WU}	I_U	I_V	I_W	I_{UV}	I_{VW}	I_{WU}
三相对称									
三相不对称									

（3）根据仿真测试的数据，验证理论结论并回答下列问题。

① 当三相负载对称时，线电流与相电流的关系如何？

② 当三相负载不对称时，三相负载电流是否仍然对称？

5.1.4　三相电路功率的测试与分析

1. 测试三相负载功率的方法

测三相负载的功率可用单相功率表，也可用三相功率表。

（1）用单相功率表测三相电路有功功率的方法。

① 一表法：对于三相四线制供电的三相星形连接的负载，可用一只功率表测量各相的有功功率 P_U、P_V、P_W，则三相负载的总有功功率 $P = P_U + P_V + P_W$，如图 5.22 所示。若三相负载是对称的，则只需测量一相的功率，再乘以 3，即得三相总的有功功率。

② 二表法：三相三线制供电系统中，不论三相负载是否对称，也不论负载是 Y 形连接还是△形连接，都可用二表法测量三相负载的总有功功率。测量线路如图 5.23 所示。若负载为感性或容性，且当相位差 $\theta > 60°$ 时，线路中的一只功率表指针将反偏（数字式功率表将出现负读数），这时应将功率表电流线圈的两个端子调换（不能调换电压线圈端子），其读数应记为负值。而三相总功率 $P=P_1+P_2$（单个功率表的读数 P_1 或 P_2 没有物理意义）。

除图 5.23 的 I_U、U_{UW}，I_V、U_{VW} 接法外，还有 I_V、U_{VU}，I_W、U_{WU}，以及 I_U、U_{UV}，I_W、U_{WV} 两种接法。

对于三相三线制供电的三相对称负载，也可用一表法测得三相电路有功功率。

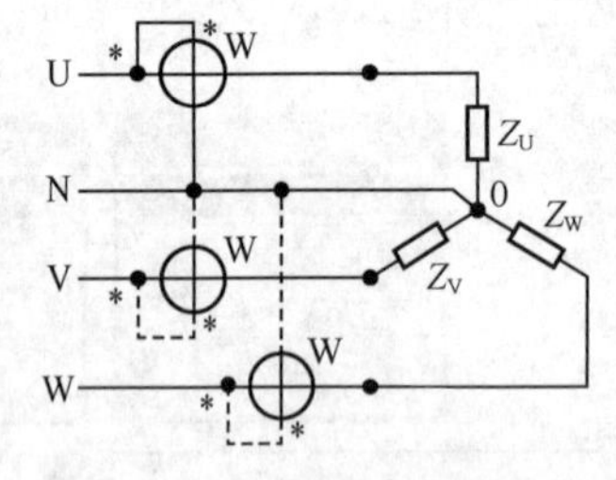

图 5.22　一表法测三相电路的功率

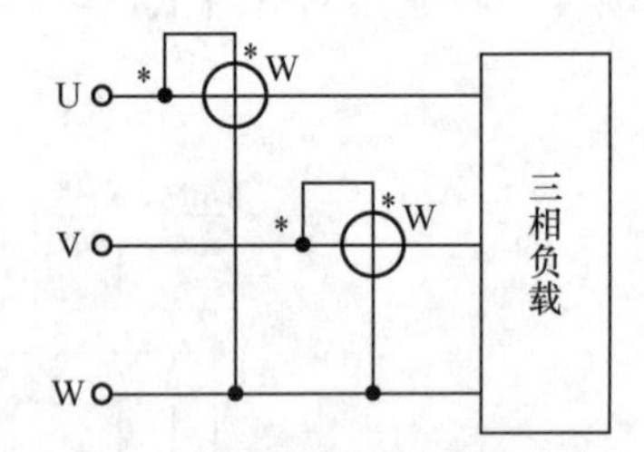

图 5.23　二表法测三相电路的功率

（2）用三相功率表测三相电路有功功率的方法。

三相功率表实际上是根据“二表法”原理制成的，所以工程上三相三线制常用三相功率表直接测量，其接线方法如图 5.24 所示。

（3）测量三相对称负载的总无功功率方法。

三相负载的总无功功率 Q，测试原理线路如图 5.25 所示。功率表读数的 $\sqrt{3}$ 倍，即为对称三相电路总的无功功率。

除了图 5.25 给出的一种连接法（I_U、U_{VW}）外，还有另外两种连接法，即接成（I_V、U_{WU}）或（I_W、U_{UV}）。

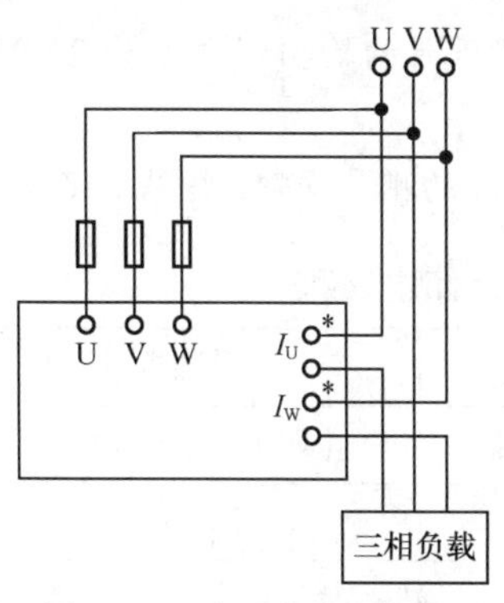

图 5.24　三相功率表接线图

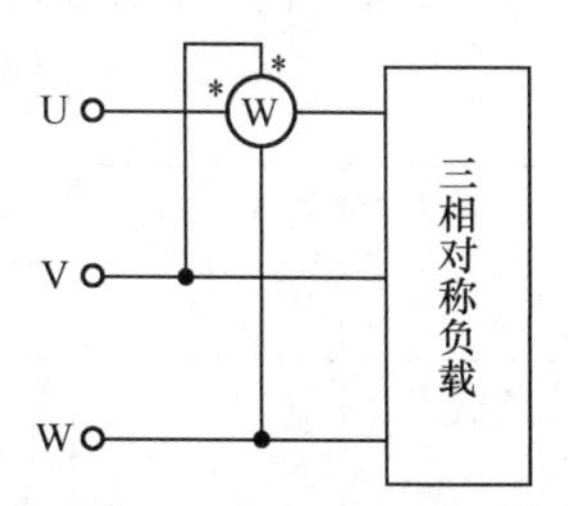

图 5.25　测量三相对称负载的总无功功率

【做一做】实训 5-6：三相电路功率的测量

实训流程如下。

1. 用一表法测定在三相四线制的情况下，三相对称负载 Y 形连接以及三相不对称负载 Y 形连接时的总有功功率 P。

（1）实验按图 5.26 所示的线路接线。线路中的电流表和电压表用以监视该相的电流和电压，不要超过功率表电压和电流的量程。

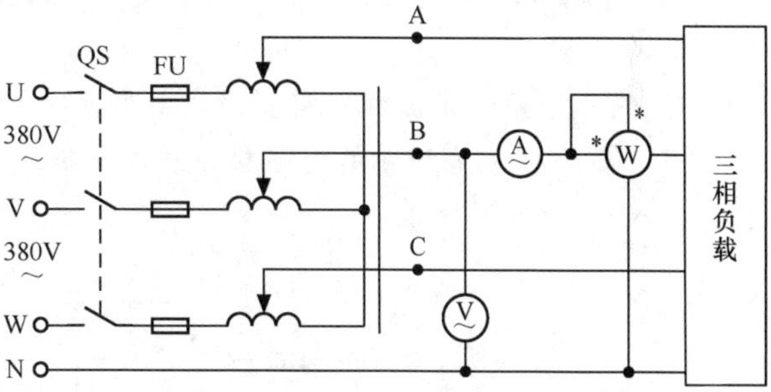

图 5.26　三相四线制负载 Y 形连接（Y_0）时的测试电路

（2）经指导教师检查后，接通三相电源，调节调压器输出，使输出的线电压为 220V。

（3）将三只表按图 5.26 所示接入 B 相进行测量，然后根据相同方法分别将三只表换接到 A 相和 C 相，再进行测量。将测量值填入表 5-9 中，并进行计算。

表 5-9　　Y_0 接时的测试数据

负载情况	开灯盏数			测量数据			计算值
	A 相	B 相	C 相	P_U(W)	P_V(W)	P_W(W)	P(W)
Y_0 接对称负载	3	3	3				
Y_0 接不对称负载	1	2	3				

2. 用二表法测定三相三线制情况下，三相负载的总功率

（1）按如图 5.27 所示接线，将三相灯组负载接成 Y 形接法。

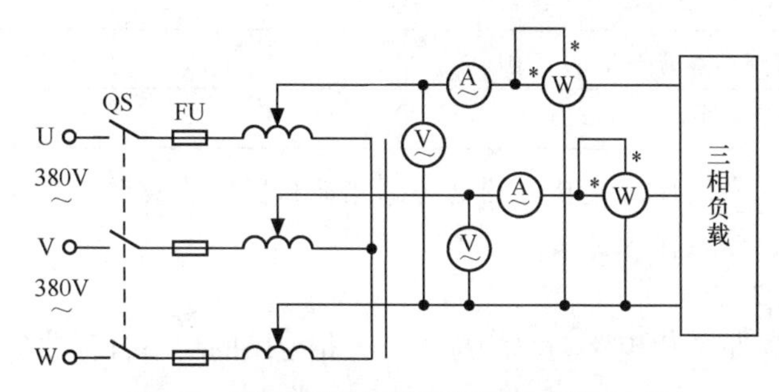

图 5.27　三相三线制负载不同连接时的测试电路

（2）经指导教师检查后，接通三相电源，调节调压器的输出线电压为220V，按表5-10的要求进行测量。

（3）将三相灯组负载改成△形接法，重复（1）、（2）的测量步骤，将结果记录在表5-10中。

表5-10　　三相三线制负载不同连接时的测试数据

负载情况	开灯盏数			测量数据		计算值
	U相	V相	W相	P_1（W）	P_2（W）	P（W）
Y接对称负载	3	3	3			
Y接不对称负载	1	2	3			
△接不对称负载	1	2	3			
△接对称负载	3	3	3			

（4）将两只功率表依次按另外两种接法接入线路，重复（1）、（2）、（3）的测量步骤（表格自拟）。

3. 用一表法测定三相对称星形负载的无功功率

（1）按如图5.28所示的电路接线。每相负载由白炽灯和电容器并联而成，并由开关控制其接入。

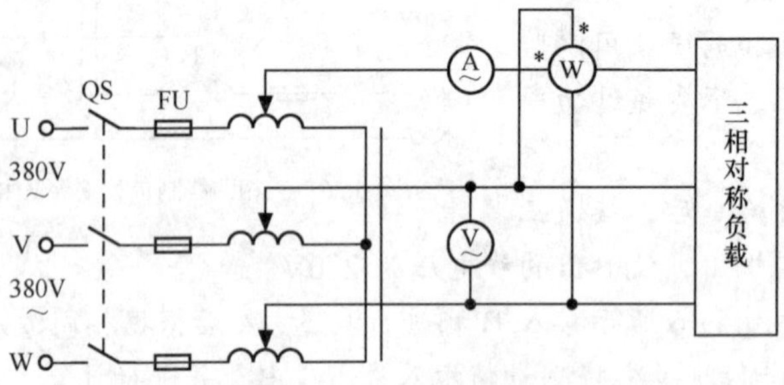

图5.28　三相对称星形负载的无功功率测试电路

（2）检查接线无误后，接通三相电源，将调压器的输出线电压调到220V，读取三只表的读数，并计算无功功率Q，将结果记录在表5-11中。

（3）将功率表依次按另外两种接法接入电路，重复（1）、（2）的测量步骤（表格自拟）。

表5-11　　三相对称星形负载的无功功率的测试数据

接法	负载情况	测量值			计算值
		U(V)	I(A)	W(var)	$Q=\sqrt{3}W$(var)
I_U, U_{VM}	三相对称灯组（每相开3盏）				
	三相对称电容器（每相4.7μF）				
	前两种负载的并联负载				

实训安全提示：每次实验完毕，均需将三相调压器的旋柄调回零位。每次改变接线，均需断开三相电源，以确保人身安全。

2. 三相负载的功率

三相电路的功率是各相电路功率的总和。三相电路的功率有有功功率、无功功率和视在功率。

（1）有功功率。

三相电路的有功功率等于各相有功功率之和，即

$$P = P_U + P_V + P_W = U_U I_U \cos\theta_U + U_V I_V \cos\theta_V + U_W I_W \cos\theta_W$$

式中，各电压、电流分别是各相的相电压和相电流的有效值，θ 是各相的相电压与相电流的相位差。

对于对称三相负载，各相电压和相电流的有效值相等、相位差相同，因而各相的有功功率也相等，则有

$$P = 3P_P = 3U_P I_P \cos\theta_P$$

一表法测量三相电路有功功率就是根据这一原理实现的。但在实际工作中，许多时候是通过测量电压、电流以及计算负载阻抗角，通过公式计算的方法得到功率值的。

在三相电路中，线电压和线电流的测量比较方便，功率公式常用线电压、线电流表示。

当对称负载作 Y 形连接时

$$U_L = \sqrt{3}U_P，I_L = I_P$$

当对称负载作△形连接时

$$U_L = U_P，I_L = \sqrt{3}I_P$$

所以，三相对称负载无论是 Y 形连接还是△形连接，其有功功率表达式均为

$$P = \sqrt{3}U_L I_L \cos\theta_P$$

应当注意的是，使用该公式时 θ_P 是负载的阻抗角，也是某相的相电压与相电流的相位差，并不是线电压与线电流的相位差。

此外还可以证明，三相三线制电路负载的总功率

$$P = U_{UW} I_U \cos\theta_1 + U_{VW} I_V \cos\theta_2$$

其中，U_{UW}、U_{VW} 为线电压有效值，I_U、I_V 为线电流有效值，θ_1 为 $\dot{U}_{UW}$ 与 $\dot{I}_U$ 的相位差，θ_2 为 $\dot{U}_{VW}$ 与 $\dot{I}_V$ 的相位差。这就是二表法测量三相三线制电路负载有功功率的依据。

（2）无功功率。

三相电路的无功功率也等于各相无功功率之和，即

$$Q = Q_U + Q_V + Q_W = U_U I_U \sin\theta_U + U_V I_V \sin\theta_V + U_W I_W \sin\theta_W$$

对于对称三相负载，三相电路的无功功率表达式为

$$Q = 3Q_P = 3U_P I_P \sin\theta_P = \sqrt{3}U_L I_L \sin\theta_P$$

因为篇幅关系，测量无功功率原理分析可参考有关资料，这里不作分析。

（3）视在功率。

三相电路的视在功率定义式为

$$S = \sqrt{P^2 + Q^2}$$

三相电路的功率

对于对称三相负载，视在功率还可表示为

$$S = 3U_P I_P = \sqrt{3}U_L I_L$$

对于不对称三相负载，可以先将每相的有功功率、无功功率算出，然后求出总的有功功率和无功功率，根据定义式求出三相电路的视在功率。

【例 5-3】　有一个对称的三相负载，每相负载的电阻 R=32Ω，感抗 X=24Ω，电源线电压为 380V，计算负载分别接成 Y 形和△形时的线电流有效值、三相总有功功率、无功功率和视在功率。

解：负载每相的阻抗

$$Z = 32 + \mathrm{j}24 = 40\underline{/36.9^\circ}\,(\Omega)$$

（1）三相负载接成 Y 形连接时，相电压

$$U_\mathrm{P} = \frac{U_\mathrm{L}}{\sqrt{3}} = \frac{380}{\sqrt{3}} = 220(\mathrm{V})$$

线电流

$$I_\mathrm{L} = I_\mathrm{P} = \frac{U_\mathrm{P}}{|Z|} = \frac{220}{40} = 5.5(\mathrm{A})$$

三相总有功功率、无功功率和视在功率分别为

$$P = \sqrt{3}U_\mathrm{L}I_\mathrm{L}\cos\theta_\mathrm{P} = \sqrt{3}\times 380\times 5.5\times \cos 36.9^\circ = 2.89\times 10^3(\mathrm{W}) = 2.89(\mathrm{kW})$$

$$Q = \sqrt{3}U_\mathrm{L}I_\mathrm{L}\sin\theta_\mathrm{P} = \sqrt{3}\times 380\times 5.5\times \sin 36.9^\circ = 2.17\times 10^3(\mathrm{var}) = 2.17(\mathrm{kvar})$$

$$S = \sqrt{3}U_\mathrm{L}I_\mathrm{L} = \sqrt{3}\times 380\times 5.5 = 3.62\times 10^3(\mathrm{VA}) = 3.62(\mathrm{kVA})$$

（2）三相负载接成△形连接时，相电压

$$U_\mathrm{P} = U_\mathrm{L} = 380(\mathrm{V})$$

相电流、线电流

$$I_\mathrm{P} = \frac{U_\mathrm{P}}{|Z|} = \frac{380}{40} = 9.5(\mathrm{A})$$

$$I_\mathrm{L} = \sqrt{3}I_\mathrm{P} = \sqrt{3}\times 9.5 = 16.45(\mathrm{A})$$

三相总有功功率、无功功率和视在功率分别为

$$P = \sqrt{3}U_\mathrm{L}I_\mathrm{L}\cos\theta_\mathrm{P} = \sqrt{3}\times 380\times 16.45\times \cos 36.9^\circ = 8.66\times 10^3(\mathrm{W}) = 8.66(\mathrm{kW})$$

$$Q = \sqrt{3}U_\mathrm{L}I_\mathrm{L}\sin\theta_\mathrm{P} = \sqrt{3}\times 380\times 16.45\times \sin 36.9^\circ = 6.50\times 10^3(\mathrm{var}) = 6.50(\mathrm{kvar})$$

$$S = \sqrt{3}U_\mathrm{L}I_\mathrm{L} = \sqrt{3}\times 380\times 16.45 = 10.83\times 10^3(\mathrm{VA}) = 10.83(\mathrm{kVA})$$

上述结果表明，在三相电源线电压一定的条件下，同一组对称负载接成△形时，其线电流、三相总有功功率、无功功率和视在功率均是接成 Y 形时的三倍。

【例 5-4】　一台三相异步电动机，铭牌上的额定电压为 220/380V，额定电流为 6.4/3.7A，接线为△/Y，功率因数取 0.866。试分别求出电源线电压为 380V 和 220V 时，输入电动机的输入功率。

解：（1）电源线电压为 380V 时，电动机绕组应连接成 Y 形，输入功率为

$$P = \sqrt{3}U_\mathrm{L}I_\mathrm{L}\cos\theta_\mathrm{P} = \sqrt{3}\times 380\times 3.7\times 0.866 = 2108(\mathrm{W}) \approx 2.11(\mathrm{kW})$$

（2）电源线电压为 220V 时，电动机绕组应连接成△形，输入功率为

$$P = \sqrt{3}U_\mathrm{L}I_\mathrm{L}\cos\theta_\mathrm{P} = \sqrt{3}\times 220\times 6.4\times 0.866 = 2112(\mathrm{W}) \approx 2.11(\mathrm{kW})$$

通过此例可知，只要根据铭牌上的规定去接线，电动机获得的功率是一样的。

任务 5.2　安全用电及触电急救

知识要点

- 掌握安全用电的常识。
- 了解触电的种类和方式，熟悉触电防护技术，尽量避免触电事故，会分析触电的原因。
- 掌握触电急救的正确处理方法。

技能要点

- 会采用预防触电的措施。
- 能对触电现场进行处理，能正确进行人工呼吸和人工胸外心脏按压。

5.2.1　安全用电

随着电力工业和电气技术的迅速发展，电能的使用日益广泛，并已深入生产和生活的各个领域。但是，电本身是看不见、摸不到的东西，它在造福人类的同时，对人类也存在很大的潜在危险。如果缺乏安全用电知识，没有掌握基本的用电技术，就不能做到安全用电，有时还可能造成用电器的损坏，引发电气火灾，甚至带来人员伤亡。因此，宣传安全用电知识，普及安全用电技能，是人们安全、合理使用电能，避免用电事故发生的一大关键。

安全用电

1. 电流对人体的伤害作用

（1）电流对人体的伤害。

人体触及或接近带电体，引起人体局部受伤，甚至导致死亡的现象，称为触电。人体触电时，有电流通过，并会对其造成伤害。电流对人体的伤害，主要有电击和电伤两种。

电击是电流通过人体，使人体内部的器官受到损伤。在触电时，由于肌肉发生收缩，受害者常不能立即脱离带电部分，使电流连续通过人体，造成神经系统损害，呼吸困难，心脏停搏，以至于死亡，所以危险性很大。

电伤是电流直接或间接造成对人体表面的局部损伤。电伤包括灼伤、电烙印和皮肤金属化等。

① 灼伤：一般是因电流的热效应引起的。如高压触电时电弧对人体表面造成烧伤，电弧的辐射热使附近人员烧伤。

② 电烙印：带电物体较长时间接触人体时，因电流的化学效应和机械效应作用，在皮肤上形成一种圆形或椭圆形的硬肿块痕迹。

③ 皮肤金属化：由于电弧或电流作用的金属微粒渗入人体皮肤表层而使皮肤变得粗糙坚硬，并呈青黑色或褐红色等特殊颜色的肿块痕迹。

触电是一个比较复杂的过程，在很多情况下，电击和电伤往往同时发生，只是绝大部分的触电死亡事故都是由于遭电击造成的。

（2）电对人体伤害程度的影响因素。

① 电流大小的影响。

通过人体的电流越大，人的生理反应和病理反应越明显，引起心室颤动所需的时间越短，致命的危险性越大。

a. 感知电流：引起人的感觉（如麻、刺、痛）的最小电流。不同的人，感知电流是不相同的。对于工频电的平均感知电流，成年男性约为 1.1mA，成年女性约为 0.7mA；直流电约为 5mA。

b. 摆脱电流：触电后能自主摆脱带电体的最大电流。摆脱电流与人体生理特征、带电体接触方式以及电极形状等有关。工频电的平均摆脱电流，成年男性约为 16mA，成年女性约为 10mA；直流电约为 50mA；儿童的摆脱电流较成年人要小。

当电流超过摆脱电流时，人的肌肉就可能发生痉挛，时间过长就会造成昏迷、窒息，甚至死亡。

c. 致命电流：触电后能在短时间内危及生命的电流。在低压触电事故中，心室颤动是触电致命的原因，因此，致命电流又称为心室颤动最小电流。在一般情况下工频电流为 30mA。

② 电流持续时间的影响。

电流持续时间越长，其危险性就越大。其原因有如下几点。

a. 电流持续时间越长，体内积累电荷越多，伤害越严重。

b. 电流持续时间越长，与引起心室颤动的特定相位重合的可能性就越大，心室颤动就越有可能，危险性就越大。

c. 电流持续时间越长，人体电阻就会因皮肤角质层遭破坏或是出汗等原因而降低，导致通过人体的电流进一步增大，使危险性也随之增大。

d. 电流持续时间越长，中枢神经反射越强烈，危险性也越大。

③ 电流途径的影响。

电流通过心脏、中枢神经（脑部和脊髓）是最危险的，很容易引起心室颤动和中枢神经失调而导致死亡。一般来说，流过心脏和中枢神经的电流越多、电路线路越短的途径是触电危险性越大的途径。

从左手到胸部、从左手到右脚是极为危险的电流途径；从右手到胸部、从右手到脚，手到手等也都是很危险的电流途径；脚到脚一般危险性较小，但可能因剧烈痉挛而摔倒，导致电流通过全身并造成摔伤、坠落等二次事故。

④ 电流频率的影响。

50～60Hz 的交流电对人体的伤害程度最大。当低于或高于以上频率范围时它的伤害程度就会显著减轻。直流电的伤害程度远比工频电流要小，人体对直流电的极限忍耐电流值可达约 100mA。

⑤ 电压高低的影响。

触电电压越高，通过人体的电流越大，危险性越大。由于通过人体的电流与作用于人体的电压并不成正比关系，随着作用于人体的电压升高，人体电阻急剧下降，通过的电流迅速增加，对人体的伤害更为严重。

⑥ 人体电阻及健康状况的影响。

人体触电时，流过人体的电流与人体电阻值成反比。人体电阻越小，流过人体的电流越大，伤害程度就越大；反之，相对较小。干燥条件下，人体电阻为 1000～3000Ω，皮肤破损、皮肤表面粘有导电性粉尘、皮肤潮湿、接触压力增大、电流持续时间延长、接触面积增大等都会使人体电阻下降。潮湿条件下的人体电阻约为干燥条件下的 1/2。

认识安全用电

2. 人体触电方式

触电分为直接接触触电和间接接触触电两大类。

（1）直接接触触电。

直接接触触电是人体直接接触或过分接近带电体而发生的触电。它一般是由于误碰或接近带电设备所造成的，也可能是由于停电检修时，未按规定装设临时接地线，而突然来电所造成的。根据人体与带电体的接触方式不同，直接接触触电有单相触电和两相触电两种。

几种触电情况

① 单相触电。

人体站在地面或其他接地导体上，直接触及带电设备的其中一相而发生的触电，叫单相触电。对于高压带电体，人体虽未直接接触，但如果安全距离不够，高压对人体放电，也会造成单相接地引起的触电，这种触电方式也属于单相触电。大部分触电事故都属于单相触电，而单相触电的危险程度与该电力系统的中性点是否接地有关。如果系统中性点接地，则加于人体的电压为 220V，流过人体的电流足以致命，如图 5.29（a）所示；而中性点不接地时，加于人体的电压取决于另两相对地绝缘阻抗及其他因素，如图 5.29（b）所示。图 5.29（b）所示的两个回路承受的电压都是 380V 的线电压，如果线路绝缘性较好，电网分布不太复杂，分布电容较小时，人体触电的危险性较低；但如果线路庞杂，距离很长，对地分布电容较大，此时对人的危险性仍然很大。图 5.29（c）所示的人体两处同时触及电源的一根相线和中性线的触电也是单相触电。

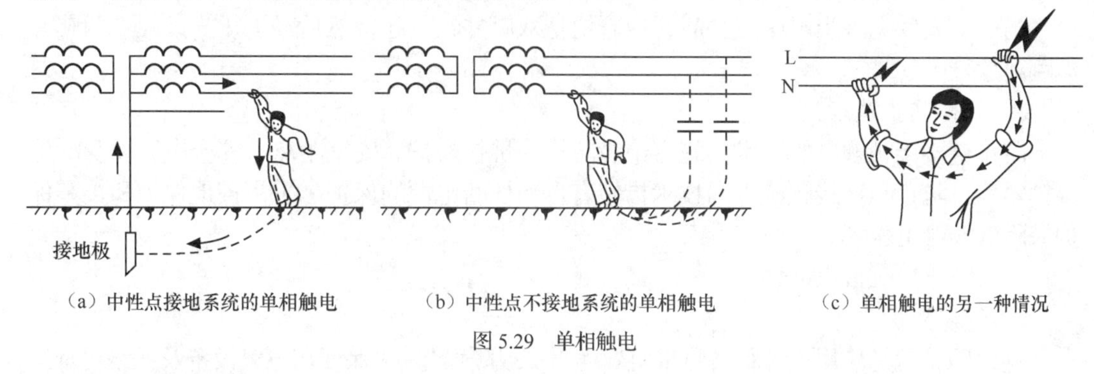

（a）中性点接地系统的单相触电　（b）中性点不接地系统的单相触电　（c）单相触电的另一种情况

图 5.29　单相触电

② 两相触电。

当人体的两处，如两手或手和脚，同时触及电源的两根相线发生触电的现象，称为两相触电。两相触电时，不管电网的中性点是否接地，人体与地是否绝缘，人体都要触电。此时，人体承受线电压的作用，最为危险，如图 5.30 所示。

（2）间接接触触电。

间接接触触电是指人体触及正常时不带电而发生故障时意外带电的导体而发生的触电。主要的间接接触触电有接触电压触电、跨步电压触电、感应电压触电、剩余电压触电和静电触电等。这里主要介绍常见的接触电压触电和跨步电压触电。

运行中的电气设备，由于绝缘损坏或其他原因而发生接地短路故障时，接地电流通过接地点向大地流散，形成以接地故障点为中心、20m 为半径（在接地体近端电位最高，离开接地体电位逐渐降低，20m 处电位趋于零）的分布电位。带电导线断落在地上时也会形成分布电位，如图 5.31 所示。

图 5.30　两相触电

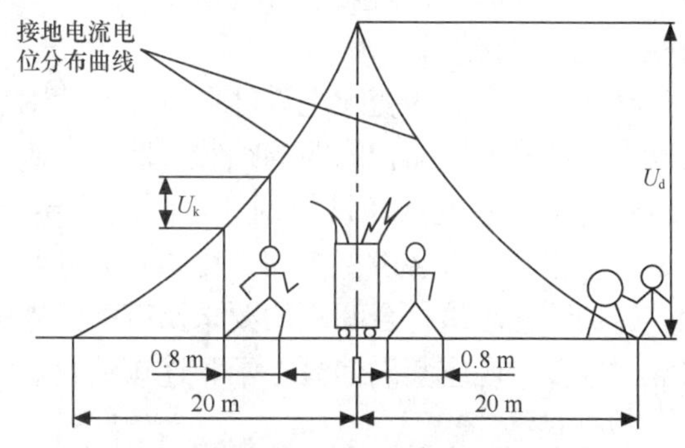

图 5.31　电流入地点附近地面各点电位分布图

a. 接触电压触电。如果有人用手触摸该设备的外壳，则电流通过人手、人体和大地而构成回路，人的手与脚之间的电位差称为接触电压，发生的触电事故称为接触电压触电。

接触电压的大小，随人体站立点的位置而定。通常，人体距短路故障点越远，接触电压越大；当人体在距接地短路故障点 20m 以外的地方，触及与故障设备外壳相连的金属管线时，接触电压最大，等于故障设备的对地电压；当人体站在接地故障点与故障设备的外壳接触时，接触电压为零。

b. 跨步电压触电。人在走近短路地点时，两脚之间的电位差叫跨步电压。因跨步电压引起的触电，称跨步电压触电。

人受到跨步电压时，电流是沿着人的下身，从脚经腿、胯部又到脚与大地形成通路。人受到较高的跨步电压作用时，双脚会抽筋，而使身体倒在地上。这不仅使作用于身体上的电流增加，而且使电流经过人体的路径改变为流经人体重要器官而造成致命危险。

当一个人发觉跨步电压威胁时，应赶快把双脚并在一起，然后马上用一条腿或两腿并拢跳离危险区。

3. 触电防护技术

防止直接接触触电的技术措施有绝缘防护、屏护防护、安全距离、安全电压以及漏电保护器等；防止间接接触触电的技术措施有自动切断电源的保护、采用接地保护和接零保护来降低接触电压等。

（1）防止接触带电部件。

① 绝缘防护。

绝缘防护就是使用绝缘材料将带电导体封护或隔离起来，保证在电气设备及线路正常工作时，人体不会触及带电体而造成触电事故的发生。绝缘材料可以是空气、氮气、二氧化碳、六氟化硫等气体材料，也可以是变压器油、电容器油、电缆油等液体材料，还可以是塑料、橡胶、电瓷、玻璃、云母、蜡、布带等固体材料。使用绝缘材料时要注意其绝缘性能与设备的电压、载流量、周围环境、运行条件相符合，保证在设备长期运行时能继续有效。

② 屏护防护。

屏护防护就是采用遮拦、护罩、护盖、箱闸、围墙等把带电体同外界隔离开来。它主要用于电气设备不便于绝缘或绝缘不足以保证安全的场合，是防止人体接触带电体的重要措施。

遮拦用于室内高压配电装置，宜做成网状，网孔不应大于 40mm×40mm，也不应小于 20mm×20mm。遮拦高度应不低于 1.70m，底部距地面不应大于 0.1m。金属遮拦必须妥善接地并加锁。

栅栏用于室外配电装置时，其高度不应低于 1.50m；若室内场地较开阔，也可装高度不低于 1.20m 的栅栏。栅条间距和最低栏杆至地面的距离都不应大于 200mm。金属制作的栅栏也应妥善接地。

室外落地安装的变配电设施应有完好的围墙，墙的实体部分高度不应低于 2.5m。10kV 及以下落地式变压器台的四周须装设遮拦，遮拦与变压器外壳相距不应小于 0.8m。

保护网有铁丝网和铁板网。当明装裸导线或母线跨越通道时，若对地面的距离不足 2.5m，应在其下方装设保护网，以防止高处坠落物体或上下碰触事故的发生。

屏护装置应该符合间距的要求及有关的规定，并根据需要配以明显的标志。要求较高的屏护装置，还应装设信号指示和连锁装置。

③ 间距防护。

间距又称安全距离，是指为防止发生触电事故或短路故障而规定的带电体之间、带电

体与地面及其他设施之间、工作人员与带电体之间所必须保持的最小距离或最小空气间隙。

间距的大小主要是根据电压的高低、设备类型和安装方式来确定的，并在规程中做出明确的规定，如屋内外配电装置的安全距离、人体与带电设备或导体间的安全距离、架空线路的安全距离、室内外配线的安全距离、接户线与地面及建筑物各部位的安全距离等。

（2）采用安全电压。

把可能加在人身上的电压限制在某一范围内，使得在这种电压下，通过人体的电流不超过允许范围，这一电压就叫作安全电压。

安全电压的工频有效值一般不超过 50V，直流不超过 120V。我国安全电压额定值的等级为 42V、36V、24V、12V 和 6V，并规定当电器设备的工作电压超过 24V 时，必须采取预防直接接触带电体的保护措施。

设备的安全电压要根据使用场所、操作员条件、使用方式、供电方式、线路状况等因素选用。较干燥的环境中可使用 42V 和 36V，在较恶劣的环境中，如隧道内、潮湿环境，采用 24V 及以下。安全电压有一定的局限性，一般适用于小型电气设备，如手持电动工具等。

（3）合理使用绝缘防护用具。

在电气作业中，合理配备和使用绝缘防护用具，对防止触电事故，保障操作人员在生产过程中的安全具有重要意义。

绝缘防护用具可分为两类，一类是基本安全防护用具，这类防护用具的绝缘强度能长期承受工作电压，并能在该电压等级内产生的过电压时，保证工作人员的人身安全，如绝缘棒、绝缘钳、低压作业时的绝缘手套、验电器等；另一类是辅助安全防护用具，它的绝缘强度不能承受工作电压，只能起到加强基本安全用具的保护作用，如绝缘（靴）鞋、橡皮垫、绝缘台和高压作业时的绝缘手套等，用来防止接触电压、跨步电压等对工作人员的伤害。

（4）安装漏电保护器。

漏电保护器，又称触电保安器，是一种在规定条件下，当漏电电流达到或超过给定值时，便能自动断开电路的机械式开关电器或组合电器。漏电保护器有电压型和电流型；直接传动型和间接传动型；机械脱扣和电磁脱扣；单相双极式、三相三极式和三相四极式等多种分类类型。实物如图 5.32 所示。

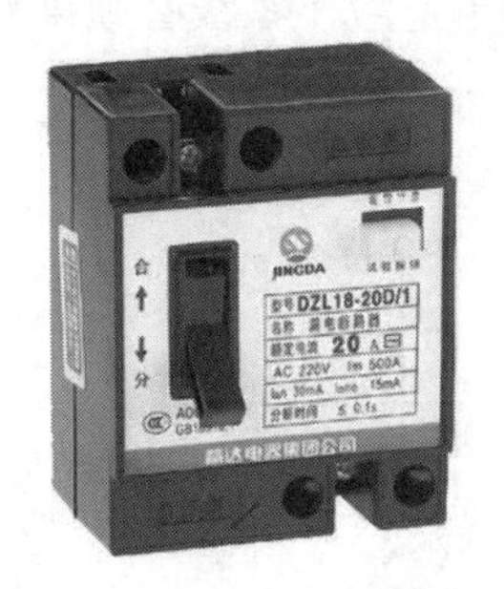

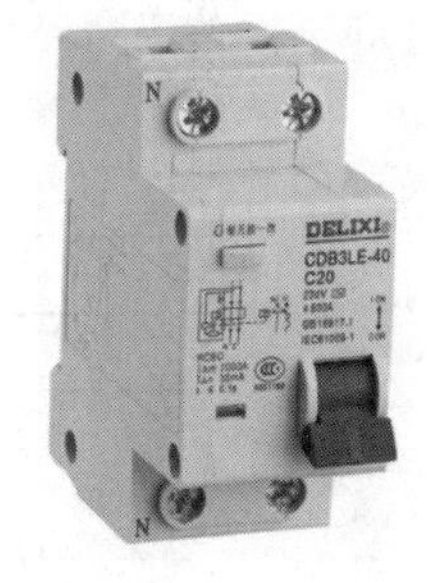

图 5.32　漏电保护器外形

在下列一些场所必须安装漏电保护装置：移动式电气设备及手持式电动工具（Ⅲ类除外）；安装在潮湿、强腐蚀性等环境恶劣场所的电气设备；建筑施工工地的电气施工机械设备；暂作临时用电的电气设备；宾馆、饭店及招待所客房内的插座回路；机关、学校、企业、住宅等建筑物内的插座回路；游泳池、喷水池、浴室的水中照明设备；安装在水中的供电线路和设备；医院中直接接触人体的医用设备。

4. 保护接地和保护接零

电气设备上与带电部分相绝缘的金属外壳、配电装置的构架和线路杆塔等，可能因绝缘损坏或其他原因而使它们带电，危及人身和设备安全。为避免或减小事故的危害性，电气工程中常采用接地的安全技术措施。电气设备的任何部分与土壤之间的良好连接称为“接地”。与土壤直接接触，有一定流散电阻的金属导体称为接地体，连接接地体与设备接地部分的导线称为接地线，接地体和接地线合称接地装置。电力系统和电气设备的接地有工作接地、保护接地、保护接零、重复接地和共同接地等。

（1）工作接地 PN。

工作接地是指由于运行和安全的需要，为保证电力网在正常情况或事故情况下能可靠地工作而将电气回路中某一点实行的接地。如电网中变压器或发电机的中性点直接接地，或经电阻、电抗接地，该接地方式也称为中性点接地，如图 5.33（b）所示。工作接地的作用主要有降低接触电压、能通过保护装置迅速切断故障，以及降低电气设备对地的绝缘要求而节约投资等。

（2）保护接地 PE。

安全接地是为了保障人身安全，避免间接触电，将电气设备在正常情况下不带电的金属部分进行接地。安全接地包括为防止电力设备或电气设备绝缘材料损坏，危及人身安全而设置的保护接地；为消除生产过程中产生的静电积累，引起触电或爆炸的静电接地；为防止电磁感应干扰而对设备的金属外壳、屏蔽罩或屏蔽线外皮而进行的屏蔽接地；为防止因雷击而造成损害的防雷接地等。保护接地是最主要的安全接地方式。

以防止触电为目的而用来与设备或线路的金属外壳、接地母线、接地端子等做电气连接的导线或导体称为保护线或称 PE 线。保护接地的原理就是通过 PE 线接地，把漏电设备的对地电压限制在安全范围内，而且接地电流被接地保护电阻分流，保证操作人员的人身安全，如图 5.33（a）所示。保护接地适用于中性点不接地的电网中，电压高于 1kV 的高压电网中的电气装置外壳，也应采取保护接地的措施。

（3）保护接零 PEN。

在三相四线制供电系统中，把用电设备在正常情况下不带电的金属外壳与电网中的零线紧密连接起来，这种电气连接称为保护接零，如图 5.33（b）所示。保护接零可在设备漏电，电流经过设备的外壳和零线形成单相短路时，短路电流烧断保险丝或使自动开关跳闸而切断电源，消除触电危险。零线必须重复接地。

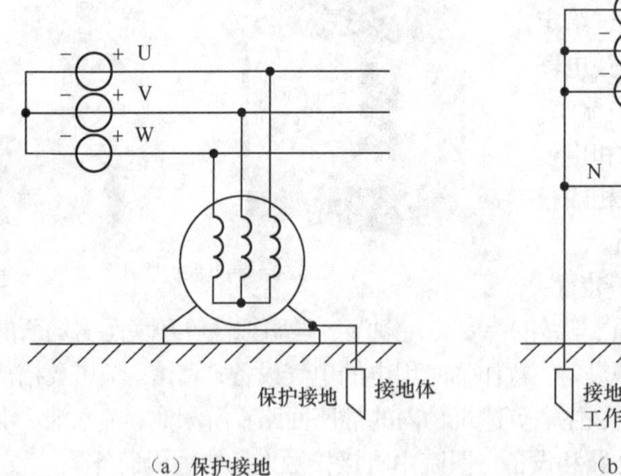

（a）保护接地　　（b）工作接地、保护接零和重复接地

图 5.33　接地和接零

（4）重复接地。

将零线上的一处或多次通过接地装置与大地再次连接，称为重复接地，如图 5.33（b）所示。重复接地的作用是：一旦中线断开，可以保证人身安全，降低触电的危险程度；与工作接地电阻并联，降低接地电阻的总值，使工作零线对地电压漂移减小，同时也增加了故障电流，

加速线路保护装置动作，缩短故障持续时间。

（5）共同接地。

在一定范围内，将所有接地体连接为一体，然后用导线分别从接地干线上接到各个需要接地的设备上的接法，称为共同接地。

5.2.2　触电急救

发生触电事故时，对于触电者的急救应分秒必争。据统计资料显示：触电者在 1 分钟内就地实施有效抢救，成活率在 90%以上。1～4 分钟内抢救，成活率 60%；6 分钟后才实施急救措施，救活率仅为 10%。10 分钟后抢救，救活率几乎为 0。因此，一旦确认伤者呼吸、心跳停止，就必须立即现场进行对症处理。

1. 触电现场的处理

现场急救的具体操作可分为迅速脱离电源、简单诊断和对症处理 3 个步骤。

（1）迅速脱离电源。

一旦发生触电事故，首先要设法使触电者迅速而安全地脱离电源，其方法很多，如：

触电现场抢救（一）

① 事故发生地的附近有电源开关或插头时，应立即关闭开关或将电源插头拔掉，切断电源。

② 必要时用绝缘工具（如带有绝缘柄的电工钳子、木把斧子等）将电线截断以断开电源。

③ 若离开关较远或断开电源有困难时，可用干燥的木棍、竹竿等挑开触电者身上的电线或带电体。

④ 拉拽触电者的衣服。此方法慎用，拉拽时，不得接触触电者的皮肤，不能抓触电者的鞋。为安全起见，可以垫着绝缘物或者戴绝缘手套将触电者拉开。

⑤ 对高压触电者，应立即通知供电部门拉闸停电，并采取相应措施，以免产生新的事故。

（2）简单诊断。

脱离电源后，触电者往往处于昏迷状态，应对触电者的意识、心跳和呼吸的情况作出判断，只有明确判断，才能及时、正确地进行急救。具体方法如下。

① 将脱离电源后的触电者就近迅速地移至比较通风、干燥的坚实的平地，使其仰卧，双上肢放置身体两侧。

② 判断意识是否清晰。

通过叫名字、轻拍肩部的方法，快速判断（时间不超过 5 秒）触电者是否丧失意识。禁止摇动触电者的头部进行呼叫。如果有反应，则一定有心跳和呼吸存在；若无反应，即意识丧失。

触电现场抢救（二）

③ 观察呼吸是否存在。

通过“看”胸部有无起伏、“听”口鼻有无呼气声、手放鼻孔处“感觉”有无气体排出等方法判断呼吸是否停止，如图 5.34（a）所示。

④ 判断心跳是否停止。

摸颈动脉，根据颈动脉是否有搏动来判断心跳是否存在，如图 5.34（b）所示。

⑤ 观察瞳孔是否扩大。

瞳孔扩大说明大脑组织严重缺氧，处于死亡边缘。

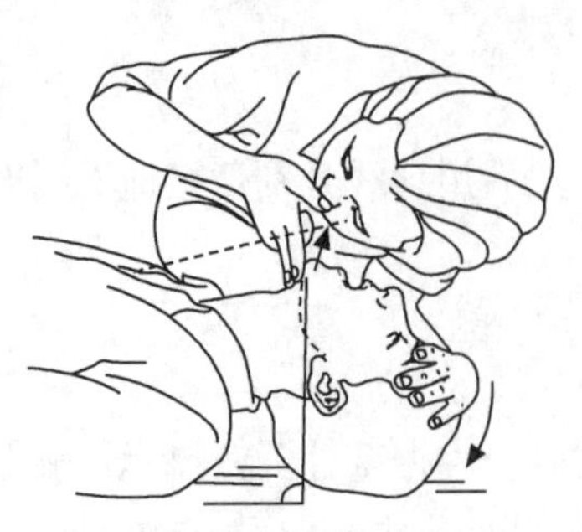
（a）观察呼吸是否存在

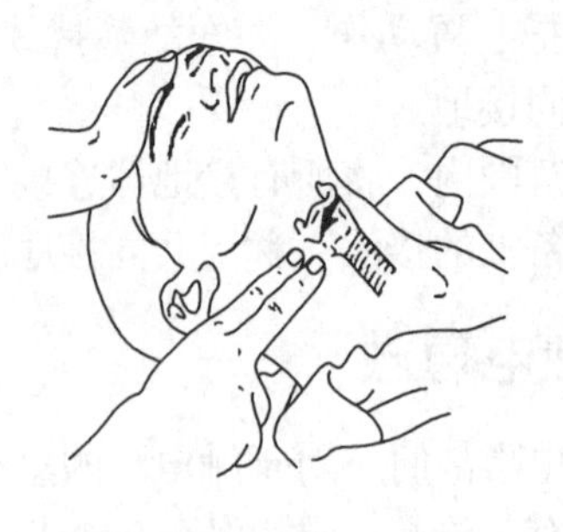
（b）判断心跳是否停止

图 5.34　简单诊断

（3）对症处理。

经过简单诊断后的触电者，应根据触电的情况，采取不同的急救措施。

① 如果触电者受的伤害不严重，神志还清醒，只是四肢发麻、全身无力，或虽曾一度昏迷，但未失去知觉者，都要使之就地安静休息，并严密观察。情况严重时，应小心送往医疗部门，途中严密观察触电者，以防意外。

② 触电者呼吸、心跳存在，但神志不清。应使其仰卧，保持周围空气流畅，注意保暖，并且立即通知或送往医院抢救。除了要严密地观察外，还要做好人工呼吸和胸外心脏按压急救的准备工作。

③ 如果触电者受的伤害较严重，无知觉，无呼吸，但心脏有跳动时，应立即进行人工呼吸。如有呼吸，但心脏停止跳动，则应采用胸外心脏按压法。

④ 如果触电者受的伤害很严重，心跳和呼吸都已停止，瞳孔放大，失去知觉，则须同时采取人工呼吸和胸外心脏按压两种方法。

做人工呼吸和胸外按压的同时，向医院告急求救。抢救要有耐心，要一直坚持，直到把人救活，或者确诊已经死亡时为止。在送医院抢救途中，不能中断急救工作。

2. 人工呼吸

（1）施行口对口人工呼吸前，应迅速将触电者身上妨碍呼吸的衣领、上衣、裤带解开，并迅速取出触电者口腔内妨碍呼吸的食物，脱落的假牙、血块、黏液等，以免堵塞呼吸道。

（2）抢救者在触电者一侧，一只手掌按前额，将另一只手托在触电者的颈后，这样可使舌根与后咽壁分离，上呼吸道得以通畅。

（3）抢救者用按于前额手的拇指和食指夹住鼻翼，深吸一口气，屏气，用口唇严密地包住病人的口唇（不留空隙），将气体吹入病人的口腔到肺部，注意不要漏气。同时观察胸部是否隆起，进行适度吹气，如图 5.35（a）所示。也可以用一只手捏住触电者的鼻翼两侧，另只一手的食指与中指抬起触电者下颌进行人工呼吸，如图 5.35（b）所示。

（4）吹气后，口唇离开，抢救者吸入新鲜空气，以便做下一次人工呼吸，同时放松捏鼻的手指，让触电者从鼻孔呼气。

（5）如此反复进行，吹气 2 秒，放松 3 秒，每四五秒完成 1 次。

如果无法使触电者的嘴张开，可改用口对鼻人工呼吸法。

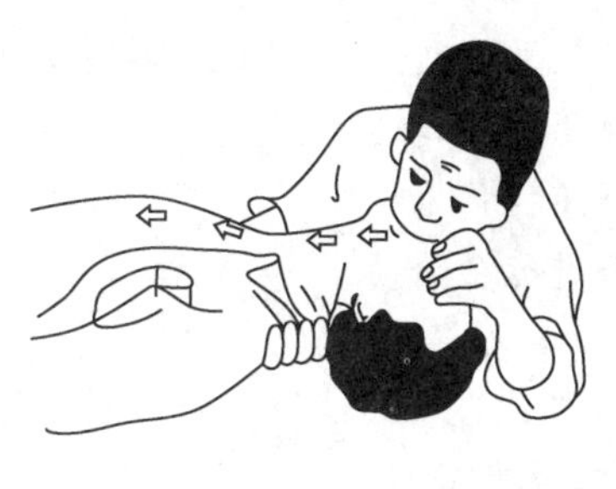

（a）姿势（一）

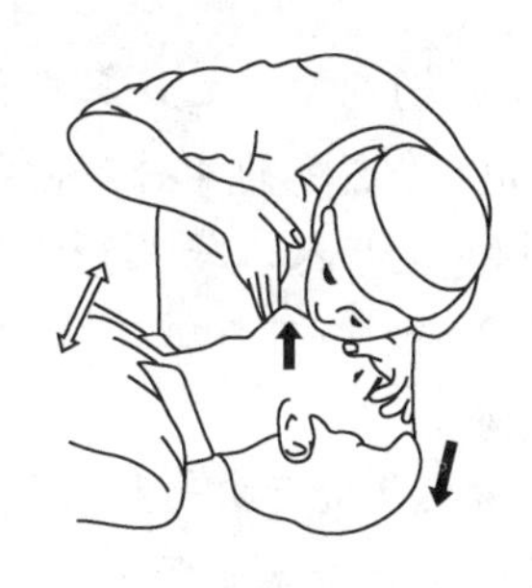

（b）姿势（二）

图 5.35　口对口人工呼吸法

3. 胸外心脏按压法

应使触电者仰卧在比较坚实的地方，姿势与口对口（鼻）人工呼吸法相同。动作要领如下。

（1）触电者仰卧位，背后须是平整的硬地或木板，以保证按压效果。

（2）救护人员立于或蹲于触电者右侧，将右手食指和中指并拢，沿肋弓下缘上滑到肋弓和胸骨切肌处，把中指放在切肌处，将左手手掌根紧贴右手食指，如图 5.36（a）所示。手指向前翘起并不触及胸壁，另一手掌叠加于该手背上，如图 5.36（b）所示。

（3）按压时上半身前倾，腕、肘、肩关节伸直，以髋关节为轴，垂直向下用力，借助上半身的体重和肩臂部肌肉的力量有节奏地垂直按压胸骨。注意用力要适中，过轻按压无效，过重易造成肋骨骨折，以使胸骨下陷 3～5cm 为宜，如图 5.36（c）所示。

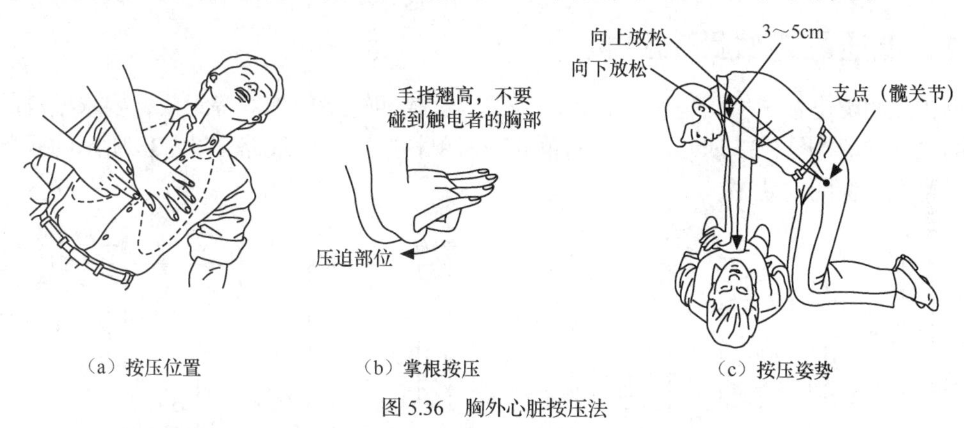

（a）按压位置　（b）掌根按压　（c）按压姿势

图 5.36　胸外心脏按压法

（4）按压后迅速放松，使胸骨恢复原位，但掌根不要离开胸骨。

（5）每次按压与放松时间大致相等，每分钟按压 80～100 次。

当遇到触电者呼吸、心跳全停止时，应同时采取心脏按压及人工呼吸的方式。

（1）急救者有 2 人时，一人做人工呼吸，另一人做心脏按压，每按压 5 次，进行人工呼吸 1 次。

（2）现场只有一人，应先做口对口人工呼吸，再做心脏按压，如此交替进行。一般来说，人工呼吸 2 次和心脏按压 30 次为一组，做完 5 组后需判断触电者的呼吸、心跳是否恢复，检查时间不能超过 5 秒。

【做一做】实训 5-7：触电急救模拟训练

实训流程如下。

（1）组织学生观看口对口人工呼吸和胸外心脏按压法的教学录像带。

（2）用模拟人进行人工呼吸和胸外心脏按压操作。

① 脱离低压电源的 3 种方法（口述）。

② 对触电者的意识、心跳和呼吸的情况作简单判断的方法（边操作边口述）。

③ 无意识（昏迷）的 4 种不同状态的急救措施（口述）。

④ 用模拟人进行人工呼吸和胸外心脏按压（操作）。

人工呼吸 2 次，胸外心脏挤压 30 次，交替进行 2 轮。

注意事项如下。

（1）按正确要领进行吹气和换气，吹气时间不能过长或过短，频率不能太快或太慢。

（2）按压位置和手掌姿势必须正确，下压时要有节奏，不能太用力。

任务 5.3 低压配电线路的设计和安装

知识要点

- 了解低压配电线路的结构和组成，了解低压配电线路的主要元器件的功能和使用方法。

技能要点

- 掌握低压配电线路的设计方法，能正确选择元器件及导线，能正确安装家用配电板。

低压配电线路及装置是用户室内照明及电器用电的配电点，输入端接在供电部门送到用户的进户线上，它将计量、保护和控制电器安装在一起，便于管理和维护，有利于安全用电。

5.3.1 低压配电线路的结构

单相照明配电板一般由电度表、控制开关、过载和短路保护器等组成，要求较高的还装有漏电保护器。图 5.37 所示的是最简单的普通单相照明配电线路，图 5.38 所示的是单相照明线路配电板的安装图。

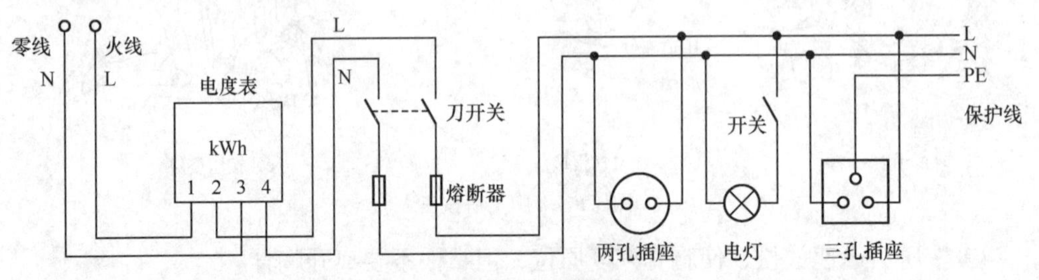

图 5.37 最简单的单相照明配电线路

随着人们生活水平的不断提高，大量的家用电器进入普通百姓家庭，用电设备发生故障导致人员伤亡的事故也时有发生。为了人身和设备安全，现在家庭广泛使用漏电断路器。

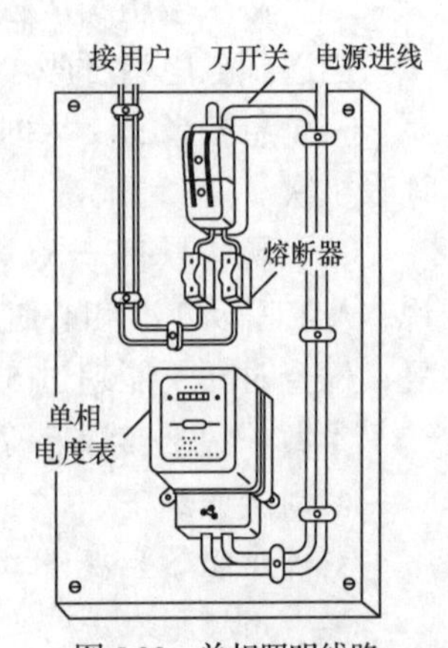

图 5.38 单相照明线路配电板的安装图

家庭中主要有照明电路、空调线路和插座线路三种用电线路。照明电路主要用于家中的照明和装饰；空调线路的电流大，需要单独控制的线路；插座线路用于安装家电两孔、三孔插座。在日常生活中为了避免三种线路互相影响，常将这三种线路分开安装和布线，并根据需要来选择相应的断路器，如图 5.39 所示。

当需要使用驱动电动机等动力设备时，就需要三相的动力配电线路。图 5.40 所示为小容量动力配电板安装图。

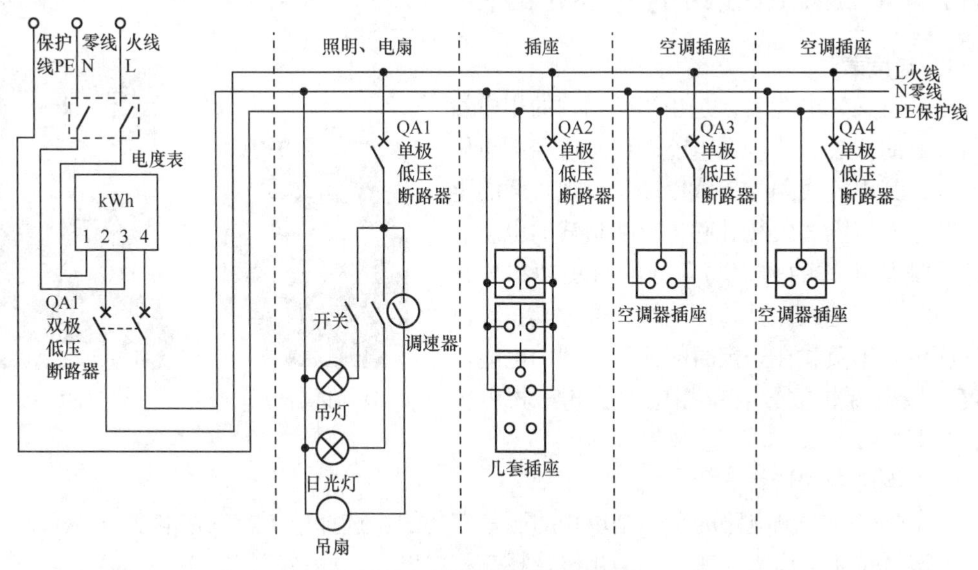

图 5.39　家庭常用的配电线路

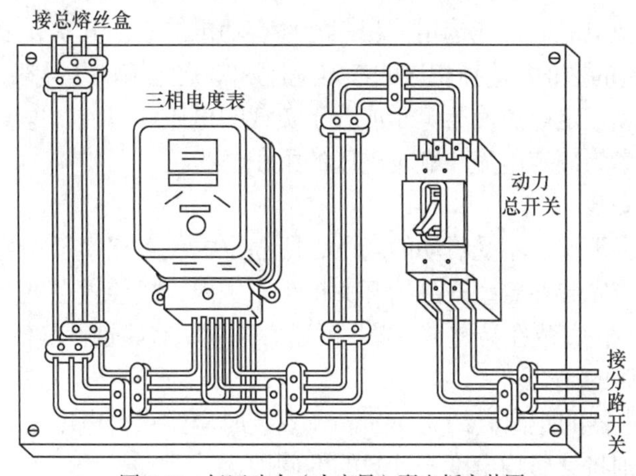

图 5.40　低压动力（小容量）配电板安装图

当被测电流、电压都比较大时，三相电度表常常与电压互感器或电流互感器配合来扩大电能表的量程。图 5.41 所示的是大容量的低压动力配电板的安装图，这里使用了电流互感器。

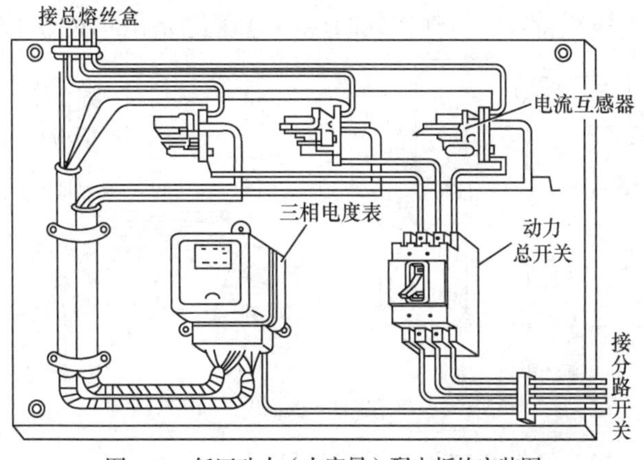

图 5.41　低压动力（大容量）配电板的安装图

5.3.2 低压配电线路的主要元器件

1. 电度表

电度表又称电能表，是用来对用户的用电量进行计量的仪表。感应系电能表由感应系测量机构构成，其电流线圈与负载串联，反映负载的电流；其电压线圈与负载并联，反映负载的电压。感应系测量机构的转速与负载的有功功率成正比，负载功率越大，其转速越快，通过其积算机构，即可测出负载在一定时间内所消耗的电能。电度表按电源相数分有单相电度表和三相电度表，如图 5.42 所示。

（a）单相电度表

（b）三相电度表

图 5.42　电度表

（1）电度表的选择。

首先要根据被测电路的负载是单相的还是三相的，选择单相或三相电度表。通常，居民用电选择单相电度表，工厂动力用电选择三相电度表。测量三相三线制供电系统的有功电能时，应选用三相两元件有功电能表；测量三相四线制供电系统的有功电能时，应选用三相三元件有功电能表。其次，根据负载的电压、电流的数值，选择相应的额定电压和额定电流的电度表。电度表的额定电压和额定电流值要等于或大于负载的电压和电流，电度表所能提供的电功率为额定电流和额定电压的乘积。

认识电度表

（2）电度表的安装。

电度表应安装在干燥、不受震动的场所，所固定的位置要便于安装、试验和查表。通常情况下，电度表应安装在定型产品的开关柜（箱）内，或装置在电度表板、配电盘上，不宜安装在易燃、易爆、磁场影响大、有腐蚀性气体、多灰尘、高温、潮湿的场合。

电度表与其他电器的距离大约为 60mm。安装时应注意，电度表与地面必须垂直，否则将会影响电度表计数的准确性。

单相电度表接线

（3）电度表的接线。

单相电度表的接线盒内有 4 个接线端子，自左向右为 1、2、3、4 编号。接线方法一般是直接接入法。其接线方法如图 5.43 所示，即 1、3 接进线，2、4 接出线。也有的电度表接线特殊，具体接线时应以电度表所附的接线图为依据。

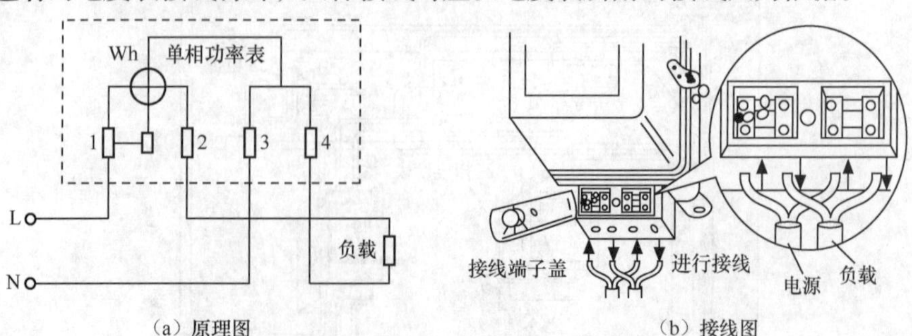

（a）原理图　　（b）接线图

图 5.43　单相电度表的原理图和接线图

三相电度表有三相二元件和三相三元件两种。

三相三元件电度表由三个电能测量单元组装在一起而构成，它主要用来计量三相四线制电路的有功电能，它还能保证三相负荷不对称时也能正确测量。其接线方式如图5.44所示，其中1、3、5是电源相线的进线柱，用来连接总熔丝盒引出的3根相线；2、4、6是相线的出线柱，分别去接总开关的3个进线柱；7是电源中性线的进、出线柱，可以接在一起，也可分开接在2个线柱上。

三相二元件电度表由两个电能测量单元组装在一起而构成，它用来计量三相三线制电路的有功电能，其接线方式如图5.45所示。

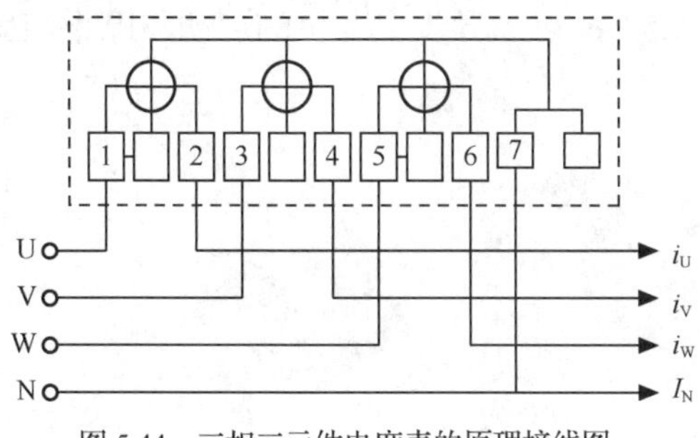

图5.44　三相三元件电度表的原理接线图

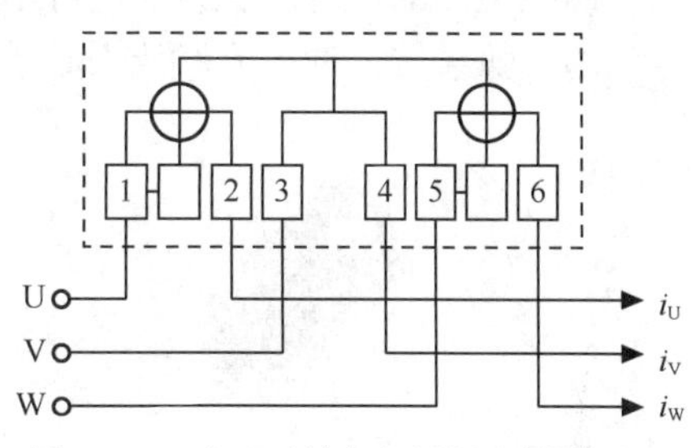

图5.45　三相二元件电度表的原理接线图

当负载电流超过电度表额定值时，电能表需经电流互感器接入电路，如图5.46、图5.47所示。能通过电流互感器扩大量程的只有标定电流为5A的电能表，其读数要乘以电流互感器变比才是负载实际消耗的电能。

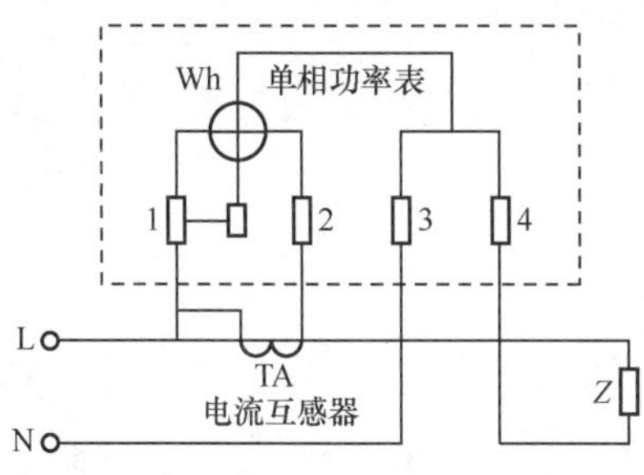

图5.46　带电流互感器单相电度表接线

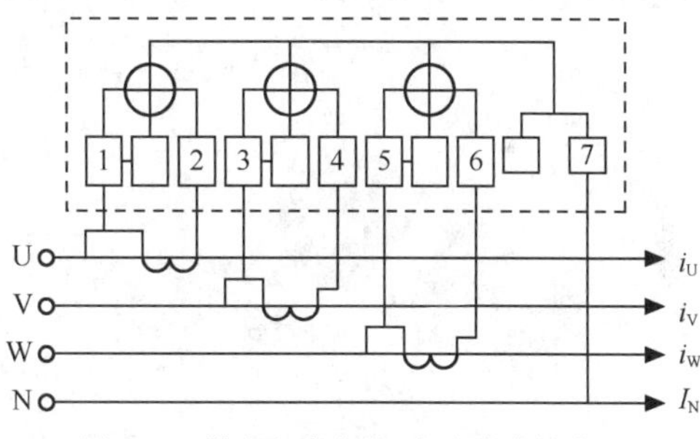

图5.47　带电流互感器三相电度表接线

（4）电度表接线时应注意的问题。

单相电度表接线时应注意的问题如下。

① 相线和零线不能接反。若接反，可能造成漏计电量或短路。

② 电度表电源的进出线不能接反。若接反，可能造成计量错误。

③ 经电流互感器接入的电度表必须注意互感器的极性。若极性接反，将要造成计量错误。

三相电度表接线时应注意的问题如下。

① 三相电度表要求按正相序接入，如果相序接错，将造成错误计量或误差增大。

② 对于电压、电流互感器接入的三相电度表，必须注意电压、电流对应的相序和互感器的极性。如果相序不对应或者互感器的极性接反，将造成计量错误。

③ 三相四线制有功电度表的零线一定要接入，如果零线不接入电度表或者断线，则会由于中性点位移而引起较大的计量误差。

④ 零线和相线不能接错，否则除造成计量误差外，电度表的电压线

圈还可能由于承受了线电压而烧毁。

2. 刀开关

（1）开启式负荷开关。

① 用途与结构。

开启式负荷开关又称瓷底胶盖刀开关，简称闸刀开关，如图 5.48 所示。

闸刀开关常用于电源的隔离，即在不带负载（用电设备无电流通过）的情况下切断和接通电源，以便对作为负载的设备进行维修、更换熔丝，或对长期不工作的设备切断电源。除用于照明电路的电源开关外，也可用来控制 5.5 kW 以下异步电动机的启动与停止。因其无专门的灭弧装置，故不宜频繁分、合电路。

图 5.48　闸刀开关外形

闸刀开关按触刀数量不同，主要有单极、双极和三极 3 种。

闸刀开关主要由瓷底座、静触头、触刀、瓷质手柄、熔丝和胶盖等构成，如图 5.49（a）所示，其结构简单，价格低廉，使用广泛。图 5.49（b）所示为双极和三极闸刀开关的符号。

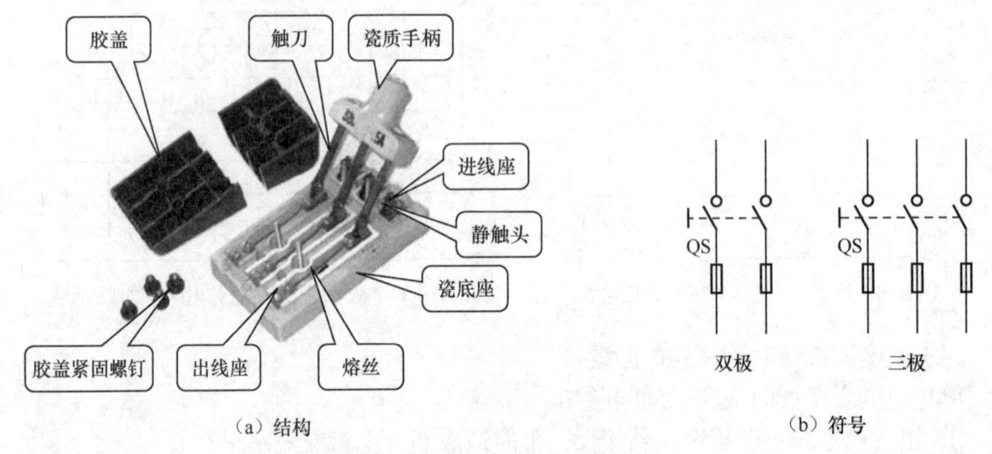

（a）结构　　（b）符号

图 5.49　闸刀开关结构与符号

② 安装与使用。

开启式负荷开关使用时必须垂直安装，且合闸状态时手柄应朝上，不允许倒装或平装，以防发生误合闸事故。

接线时，电源进线应接在开启式刀开关上面的进线端子上，负载出线接在开关下面的出线端子上，保证刀开关分断后，闸刀和熔体不带电。

开启式负荷开关控制照明和电热负载时，要装接熔断器作短路保护和过载保护。

开启式负荷开关用作电动机的控制开关时，应将开关的熔体部分用铜导线直连，并在出线端另外加装熔断器作短路保护之用。

在分闸和合闸操作时，应动作迅速，使电弧尽快熄灭。

用于照明和电热负载，开关额定电流应不小于电路负载的额定电流；用于控制电动机

的直接启动和停止，开关额定电流应不小于电动机额定电流的 3 倍。

（2）封闭式负荷开关。

封闭式负荷开关又叫铁壳开关，它是一种手动操作的开关电器，主要由动触刀、熔断器、操作机构和铁制外壳等组成，如图 5.50 所示。铁壳开关的操作机构采用储能分合闸方式，能迅速熄灭电弧，提高开关的通断能力；铁盖上有机械连锁装置，保证合闸时打不开盖，而开盖时合不上闸，确保操作安全。

铁壳开关一般用在小型排灌、电热器、电气照明线路的配电设备中，用于不频繁地接通和分断电路；也可用以控制 15kW 以下的交流电机不频繁直接启动和停止。

3. 低压断路器

低压断路器又叫自动空气开关，它集控制和多种保护功能于一体，当电路中发生严重过电流、过载、短路、断相、漏电等故障时，能自动切断线路，起到保护作用。

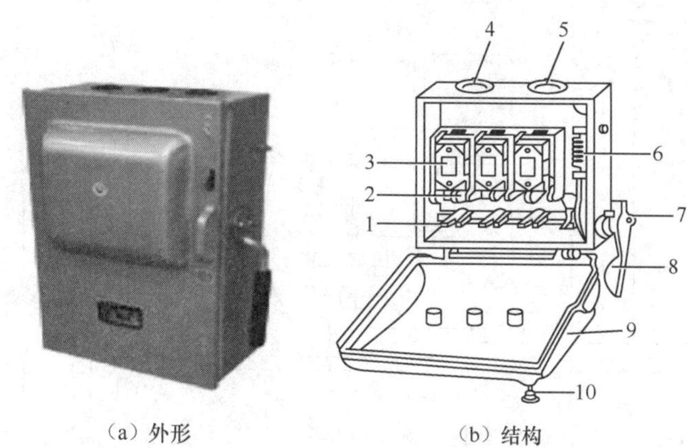

（a）外形　　　　（b）结构

1-动触刀；2-静夹座；3-熔断器；4-进线孔；5-出线孔；
6-速断弹簧；7-转轴；8-手柄；9-罩盖；10-罩盖锁紧螺栓

图 5.50　铁壳开关的外形与结构

低压断路器的种类很多，按结构形式分类，有万能式（又称框架式）、塑料外壳式、小型模数式；按用途分类，有配电用断路器、电动机保护用断路器、照明用断路器和漏电保护断路器等；按主电路极数分类，有单极、两极、三极、四极断路器。常见的各种断路器如图 5.51 所示。

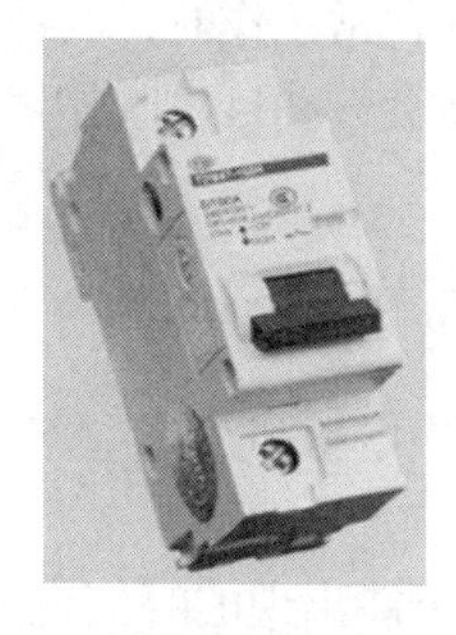

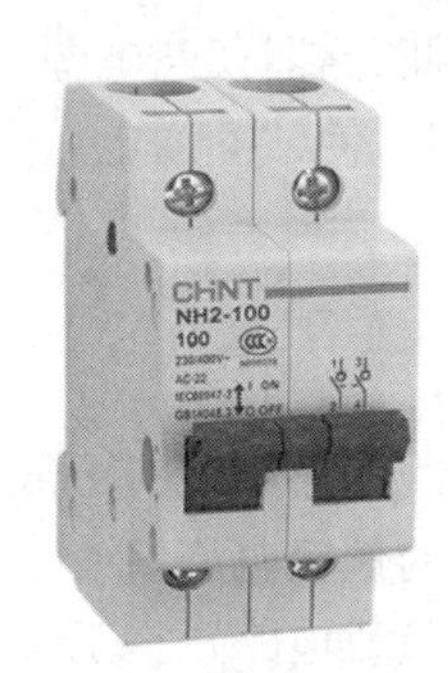

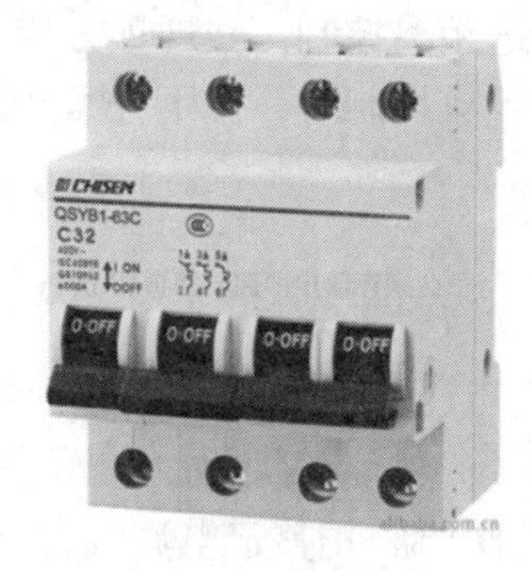

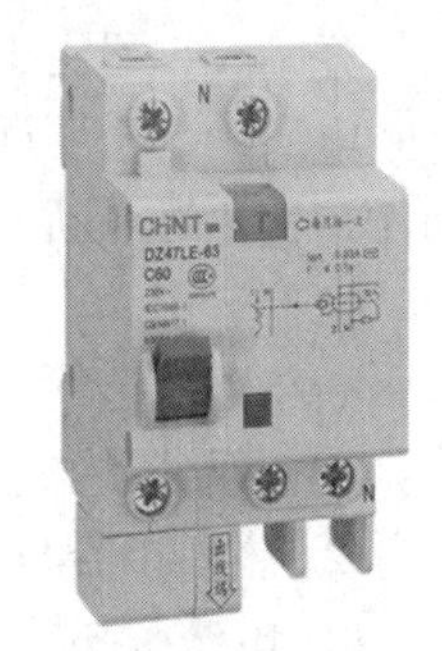

（a）单极断路器　　（b）两极断路器　　（c）四极断路器　　（d）带漏电保护断路器

图 5.51　常见的各种断路器

（1）结构和工作原理。

低压断路器的形式、种类虽然很多，但其结构和工作原理基本相同，主要由触点系统、灭弧系统，各种脱扣器，包括电磁式过电流脱扣器、失压（欠压）脱扣器、热脱扣器和分励脱扣器，操作机构和自由脱扣机构等几部分组成。低压断路器的工作原理图和符号如图 5.52 所示。

断路器主触点串联在三相主电路中，过电流脱扣器的线圈和热脱扣器的热元件与主电路串联，失压脱扣器和分励脱扣器（用于远距离控制）的线圈和电路并联。

主触点可由操作机构手动或电动合闸，当开关操作手柄合闸后，主触点由自由脱扣器的搭扣保持在合闸状态。

当电路发生短路或严重过载时，过电流脱扣器线圈所产生的吸力增加，将衔铁吸合，并撞击打杆，使自由脱扣机构动作，从而带动主触点断开主电路。当电路过载时，热脱扣器（过载脱扣器）的热元件发热使双金属片向上弯曲，推动自由脱扣机构动作。过电流脱扣器和热脱扣器互相配合，热脱扣器担负主电路的过载保护功能，过电流脱扣器担负断路和严重过载保障保护功能。

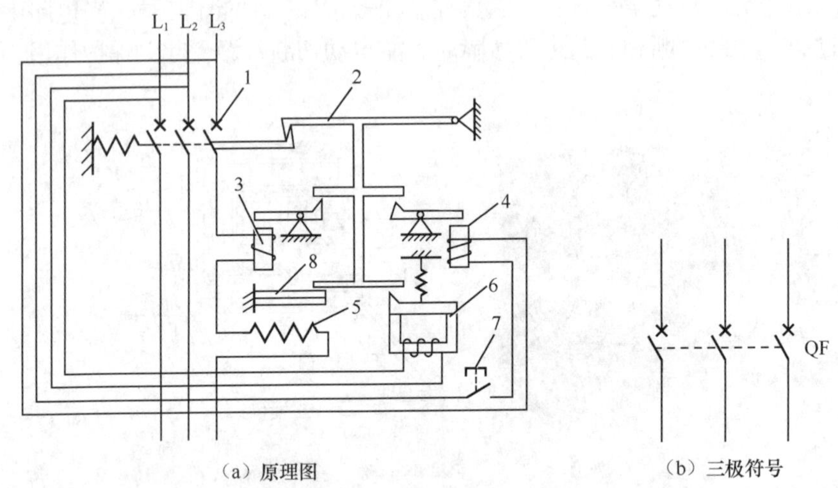

（a）原理图　　（b）三极符号

1-主触点；2-自由脱扣器的搭扣；3-过电流脱扣器；4-分励脱扣器；
5-热脱扣器的热元件；6-失压脱扣器；7-分断按钮；8-双金属片

图 5.52　低压断路器的工作原理图及符号

欠电压脱扣器的动作过程与过电流脱扣器相反。当线路电路正常时，欠压脱扣器的衔铁被吸合，断路器的主触点能够闭合；当线路电压消失或下降到某一个数值时，欠电压脱扣器的衔铁释放，使自由脱扣机构动作，断开主电路。

分励脱扣器用于远距离控制，实现远方控制断路器切断电源。在正常工作时，其线圈是断电的；当需要远距离控制时，按下分断按钮，使线圈通电，衔铁会带动自由脱扣机构动作，使主触点断开。

（2）选用。

断路器的选用要注意以下几点。

① 断路器的额定电压和额定电流应不小于线路、设备的正常工作电压和工作电流。

② 热脱扣器的整定电流应等于所控制负载的额定电流。

③ 电磁脱扣器的瞬时脱扣整定电流应大于负载电路正常工作时可能出现的峰值电流。

④ 欠压脱扣器的额定电压应等于线路的额定电压。

⑤ 断路器的极限通断能力应不小于电路的最大短路电流。

（3）安装与使用。

断路器的安装与使用要注意以下几点。

① 低压断路器应垂直安装，电源线应接在上端，负载接在下端。

② 低压断路器用作电源总开关或电动机的控制开关时，在电源进线侧必须加装刀开关

或熔断器等，以形成明显的断开点。

③ 低压断路器使用前应将脱扣器工作面上的防锈油脂擦净，以免影响其正常工作。同时应定期检修，清除断路器上的积尘，给操作机构添加润滑剂。

④ 各脱扣器的动作值调整好后，不允许随意变动，并应定期检查各脱扣器的动作值是否满足要求。

⑤ 断路器的触头使用一定次数或分断短路电流后，应及时检查触头系统，如果触头表面有毛刺、颗粒等，应及时维修或更换。

4. 漏电保护装置

漏电保护装置即漏电保护器，是当电路或用电设备的漏电电流大于装置的整定值时，能自动断开电路或发出报警信号的装置，如图 5.53 所示。漏电保护装置主要提供间接接触防护，它可以防止因设备漏电而引起的触电、火灾和爆炸事故。漏电保护器常与低压断路器组装在一起，使其同时具有短路、过载、欠压、失压和漏电等多种保护功能。

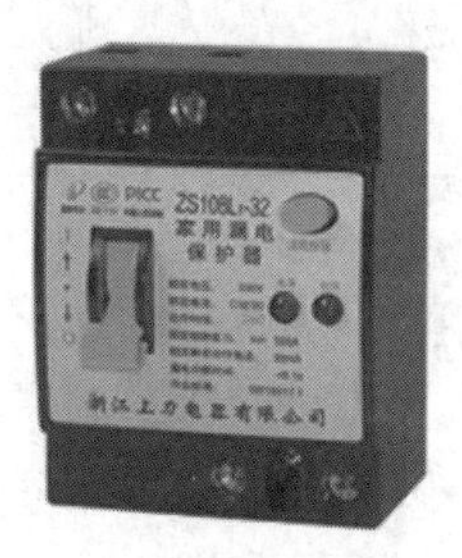

（a）单相双极式

（b）三相四极式

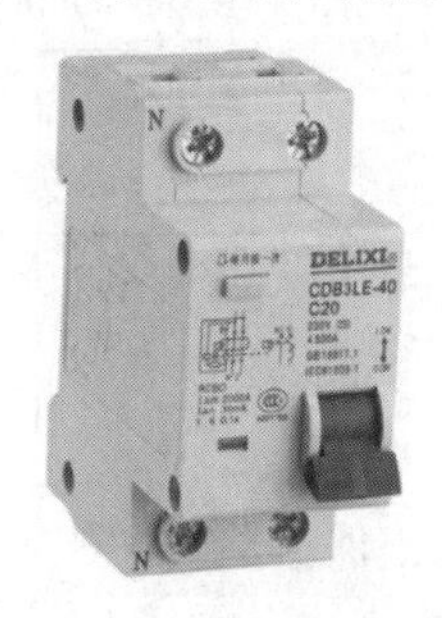

（c）与低压断路器组装在一起

图 5.53　漏电保护器

漏电保护器按其动作类型可分为电压型和电流型，电压型性能较差已趋淘汰，电流型漏电保护器可分为单相双极式、三相三极式和三相四极式三类。对于居民住宅及其他单相电路，应用最广泛的是单相双极电流型漏电保护器。三相三极式漏电保护器应用于三相动力电路，三相四极式漏电保护器应用于动力、照明混用的三相电路。

（1）工作原理。

单相电流型漏电保护器电路的原理图如图 5.54 所示。正常运行（不漏电）时，流过相线和零线的电流相等，两者的合成电流为零，漏电电流检测元件（零序电流互感器）无漏电信号输出，脱扣线圈无电流而不跳闸；当发生人碰触相线触电或相线漏电时，线路对地产生漏电电流，流过相线的电流大于零线电流，两者合成的电流不为零，互感器感应出漏电信号，经放大器输出驱动电流，脱扣线圈因有电流而跳闸，起到人身触电或漏电的保护作用。

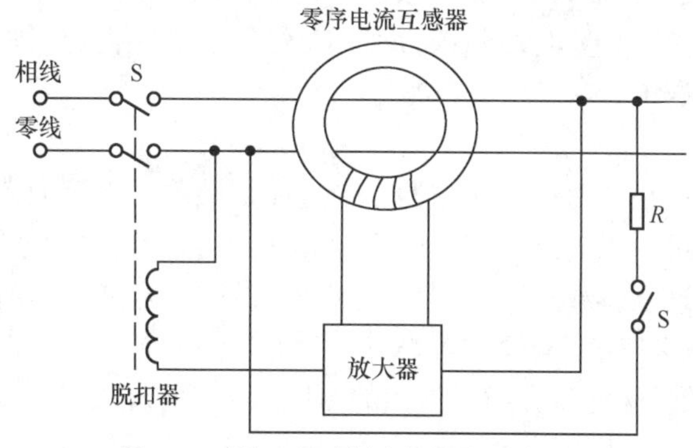

图 5.54　单相双极式漏电保护器的原理图

三相漏电保护器的工作原理与单相双极型基本相同，其电路的原理图如图 5.55 所示。工作零线与三根相线一同穿过漏电电流检测的互感器铁芯。工作零线不可重复接地，保护接地线作为漏电电流的主要回路，应与电气设备的保护接地线相连接。保护接地线不能经过漏电保护器，末端必须进行重复接地。

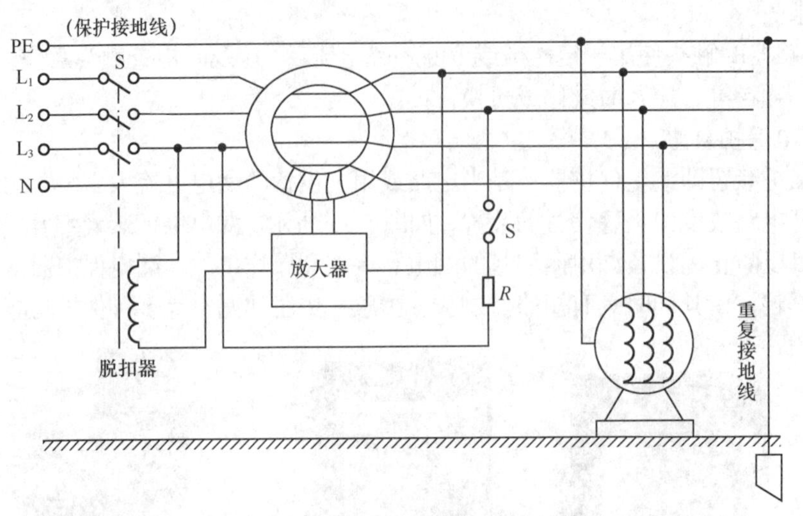

图 5.55　三相四极式漏电保护器的原理图

（2）漏电保护器的使用。

① 电源进线必须接在漏电保护器的正上方，即外壳上标注的“电源”或“进线”的一端；出线接正下方，即外壳上标注的“负载”或“出线”的一端。漏电保护器负载侧的中性线不得与其他线路公用。

② 安装漏电保护器后，不准拆除原有的闸刀开关、熔断器，以便今后的设备维护；也不得将漏电保护器当作闸刀使用。漏电保护器一般安装在熔断器下方，应垂直安装，固定牢靠。

③ 安装时，必须严格区分中性线和保护线，三相四线式或四极式漏电保护器的中性线应接入漏电保护器。经过漏电保护器的中性线不得作为保护线，不得重复接地或接设备外露的导电部分，保护线不得接入漏电保护器。

④ 漏电保护器在安装后，在带负荷状态分、合三次，不应出现误动作；再按压试验按钮三次，应能自动跳闸，注意按钮时间不要太长，以免烧坏漏电保护器。

⑤ 运行中，每月应按压试验按钮检验一次，检查动作性能，确保运行正常。在雷雨季节应增加试验次数。

⑥ 漏电保护开关动作后，经检查未发现事故原因时，允许试合闸一次。如果再次动作，应查明原因，找出故障，必要时对其进行动作特性试验，不得连续强行送电。严禁私自撤除漏电保护开关强行送电。

5. 熔断器

熔断器是串联连接在被保护电路中的，当电路短路时，电流很大，熔体急剧升温，立即熔断，所以熔断器可用于短路保护。由于熔体在用电设备过载时所通过的过载电流能积累热量，当用电设备连续过载一定时间后熔体积累的热量也能使其熔断，所以熔断器也可作过载保护。常用的熔断器有瓷插式、螺旋式、有填料密封管式、无填料密封管式等几种类型，如图 5.56 所示。这里只介绍最常用的 RC1A 系列瓷插式和 RL1 系列螺旋式二种熔断器。

（a）瓷插式

（b）螺旋式

（c）有填料密封管式

（d）无填料密封管式

图 5.56　常见的熔断器

（1）RC1A 系列瓷插式熔断器。

RC1A 系列瓷插式熔断器主要由瓷座、瓷盖、动触头、静触头和熔丝组成，如图 5.57 所示。一般用于交流额定电压 380V、额定电流 200A 及以下的低压线路或分支线路中，作电气设备的短路保护及一定程度的过载保护。

（2）RL1 系列螺旋式熔断器。

RL1 系列螺旋式熔断器属于有填料封闭管式熔断器，主要由瓷帽、熔断管、瓷套、上接线座、下接线座及瓷座等部分组成，如图 5.58 所示。熔断管内装熔体和灭弧介质石英砂，熔体的两端焊在熔管两端的金属盖上，其一端标有不同颜色的熔断指示器，当熔体熔断时指示器弹出，便于发现并更换同型号的熔管。

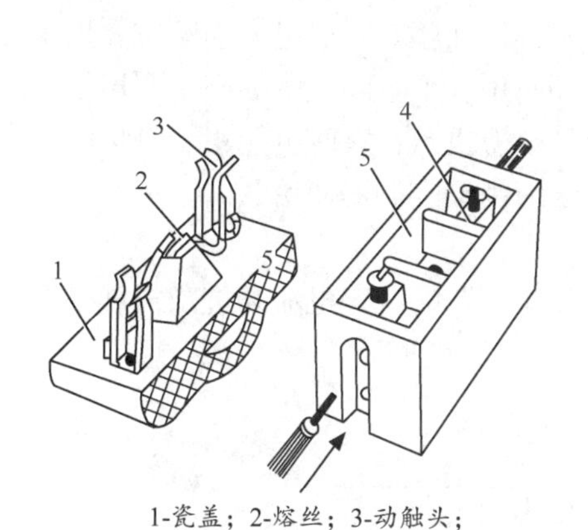

1-瓷盖；2-熔丝；3-动触头；
4-静触头；5-瓷座

图 5.57　RC1A 系列瓷插式熔断器

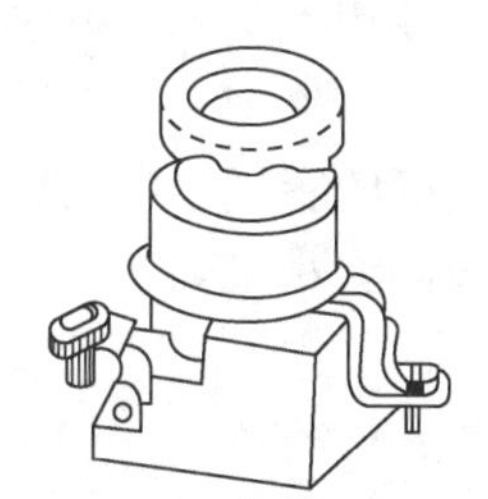

1-瓷帽；2-熔断管；3-瓷套；4-上接线座
5-下接线座；6-瓷座

图 5.58　RL1 系列螺旋式熔断器

（3）熔断器的选用。

熔断器的选择主要包括熔断器的类型、额定电压、额定电流和熔体额定电流等的确定。

熔断器的类型主要由电控系统的整体设计确定，熔断器的额定电压应大于或等于实际电路的工作电压；熔断器的额定电流应大于或等于所装熔体的额定电流。熔断器的分断能力必须大于电路中可能出现的最大故障电流。

对于照明线路或电阻炉等电阻性负载，可用作过载保护和短路保护，熔体的额定电流应稍大于或等于电路的工作电流。

电动机的启动电流很大，熔体的额定电流应考虑启动时熔体不能熔断而选得较大些，因此对电动机只宜作短路保护而不能作过载保护。对单台电动机，熔体的额定电流应不小于电动机额定电流的 1.5～2.5 倍；对于频繁启动或启动时间较长的电动机，熔体的额定电流与电动机额定电流之比，应增加到 3～3.5 倍。

（4）熔断器的安装和使用。

熔断器的插座和插片的接触应保持良好。

熔体烧断后，应首先查明原因，排除故障。更换熔体时，应使新熔体的规格与换下来的一致。

更换熔体或熔管时，必须将电源断开，以防触电。

插入式熔断器应垂直安装，螺旋式熔断器的电源线应接在瓷底座的下接线座上，负载线应接在螺纹壳的上接线座上。这样可保证更换熔管时，螺纹壳体不带电，保证操作者人身安全。

熔断器在电路中的符号如图 5.59 所示。

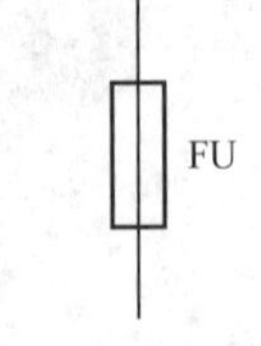

图 5.59 熔断器的符号

5.3.3 低压配电线路的设计和元器件的选择

下面以家庭配电线路为例来介绍低压配电线路的设计和安装过程。

假设有两室一厅房间（2 个卧室、1 个客厅，1 个卫生间，1 个厨房）的配电线路需要设计和安装。

室内安装现普遍采用多回路布线。将照明电路、厨房和卫生间的电源插座，普通插座，空调用电线路等分别设置成独立的回路，有独立的断路器（空气开关）加以保护。除了空调电源插座外，其他电源插座一般还加装漏电保护器。

照明电路主要有吊灯、吸顶灯、壁灯、防水灯等若干，有的还安装有吊扇。插座线路分成三路，分别为厨房电源插座、卫生间电源插座和普通插座。厨房电源插座主要用于微波炉、电饭煲、消毒柜，有的还有电磁炉、电烤箱等使用。卫生间电源插座主要用于电热水器、浴霸等使用。普通插座主要用于插接电冰箱、电视机等，有时可能用于电暖器、电熨斗、电热水壶等大功率负载使用。空调用电线路专门用于空调器使用。

1. 家庭用电负荷计算

家庭用电负荷是确定电度表的容量、进线总开关脱扣器的额定电流和进户线规格的主要依据，它一般通过负荷电流的大小来确定。

负荷电流的计算公式为

$$电流（A）=\frac{功率（W）}{额定电压（V）\times 功率因数\cos\theta\times 效率}$$

常用的住宅用电负荷的功率通常有：照明灯、电扇的功率一般为 20～60W；电视机的功率一般为 50～200W；微波炉的功率一般为 600～1500W；电饭煲的功率为 500～1700W；电磁炉的功率为 300～1800W；电热水器的功率为 800～2000W；电冰箱的功率为 70～250W；电暖器的功率为 800～2500W；电烤箱的功率为 800～2000W；消毒柜的功率为 600～800W；电熨斗的功率为 500～2000W；空调器的功率为 600～5000W 等。

纯电阻性负荷，如白炽灯、电热器等，计算时一般不考虑功率因数和效率（都设为 1）；感性负荷，如荧光灯、电视机、洗衣机等，计算时可适当考虑功率因数；单相电动机，如洗衣机、电冰箱用电动机还要适当考虑电机的效率。

但计算家庭用电总负荷电流时要考虑这些用电设备的同时用电率，即总负荷电流的计算公式为

$$\begin{gathered}总负荷电流=用电量最大的一台家用电器的额定电流+同时用电率\times\\其余用电设备的额定电流之和\end{gathered}$$

一般家庭同时用电率可取 0.5～0.8，家用电器越多，此值取得越小。普通家庭的电度

表、进户线规格等的选用可参考表 5-12。

表 5-12　　家庭用电量和设置规格的选用

套型	使用面积（m^2）	用电负荷（kW）	计算电流（A）	进线总开关脱扣器额定电流（A）	电度表容量（A）	进户线规格（mm^2）
一类	50 以下	5	20.20	25	10(40)	BV-3×6
二类	50～70	6	25.30	30	10(40)	BV-3×8
三类	75～80	7	35.25	40	15(60)	BV-3×10
四类	85～90	9	45.45	50	15(60)	BV-3×16
五类	100	11	55.56	60	20(80)	BV-2×25+1×16

具体在每户的用电量计算上，可以按家用电器的说明书上标有的最大功率，计算在最有可能同时使用的电器最大功率的情况下的总用电量，但计算时要考虑到远期用电发展。

一定要按照电度表的容量来配置家用电器。如果电度表容量小于同时使用的家用电器最大使用容量，则必须更换电度表，并同时考虑入户导线的端面积是否符合容量的要求。

2. 导线的选择

选用导线的首要原则是必须保证线路安全、可靠地长期运行，在此前提下兼顾经济性和敷设施工的方便。

（1）电线型号的含义。

□□□(V)–n × d:

第一个□：导线类型。B：用于布线；R：软导线；

第二个□：导体材质。L：铝芯；T：铜（一般不标）；

第三个□：绝缘材料。“X”表示橡胶绝缘，“V”表示聚氯乙烯塑料绝缘。

（V）：护套线。“n”代表导线根数，“d”代表导线的截面积 mm^2。

如：BV-3 × 4：聚氯乙烯绝缘铜芯导线 3 芯，每芯截面积 4 mm^2；

BLX-2 × 2.5：橡胶绝缘铝芯导线 2 芯，每芯截面积 2.5mm^2；

BVV-3 × 4：聚氯乙烯塑料绝缘、聚氯乙烯塑料铜芯护套线 3 芯，每芯截面积 4mm^2。

（2）导线额定电压的选择。

额定电压是指绝缘导线在长期安全运行中，其绝缘层所能承受的最高工作电压。

通常使用的电源有单相 220V 和三相 380V。不论是 220V 供电电源，还是 380V 供电电源，导线均应采用额定电压 500V 的绝缘电线；而额定电压 250V 的聚氯乙烯塑料绝缘软电线（俗称胶质线或花线），只能用作吊灯用导线，不能用于布线。

（3）允许载流量和导线截面的选择。

允许载流量是指导线在长期安全运行时所能承受的最大电流。允许载流量与导线的材料和截面积有关，截面积越大，允许通过的载流量就越大，截面相同的铜芯导线比铝芯导线的允许载流量要大。允许载流量还与导线的使用环境、敷设方式有关。导线截面积规格有 1.0mm^2、1.5 mm^2、2.5 mm^2、4 mm^2、6 mm^2、10 mm^2、16 mm^2、25 mm^2、35 mm^2、50mm^2等。导线的截面主要根据导线的安全载流量来选择，常见的橡皮或塑料绝缘线截面与安全载流量见表 5-13。

表 5-13　　　　橡皮或塑料绝缘线安全载流量

标称截面（mm^2）	安全载流量（A）			
	BX	BLX	BV	BLV
1	20		18	
1.5	25		22	
2.5	33	25	30	23
4	42	33	40	30
6	55	42	50	40
10	80	55	75	55
16	105	80	100	75
25	140	105	130	100
35	170	140	160	125
50	225	170	205	150
75	280	225	255	185
95	340	280	320	240

说明：BX（BLX）铜（铝）芯橡皮绝缘线或 BV（BLV）铜（铝）芯聚氯乙烯塑料绝缘线，广泛应用于 500V 及以下的交直流配电系统中，作为线槽、穿管或架空走道敷设的连线或负荷电源线。此表所列的数据为周围温度为 35℃、导线为单根明敷时的安全载流量值。

（4）在选择导线时，还要考虑导线的机械强度。

有些负荷小的设备，虽然选择很小的截面就能满足允许电流的要求，但还必须查看是否满足导线机械强度所允许的最小截面，如果这项要求不能满足，就要按导线机械强度所允许的最小截面重新选择。

（5）导线颜色的选择。

敷设导线时，相线 L、零线 N 和保护接地线 PE 应采用不同颜色的导线。导线颜色都有相关规定，如 U、V、W 相线，分别采用黄、绿、红颜色；中性线或保护接地线采用绿/黄双色线；单相电源时，相线采用红色，零线用浅蓝色（或白色），保护接地线采用绿/黄色双色或黑色等。如果住户自己布线，因条件限制，导线颜色的选择可以适当放宽，但也有一定要求，因篇幅限制，不再介绍。

不同功率用电量的进线规格可参考表 5-12 所示。家庭各支路导线的选择：照明线路一般用 BV-2×2.5mm^2，普通插座线路用 BV-3×2.5mm^2，厨房和卫生间的电源插座、空调线路为 BV-3×4mm^2。

3. 电度表的选择

电度表分单相电度表、三相三线有功电度表及三相四线有功电度表等，生活照明用的是单相电度表。电度表容量选择太大或者太小，都会造成计量不准，而容量选择太小，还会烧毁电度表。

电度表的规格以标定电流的大小划分，有 1A、2A、2.5A、3A、5A、10A、15A、30A 等。标定电流表示电度表计量电能时的标准计量电流，额定最大电流是指该表可在一定时间内超载运行的最大电流值，因此，额定最大电流又表明了电度表的过载能力。

选择的电度表可按其额定最大电流来考虑使用容量。如标有“DD862-4，220V，10（40）A，50Hz，360r/kW·h 的电度表的含义是：单相电度表的额定电压为 220V，工作频率为 50Hz，额定电流为 10A，允许使用的最大电流为 40A，消耗每千瓦时的电功，电度表转动 360 转。

这样就可以知道这只电度表允许用电器的最大功率为 $P=UI=220V\times 40A=8800$（W）。

如果两室一厅房间的用电器有：电视机 2 台（65W、85W），电冰箱 1 台（95W），空调 2 台（1350W，1800W），照明灯 4 只（共 80W），其他如微波炉、电饭煲、电热水器、消毒柜、电熨斗等，是不经常使用的，故要适当考虑这些用电设备的同时用电率，其功率假定为 2800W。家庭总用电量大约为 6500W，而且还应留有适当的余量。若选用 10（40）A 的电度表，其允许的最大功率为 8800W，就很合适。如果用电设备的同时用电率比较高，考虑远期用电发展，也可使用容量为 15（60）A 的电度表。

4．断路器的选择

断路器的额定工作电压应大于或等于被保护线路的额定电压，额定电流应大于或等于被保护线路的计算负载电流。当家庭总用电量为 6500W 时，其负载电流 $I=P/U=6500W/220V=29.5A$，故总线路采用带漏电保护器的低压断路器 C65N−C32，额定电流为 32A；分线路使用额定电流为 16A 的 C65N−C16 低压断路器。

对于大中户型来说，总线路常采用大一些的断路器，如 C65N−C64，起到通断电的作用，过载跳闸由分支断路器承担。对于大中户型的插座线路的断路器一般要用 20A 或者 25A，厨房、卫生间线路的断路器一般用 25A 或者 32A。

5．熔断器的选择

熔断器的保险丝应根据用电容量的大小来选用。家用的保险丝的规格一般是电度表容量的 1.2～2 倍。如使用容量为 5A 的电度表时，保险丝应大于 6A 小于 10A；如使用容量为 10A 的电度表时，保险丝应大于 12A 小于 20A。

5.3.4　低压配电线路的安装

1．室内布线

室内布线就是敷设室内用电器具的供电电路和控制电路，室内布线有明装式和暗装式两种。明装式是导线沿墙壁、天花板、横梁及柱子等表面敷设；暗装式是将导线穿管埋设在墙内、地下或顶棚里。

室内布线的方式分有瓷夹板布线、绝缘子布线、槽板布线、护套线布线和线管布线等。暗装式布线中最常用的是线管布线，明装式布线中最常用的是绝缘子布线和槽板布线。

室内布线不仅要使电能安全、可靠地传送，还要使线路布置正规、合理、整齐和牢固。具体要求主要有如下几点。

（1）所用导线的额定电压应大于线路的工作电压，导线的绝缘应符合线路的安装方式和敷设环境的条件。导线的截面积应满足供电安全电流和机械强度的要求。

（2）布线时应尽量避免导线有接头，若必须有接头时，应采用压接或焊接。连接方法按导线的电连接中的操作方法进行，然后用绝缘胶布包缠好。穿在管内的导线不允许有接头，必要时应把接头放在接线盒、开关盒或插座盒内。

（3）布线时应水平或垂直敷设，水平敷设时导线距地面不小于 2.5m，垂直敷设时导线距地面不小于 2m，布线位置应便于检查和维修。

（4）导线穿过楼板时，应敷设钢管加以保护，以防机械损伤。导线穿过墙壁时，应敷设塑料管保护，以防墙壁潮湿产生漏电现象。导线相互交叉时，应在每根导线上套绝缘管，并将套管牢靠固定，以避免碰线。

（5）为确保用电的安全，室内电气线路及配电设备和其他管道、设备间的最小距离，应符合有关规定，否则应采取其他保护措施。

2. 电源插座的安装工艺

电源插座是各种用电器具的供电点，一般不用开关控制，只串接瓷保险盒或直接接入电源。单相插座分双孔和三孔，三相插座为四孔。照明线路上常用单相插座，使用时最好选用扁孔的三孔插座，它带有保护接地，可避免发生用电事故。

安装明装插座时需先安装圆木或木台，然后把插座安装在圆木或木台上。对于暗敷线路，需要使用暗装插座，暗装插座应安装在预埋墙内的插座盒中。

两孔插座在水平排列安装时，应将零线接左孔，相线接右孔，即“左零右火”；垂直排列安装时，应将零线接上孔，相线接下孔，即“上零下火”。安装三孔插座时，下方两孔接电源线，零线接左孔，相线接右孔，上面大孔接保护接地线。单相插座如图 5.60 所示。三相四孔插座如图 5.61 所示。其上孔一般接保护接地线，其余三孔按序接 3 根不同的相线（火线）。

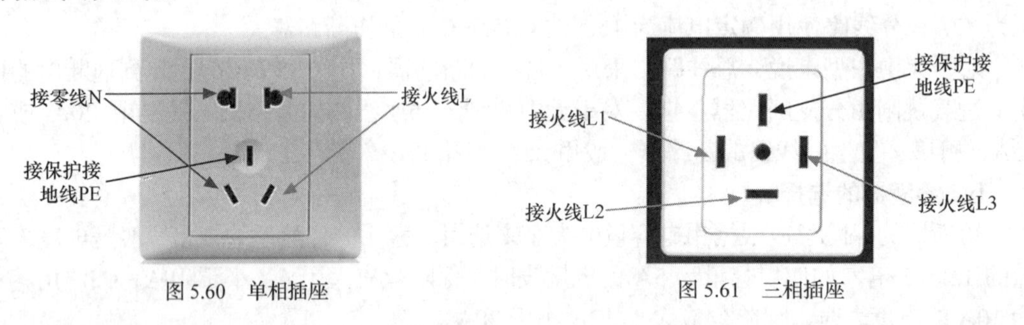

图 5.60　单相插座　　　图 5.61　三相插座

插座的安装高度，一般应与地面保持 1.4m 的垂直距离，特殊需要时可以低装，但离地高度不得低于 0.15m，且应采用安全插座。托儿所、幼儿园和小学等儿童集中的地方禁止低装。

在同一块木台上安装多个插座时，每个插座相应的位置和插孔相位必须相同。接地孔的接地必须正规。相同电压和相同相数的插座，应选用统一的结构形式；不同电压或不同相数的插座，应选用有明显区别的结构形式，并标明电压。

【做一做】实训 5-8：家庭配电线路的设计和安装

调查自己家庭的用电器情况，设计配电线路方案，正确选择元器件及导线，画出家用配电板的安装图。

实训流程如下。

（1）设计配电线路图。

（2）选择元器件及导线。

（3）计算家庭用电负荷，选择电度表。

（4）画出家用配电板的安装图。

习　题

1. 在如图 5.62 所示的电路中，已知线电压 $\dot{U}_{UV}=380\underline{/0^\circ}\text{V}$，每相负载 $Z=(160+\text{j}120)\Omega$，求：相电压 $\dot{U}_U$、$\dot{U}_V$、$\dot{U}_W$，相电流 $\dot{I}_{UN}$、$\dot{I}_{VN}$、$\dot{I}_{WN}$ 和中线电流 $\dot{I}_N$，三相负载的有功功率 P、无功功率 Q 和视在功率 S，并绘出相量图。

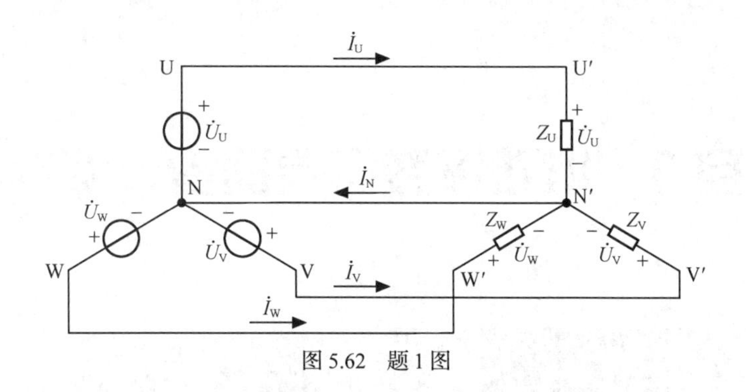

图 5.62　题 1 图

2. 已知三角形连接的对称三相负载 Z=(160+j120)Ω，接到线电压为 $\dot{U}_{UV}=380\angle 0°$V 的三相电源上，求其他两相的线电压、各相的相电压、相电流和线电流的相量，以及三相负载的有功功率 P、无功功率 Q 和视在功率 S，并绘出相量图。

3. 有一个三相对称负载，每相负载的电阻是 80Ω，电抗是 60Ω，负载连成星形，接在线电压为 380V 的三相电源上时，试求：负载上通过的电流、相线上电流和电路消耗的功率。

4. 上题中，若负载连成三角形，接在线电压为 380V 的三相电源上时，试求：负载上通过的电流、相线上电流和电路消耗的功率。

5. 在三相照明电路中，各相灯的总负载分别为 R_U=30Ω，R_V=30Ω，R_W=10Ω，将它们以星形连接方式接到线电压 U_L=380V 的三相四线制中，各灯负载的额定电压为 220V。试求：（1）各相电流、线电流和中线电流；（2）若中线因故断开，U 相灯全部关闭，V、W 两相灯全部工作，此时 V 相和 W 相的电流为多大？V 相和 W 相的相电压变为多少？会出现什么问题？

6. 有一台星形连接的三相交流电动机在线电压为 380V 的三相电源上运行，测得线电流为 10A，功率因数为 0.85，求电动机的有功功率 P、无功功率 Q。

7. 简述影响电流对人体伤害程度的主要因素。

8. 触电方式有哪几种？什么是跨步电压触电？接触电压触电和跨步电压触电有什么区别和联系？

9. 什么是保护接地？为什么要采取保护接地？

10. 什么是保护接零？为什么要采取保护接零？

11. 有哪些常用的触电防护技术？

12. 漏电保护装置的功能是什么？哪些场合应安装漏电保护装置？

13. 使触电者脱离电源的主要方法有哪些？应注意什么？

14. 若检查发现触电者处于昏迷状态，应如何进行对症处理？

15. 口对口进行人工呼吸应该注意哪些要领？

16. 如何确定胸外心脏按压的正确位置？在按压时有哪些要领？

17. 电度表接线时应注意的事项有哪些？

18. 简述刀开关的用途及刀开关的安装应注意哪些事项。

19. 低压断路器是如何进行短路、过载、欠电压保护的？

20. 熔断器的安装和使用应注意哪些事项？

21. 如何选择家庭用电电度表？

22. 室内布线有哪些具体要求？

23. 安装电源插座时应注意哪些事项？

项目6　小功率变压器的设计和检测

任务 6.1　互感线圈的测试和分析

知识要点

- 了解互感现象，理解同名端、互感系数、耦合系数的含义；能分析互感线圈中电压与电流的关系；掌握互感线圈的同名端判别方法。
- 了解互感线圈的串联、并联的各种形式；会用互感消去法对互感线圈的串并联电路进行等效变换。

技能要点

- 会制作互感线圈并能进行测试；会用实验法判断互感线圈的同名端。
- 会对互感线圈进行各种连接并能完成相应的测试。

6.1.1　互感和互感电压

【做一做】实训 6-1：互感现象的测试

实训流程如下。

（1）在空心圆柱形骨架上用铜漆包线绕有两个线圈 ab 和 cd。其中线圈 ab 较长，线圈 cd 较短。线圈 ab 两端接电源和电阻，线圈 cd 两端接灵敏电流表 G，如图 6.1 所示。

（2）闭合开关 S，观察电流表 G 指针的偏转情况。

（3）断开开关 S，观察电流表 G 指针的偏转情况。

（4）将电源极性互换，重复步骤（2）、（3），观察电流表 G 指针的偏转情况。

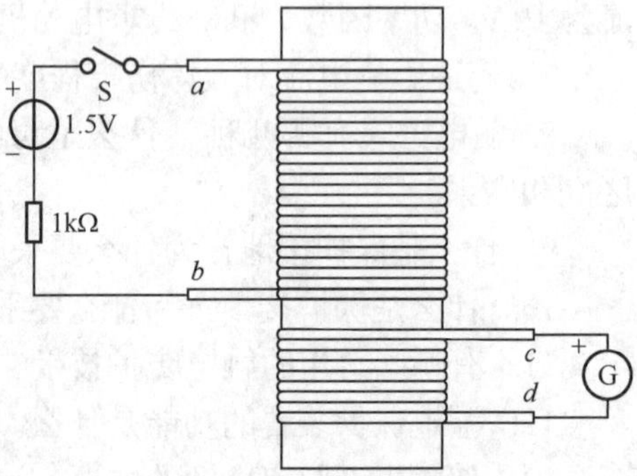

图 6.1　互感线圈的测试

现象表述如下。

（1）开关闭合瞬间，电流表 G________（正偏/反偏/不偏）；开关闭合不动时，电流表 G________（正偏/反偏/不偏）；开关断开瞬间，电流表 G________（正偏/反偏/不偏）；开关断开不动时，电流表 G________（正偏/反偏/不偏）。

（2）电源极性互换后，开关闭合瞬间，电流表 G________（正偏/反偏/不偏）；开关闭合不动时，电流表 G________（正偏/反偏/不偏）；开关断开瞬间，电流表 G________（正偏/反偏/不偏）；开关断开不动时，电流表 G________（正偏/反偏/不偏）。

结论如下。

当 ab 线圈中的电流发生变化时，cd 线圈中________（会/不会）产生感应电动势。如

果产生感应电动势，则感应电动势的极性与＿＿＿＿＿＿＿有关。

1. 互感现象

当线圈两端通以变化的电流时，在线圈的两端便会产生一个阻碍电流变化的电动势，这种现象就是自感。如果两个线圈互相靠近，如图 6.1 所示，一个线圈的电流变化就会在另一个线圈产生感应电动势，这种现象就叫互感现象。

如图 6.2 所示的两个线圈Ⅰ、Ⅱ，它们的匝数分别为 N_1、N_2。根据电磁感应定律，当在线圈Ⅰ中通以变化的电流 i_1 时，线圈Ⅰ产生变化的磁通 Φ_{11}，两端产生电动势 e_{11}，这就是自感。e_{11} 为自感电动势，Φ_{11} 称为线圈Ⅰ的自感磁通，$\Psi_{11}= N_1\Phi_{11}$ 称为线圈Ⅰ的自感磁链。与此同时，Φ_{11} 中有部分磁通 Φ_{21} 穿过线圈Ⅱ，由于 Φ_{21} 也是变化的，从而使线圈Ⅱ两端产生电动势 e_{21}，这种现象称为互感。e_{21} 为互感电动势，Φ_{21} 为线圈Ⅱ的互感磁通，$\Psi_{21}= N_2\Phi_{21}$ 为线圈Ⅱ的互感磁链。自感或互感电动势的大小和方向分别遵循法拉第电磁感应定律和楞次定律（右手螺旋法则）。

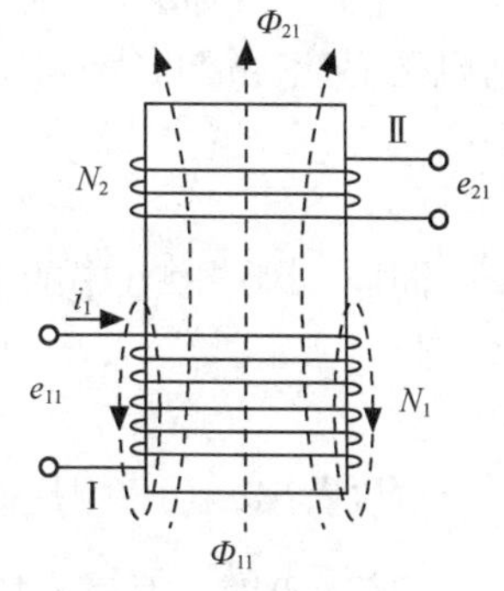

图 6.2　两线圈的互感

同理，若在线圈Ⅱ通以变化的电流 i_2 时，线圈的自感磁通为 Φ_{22}，自感磁链为 $\Psi_{22}=N_2\Phi_{22}$，在线圈Ⅰ的互感磁通为 Φ_{12}，互感磁链为 $\Psi_{12}= N_1\Phi_{12}$，在线圈Ⅱ产生自感电动势 e_{22}，在线圈Ⅰ产生互感电动势 e_{12}。

这种两线圈的磁通相互交链的关系称为磁耦合。

2. 互感系数与耦合系数

（1）互感系数。

在非铁磁性介质中，电流产生的磁通与电流成正比，当匝数一定时，磁链也与电流成正比，即

$$\Psi_{11}= L_1i_1,\ \Psi_{22}= L_2i_2,\ \Psi_{21}= M_{21}i_1,\ \Psi_{12}= M_{12}i_2 \tag{6-1}$$

式（6-1）中的 L_1、L_2 分别是线圈Ⅰ和线圈Ⅱ的自感系数，M_{21} 是线圈Ⅰ对线圈Ⅱ的互感系数，M_{12} 是线圈Ⅱ对线圈Ⅰ的互感系数。

互感系数取决于两线圈周围的介质及两线圈的相对位置。当周围的介质和相对位置确定后，M_{21} 和 M_{12} 就为常数，并且相等，可用 M 表示，即

$$M=M_{12}=M_{21} \tag{6-2}$$

互感系数的 SI 单位是亨利（H）。

当用铁磁材料作耦合磁路时（如硅钢片），M 将不是常数。

（2）耦合系数。

两个磁耦合线圈的电流所产生的磁通，一般只有部分相互交链。彼此不交链的部分磁通称为漏磁通。两耦合线圈相互交链的磁通越多，说明两线圈的耦合越紧密。常用耦合系数来表示两个线圈的磁耦合程度，定义为

$$k=\frac{M}{\sqrt{L_1L_2}} \tag{6-3}$$

耦合系数 k 的大小与线圈的结构、相互位置以及周围磁介质有关。k 的范围是 $0\leqslant k\leqslant 1$。$k=0$ 表示两个线圈无耦合关系，$k=1$ 表示两个线圈完全耦合。如图 6.3（a）所示的两个线圈密绕在一起，k 值就接近于 1；反之，如果它们

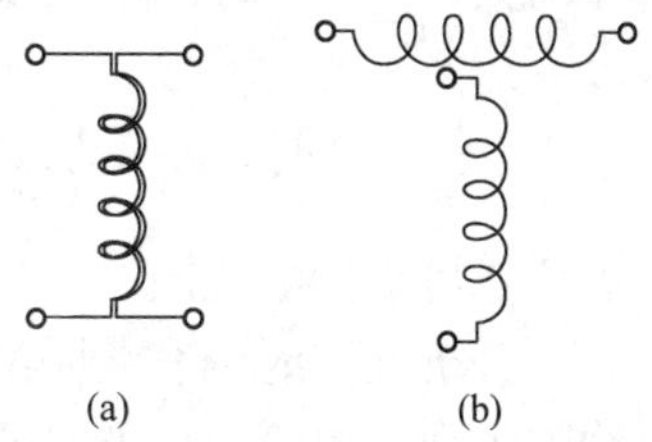

图 6.3　耦合线圈的耦合系数与相互位置的关系

相隔很远，或者如图 6.3（b）所示的两轴线互相垂直，则 k 值就很小，甚至可能接近于零。

3. 互感电压

一个线圈中电流的参考方向和它产生的磁通符合右手螺旋法则关系时，有

$$\Psi_{21}=Mi_1,\ \Psi_{12}=Mi_2$$

若另一个线圈中互感电压的参考方向和互感磁通的方向也满足右手螺旋法则，则根据电磁感应定律可得：因线圈Ⅰ中的电流 i_1 变化而在线圈Ⅱ中产生的互感电压为

$$u_{21}=-e_{21}=\frac{\mathrm{d}\Psi_{21}}{\mathrm{d}t}=M\frac{\mathrm{d}i_1}{\mathrm{d}t}$$

同样，因线圈Ⅱ中的电流 i_2 变化而在线圈Ⅰ中产生的互感电压为

$$u_{12}=-e_{12}=\frac{\mathrm{d}\Psi_{12}}{\mathrm{d}t}=M\frac{\mathrm{d}i_2}{\mathrm{d}t}$$

可以看出，互感电压的大小取决于产生该互感的电流的变化率。当电流的变化率大于零，即 $\frac{\mathrm{d}i}{\mathrm{d}t}>0$ 时，互感电压为正值，表明其实际方向与参考方向一致；当电流的变化率小于零，即 $\frac{\mathrm{d}i}{\mathrm{d}t}<0$ 时，互感电压为负值，表明其实际方向与参考方向相反。

当线圈中通过的电流为正弦交流电时，设 $i_1=I_{\mathrm{m1}}\sin\omega t$，$i_2=I_{\mathrm{m2}}\sin\omega t$。则

$$u_{21}=M\frac{\mathrm{d}i_1}{\mathrm{d}t}=M\frac{\mathrm{d}(I_{\mathrm{m1}}\sin\omega t)}{\mathrm{d}t}=\omega MI_{\mathrm{m1}}\cos\omega t=\omega MI_{\mathrm{m1}}\sin(\omega t+90°)$$

同理

$$u_{12}=M\frac{\mathrm{d}i_2}{\mathrm{d}t}=M\frac{\mathrm{d}(I_{\mathrm{m2}}\sin\omega t)}{\mathrm{d}t}=\omega MI_{\mathrm{m2}}\cos\omega t=\omega MI_{\mathrm{m2}}\sin(\omega t+90°)$$

因此，互感电压用相量表示为

$$\dot{U}_{21}=\mathrm{j}\omega M\dot{I}_1,\ \dot{U}_{12}=\mathrm{j}\omega M\dot{I}_2$$

或者

$$\dot{U}_{21}=\mathrm{j}X_{\mathrm{M}}\dot{I}_1,\ \dot{U}_{12}=\mathrm{j}X_{\mathrm{M}}\dot{I}_2$$

其中 $X_{\mathrm{M}}=\omega M$，称为互感抗，单位是欧姆（Ω）。

6.1.2 互感线圈的同名端及互感线圈中的感应电压

1. 同名端

在研究自感时，若自感电压 u_{L} 与电流 i 为关联参考方向时，则总有 $u_{\mathrm{L}}=L\frac{\mathrm{d}i}{\mathrm{d}t}$。即当电流增大 $\left(\frac{\mathrm{d}i}{\mathrm{d}t}>0\right)$ 时，u_{L} 的实际方向与参考方向相同；当电流减小 $\left(\frac{\mathrm{d}i}{\mathrm{d}t}<0\right)$ 时，u_{L} 的实际方向与参考方向相反，分析时不需要考虑线圈的绕向。

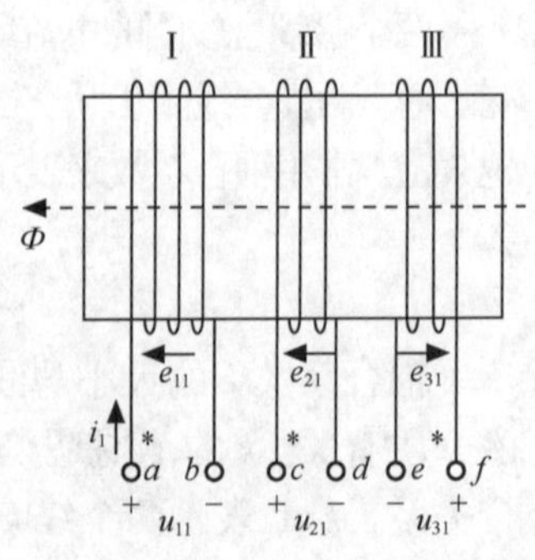

图 6.4 同名端

分析互感时则有线圈绕向的影响因素。在图 6.4 中，当线圈Ⅰ通以电流 i_1，并且增大时，由于磁链增大，由楞次定律可得到自感电动势和自感电压的极性，同时也可得到线圈Ⅱ和线圈Ⅲ上的互感电动势和互感电压的极性。图中，a、c、

f端的极性相同。同理，当线圈 I 中的电流 i_1 减小或者反方向增大、减小时，a、c、f端的极性仍然相同，当然 b、d、e 端的极性也相同。

由以上分析可知，在具有磁耦合的多个线圈中，每个线圈一个端子的感应电压极性与其他线圈总有一个端子的极性始终相同，称它们为同名端，如图 6.4 中的 a、c、f 是同名端，b、d、e 也是同名端。相反，感应电压极性相异的端子则称为异名端。从图 6.4 中可知，同名端与线圈的绕向有关，不管是自感电压还是互感电压，如果绕向一致，则同一个电流产生的同名端的极性相同；如果绕向不同，则同名端的极性相反。同一组同名端用相同的标记，如“*”或者“・”等标注，而另一组则不必标注，图 6.5 所示。

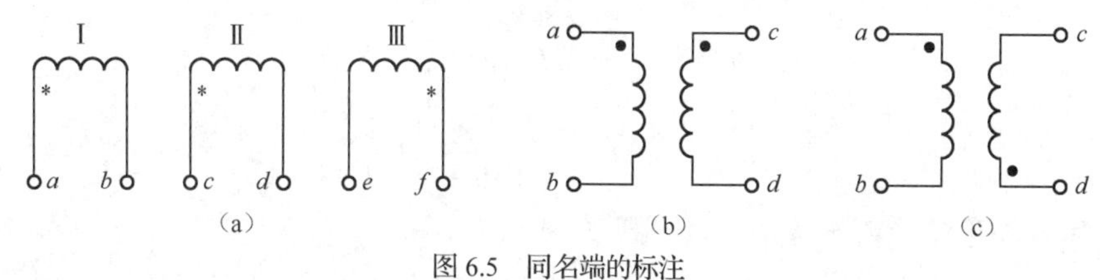

图 6.5　同名端的标注

2. 同名端的判定

当互为同名端的两个端子均通入电流时，它们所产生的磁通总是相互加强（即方向相同）。可利用此结论来对已知绕向的两个线圈进行同名端判定。

实际耦合线圈的绕向一般是看不到的，但在很多情况下如使用变压器，必须要知道正确的同名端，这时可通过实验方法来判定。常用的方法有直流法和交流法。

（1）直流法。

把一个线圈接到直流电源 U_S（如 1.5V 干电池）上，用开关 S 控制电路的状态，另一个线圈接检流计（也可用直流电压表、直流电流表）的“+”“−”端钮，如图 6.6 所示。当开关闭合瞬间，若检流计的指针正偏，则可断定 a、c 是同名端；反之，指针负偏，则 a、d 是同名端。开关断开瞬间，指针偏转情况与开关闭合瞬间刚好相反。其测定依据分析如下。

开关闭合瞬间，电流由端钮 a 流入线圈，且电流值由零增大，线圈 ab 中产生的自感电压的极性必定是 a 正、b 负。此时在线圈 cd 中会产生互感电压，使检流计指针发生偏转。若检流计指针正偏，则与检流计正极性相连接的 c 端为正，所以 a 与 c 是同名端；若检流计指针反偏，则与检流计负极性相连接的 d 端为正，所以 a 与 d 是同名端。开关断开瞬间时的原理可由读者自己分析。

（2）交流法。

同名端的交流法测定如图 6.7 所示。将两个线圈 ab 和 cd 的任意两端（如 b、d 端）连在一起，在其中的一个线圈（如 ab）两端加一个较低的交流电压 u_{ab}，另一个线圈（如 cd）开路，用交流电压表分别测出端电压 U_{ac}、U_{cd} 和 U_{ab}。若 U_{ac} 是两个线圈端电压之差，则 a、c 是同名端；若 U_{ac} 是两个线圈端电压之和，则 a、d 是同名端。

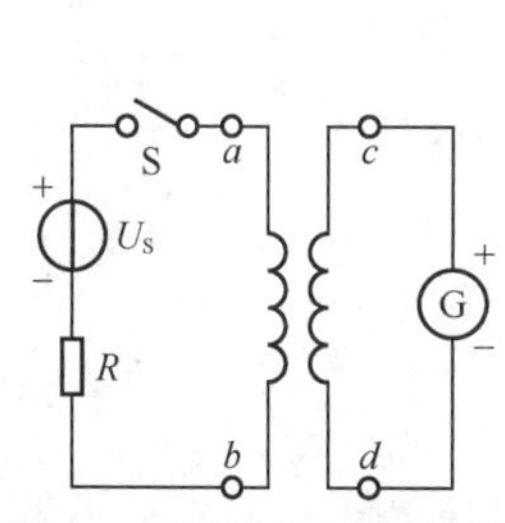

图 6.6　同名端的直流法测定

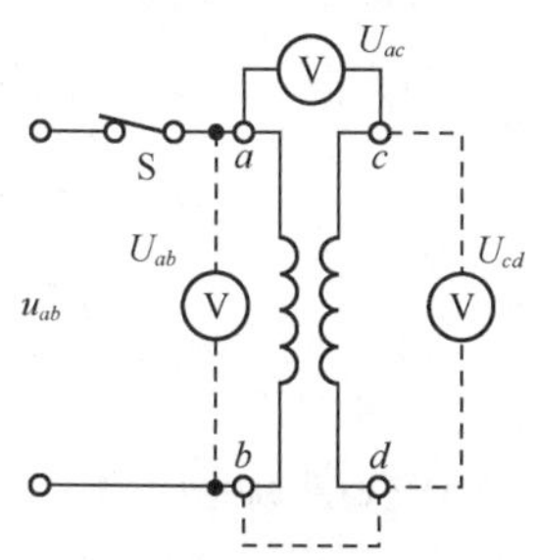

图 6.7　同名端的交流法测定

3. 线圈中的自感电压和互感电压

图 6.8（a）中，两个线圈分别通以电流 i_1 和 i_2。假定自感电压和电流的参考方向一致，互感电压根据同名端选择它们的参考方向（称为习惯选法），则可得

$$u_1 = u_{11} + u_{12} = L_1\frac{\mathrm{d}i_1}{\mathrm{d}t} + M\frac{\mathrm{d}i_2}{\mathrm{d}t}$$

$$u_2 = u_{22} + u_{21} = L_2\frac{\mathrm{d}i_2}{\mathrm{d}t} + M\frac{\mathrm{d}i_1}{\mathrm{d}t}$$

图 6.8（b）中，在同样的参考方向下，可得

$$u_1 = u_{11} - u_{12} = L_1\frac{\mathrm{d}i_1}{\mathrm{d}t} - M\frac{\mathrm{d}i_2}{\mathrm{d}t}$$

$$u_2 = u_{22} - u_{21} = L_2\frac{\mathrm{d}i_2}{\mathrm{d}t} - M\frac{\mathrm{d}i_1}{\mathrm{d}t}$$

当 i_1 和 i_2 为正弦交流电流时，相量形式表示为

$$\dot{U}_1 = \dot{U}_{11} \pm \dot{U}_{12} = \mathrm{j}\omega L_1\dot{I}_1 \pm \mathrm{j}\omega M\dot{I}_2$$

$$\dot{U}_2 = \dot{U}_{22} \pm \dot{U}_{21} = \mathrm{j}\omega L_2\dot{I}_2 \pm \mathrm{j}\omega M\dot{I}_1$$

式中的“+”和“−”分别对应于图 6.8（a）和图 6.8（b）的情况。

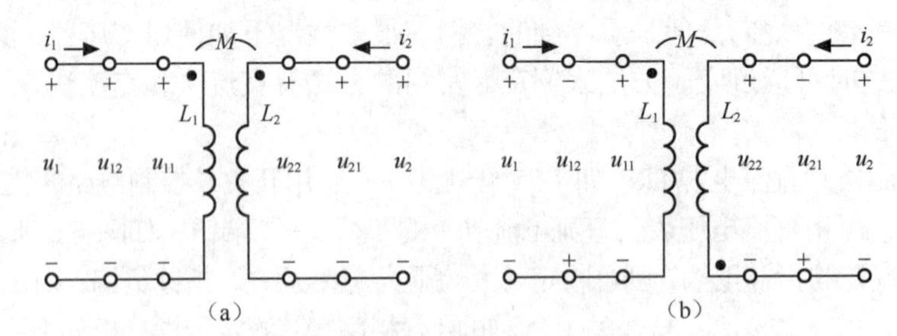

图 6.8 线圈中的自感电压和互感电压

【例 6-1】 在如图 6.9 所示的电路中，将交流电压 $u=\sqrt{2}\sin314t$ V 加在线圈 ab 侧，用万用表交流挡分别测量得流过线圈 ab 的电流 I_1=8mA，线圈 cd 两端的电压 U_2=0.25V；将交流电压 $u=\sqrt{2}\sin314t$ V 加在线圈 cd 侧，用万用表交流挡分别测量得流过线圈 cd 的电流 I_2=45.5mA，线圈 ab 两端的电压 U_1=1.43V。求：（1）线圈 ab 和线圈 cd 的自感系数 L_1、L_2，互感系数 M，耦合系数 k。（2）当两个线圈为全耦合时，求互感系数 M_m。

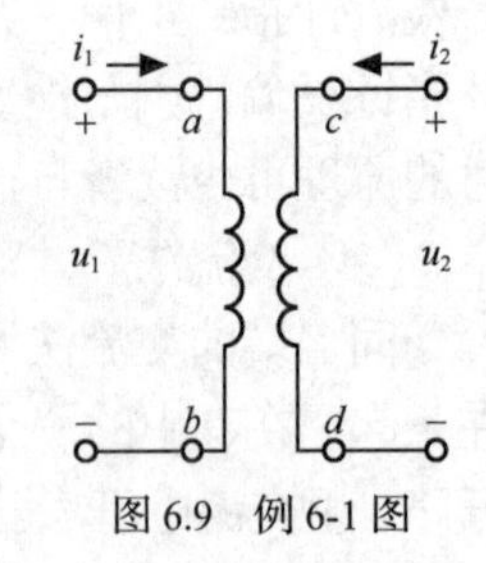

图 6.9 例 6-1 图

解：（1）交流电压 u 加在线圈 ab 侧，有

U_1=1V，I_1=8mA，U_2=0.25V

可得

$$L_1 = \frac{U_1}{\omega I_1} = \frac{1}{314\times8\times10^{-3}} = 0.4(\mathrm{H})$$

$$M = \frac{U_2}{\omega I_1} = \frac{0.25}{314\times8\times10^{-3}} = 0.1(\mathrm{H})$$

交流电压 u 加在线圈 cd 侧，有

$$U_2=1\mathrm{V}，I_2=45.5\mathrm{mA}，U_1=1.43\mathrm{V}$$

可得

$$L_2=\frac{U_2}{\omega I_2}=\frac{1}{314\times45.5\times10^{-3}}=0.07(\mathrm{H})$$

耦合系数

$$k=\frac{M}{\sqrt{L_1L_2}}=\frac{0.1}{\sqrt{0.4\times0.07}}=0.6$$

（2）当两个线圈为全耦合时，耦合系数 $k=1$，可得互感系数

$$M_{\mathrm{m}}=\sqrt{L_1L_2}=\sqrt{0.4\times0.07}=0.167(\mathrm{H})$$

【做一做】实训6-2：互感线圈同名端的测试和电路参数的测定

实训流程如下。

1. 分别用直流法和交流法测定互感线圈的同名端

（1）直流法。

实验线路如图6.10所示。先将 N_1 和 N_2 两个线圈的4个接线端子编以1、2和3、4号。将 N_1、N_2 同心地套在一起，并放入细铁棒。U 为可调直流稳压电源，调至10V。流过 N_1 侧的电流不可超过0.4A（选用5A量程的数字电流表）。N_2 侧直接接入2mA量程的毫安表。将铁棒迅速地拨出和插入，观察毫安表读数正、负的变化，来判定 N_1 和 N_2 两个线圈的同名端。

（2）交流法。

① 用导线将2、4相连，在 N_1 上加2V左右的电压。

注意：在本方法中，由于加在 N_1 上的电压仅为2V左右，直接用屏内调压器很难调节，因此采用如图6.11所示的线路来扩展调压器的调节范围。图中W、N为主屏上的自耦调压器的输出端，B为TKDG-04挂箱中的升压铁芯变压器，此处作降压用。

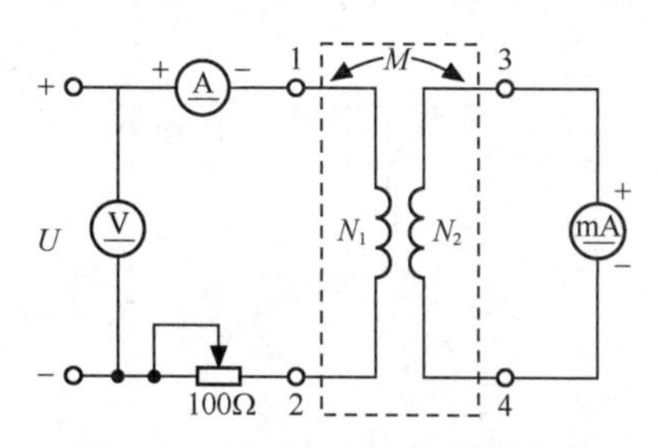

图6.10 直流法测定同名端的实验图

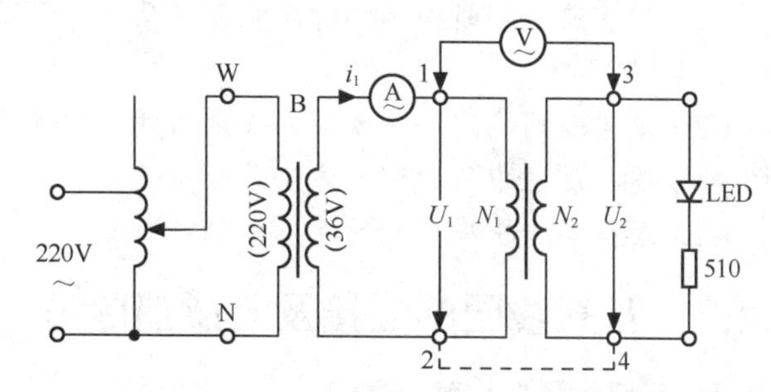

图6.11 交流法测定同名端的实验图

接通电源前，应首先检查自耦调压器是否调至零位，确认后方可接通交流电源，令自耦调压器输出一个很低的电压（约2V），使流过电流表的电流小于1.4A。

② 将 N_2 放入 N_1 中，并在两个线圈中插入铁棒。A为2.5A以上量程的电流表，N_2 侧开路。

③ 用0～30V量程的交流电压表测量 U_{13}、U_{12}、U_{34}，判定同名端。

④ 拆除2、4连线，将2、3相接，重复上述步骤，判定同名端。

2. 两个线圈互感系数 M 的测定。

（1）拆除2、3连线，测 U_1、I_1、U_2。

（2）根据互感电动势 $E_2\approx U_2=\omega MI_1$，可得 $M=\dfrac{U_2}{\omega I_1}$，计算出互感系数 M。

3. 耦合系数 k 的测定

（1）将低压交流加在 N_2 侧，使流过 N_2 侧的电流小于 1A，N_1 侧开路，按步骤 2 测出 U_2、I_2、U_1。

（2）用万用表的 R×1 挡分别测出 N_1 和 N_2 线圈的电阻值 R_1 和 R_2。

（3）根据 $L_1=\dfrac{U_1}{\omega I_1}$、$L_2=\dfrac{U_2}{\omega I_2}$，求出各自的自感 L_1 和 L_2。

（4）根据 $k=M/\sqrt{L_1L_2}$，计算耦合系数 k 值。

4. 观察互感现象

在图 6.11 的 N_2 侧接入 LED 发光二极管与 510Ω(电阻箱)串联的支路。

（1）将铁棒慢慢地从两线圈中抽出和插入，观察 LED 亮度的变化及各电表读数的变化，记录现象。

（2）将两个线圈改为并排放置，并改变其间距，分别或同时插入铁棒，观察 LED 亮度的变化及仪表读数。

（3）改用铝棒替代铁棒，重复（1）、（2）的步骤，观察 LED 的亮度变化，记录现象。

5. 自拟测试数据表格，完成测试和计算任务。

【实验注意事项】

（1）在整个实验过程中，注意流过线圈 N_1 的电流不得超过 1.4A，流过线圈 N_2 的电流不得超过 1A。

（2）测定同名端及其他测量数据的实验中，都应将小线圈 N_2 套在大线圈 N_1 中，并插入铁芯。

（3）做交流实验前，首先要检查自耦调压器，要保证手柄置在零位。因实验时加在 N_1 上的电压只有 2~3V，因此调节时要特别仔细、小心，要随时观察电流表的读数，不得超过规定值。

【想一想】

（1）用直流法判断同名端时，能否以及如何根据 S 断开瞬间毫安表指针的正、反偏来判断同名端？

（2）本实验用直流法判断同名端是用插、拔铁芯时，观察电流表的正、负读数变化来确定的，这与原理中所叙述的方法是否一致？

（3）解释实验中观察到的互感现象。

6.1.3 互感线圈的连接及互感消除法

1. 互感线圈的串联

（1）互感线圈的顺向串联。

所谓互感线圈的顺向串联是指把两个线圈的异名端相连接的方式，如图 6.12 所示。自感电压、互感电压的参考方向仍按习惯选法。

对于正弦交流电流，有

$$\dot{U}_1=\dot{U}_{11}+\dot{U}_{12}=\mathrm{j}\omega L_1\dot{I}+\mathrm{j}\omega M\dot{I}$$

$$\dot{U}_2=\dot{U}_{22}+\dot{U}_{21}=\mathrm{j}\omega L_2\dot{I}+\mathrm{j}\omega M\dot{I}$$

端口电压为

$$\begin{aligned}\dot{U}&=\dot{U}_1+\dot{U}_2=\mathrm{j}\omega L_1\dot{I}+\mathrm{j}\omega M\dot{I}+\mathrm{j}\omega L_2\dot{I}+\mathrm{j}\omega M\dot{I}\\&=\mathrm{j}\omega(L_1+L_2+2M)\dot{I}=\mathrm{j}\omega L_{\mathrm{F}}\dot{I}\end{aligned}$$

式中，$L_F = L_1 + L_2 + 2M$ 称为顺向串联时的等效电感。

（2）互感线圈的反向串联。

所谓互感线圈的反向串联是指把两个线圈的同名端相连接的方式，如图 6.13 所示。自感电压、互感电压的参考方向按习惯选法。

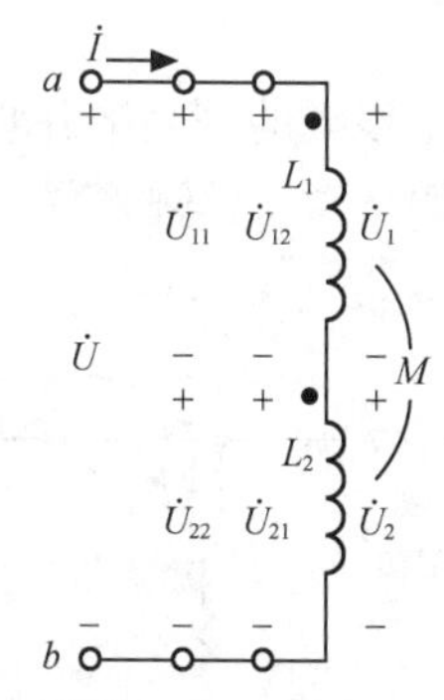

图 6.12　互感线圈的顺向串联

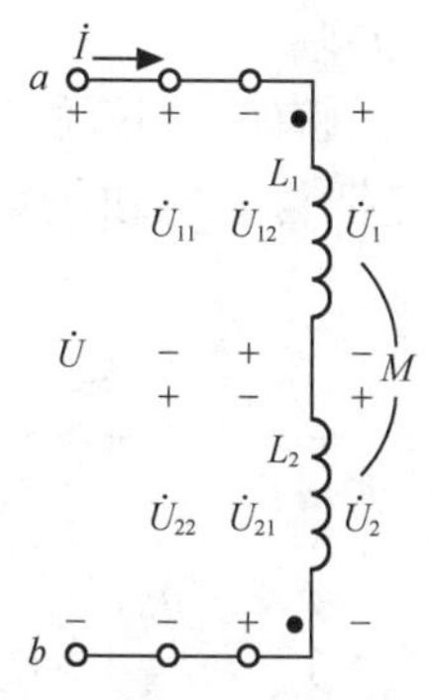

图 6.13　互感线圈的反向串联

对于正弦交流电流，有

$$\dot{U}_1 = \dot{U}_{11} - \dot{U}_{12} = \mathrm{j}\omega L_1\dot{I} - \mathrm{j}\omega M\dot{I}$$

$$\dot{U}_2 = \dot{U}_{22} - \dot{U}_{21} = \mathrm{j}\omega L_2\dot{I} - \mathrm{j}\omega M\dot{I}$$

端口电压为

$$\begin{aligned}\dot{U} &= \dot{U}_1 + \dot{U}_2 = \mathrm{j}\omega L_1\dot{I} - \mathrm{j}\omega M\dot{I} + \mathrm{j}\omega L_2\dot{I} - \mathrm{j}\omega M\dot{I} \\ &= \mathrm{j}\omega(L_1 + L_2 - 2M)\dot{I} = \mathrm{j}\omega L_R\dot{I}\end{aligned}$$

式中，$L_R = L_1 + L_2 - 2M$ 称为反向串联时的等效电感。

可以证明串联后的等效电感必然大于或等于零，即

$$L_1 + L_2 \pm 2M \geqslant 0$$

（3）用互感线圈串联的方法测定互感线圈的同名端和互感系数。

由于互感线圈顺向和反向串联时的等效电感不同，在同样的电压下电路中的电流也不相等，顺向串联时等效电感大而电流小，反向串联时电感小而电流大。通过测量串联电感的电流就可以测定互感线圈的同名端，并且根据测出的顺向和反向串联的等效电感可计算出互感系数 M，即

$$M = \frac{L_F - L_R}{4}$$

【例 6-2】　如图 6.14 所示的电路，已知 $u_{ab}=20\sqrt{2}\sin 1000t$ V，L_1=2mH，L_2=3mH，M=1.5mH，$R_1=R_2=3\Omega$，求电流 $\dot{I}$。

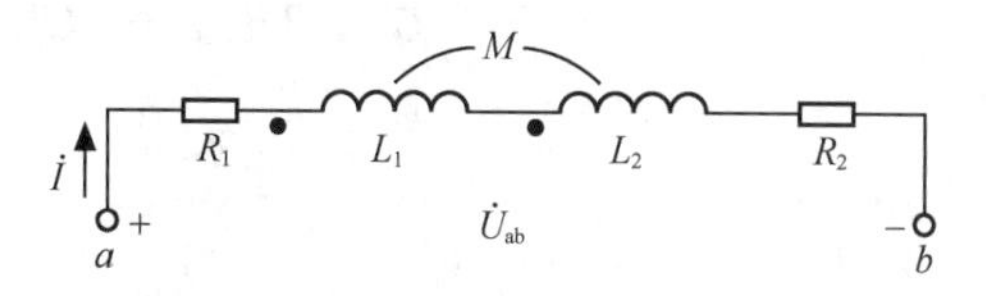

图 6.14　例 6-2 图

解： 两线圈为顺向串联，可得

$$L_F = L_1 + L_2 + 2M = 2 + 3 + 2\times 1.5 = 8(\mathrm{mH})$$

电路阻抗

$$\begin{aligned}Z &= (R_1 + R_2) + \mathrm{j}\omega L_F = (3+3) + \mathrm{j}1000\times 8\times 10^{-3} \\ &= 6 + \mathrm{j}8 = 10\angle 53.1^\circ(\Omega)\end{aligned}$$

端口电压

$$\dot{U}_{ab} = 20\angle 0^\circ\ \text{V}$$

所以

$$\dot{I} = \frac{\dot{U}_{ab}}{Z} = \frac{20\angle 0^\circ}{10\angle 53.1^\circ} = 2\angle -53.1^\circ\ (\text{A})$$

2. 互感线圈的并联

两个有互感的线圈有两种并联方式，一种是把两个线圈的同名端并联在同一侧，称为同侧并联；另一种是把两个线圈的异名端并联在同一侧，称为异侧并联，分别如图 6.15 和图 6.16 所示。

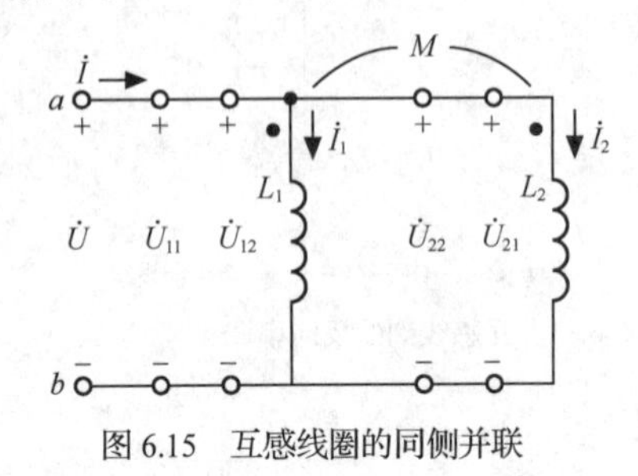

图 6.15　互感线圈的同侧并联

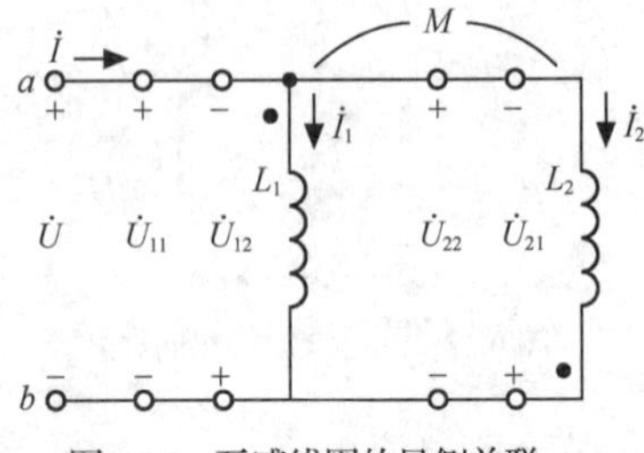

图 6.16　互感线圈的异侧并联

自感电压、互感电压的参考方向按习惯选法，有

$$\dot{U} = \dot{U}_{11} \pm \dot{U}_{12} = \dot{U}_{22} \pm \dot{U}_{21}$$

各电流、电压量均为正弦量，不计线圈电阻时，可写成

$$\dot{U} = \text{j}\omega L_1 \dot{I}_1 \pm \text{j}\omega M \dot{I}_2 = \text{j}\omega L_2 \dot{I}_2 \pm \text{j}\omega M \dot{I}_1$$

上面各式中的"+"和"−"分别对应于同侧并联和异侧并联。

又

$$\dot{I} = \dot{I}_1 + \dot{I}_2$$

求解上式方程组成的方程组，可得

$$\dot{I}_1 = \frac{L_2 \mp M}{\text{j}\omega(L_1L_2 - M^2)}\dot{U}$$

$$\dot{I}_2 = \frac{L_1 \mp M}{\text{j}\omega(L_1L_2 - M^2)}\dot{U}$$

$$\dot{I} = \dot{I}_1 + \dot{I}_2 = \frac{L_1 + L_2 \mp 2M}{\text{j}\omega(L_1L_2 - M^2)}\dot{U}$$

所以，从 a、b 两端看进去的等效阻抗

$$Z = \frac{\dot{U}}{\dot{I}} = \frac{\text{j}\omega(L_1L_2 - M^2)}{L_1 + L_2 \mp 2M} = \text{j}\omega L_{并}$$

其中，$L_{并} = \dfrac{L_1L_2 - M^2}{L_1 + L_2 \mp 2M}$，称为并联时的等效电感，分母中"−"和"+"分别对应于同侧并联时的等效电感 L_S 和异侧并联时的等效电感 L_D。

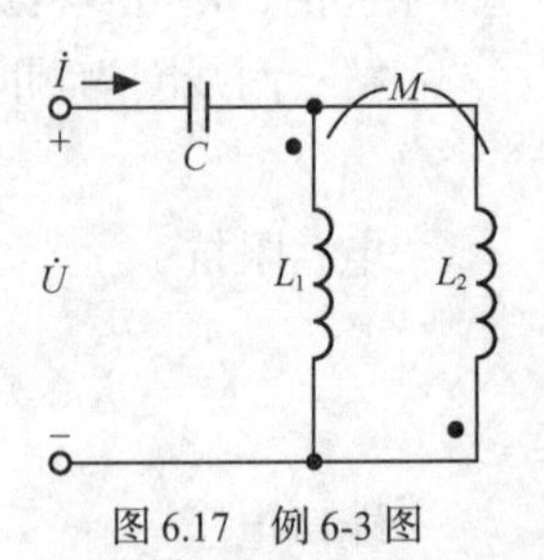

图 6.17　例 6-3 图

【例 6-3】　在如图 6.17 所示的电路中，L_1=0.06H，L_2=0.04H，M=0.03H，C=10μF，求电路的振荡频率 f_0。

解：异侧并联的等效电感

$$L_D=\frac{L_1L_2-M^2}{L_1+L_2+2M}=\frac{0.06\times0.04-0.03^2}{0.06+0.04+2\times0.03}=0.0094(\mathrm{H})$$

电路的振荡频率

$$f_0=\frac{1}{2\pi\sqrt{L_DC}}=\frac{1}{2\pi\sqrt{0.0094\times10\times10^{-6}}}=519.1(\mathrm{Hz})$$

3. 互感消除法

互感消除法就是将互感参数等效为自感参数，使电路不再含有互感而成为一般的正弦电路。

（1）两端相连。

对于如图 6.15 所示的两个线圈同侧并联的情况，在给定电压、电流的参考方向下，有

$$\dot{U}=\mathrm{j}\omega L_1\dot{I}_1+\mathrm{j}\omega M\dot{I}_2=\mathrm{j}\omega(L_1-M)\dot{I}_1+\mathrm{j}\omega M\dot{I}$$

$$\dot{U}=\mathrm{j}\omega L_2\dot{I}_2+\mathrm{j}\omega M\dot{I}_1=\mathrm{j}\omega(L_2-M)\dot{I}_2+\mathrm{j}\omega M\dot{I}$$

因此，图 6.15 可以用图 6.18 所代替。在图 6.18 中两条支路之间已经不存在互感，该电路称为消去互感后的等效电路。同理，也可得到两个线圈异侧并联时的消去互感后的等效电路，如图 6.19 所示。

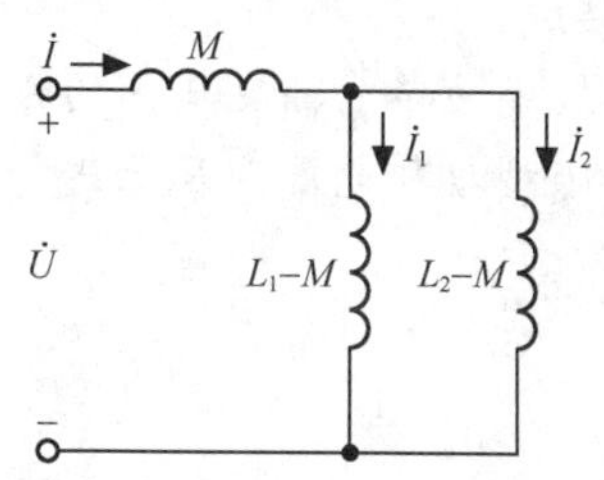

图 6.18　线圈同侧并联消去互感的等效电路

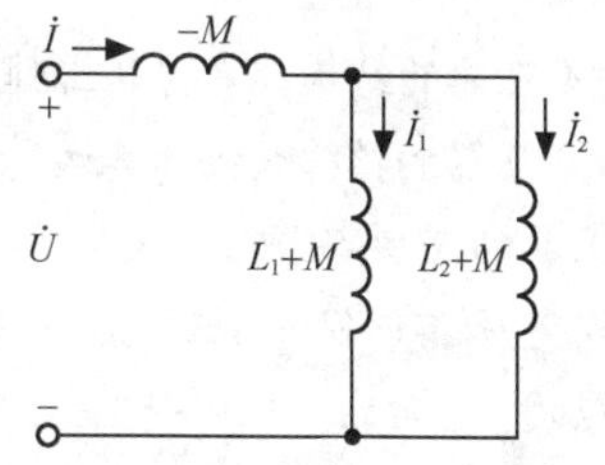

图 6.19　线圈异侧并联消去互感的等效电路

（2）一端相连。

如图 6.20（a）所示为具有互感的两个线圈仅有一端相连且为同名端相连的电路。在给定电压、电流的参考方向下，有

$$\dot{U}_{ac}=\mathrm{j}\omega L_1\dot{I}_1+\mathrm{j}\omega M\dot{I}_2=\mathrm{j}\omega(L_1-M)\dot{I}_1+\mathrm{j}\omega M\dot{I}$$

$$\dot{U}_{bc}=\mathrm{j}\omega L_2\dot{I}_2+\mathrm{j}\omega M\dot{I}_1=\mathrm{j}\omega(L_2-M)\dot{I}_2+\mathrm{j}\omega M\dot{I}$$

因此，其消去互感的等效电路如图 6.20（b）所示。

如图 6.21（a）所示为具有互感的两个线圈仅有一端相连且为异名端相连的电路。同理可得到其消去互感的等效电路如图 6.21（b）所示。

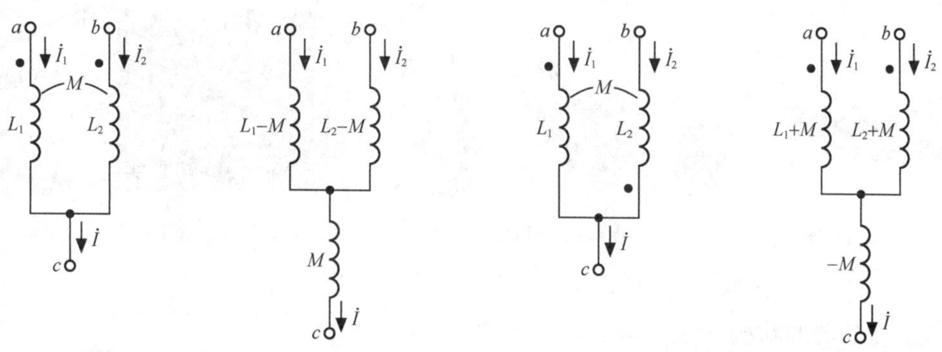

（a）同名端相连的电路　（b）消去互感的等效电路

图 6.20　互感线圈一端（同名端）相连的电路

（a）异名端相连的电路　（b）消去互感的等效电路

图 6.21　互感线圈一端（异名端）相连的电路

【例 6-4】 如图 6.22（a）所示的电路中，电感 L_1=0.6H，L_2=0.8H，互感 M=0.4H，画出消去互感后的等效电路。

解：图 6.22（a）所示的电路为互感线圈一端（异名端）相连电路，有

$L_1+M=0.6+0.4=1(\text{H})$，$L_2+M=0.8+0.4=1.2(\text{H})$

因此，其消去互感后的等效电路如图 6.22（b）所示。

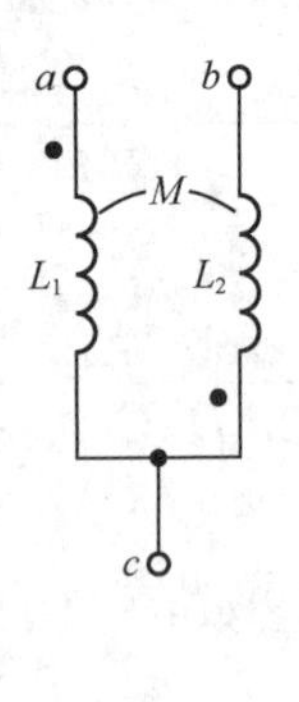

（a）互感电路

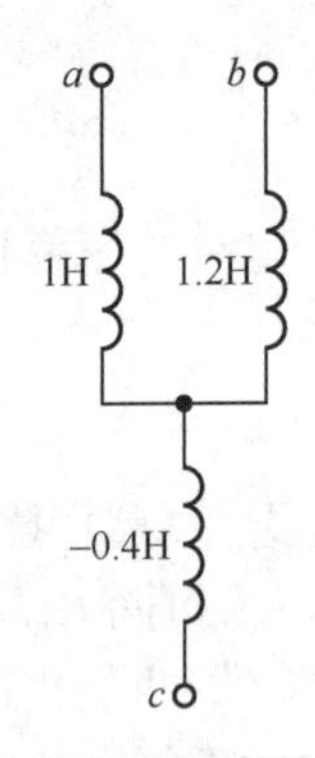

（b）消去互感的等效电路

图 6.22 例 6-4

任务 6.2 变压器的分析与检测

知识要点

- 了解单相变压器的结构，掌握其工作原理；了解实际变压器的铭牌数据和其运行特性。
- 了解变压器的常见故障。
- 了解自耦变压器、仪用互感器等特殊变压器的应用。

技能要点

- 掌握小功率电源变压器的测试方法。能对小型单相电源变压器进行参数检测。

6.2.1 认识变压器

变压器是根据电磁感应原理制成的电磁能量转换器，用途广泛，种类繁多。这里主要介绍电子设备中常用的小型变压器。

1. 变压器的种类

变压器按用途分类有电源变压器、调压变压器、音频变压器、中频变压器、高频变压器、脉冲变压器等；按铁芯或线圈结构分类有芯式变压器（插片铁芯、C 型铁芯、铁氧体铁芯）、壳式变压器（插片铁芯、C 型铁芯、铁氧体铁芯）、环形变压器、金属箔变压器；按冷却方式分类有干式（自冷）变压器、油浸（自冷）变压器、氟化物（蒸发冷却）变压器；按防潮方式分类有开放式变压器、灌封式变压器、密封式变压器。常见小型变压器如图 6.23 所示。

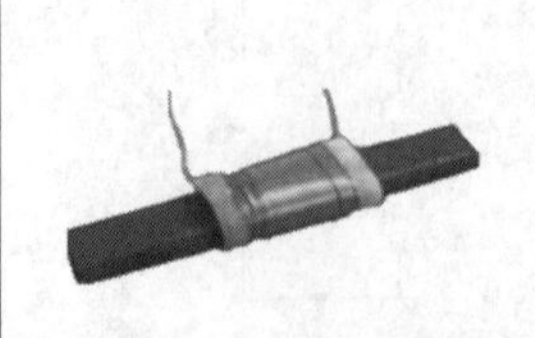
（a） 天线变压器

（b）中频变压器

（c）低频（音频）变压器

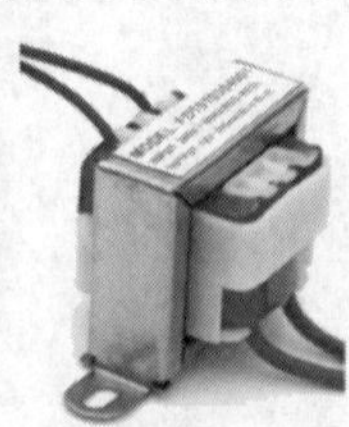
（d）电源变压器

图 6.23 常见小型变压器的实物图

2. 变压器的结构

变压器的结构虽然在不断演变，不同的变压器也有各自的结构特点，但它们一般都是由铁芯、绕组和一些其他零部件组成的。

（1）铁芯。

铁芯是变压器的磁路部分，也是变压器绕组的支撑骨架。铁芯包括铁芯柱和铁轭两部分。铁芯柱上套绕组，铁轭将铁芯柱连接起来，使之形成闭合磁路。变压器用的铁芯材料都是软磁材料。在电力系统中，为了降低在交变磁通作用下的磁滞损耗和涡流损耗，铁芯常采用厚度为 0.35～0.5mm 两平面涂绝缘漆或经过氧化处理的硅钢片叠成；在电子工程中音频电路的变压器铁芯一般采用坡莫合金，而高频电路中的变压器则广泛采用铁氧体。单相变压器的铁芯主要有铁芯式和铁壳式（或简称芯式和壳式）两种。芯式变压器的绕组套在外侧铁芯柱上，如图 6.24（a）所示，多用作高电压大容量变压器；壳式变压器的绕组只套在中间的铁芯柱上，绕组两侧被外侧铁芯柱包围，如图 6.24（b）所示，多用作小型干式变压器。

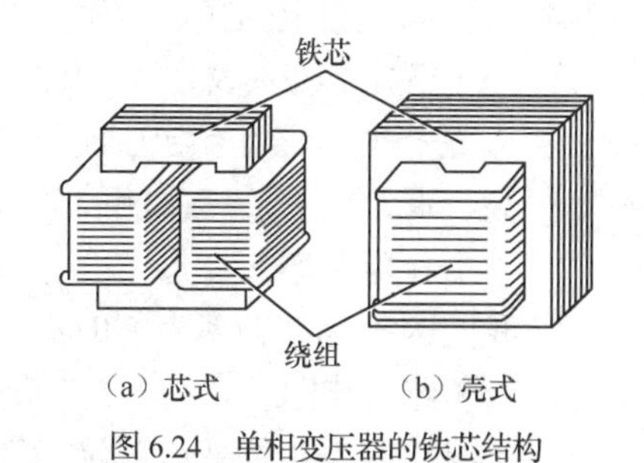

图 6.24　单相变压器的铁芯结构

（2）绕组。

绕组构成变压器的电路部分。电力变压器的绕组常用绝缘的扁铜线或扁铝线绕制而成；小型变压器的绕组一般用漆包线绕制而成。变压器有两个或两个以上的绕组，其中接电源的绕组叫一次侧绕组（又叫初级线圈），其余的绕组叫二次侧绕组（又叫次级线圈）。

绕组结构有同心式和交叠式两种，如图 6.25 所示。多数电力变压器都采用同心式绕组，即一次侧和二次侧绕组套装在同一个铁柱上。为了便于绝缘，一般低压绕组放在里面，高压绕组套在外面。同心式绕组结构简单，制造方便。交叠式绕组的高、低压绕组是互相交叠放置的，为了便于绝缘，一般最上和最下的二绕组都是低压绕组。交叠式绕组主要用于电焊、电炉等变压器中。

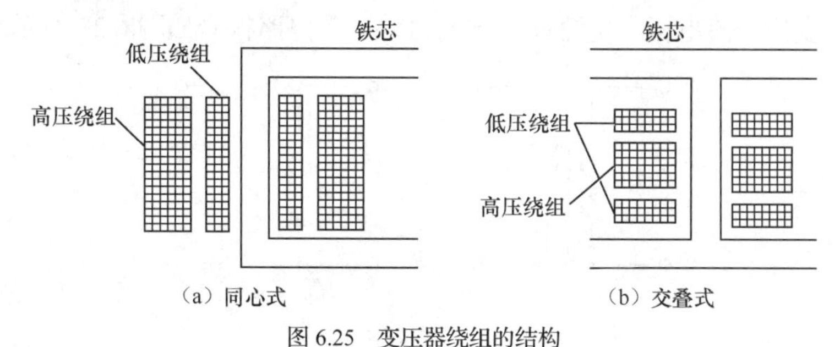

图 6.25　变压器绕组的结构

3. 变压器的冷却方式

变压器运行时因有铜损（绕组流过电流而损耗的功率）和铁损（磁滞损耗和涡流损耗）而产生大量的热，为了防止变压器因温度过高而烧坏，一般需注意它的冷却散热。小型变压器可采用在空气中自然冷却的自冷式，而容量较大的变压器常采用油冷式，即将变压器的铁芯和绕组全面浸在油箱中，外面采用波形壁来增加散热。图 6.26 所示为三相油冷式变压器的外形。

图 6.26　三相油冷式变压器

4. 变压器的主要技术参数

在变压器的铭牌上标有常用的技术性能数据，它是变压器正常运行的依据，主要有如下几种。

（1）额定电压（U_{1N}/U_{2N}）。

U_{1N}是指加在变压器一次侧绕组上交流电压的额定值；U_{2N}是指在一次侧绕组上加额定电压，二次侧绕组不带负载时的开路电压。对于三相变压器，额定电压是指线电压。

（2）额定电流（I_{1N}/I_{2N}）。

额定电流指变压器在额定容量下允许长期通过的工作电流。其中I_{1N}、I_{2N}分别为一次侧和二次侧绕组上的额定电流。对于三相变压器，额定电流是指线电流。

（3）额定容量（S_N）。

S_N是指变压器在额定工况下连续运行时二次侧输出视在功率的保证值。由于变压器效率很高，通常将一、二次侧的额定容量视为相等。

（4）额定频率（f_N）。

我国国家标准频率为50Hz。

（5）绝缘电阻。

绝缘电阻是表征变压器绝缘性能的参数，它指施加在绝缘层上的电压与漏电流的比值，包括绕组之间、绕组与铁芯及外壳之间的绝缘阻值。

（6）阻抗电压。

把变压器的二次绕组短路，在一次绕组慢慢升高电压，当二次绕组的短路电流等于额定值时，此时一次侧所施加的电压称为阻抗电压。阻抗电压一般以额定电压的百分数表示。

变压器其他的技术参数还有空载损耗、空载电流、负载损耗、联结组标号等，其意义请参考有关资料。

6.2.2 变压器的分析

1. 变压器的工作原理

变压器是变换交流电压、电流和阻抗的器件，其电路符号如图6.27所示。

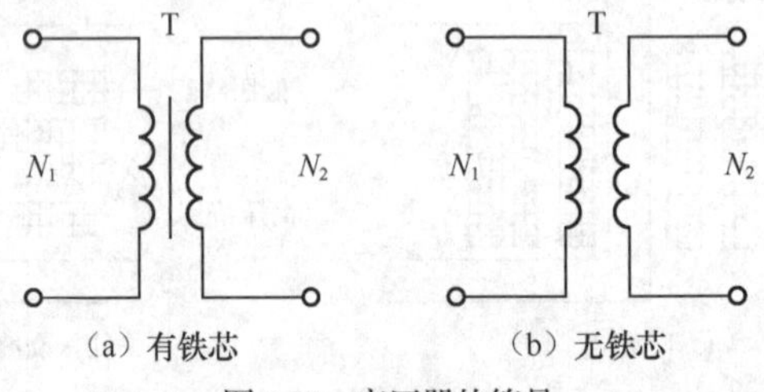

（a）有铁芯　　（b）无铁芯

图6.27　变压器的符号

（1）变换交流电压。

当变压器一次侧接交流电源（二次侧开路）时，在一次侧绕组上形成空载电流 i_0，此时形成一个交变磁通 Φ，设 $\Phi=\Phi_m\sin\omega t$。根据电磁感应定律，该磁通在一、二次侧绕组分别感应出电动势 e_1 和 e_2，即

$$e_1=-N_1\frac{\mathrm{d}\Phi}{\mathrm{d}t}=-N_1\frac{\mathrm{d}\Phi_m\sin\omega t}{\mathrm{d}t}=-N_1\Phi_m\omega\cos\omega t=E_{1m}\sin(\omega t-90°)$$

$$e_2=-N_2\frac{\mathrm{d}\Phi}{\mathrm{d}t}=-N_2\frac{\mathrm{d}\Phi_m\sin\omega t}{\mathrm{d}t}=-N_2\Phi_m\omega\cos\omega t=E_{2m}\sin(\omega t-90°)$$

其中 $E_{1m}=N_1\Phi_m\omega$，$E_{2m}=N_2\Phi_m\omega$。

可见 e_1 与 e_2 的相位都比 Φ 滞后90°。由于 i_0 与其产生的 Φ 是同相的，而电感线圈中的 i_0 滞后外加电压 u_1 90°，所以 e_1 与 e_2 都与外加电压 u_1 反相。

e_1 与 e_2 的有效值分别为

$$E_1=\frac{E_{1m}}{\sqrt{2}}=\frac{N_1\Phi_m\omega}{\sqrt{2}}=4.44fN_1\Phi_m$$

$$E_2=\frac{E_{2m}}{\sqrt{2}}=\frac{N_2\Phi_m\omega}{\sqrt{2}}=4.44fN_2\Phi_m$$

在变压器空载运行时，I_0 很小，绕组电压降和漏抗压降可以忽略，一次绕组的感应电动势 E_1 近似与外加电压 U_1 相平衡，即 $E_1\approx U_1$；二次侧空载，则空载端电压 U_2 和感应电动势 E_2 相等，即 $U_2=E_2$。

于是可得

$$\frac{U_1}{U_2}\approx\frac{E_1}{E_2}=\frac{4.44fN_1\Phi_m}{4.44fN_2\Phi_m}=\frac{N_1}{N_2}=k$$

即变压器空载时，一、二次侧端电压之比近似等于电动势之比，或者绕组的匝数比。这个比值 k 称为变压比，简称变比。当 $k>1$ 时，$U_2<U_1$，是降压变压器；当 $k<1$ 时，$U_2>U_1$，是升压变压器；当 $k=1$ 时，一般做隔离变压器。

（2）变换交流电流。

负载运行是变压器的基本运行状态。变压器空载时，二次侧线圈开路，电流 $i_2=0$，负载消耗的功率基本为零，一次侧电流为很小的空载电流 i_0。当变压器接上负载后，在二次侧就会产生一定大小的电流，而该电流实际是由一次侧的电源通过电磁感应在二次侧线圈中产生感应电动势而提供的。此时，一次侧的电流也相应地由 i_0 上升为 i_1，而且 i_2 越大，i_1 也越大。i_2 的大小又是由负载阻抗的大小决定的，即变压器一次侧的电流的大小取决于负载的需要。变压器一次侧的电源通过磁耦合将功率传送给负载，并能自动适应负载对功率的要求。

变压器的工作原理如图 6.28 所示。

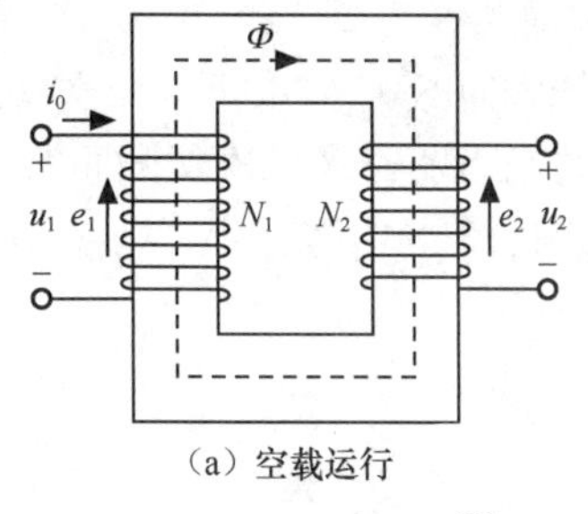

（a）空载运行

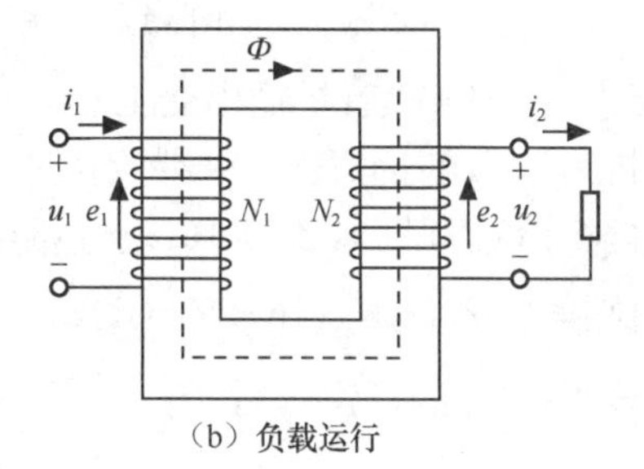

（b）负载运行

图 6.28　变压器的工作原理

变压器在传递能量的过程中，能量损耗（铜损和铁损）是很小的，其一次和二次绕组的有功功率、无功功率和视在功率基本相等，有

$$U_1I_1\approx U_2I_2$$

即

$$\frac{I_1}{I_2}\approx\frac{U_2}{U_1}=\frac{N_2}{N_1}=\frac{1}{k}$$

可见，变压器改变电压的同时也改变了电流。

由于一次、二次绕组的有功功率和无功功率基本相等，所以在电压、电流的参考方向下，$\dot{U}_1$ 与 $\dot{I}_1$ 的相位差与 $\dot{U}_2$ 与 $\dot{I}_2$ 的相位差也必定基本相等，因此，在参考方向对同名端一致时，$\dot{U}_1$ 与 $\dot{U}_2$ 同相，$\dot{I}_1$ 与 $\dot{I}_2$ 也同相。

【例 6-5】 已知单相变压器的容量是 1.5kVA，电压是 220V/36V，一次侧绕组为 2200 匝，试求：变压器的变比，二次侧绕组的匝数，一次侧、二次侧的电流各为多少？

解： 变压器变比：$k=U_1/U_2=220/36=6.11$

二次侧绕组的匝数：$N_2=N_1/k=2200/6.11=360$（匝）

变压器的容量：$S_N=U_1I_1=U_2I_2$

一次侧电流：$I_1=S_N/U_1=1500/220=6.82$（A）

二次侧电流：$I_2=S_N/U_2=1500/36=41.7$（A）

（3）变换交流阻抗。

根据变压器电压、电流的变换关系，在变压器带负载的情况下，变压器的外特性如图 6.29（a）所示，有

$$Z_i=\frac{\dot{U}_1}{\dot{I}_1}=\frac{k\dot{U}_2}{\frac{1}{k}\dot{I}_2}=k^2\frac{\dot{U}_2}{\dot{I}_2}=k^2Z_L \tag{6-4}$$

式（6-4）表明，从一次侧看进去，二次侧的阻抗改变为原来的 k^2 倍，这就是变压器变换交流阻抗的特性，其等效电路如图 6.29（b）所示。

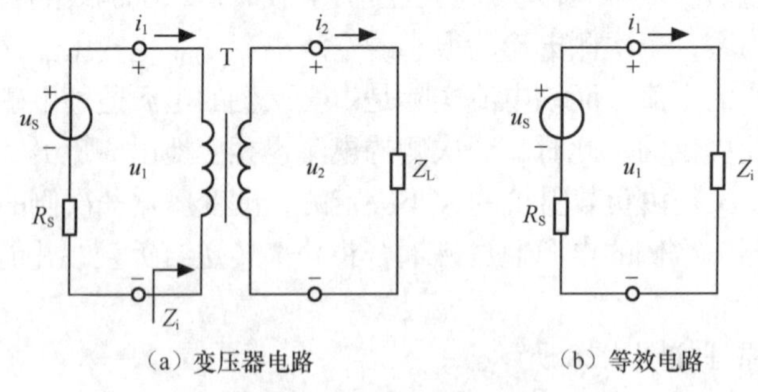

（a）变压器电路　　（b）等效电路

图 6.29　变压器变换交流阻抗

【例 6-6】 已知某收音机输出变压器的一次线圈匝数 $N_1=240$ 匝，二次线圈匝数 $N_2=40$ 匝，原接阻抗为 16Ω 的扬声器，现要改接成 5Ω 的扬声器，求二次线圈匝数应变为多少？

解： 原接扬声器的阻抗$|Z_L|=16\Omega$已达阻抗匹配，其变比为 $k=N_1/N_2=240/40=6$。

因此，$|Z_i|=k^2|Z_L|=6^2\times16=576(\Omega)$。

改接成$|Z_L|'=5\Omega$的扬声器后，有

$$k'^2=\frac{|Z_i|}{|Z_L|'}=\frac{576}{5}=115.2$$

得$k'=10.73$。

因此，$N_2'=N_1/k'=240/10.73=22.4\approx22$（匝）。

2. 变压器的运行特性

变压器的运行特性主要有外特性和效率特性。

（1）变压器的外特性和电压调整率。

外特性反映变压器二次侧端电压随负载电流而变动的规律，通过它可以确定变压器的额定电压调整率。

当变压器一次侧加额定频率下的额定电压，且负载功率因数 $\cos\theta$ 一定时，二次侧端电压 U_2 随负载电流 I_2 的变化关系，即 $U_2=f(I_2)$曲线，称为变压器的外特性。

变压器空载时，二次侧的开路电压就是二次侧的额定电压，即 $U_{20}=U_{2N}$。如果变压器

二次侧接入负载后，随着负载电流 I_2 的变化，二次侧的阻抗压降也发生变化，使二次侧输出电压 U_2 也随之发生变化。纯电阻负载时，端电压下垂较小；纯电感负载时，端电压下垂较大；纯电容负载时，端电压却可能上翘，如图6.30所示。

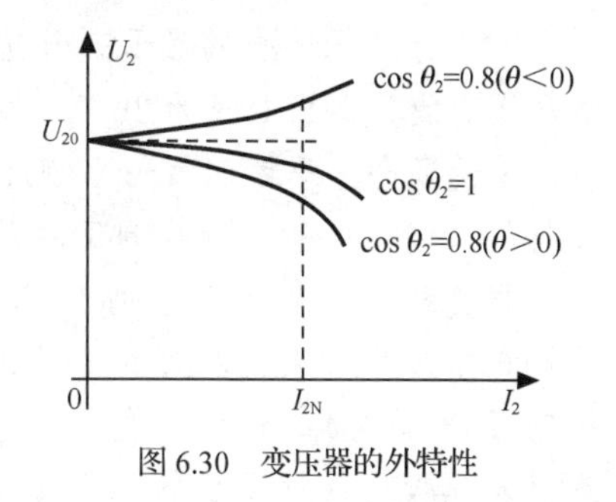

图6.30 变压器的外特性

二次侧端电压随负载变动的程度用电压调整率表示。电压调整率（$\Delta U\%$）定义为：变压器空载到满载（额定 I_{2N}）时，二次侧输出电压的变化程度，即

$$\Delta U\% = \frac{U_{20} - U_{2N}}{U_{20}} \times 100\%$$

电压调整率 $\Delta U\%$ 反映了变压器运行时二次侧供电电压的稳定程度，是变压器的主要性能指标之一。电压调整率越小，变压器的稳定性越好。电力变压器的电压调整率约为5%。

（2）变压器的效率和效率特性。

变压器的效率是指变压器输出有功功率 P_2 与输入有功功率 P_1 之比。

P_2 与 P_1 之差就是变压器本身消耗的功率，称为变压器的功率损耗。它包括铁损 P_{Fe} 和铜损 P_{Cu} 两部分。铁损包括铁芯中的涡流损耗和磁滞损耗。在电源电压有效值 U_1 和频率 f 不变的情况下，铁芯中的交变磁通 Φ_m 基本不变，无论负载大小如何，变压器的铁损几乎是一个固定值，因此铁损也称为不变损耗。铜损是由电流的热效应产生的，与一次、二次侧电流的平方成正比，它随负载的大小而变化，故铜损也称为可变损耗。

变压器的效率一般用百分数表示，即

$$\eta = \frac{P_2}{P_1} \times 100\% = \frac{P_2}{P_2 + P_{Fe} + P_{Cu}} \times 100\%$$

变压器没有转动部分，也就没有机械摩擦损耗，因此它的效率很高。小型电源变压器效率通常为80%以上，而电力变压器效率一般可达95%以上。

随着负载的变化，负载电流 I_2 也发生变化，输出功率 P_2 及铜损耗 P_{Cu} 都在变化，因此变压器的效率 η 也随着负载电流 I_2 的变化而变化，其变化规律通常用变压器的效率特性表示。图6.31为变压器的效率特性曲线。由图中可知，空载输出时效率 η=0；负载较小时，效率 η 很低；负载逐渐增加时，η 上升；当负载超过一定值后，负载反而下降。曲线中有一个变压器 η 最大的时刻，为 I_2/I_{2N}=0.5～0.7。

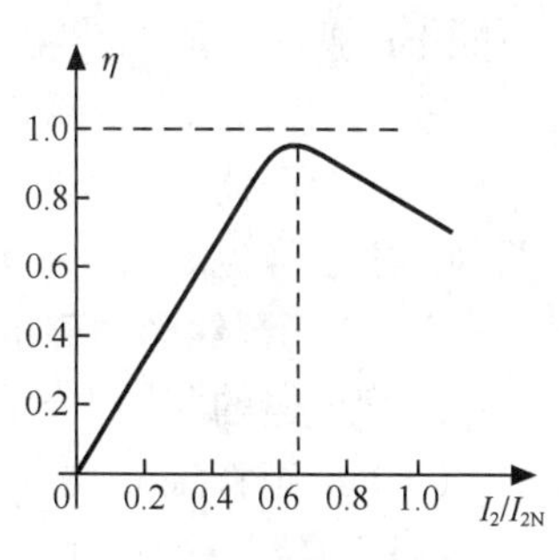

图6.31 变压器的效率特性

【做一做】实训6-3：单相铁芯变压器特性的测试

实训流程如下。

（1）用交流法判别变压器绕组的同名端（参照实训6-2）。

（2）按如图6.32所示的线路接线。其中 A、X 为变压器的一次侧（低压）绕组，a、x 为变压器的二次侧（高压）绕组。电源经屏内调压器接至低压绕组，高压绕组接 Z_L 即15W的灯组负载（3个白炽灯并联），经指导教师检查后方可进行实验。

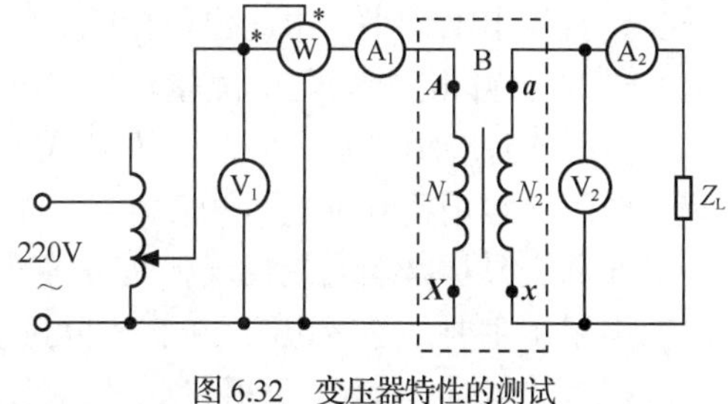

图6.32 变压器特性的测试

（3）将调压器手柄置于输出电压为零的位置（逆时针旋到底），合上电源开关，并调节调压器，使其输出电压为36V，此时高压绕组开路电压值为220V。令负载开路及逐次增加负载（最多亮5个白炽灯），分别记下5个仪表的读数，记入自拟的数据表格，绘制变压器外特性曲线。实验完毕将调压器调回零位，断开电源。

当负载为4个及5个白炽灯时，变压器已处于超载运行状态，很容易烧坏。因此，测试和记录应尽量快，总共不应超过3分钟。实验时，可先将5个白炽灯并联安装好，断开控制每个白炽灯的相应开关，通电且电压调至规定值后，再逐一打开各个灯的开关，并记录仪表读数。待打开5个灯的数据记录完毕后，立即用相应的开关断开各灯。

（4）将高压侧（二次侧）开路，确认调压器处在零位后，合上电源，调节调压器输出电压，使 U_1 从零逐次上升到1.2倍的额定电压（1.2×36V），分别记下各次测得的 U_1、U_{20} 和 I_{10} 数据，记入自拟的数据表格，用 U_1 和 I_{10} 绘制变压器的空载特性曲线。

（5）根据额定负载时测得的数据，计算变压器的各项参数。

（6）计算变压器的电压调整率 $\Delta U\%$。

【实训注意事项】

（1）本实训是将变压器作为升压变压器使用，并用调节调压器提供一次侧电压 U_1，故使用调压器时应首先调至零位，然后才可合上电源。此外，必须用电压表监视调压器的输出电压，防止被测变压器输出过高电压而损坏实验设备，且要注意安全，以防高压触电。

（2）由负载实验转到空载实验时，要注意及时变更仪表的量程。

（3）如果遇到异常情况，应立即断开电源，待处理好故障后，再继续实训。

6.2.3 变压器的检测

在使用变压器或者其他有磁耦合的线圈时，要保证线圈正确连接。如果连接错误，有可能不能实现正确的功能，甚至可能使绕组中的电流过大，烧毁变压器。

1. 变压器同名端测定

使用变压器，首先要确定变压器绕组的同名端。实验室测定同名端有直流法和交流法两种，方法详见6.1.2小节。

2. 变压器线圈的测量

对变压器的测量主要是测量变压器线圈绕组的直流电阻和各绕组之间的绝缘电阻。

（1）绕组直流电阻的测量。

变压器绕组的直流电阻很小，一般用万用表的“R×1”挡测量其电阻值，并由此来判断绕组有无短路或断路现象。一般中、高频变压器的线圈匝数不多，直流电阻应很小，在零点几欧姆到几欧姆之间。音频和电源变压器线圈匝数较多，直流电阻可达几百欧姆到几千欧姆以上。

一般情况下，高压绕组的线径细、匝数多，直流电阻较大，而低压绕组的线径粗、匝数少，直流电阻较小，由此也可判断高、低压绕组。

（2）绕组间绝缘电阻的测量。

变压器各绕组之间、绕组与铁芯或外壳之间的绝缘电阻一般用兆欧表进行测量。

兆欧表又称高阻表或摇表，是一种专门测量高阻值电阻（主要是绝缘电阻）的一种可携带仪表。它的标度单位是“兆欧”，用“MΩ”表示。兆欧表的外形如图6.33所示。兆欧表的类型很多，但其结

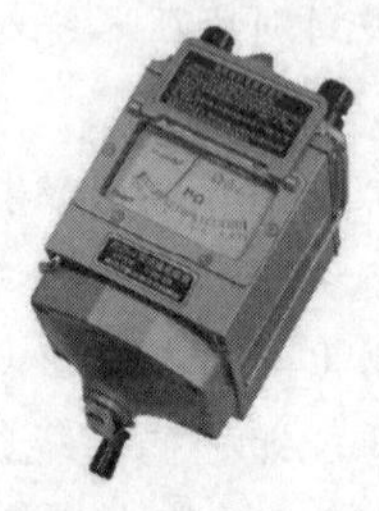

图6.33 兆欧表

使用兆欧表

构及原理基本相同，主要由测量机构和电源（一般为手摇发电机）两部分组成。通过均匀的速度摇动手柄（转速保持为 120r/min），测量被测件在高压情况下的绝缘性。

兆欧表的常用规格有 500V、1000V、2500V 等。一般电源变压器和扼流圈选用 1000V 的兆欧表，其绝缘电阻应不小于 1000MΩ；晶体管输入变压器和输出变压器用 500V 兆欧表，其绝缘电阻应不小于 100MΩ。

使用兆欧表前应进行开路和短路试验，其使用方法和注意事项参考其他有关书籍。

若无兆欧表，也可用万用表的“R × 10k”挡，判断它们之间是否有短路现象。

3. 变压器常见故障及检修方法

（1）引出线端断裂。

如果一次侧绕组回路有电压而无电流，一般是一次侧绕组的端头断裂；若一次侧绕组回路有较小的电流而二次侧绕组回路无电流也无电压，一般是二次侧绕组的端头断裂。端头断裂通常是由于线头弯折次数过多，或线头遭到猛拉，或焊接处接触不良，或引出线过细等原因造成的。

如果断裂线头在线圈的最外层，可掀开绝缘层，挑出线圈上的断头，焊上新的引接线，包好绝缘层即可；若断裂端头处在线圈内层，一般无法修复，需要拆开重绕。

（2）线圈的匝间短路。

匝间短路会使短路处的温度剧烈上升，造成较严重的过热。匝间短路通常是由于线圈遭受外力撞击、漆包线老化等原因所造成的。

如果短路发生在线圈的最外层，可掀去绝缘层后，在短路处局部加热（对浸过漆的线圈可用电吹风加热），待漆膜软化后，用薄竹片轻轻挑起绝缘已破坏的导线。若芯线没损伤，可插入绝缘纸，裹住后掀平；若芯线已损伤，应剪断、去除已短路的一匝或多匝导线，两端焊接后垫妥绝缘纸，掀平。用以上两种方法修复后均要涂上绝缘漆，吹干，再包上外层绝缘。如果故障发生在无骨架线圈两边沿口的上下层之间，一般也可按上述方法修理。若故障发生在线圈内部，一般无法修理，需拆开重绕。

（3）线圈对铁芯短路。

这种故障在有骨架的线圈上较少出现，常出现在线圈的最外层；对于无骨架的线圈，这种故障多数发生在线圈两边的沿口处，但在线圈最内层的四角处也较常出现，在最外层也会出现。这种故障将会使铁芯带电。其原因通常是由于线圈外形尺寸过大而铁芯窗口容纳不下，或因绝缘裹垫得不佳或遭到剧烈碰击等所造成。

修理方法与匝间短路的修理方法类似。

（4）铁芯噪声过大。

铁芯噪声主要有电磁噪声和机械噪声两种。电磁噪声通常是由于设计时铁芯磁通密度选用得过高，或变压器过载，或存在漏电故障等原因所造成的；机械噪声通常是由于铁芯没有压紧，在运行时硅钢片发生机械振动所造成的。

属于设计原因引起的电磁噪声，可通过换用质量较佳的同规格硅钢片来解决；属于其他原因引起的，则应减轻负载或排除漏电故障。如果是机械噪声，应压紧铁芯。

（5）线圈漏电。

这一故障的基本特征是铁芯带电和线圈温升提高，通常是由于线圈受潮或绝缘老化所引起的。若是受潮，只要烘干后故障即可排除。若是绝缘老化，轻度的可拆去外层包裹的绝缘层，烘干后重新浸漆；严重的一般较难排除。

（6）线圈过热。

线圈过热通常是由于过载或漏电引起的，也有可能因设计不佳所致；若是局部过热，则是由于匝间短路所造成的。

（7）铁芯过热。

铁芯过热通常是由于过载、设计不佳、硅钢片质量不佳，或重新装配硅钢片时少插入片数等原因所造成的。

（8）输出侧电压下降。

输出侧电压下降通常是由于一次侧绕组输入的电源电压不足（未达到额定值），或者二次侧绕组存在匝间短路，或者铁芯短路、漏电、过载等原因所造成。

【做一做】实训 6-4：小型单相电源变压器的检测

检测对象：小型变压器（220V/12V），如图 6.34 所示。

图 6.34　单相电源变压器

实训流程如下。

（1）记录变压器的铭牌内容，填入表 6-1 中。

（2）检查变压器外观。

检查变压器的外表有无异常情况，如观察绕组线圈引线是否断线、脱焊，绝缘材料是否烧焦，是否有机械损伤、表面破损等。

（3）变压器同名端测定。

用直流法或交流法测定变压器绕组的同名端，并在变压器上做好标记。

（4）测直流电阻。

用万用表的“R×1”挡测量变压器一次侧、二次侧绕组的直流电阻值，用万用表的“R×10k”挡测量变压器各绕组之间的电阻值，由此来判断绕组有无断路现象、绕组间有无短路现象。

（5）检测变压器的绝缘电阻。

用兆欧表测量变压器各绕组之间、绕组与铁芯、绕组匝间的绝缘电阻，其值一般为几十～几千 MΩ 以上。

（6）对变压器进行通电检查。

① 空载电压和电流的测试。

一次侧电压加到额定值时，各绕组的空载电压允许误差：二次侧绕组误差 $\Delta U_1 \leqslant \pm 5\%$。此时，一次侧的空载电流一般为 5%～8%的额定电流；若大于 10%，则损耗较大；超过 20%，温升将超过允许值，不能使用。

将变压器一次绕组与 220V/50Hz 正弦交流电源相连，二次绕组不接负载，用万用表测量变压器的输出电压，与变压器的额定输出电压比较，计算其相对误差，判断是否正常。

用交流电流表测量一次侧的空载电流，记录数据，判断是否正常。

② 额定负载下的测试。

将变压器一次绕组与 220V/50Hz 正弦交流电源相连，二次绕组接额定负载，分别测量一次侧、二次侧的电流和电压，检查是否正常。

（7）计算变压器的变比。

（8）检测温升。

变压器加上额定负载后，在额定状态下通电数小时后，切断电源，用手摸变压器的外壳，判断温升情况（一般要求为 40～50℃），若感觉非常烫手，则表明变压器的温升指标不符合要求。

将检测的数据填入表 6-1 中。

表 6-1　　小型单相电源变压器的检测表

<table>
<tr><td>铭牌内容</td><td colspan="6">型号:　　　　输入电压:　　　　电源频率:
容量:　　　　输出电压:　　　　变压比:</td></tr>
<tr><td rowspan="9">检查内容</td><td colspan="3">直流电阻（Ω）</td><td colspan="3">绝缘电阻（MΩ）</td></tr>
<tr><td>一次侧</td><td>二次侧</td><td>一、二侧间</td><td>一、二侧间</td><td>一次侧绕组与铁芯</td><td>二次侧绕组与铁芯</td></tr>
<tr><td></td><td></td><td></td><td></td><td></td><td></td></tr>
<tr><td colspan="2">空载</td><td colspan="4">额定负载</td></tr>
<tr><td>二次电压（V）</td><td>一次电流（A）</td><td>一次电压（V）</td><td>一次电流（A）</td><td>二次电压（V）</td><td>二次电流（A）</td></tr>
<tr><td></td><td></td><td></td><td></td><td></td><td></td></tr>
<tr><td>是否正常</td><td>是否正常</td><td>是否正常</td><td>是否正常</td><td>是否正常</td><td>是否正常</td></tr>
<tr><td>(是/否)</td><td>(是/否)</td><td>(是/否)</td><td>(是/否)</td><td>(是/否)</td><td>(是/否)</td></tr>
<tr><td colspan="2">变压器变压比</td><td></td><td colspan="2">温升是否正常</td><td>(是/否)</td></tr>
</table>

6.2.4　特殊变压器

1. 自耦变压器

前面实训中经常使用自耦调压器将输入电压变换成实训所需的电压，这种自耦调压器也是一种变压器，但其结构与普通变压器有所不同。

一般变压器是双绕组的，其一次、二次绕组相互绝缘而绕在同一铁芯柱上，两者之间仅有磁的耦合而无电的联系。而自耦变压器只有一个绕组，一次绕组的一部分兼作了二次绕组。两者不但有磁的耦合，而且还有电的直接联系。

实训使用的自耦变压器通常是可调式的。它有一个环形的铁芯，线圈绕在上面，转动手柄时带动活动触头来改变二次绕组的匝数，从而均匀地改变输出电压，这种平滑调节输出电压的自耦变压器也称为调压器，如图 6.35 所示。

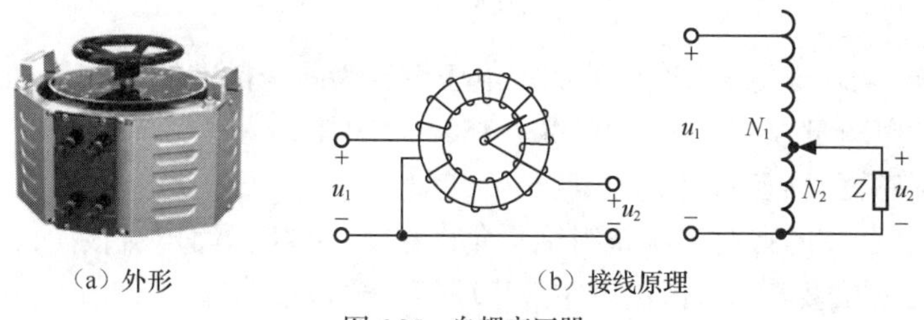

（a）外形　　（b）接线原理

图 6.35　自耦变压器

自耦调压器输出电压 U_2 可在 0 至稍大于一次侧输入电压 U_1 的范围内变动。如实验室广泛使用的单相自耦调压器，输入电压为 220V，输出电压可在 0～250V 之间任意调节。自耦调压器除了在实验室和小型仪器上作调压装置外，也可用来在照明装置上调节亮度，或者用来启动交流电动机。在电力系统中大型自耦变压器也可作为电力变压器。

由于自耦变压器的一次和二次绕组有电的直接联系，当高压一侧发生故障时，高电压会直接传到低压端，发生安全事故。因此低压端的电气设备也须有防过电压措施，工作人员也须按高电压端的要求进行安全操作。同时要注意自耦变压器的一次和二次绕组不可接错，否则可能造成电源短路或者烧坏变压器。

2. 仪用互感器

专供测量仪表使用的变压器称为仪用互感器，简称互感器。互感器的功能主要是将高电压或大电流按比例变换成低电压或小电流，以扩大测量仪表的量程。同时互感器还可用来隔开高电压系统，以保证人身和设备的安全。前面讲到的三相电度表就是使用互感器来扩大电度表的量程的。

根据用途不同，互感器可分为测量高电压的电压互感器和测量大电流的电流互感器。

（1）电压互感器。

电压互感器的外形如图 6.36 所示，其原理图如图 6.37 所示。由图可知，高压电压与测量仪表电路只有磁的耦合而无电的直接连通。为防止互感器一、二侧绕组绝缘损坏造成危险，其铁芯、二次绕组及外壳都要接地。

图 6.36　电压互感器的外形

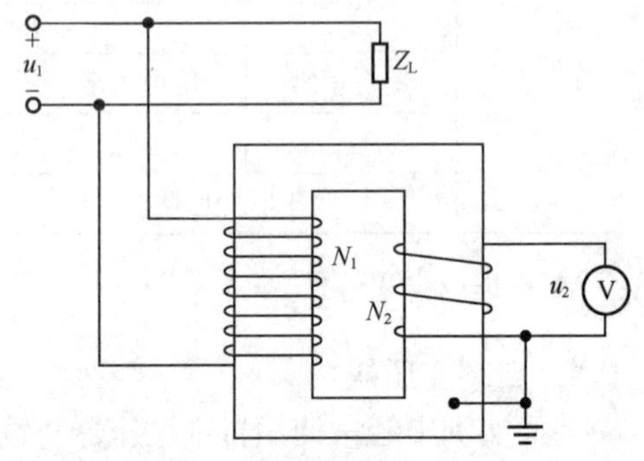

图 6.37　电压互感器的原理图

电压互感器匝数较多的一次绕组与被测高压线路并联，匝数较少的二次绕组与伏特表相连。由于电压表的电阻很大，故电压互感器的二次侧电流很小，可视为开路，其工作原理与普通变压器的空载情况相似。若设一次侧和二次侧电压为 U_1、U_2，匝数为 N_1、N_2，则

$$\frac{U_1}{U_2}=\frac{N_1}{N_2}=k_U$$

即

$$U_1=k_U U_2$$

式中 k_U 为电压比。一般二次侧的额定电压设计为同一标准值 100V，而 k_U 比较大，就可获得比较大的电压量程，如 10000/100，35000/100 等。

使用电压互感器时应注意如下几点。

① 电压互感器在运行时二次绕组绝不允许短路，否则短路电流很大，会将互感器绕组烧坏。为此在电压互感器二次侧电路中应串联熔断器作短路保护。

② 电压互感器的铁芯和二次绕组的一端必须可靠接地，以防一次高压绕组绝缘损坏时，铁芯和二次绕组带上高电压而触电。

③ 电压互感器有一定的额定容量，使用时不宜接过多的仪表，否则将影响互感器的准确度。

（2）电流互感器。

电流互感器的原理图如图 6.38 所示。一次绕组的匝数很少（只有一匝或几匝），串联在被测电路中；二次绕组的匝数较多，与电流表或其他仪

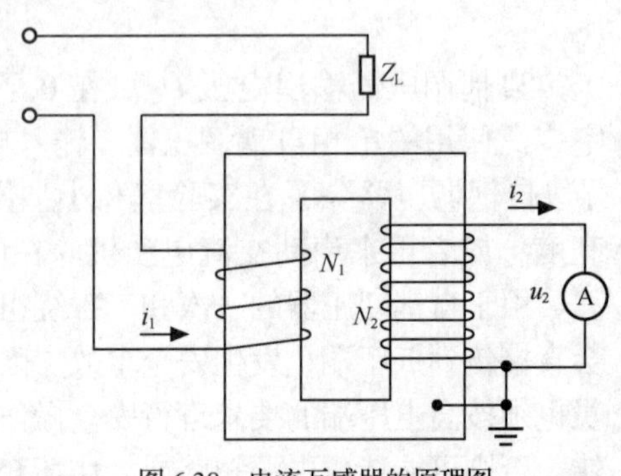

图 6.38　电流互感器的原理图

表的电流线圈相连接。由于电流表和其他仪表的电流线圈阻抗很小，因此电流互感器运行状态接近于短路的运行状态。

若设一次侧和二次侧电流为I_1、I_2，匝数为N_1、N_2，则

$$\frac{I_1}{I_2}=\frac{N_2}{N_1}=k_I$$

即
$$I_1=k_I I_2$$

式中k_I为电流互感器的变换系数。一般电流互感器二次侧的额定电流也设计为同一标准值5A或1A，而k_I比较大，也就可获得比较大的电流量程。

使用电流互感器时应注意如下几点。

① 电流互感器运行时，二次侧会产生很高的感应电动势，二次绕组绝不许开路。电流互感器的二次绕组电路中绝不允许装熔断器。在运行中若要拆下电流表，应先将二次绕组短路后再进行。

② 电流互感器的铁芯和二次绕组的一端必须可靠接地，以免在绝缘损坏时，高压侧电压传到低压侧，危及仪表及人身安全。

③ 电流互感器不允许超过容量长期运行。

电流互感器的外形如图6.39所示。

图6.39　电流互感器的外形

（3）钳形电流表。

钳形电流表就是利用电流互感器原理制成的，其外形图和原理图如图6.40（a）、图6.40（b）所示。

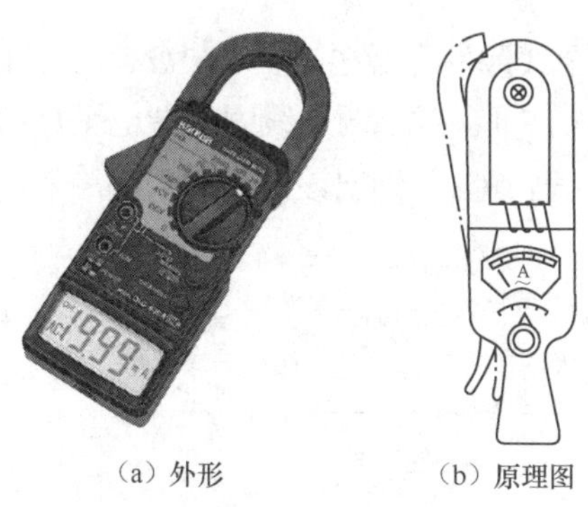

（a）外形　　（b）原理图

图6.40　钳形电流表

钳形电流表测量电流时不需要断开被测电路，只需张开铁芯将被测的载流导线钳入。在铁芯钳口中的被测载流导线相当于一次侧的绕组，它在铁芯钳口中产生磁场。钳形表中的二次侧绕组与电流表相串联，根据电磁感应原理在电流表上可以读出线路中的电流数值。

习　题

1. 两个互感线圈，已知 L_1=0.4H，耦合系数 k=0.6，互感系数 M=0.2H。（1）求 L_2 的值；（2）当这两个互感线圈为全耦合时，互感系数 M_m 变为多少？

2. 画出如图 6.41 所示的每对线圈的同名端。

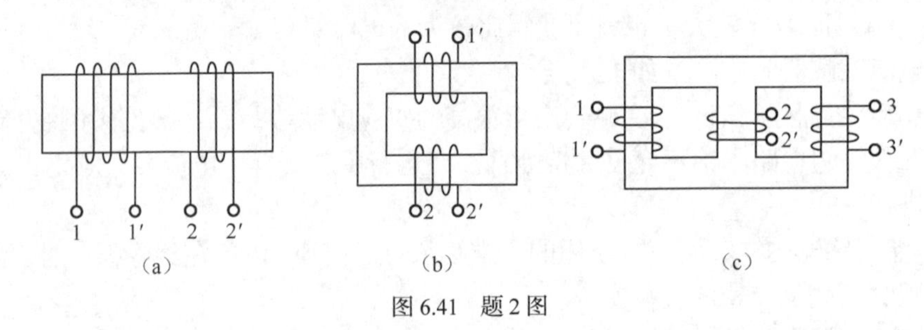

图 6.41　题 2 图

3. 如图 6.42 所示为一个耦合电感元件。（1）写出每个线圈上的电压和电流的关系；（2）若 M=10mH，流过线圈 ab 的电流 $i_1=4\sqrt{2}\sin1000t$ A，线圈 cd 开路，则在线圈 cd 中产生的电压 u_2 为多少？用万用表交流电压挡测得的读数应为多少？

4. 电路如图 6.43 所示，已知 L_1=100mH，L_2=200mH，M=50mH，$R_1=R_2$=1kΩ，$\dot{U}_{ab}=100\angle0^\circ$ V，试求电流 $\dot{I}$ 为多少？

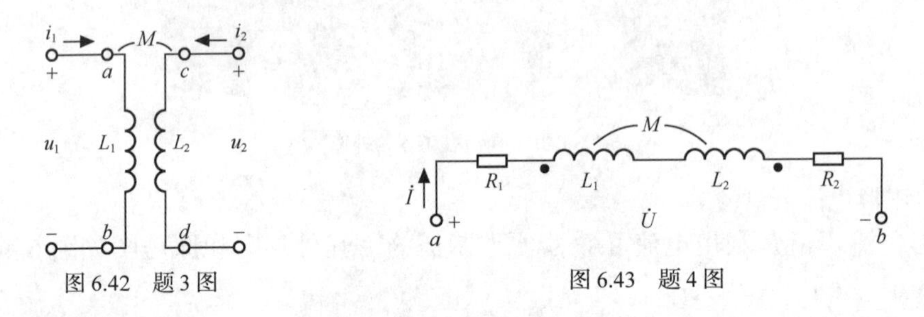

图 6.42　题 3 图　　图 6.43　题 4 图

5. 电路如图 6.44 所示，已知两个线圈的参数 $R_1=R_2$=100Ω，L_1=2H，L_2=4H，M=3H，正弦电源的电压 U=220V，ω=20rad/s。（1）试求两个线圈的端电压 $\dot{U}_1$ 和 $\dot{U}_2$；（2）电路中串联多大的电容可使电路发生串联谐振？（3）画出该电路的去耦等效电路。

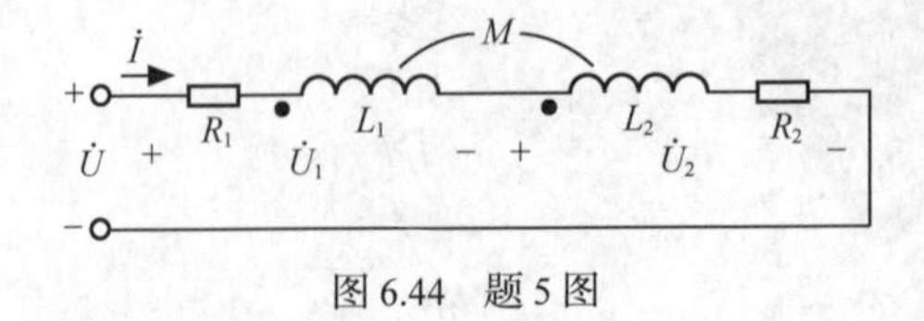

图 6.44　题 5 图

6. 将两个线圈串联起来接到 $u_S=220\sqrt{2}\sin314t$ V 上。若顺接时测得电流 I_1=2.8A，吸收的功率为 P=235W；反接时测得的电流为 I_2=6A，求互感 M。

7. 在如图 6.45 所示的电路中，已知 L_1=0.1H，L_2=0.2H，M=0.04H，ω=100rad/s，R=10Ω。求图 6.45（a）、图 6.45（b）的等效阻抗。

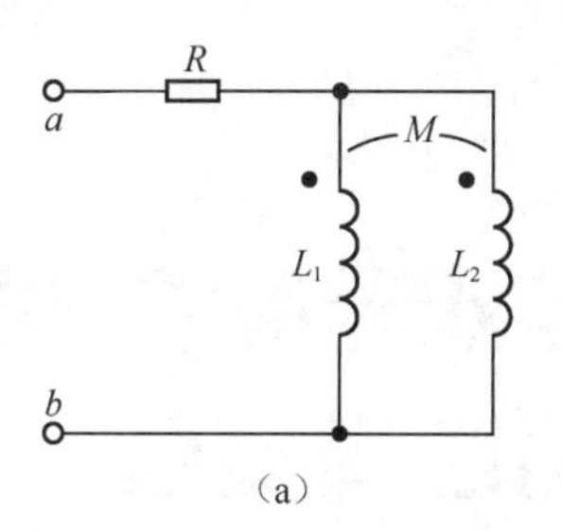

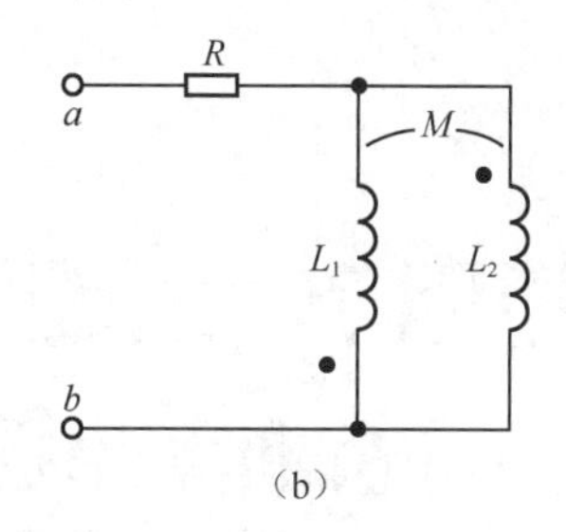

图 6.45 题 7 图

8. 电路如图 6.46 所示，已知电源电压 $\dot{U}_S = 10\angle 0°$ V，电源频率 ω=100rad/s，L_1=30mH，L_2=50mH，M=20mH，R_1= 5Ω，R_2= 4Ω。（1）画出该电路的去耦等效电路；（2）求电路中的电流 $\dot{I}_1$ 和 $\dot{I}_2$。

9. 一个理想变压器一次、二次绕组的匝数分别为 1000 匝和 50 匝，负载电阻 R_L=10Ω，负载获得功率为 3600W。求一次绕组的电压 U_1 和电流 I_1。

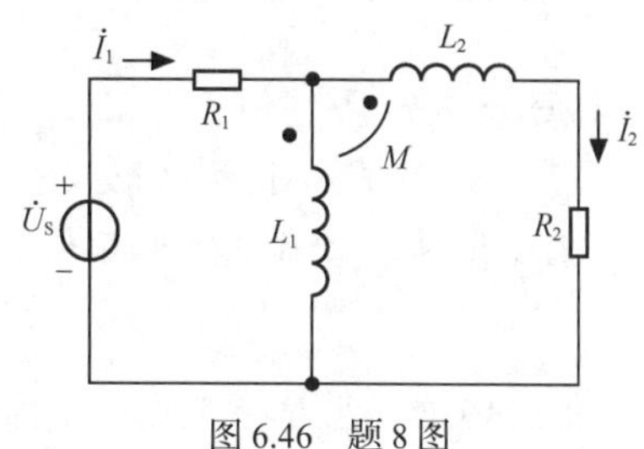

图 6.46 题 8 图

10. 一台变压器一次侧端电压 U_1=380V，二次侧电压 U_2=36V。当二次侧接电阻性负载时，其电流 I_2=5A，若变压器的效率为 90%，则变压器的输入功率、损耗功率和一次侧电流各为多少?

11. 在如图 6.47 所示的电路中，负载电阻 R_L 为可变电阻。试求：R_L 为何值时，负载吸收的功率为最大值? 其最大功率为多少?

12. 在如图 6.48 所示的电路中，理想变压器的变比为 10∶1，电源电压 $\dot{U}_S = 10\angle 0°$ V，R_1= 10Ω，R_L= 5Ω。求电压 $\dot{U}_2$和电流$\dot{I}_2$。

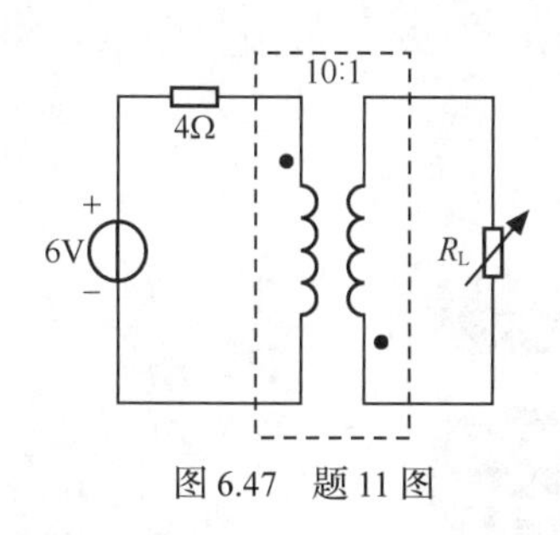

图 6.47 题 11 图

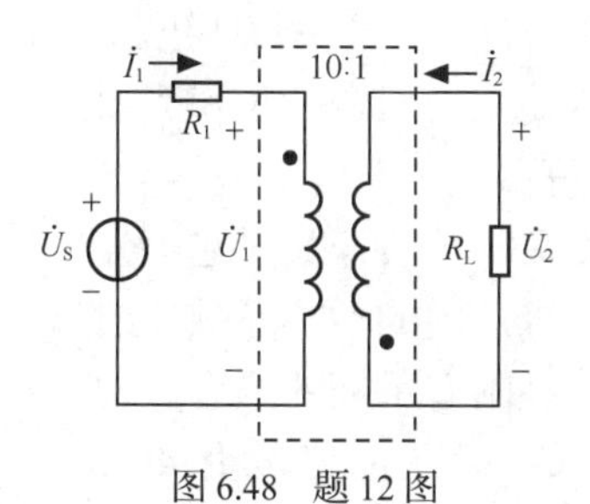

图 6.48 题 12 图

13. 简述变压器的主要结构和主要技术参数。

14. 自耦变压器为什么能改变电压? 它有什么特点? 使用时应注意什么?

15. 电压互感器和电流互感器各有什么作用? 使用时应注意什么?

项目 7　三相异步电动机及其控制线路的分析和安装

任务 7.1　常用低压电器的认识与使用

知识要点

- 了解常用低压配电电器及低压控制电器的结构、工作原理和用途。

技能要点

- 熟悉常用低压配电电器、低压控制电器的结构，能拆装、检修开关、按钮、交流接触器等低压电器。

低压电器通常是指工作在交流电压为 1200V 或者直流电压 1500V 以下的电路中，起通断、保护、控制或调节作用的电气元件或设备。它是构成电气控制线路的基本元件。按用途分类，低压电器可分为低压配电电器和低压控制电器。

7.1.1　低压配电电器

低压配电电器主要用于低压配电系统及动力设备中，它包括刀开关、组合开关、低压断路器、熔断器等。刀开关、低压断路器、熔断器在 5.3.2 小节中已作介绍，这里只介绍控制线路中经常使用的组合开关和倒顺开关。

1. 组合开关

组合开关又叫转换开关，它由分别装在多层绝缘件内的动、静触片组成。动触片装在附有手柄的绝缘方轴上，手柄沿任意一个方向每转动 90°，触片便轮流接通或分断。为了使开关在切断电路时能迅速灭弧，在开关转轴上装有扭簧储能机构，使开关能快速接通与断开，从而提高了开关的通断能力。组合开关有单极、双极和多极之分。常用于交流 50 Hz、电压 380 V 以下和直流电压 220 V 以下的电路中，供手动不频繁地接通和断开电源，以及控制 5 kW 以下异步电动机的直接启动、停止和正反转。

如图 7.1 所示为 HZ10 系列组合开关的外形、内部结构和电路符号。

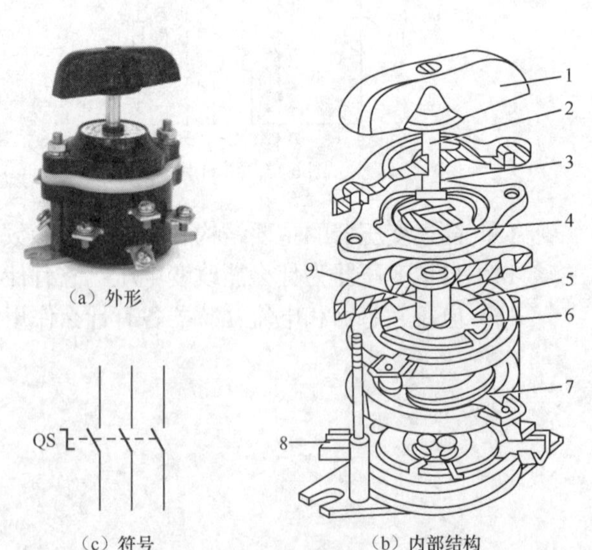

（a）外形　　（c）符号　　（b）内部结构

1-手柄；2-转轴；3-弹簧；4-凸轮；5-绝缘垫板；6-动触片；7-静触片；8-接线端子；9-绝缘杆

图 7.1　HZ10 系列组合开关

2. 倒顺开关

倒顺开关实际上是一种特殊的组合开关。它的作用是连通、断开电源或负载，可以使电机正转或反转。

倒顺开关手柄有“倒”“停”“顺”三个位置。当手柄位于“停”的位置时，动触头都不与静触头接触，电路断开；当手柄位于“倒”或“顺”的位置时，动触头与左、右两组静触头的其中一组接触，使电路接通。然而，“倒”或“顺”两个位置所接通的线序是不同的，这就可以实现三相电路的相序变换。

倒顺开关主要用于控制三相小功率电机的正转、反转和停止。倒顺开关的外形和符号如图 7.2（a）、图 7.2（b）所示。

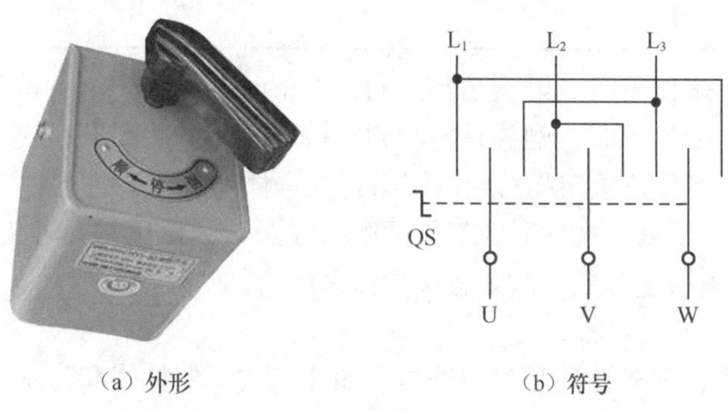

（a）外形　　（b）符号

图 7.2　倒顺开关

7.1.2　低压控制电器

低压控制电器主要用于电力拖动控制系统，主要有主令开关、接触器、继电器等，这里主要介绍常用的按钮、位置开关、交流接触器、热继电器和时间继电器。

1. 按钮

按钮是一种短时接通或断开小电流电路的手动电器，常用于控制电路中发出启动或停止等指令，以控制接触器、继电器等电器的线圈电流的接通或断开，再由它们去接通或断开主电路。图 7.3 所示为各种常用的按钮。

图 7.3　各种按钮

（1）结构。

按钮一般由按钮帽、复位弹簧、桥式动触头、静触头、支柱连杆和外壳等部分组成。根据静态时触头的分合状态，按钮可分为常开按钮、常闭按钮和复合按钮，其结构与符号如表 7-1 所示。

表 7-1 按钮的结构与符号

名称	常开按钮（启动按钮）	常闭按钮（停止按钮）	复合按钮
结构			
符号	SB	SB	SB

① 常开按钮：未按下时，触头是断开的；按下时，触头闭合；松开后按钮自动复位。

② 常闭按钮：未按下时，触头是闭合的；按下时，触头断开；松开后按钮自动复位。

③ 复合按钮：将常开按钮和常闭按钮组合为一体。未按下时，常开触头是断开的，常闭触头是闭合的；按下复合按钮时，其常闭触头先断开，然后常开触头再闭合；松开复合按钮时，常开触头先恢复分断，常闭触头后恢复闭合。

（2）选用。

① 根据使用场合选择按钮开关的种类。如开启式、保护式和防水式等。

② 根据用途选用合适的形式。如一般式、旋钮式和紧急式等。

③ 根据控制回路的需要，确定不同的按钮数。如单联钮、双联钮和三联钮等。

④ 按工作状态指示和工作情况的要求，选择按钮和指示灯的颜色。如“停止”“断电”或“事故”用红色钮；“启动”或“通电”优先用绿色钮，允许黑、白或灰色钮；只有“复位”单一功能的，用蓝、黑、白或灰色钮；同时有“停止”或“断电”功能的，用红色钮。

2. 位置开关

位置开关又称行程开关或限位开关，作用原理与按钮类似，当运动部件到达一个预定位置时，利用生产机械运动部件的碰压使其触头动作，从而将机械信号转变为电信号，以实现对机械运动的控制或者实现运动部件极限位置的保护。

位置开关主要由触头系统、操作机构和外壳组成。

位置开关按其结构可分为直动式、滚轮式和微动式三种，如图 7.4 所示。位置开关动作后，复位方式有自动复位和非自动复位两种。位置开关的图形符号如图 7.5（a）所示。

(a) 按钮直动式 (b) 单轮滚转式

(c) 双轮滚转式

(d) 微动式

图 7.4 位置开关

位置开关的动作原理大致相同。现以 JLXK1 系列直动式位置开关为例来说明。如图 7.5（b）所示，当运动机构的挡铁压到位置开关的滚轮上时，杠杠连同转轴一起转动，使凸轮推动撞块。当撞块被压到一定位置时，碰触微动开关，使其常闭触点断开，常开触点闭合。挡铁移开后，复位弹簧使其复位。

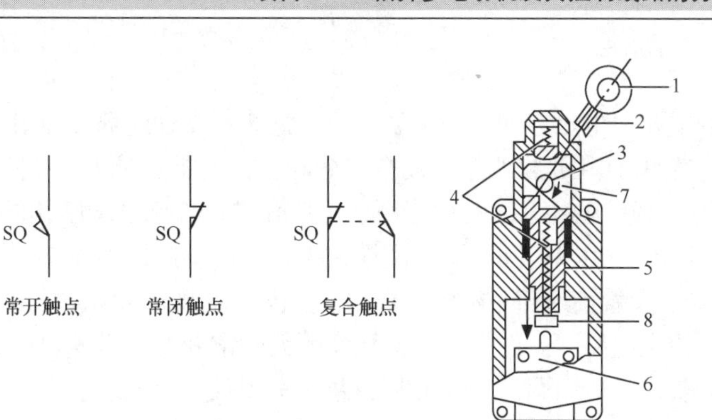

（a）符号　　（b）动作原理

1—滚轮；2—杠杠；3—转轴；4—复位弹簧；5—撞块；6—微动开关；7—凸轮；8—调节螺钉

图 7.5　位置开关的动作原理和符号

3. 交流接触器

接触器是利用电磁吸力与弹簧弹力配合动作，使触头闭合或分断，以控制电路的分断的控制电器，它适用于远距离频繁接通或分断交直流主电路和控制电路。接触器的主要控制对象是电动机,也可用于控制其他负载，如电热设备、电焊机等。接触器不仅能实现远距离自动操作和欠电压释放保护功能，而且有控制容量大、工作可靠、操作频率高、使用寿命长等优点，广泛应用于自动控制系统中。按其触头控制的电流分类，接触器有交流和直流两种。这里只介绍我国常用的 CJ10 系列交流接触器。

图 7.6　交流接触器外形

常用交流接触器的外形如图 7.6 所示，其结构示意图如图 7.7（a）所示，工作原理如图 7.7（b）所示。

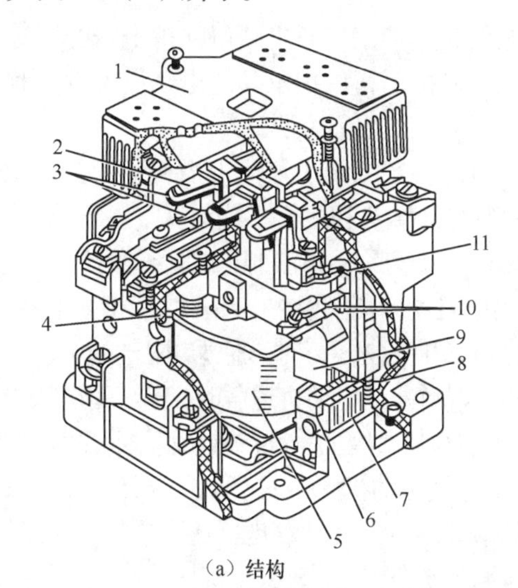

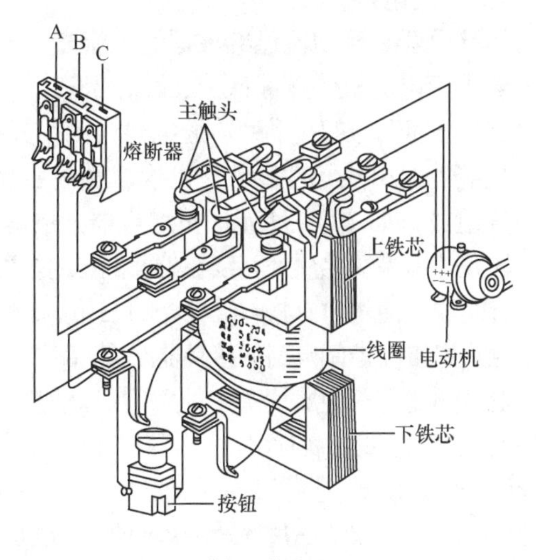

（a）结构　　（b）工作原理

1-灭弧罩；2-触头压力弹簧；3-主触头；4-反作用弹簧；5-线圈；6-短路环；7-静铁芯；8-缓冲弹簧；9-动铁芯；10-辅助常开触头；11-辅助常闭触头

图 7.7　交流接触器的结构和工作原理

（1）结构。

交流接触器主要由电磁系统、触头系统、灭弧装置及辅助部分等组成。

① 电磁系统：其作用是操纵触头闭合和分断。它主要由线圈、铁芯（静铁芯）和衔铁（动铁芯）三部分组成。电磁系统的铁芯用硅钢片叠成，以减少铁芯中的铁损耗；在铁芯端部板面上装有短路环，用以消除交流电磁铁在吸合时产生的振动和噪声。

② 触头系统：起着接通和分断电路作用。它包括主触头和辅助触头两类，主触头常用以通断电流较大的主电路，一般由三对接触面较大的常开触头组成。辅助触头用以通断电流较小的控制电路，一般由两对常开触头和两对常闭触头组成。

③ 灭弧装置：起着熄灭电弧，保护触头，缩短切断时间的作用。小容量的常采用双断口电动力灭弧等，大容量的常采用纵缝灭弧、栅片灭弧，有的还有专门的灭弧装置。

④ 辅助部分：主要有反作用弹簧、缓冲弹簧、触头压力弹簧、传动机构和底座等。

（2）工作原理。

接触器电磁线圈通电后，线圈中流过的电流产生磁场，铁芯克服反作用弹簧的反作用力将衔铁吸合，使得三对主触头和辅助常开触头闭合，辅助常闭触头断开。当接触器线圈断电或电压显著下降（欠电压）时，由于电磁吸力消失或过小，衔铁在反作用弹簧力的作用下复位，带动各触头恢复到原始状态。

（3）选用。

① 接触器的额定电压应大于或等于负载回路的额定电压。

② 吸引线圈的额定电压应与所接控制电路的额定电压等级一致。

③ 额定电流应大于或等于被控主回路的额定电流。

接触器在电路中的符号如图 7.8 所示。

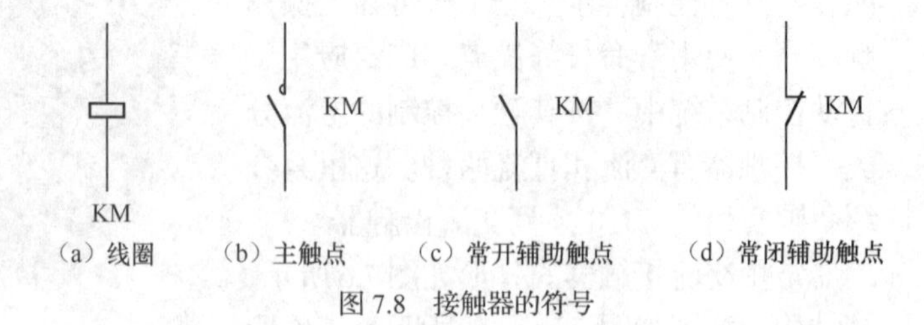

（a）线圈　（b）主触点　（c）常开辅助触点　（d）常闭辅助触点

图 7.8　接触器的符号

4. 热继电器

热继电器是利用流过继电器的电流产生的热效应原理来切断电路以保护电器的器件。它主要用于电动机的过载保护、断相保护、电流不平衡运行保护及其他电气设备发热状态的控制。下面以 JR16 系列热继电器为例，介绍其结构和工作原理。

热继电器由热元件、动作机构、触头系统、电流整定系统、复位机构和温度补偿元件等部分组成，如图 7.9 所示。热继电器一般有一个常开触头和一个常闭触头。

热元件由主双金属片和绕在外面的电阻丝组成。主双金属片由两种热膨胀系数不同的金属片复合而成。使用时，将热继电器的三相热元件的电阻丝分别串接在电动机的三相主电路中，常闭触头串接在控制电路的接触器线圈回路中。当电动机正常运行时，流过电阻丝的电流产生的热量虽然能使双金属片弯曲，但不足以使热继电器动作。当电动机过载时，电流超过热继电器整定电流值，双金属片温度增高，一段时间后，主双金属片弯曲推动导板，使触头系统动作，热继电器的常闭触头断开，于是切断电动机控制电路，使电动机停转，达到了过载保护的目的。电源切除后，主双金属片逐渐冷却使触点复位。除自动复位外，热继电器还设置了手动复位。

热继电器整定电流的大小可通过其上的电流整定旋钮（调节凸轮）来调节。热继电器整定电流是指热继电器长期工作而不动作的最大电流。热继电器整定电流值要根据电动机的额定电流值、电动机本身的过载能力以及拖动的负载情况等确定。

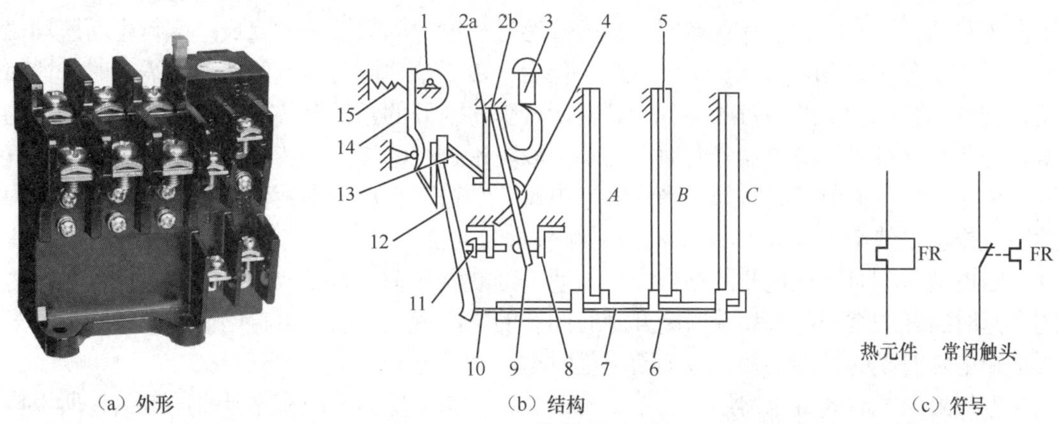

（a）外形　（b）结构　（c）符号

1-电流调节凸轮；2-片簧；3-手动复位按钮；4-弓簧；5-主双金属片；6-外导板；7-内导板；8-静触头；9-动触头；10-杠杠；11-复位调节螺钉；12-补偿双金属片；13-推杆；14-连杆；15-压簧

图 7.9　JR16 系列热继电器

5. 时间继电器

时间继电器是利用电磁原理或机械动作原理实现触头延时闭合和延时断开的自动控制器件。按动作原理和构造的不同，时间继电器可分为电磁式、电动式、空气阻尼式、晶体管式和数字式等类型，按延时方式分为通电延时型和断电延时型两种类型。

图 7.10　JS7-A 系列时间继电器

图 7.10 所示为 JS7-A 系列时间继电器，它属于空气阻尼式，即利用空气阻尼作用而达到动作延时的目的。该时间继电器主要由电磁系统、工作触头、气室和传动机构等四部分组成。

图 7.11（a）、图 7.11（b）所示分别为 JS7-A 型空气阻尼式时间继电器通电延时型和断电延时型的工作原理图。

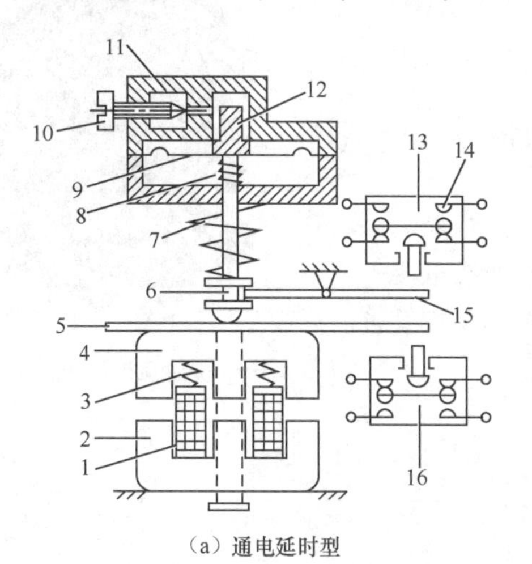

（a）通电延时型

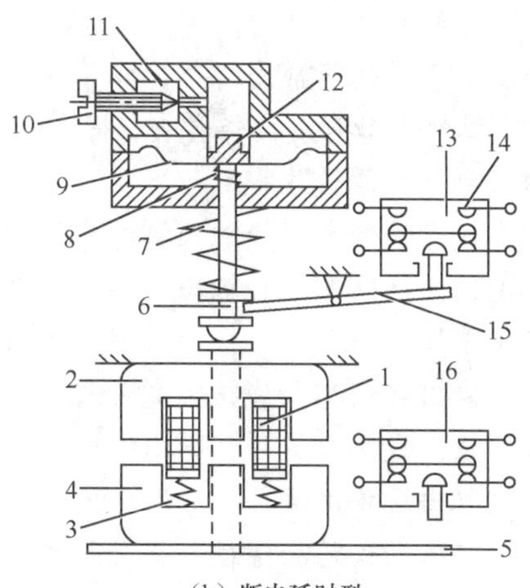

（b）断电延时型

1-线圈；2-静铁芯；3、7、8-弹簧；4-动铁芯；5-推板；6-活塞杆；9-橡皮膜；10-调节螺钉；11-进气孔；12-活塞；13、16-微动开关；14-延时触头；15-杠杆；

图 7.11　JS7-A 型空气阻尼式时间继电器的工作原理图

通电延时型时间继电器的动作原理：线圈通电后，铁芯产生吸力使静、动铁芯吸合带动推板使微动开关 16 的常闭触头瞬时断开，常开触头瞬时闭合。同时活塞杆在弹簧的作用下向下移动，活塞内由于存在着空气阻尼，经过一段时间后活塞才完成全部行程而压动微动开关 13，使其常闭触头断开，常开触头闭合。由于从线圈通电到触头动作需延时一段时间,因此微动开关 13 的两对触头称为延时闭合瞬时断开的常开触头和延时断开瞬时闭合的常闭触头。这种时间继电器延时时间的长短取决于进气的快慢，旋转调节螺钉可调节进气孔的大小，即可调节延时时间。当线圈断电时，动铁芯在反力弹簧作用下能迅速使方腔内的空气排出，使微动开关 13、16 的各对触头瞬时复位。

断电延时型时间继电器的动作原理与通电延时型相似，只是两个延时触头分别为瞬时闭合延时断开的常开触头和瞬时断开延时闭合的常闭触头，读者可自己分析。实际上，只要把通电延时型的铁芯倒装就成为断电延时型时间继电器。

空气阻尼式时间继电器结构简单、寿命长、价格低廉，还附有不延时的触头，所以应用较为广泛，但其准确度低、延时误差大，在延时精度要求高的场合不宜采用。此时，可采用晶体管式时间继电器。

时间继电器在电路中的符号如图 7.12 所示。

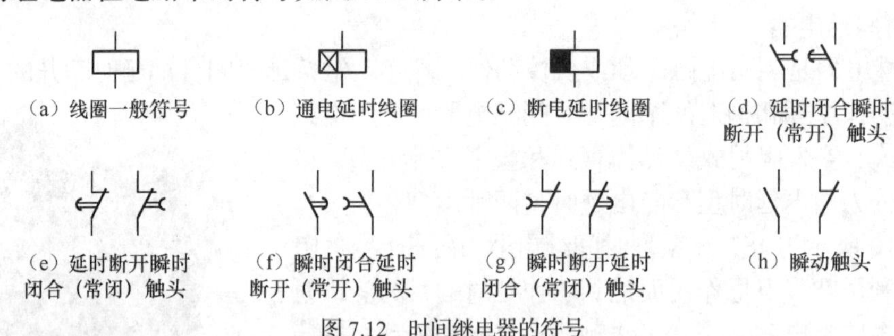

图 7.12　时间继电器的符号

【做一做】实训 7-1：交流接触器的拆装与检修

实训器材：交流接触器（CJ10-20），如图 7.13 所示。

实训流程如下。

1. 拆卸

（1）卸下灭弧罩紧固螺钉，取下灭弧罩。

（2）拉紧主触头定位弹簧夹，将主触头侧转 45 度后，取下主触头和压力弹簧片。

（3）松开辅助常闭静触头的螺钉，卸下常闭静触头。

（4）松开辅助常开静触头的螺钉，卸下常开静触头。

（5）手按压底盖板，松开底部的盖板螺钉，取下盖板。

（6）取出静铁芯和静铁芯支架及缓冲弹簧。

（7）拔出线圈弹簧片，取出线圈。

（8）取出反作用弹簧。

（9）取出动铁芯和塑料支架，并取出定位销。

（10）分离铁芯及塑料支架，取出减震纸片。

图 7.13　交流接触器（CJ10-20）

2. 检修

（1）检查灭弧罩有无破裂或烧损，清除灭弧罩内的金属飞溅物和颗粒。

（2）检查触头的磨损程度，磨损严重时应更换触头。若不需要更换，则清除触头表面上烧毛的颗粒。

（3）清除铁芯端面的油垢，检查铁芯有无变形及端面接触是否平整。

（4）检查触头压力弹簧及反作用弹簧是否变形或弹力不足，如有需要则更换弹簧。

（5）检查电磁线圈是否有短路、断路及发热变色的现象。

3. 装配

按拆卸的逆顺序装配交流接触器，仔细把每个零部件和螺钉安装到位。

4. 自检

用万用表检查线圈及各触头是否良好；用兆欧表测量各触头间以及主触头对地电阻是否符合要求；检查主触头运动部分是否灵活，接触是否良好，有无异常振动和噪声等。

5. 通电试车

（1）将装配好的接触器接入如图 7.14 所示的校验电路，正确无误后通断数次，检查动作是否可靠，触点接触是否紧密。

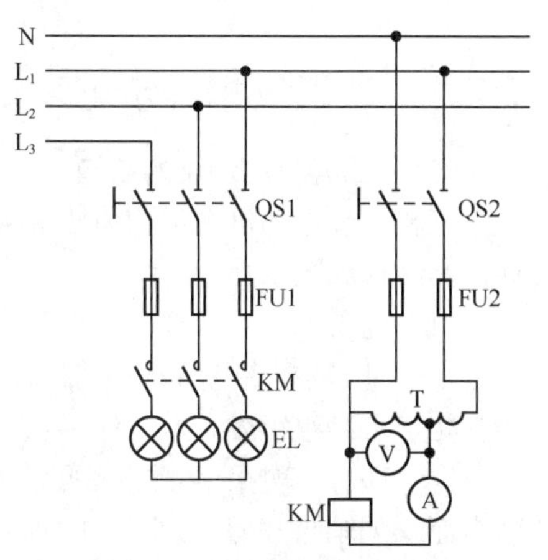

图 7.14　接触器通电校验电路

（2）接触器吸合后，铁芯不应发出噪声。若铁芯接触不良，则应将铁芯找正，并检查短路环及弹簧的松紧适应度。

（3）进行数次通断试验，检查接触器的动作，并通过在触头间拉纸片的方式来检查触头间的压力情况是否符合要求，不符合要求的则要调整触头弹簧或更换弹簧。

【实验注意事项】

（1）拆卸接触器时，应备有盛放零件的容器，并按要求有序地放好所有元件。

（2）拆装过程中不允许硬撬元件，以免损坏电器。装配辅助触头的静触头时，要防止卡住动触头。

（3）接触器通电校验时，应把接触器固定在控制板上，并在教师监督下进行测试。

（4）调整触头压力时，注意不要损坏接触器的主触头。

任务 7.2　三相异步电动机的认识和使用

知识要点	技能要点
• 了解三相异步电动机的基本结构，理解三相异步电动机的工作原理，熟悉三相异步电动机铭牌数据的意义，能较正确地选用合适的三相异步电动机，了解三相异步电动机的使用方法。	• 能正确地将三相异步电动机接入电源并正确使用，能对电动机使用过程中的一些数据进行测试。

电动机是将电能转换成机械能的设备。根据使用电源不同，电动机可分为直流电动机和交流电动机两大类。交流电动机又分为异步电动机和同步电动机。异步电动机的定子磁场转速与转子旋转转速不保持同步速。三相异步电动机具有结构简单、使用和维护方便、运行可靠、成本低廉、效率高的特点，广泛应用于工农业生产及日常生活中，用于驱动各种机床、水泵、锻压和铸造机械、鼓风机及起重机等。图 7.15 所示为几种三相异步电动机的外形。

认识三相异步电动机

图 7.15　几种三相异步电动机的外形

7.2.1　认识三相异步电动机

1. 三相异步电动机的结构

三相异步电动机由定子和转子两个基本部分组成，此外还有端盖、风扇、接线盒等零件，其结构如图 7.16 所示。

（1）定子。

定子是异步电动机的固定部分，主要由机座、装在机座内的定子铁芯和镶嵌在铁芯中的三相定子绕组组成。

定子铁芯一般采用 0.5mm 厚、两面涂有绝缘漆的硅钢片叠压制成，形状为环形，沿内圆表面均匀轴向开槽，如图 7.17 所示。定子铁芯具有导磁和安放绕组的作用。

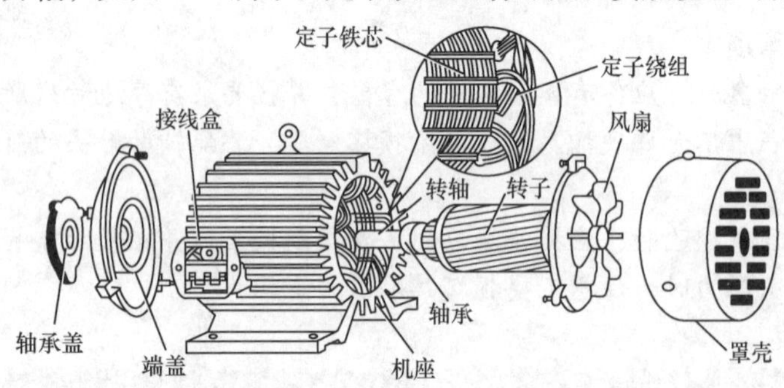

图 7.16　三相异步电动机的主要部件

定子绕组是电动机的电路部分，由三相对称绕组组成，按一定规则连接，有 6 个出线端。即 U_1-U_2、V_1-V_2、W_1-W_2 接到机座的接线盒中，定子绕组可接成星形或三角形。图 7.18（a）为机座和定子绕组，图 7.18（b）为机座接线盒。

（a）定子铁芯

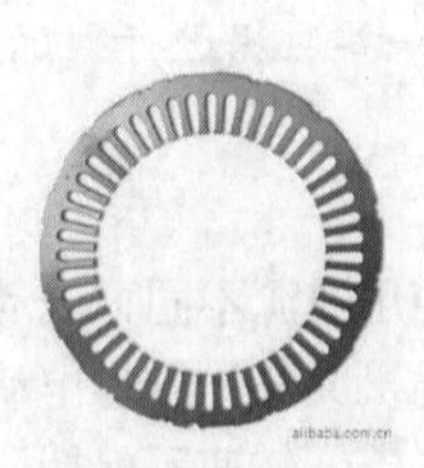

（b）定子硅钢片

图 7.17　定子铁芯和定子硅钢片

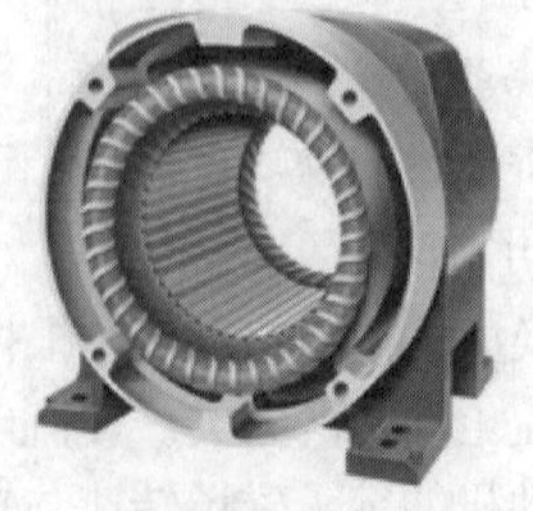

（a）机座和定子绕组

（b）机座接线盒

图 7.18　机座和定子绕组及机座接线盒

图 7.19 是定子绕组的星形连接图及线圈连接示意图；图 7.20 是定子绕组的三角形连接图及线圈连接示意图。

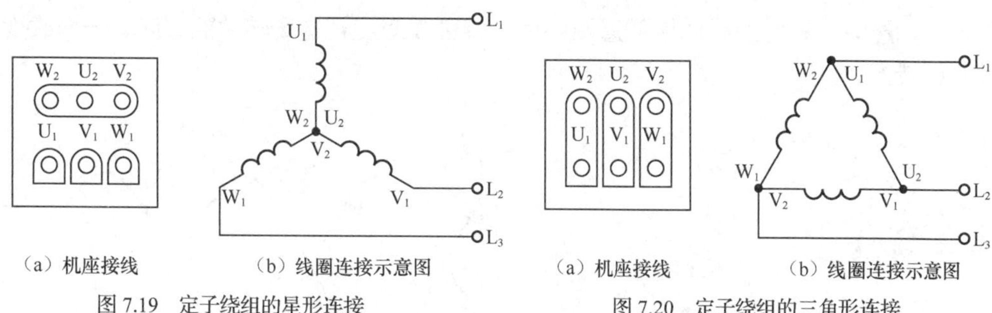

（a）机座接线　（b）线圈连接示意图

图 7.19　定子绕组的星形连接

（a）机座接线　（b）线圈连接示意图

图 7.20　定子绕组的三角形连接

（2）转子。

转子是异步电动机的旋转部分，由转轴、转子铁芯和转子绕组三部分组成，其作用是输出机械转矩。根据构造的不同，转子绕组分为鼠笼式和绕线式两种。

如图 7.21 所示的转子绕组做成鼠笼状，即转子铁芯的槽中放置导条，两端用端环连接，称为鼠笼式转子。如图 7.22 所示的转子其槽内的导体、转子的两个端环以及风扇叶一起用铝铸成一个整体，为铸铝的鼠笼型转子。

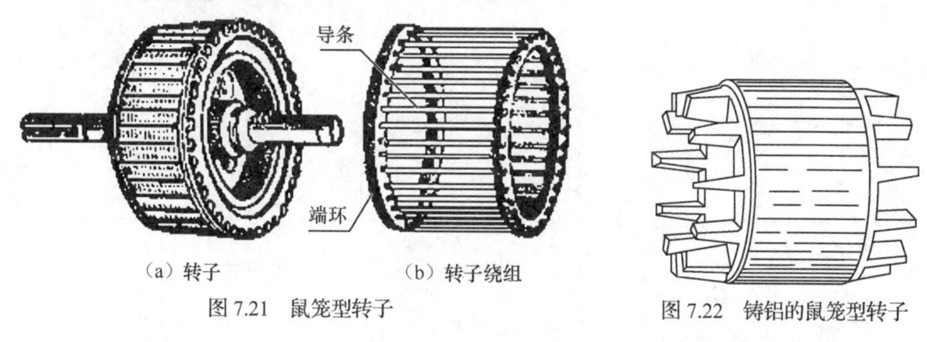

（a）转子　（b）转子绕组

图 7.21　鼠笼型转子

图 7.22　铸铝的鼠笼型转子

绕线式转子如图 7.23 所示，它的绕组与定子绕组相似，在转子铁芯槽内嵌放三相对称绕组，通常接成星形。每相绕组的始端连接在三个固定在转轴上的铜制滑环上，再通过一套电刷装置引出与外电路相连。环与环、环与转轴之间都是相互绝缘的。

转轴由中碳钢制成，其两端由轴承支撑。电动机通过转轴输出机械转矩。

为了保证转子能够自由旋转，在定子与转子之间必须留有一定的空气隙，中小型电动机的空气隙为 0.2～1.0mm。

2. 三相异步电动机的工作原理

当空间位置上互差 120° 的三相定子绕组通入对称三相交流电流，其波形如图 7.24 所示。若假定电流从绕组的始端流到末端为电流的参考方向，则电流在正半周时，其值为正，实际方向与参考方向一致；在负半周时，其值为负，实际方向与参考方向相反。所以，在 $\omega t=0$ 的瞬间，$i_U=0$；$i_V<0$，即电流从 V_2 流到 V_1；$i_W>0$，即电流从 W_1 流到 W_2，如图 7.25（a）所示，此时产生的合成磁场如图 7.26（a）所示，即自下到上。同样，在 $\omega t=60°$ 的瞬间，定子绕组中的电流如图 7.25（b）所示，此时产生的合成磁场如图 7.26（b）所示，即产生的磁场在空间上转过了 60°；当 $\omega t=120°$ 的瞬间，定子绕组中的电流如图 7.25（c）所示，此时产生的磁场如图 7.26（c）所示，即产生的合成磁场在空间上转过了 120°。

由此可见，当定子绕组中通入三相交流电流后，它们产生的合成磁场在空间上是不断旋转的。旋转的方向是由三相绕组中电流变化的顺序（电流相序）决定的。若在 U、V、W 相通入三相正序电流，如图 7.24 所示，旋转磁场按顺时针方向旋转；同样可分析，当 U、V、W 相通入三相反序电流（U→W→V）时，旋转磁场将按逆时针方向旋转。因此，电动机与电源相连的三相电源线调换任意两根后，就可改变旋转磁场转动的方向，进而改变电动机的旋转方向。

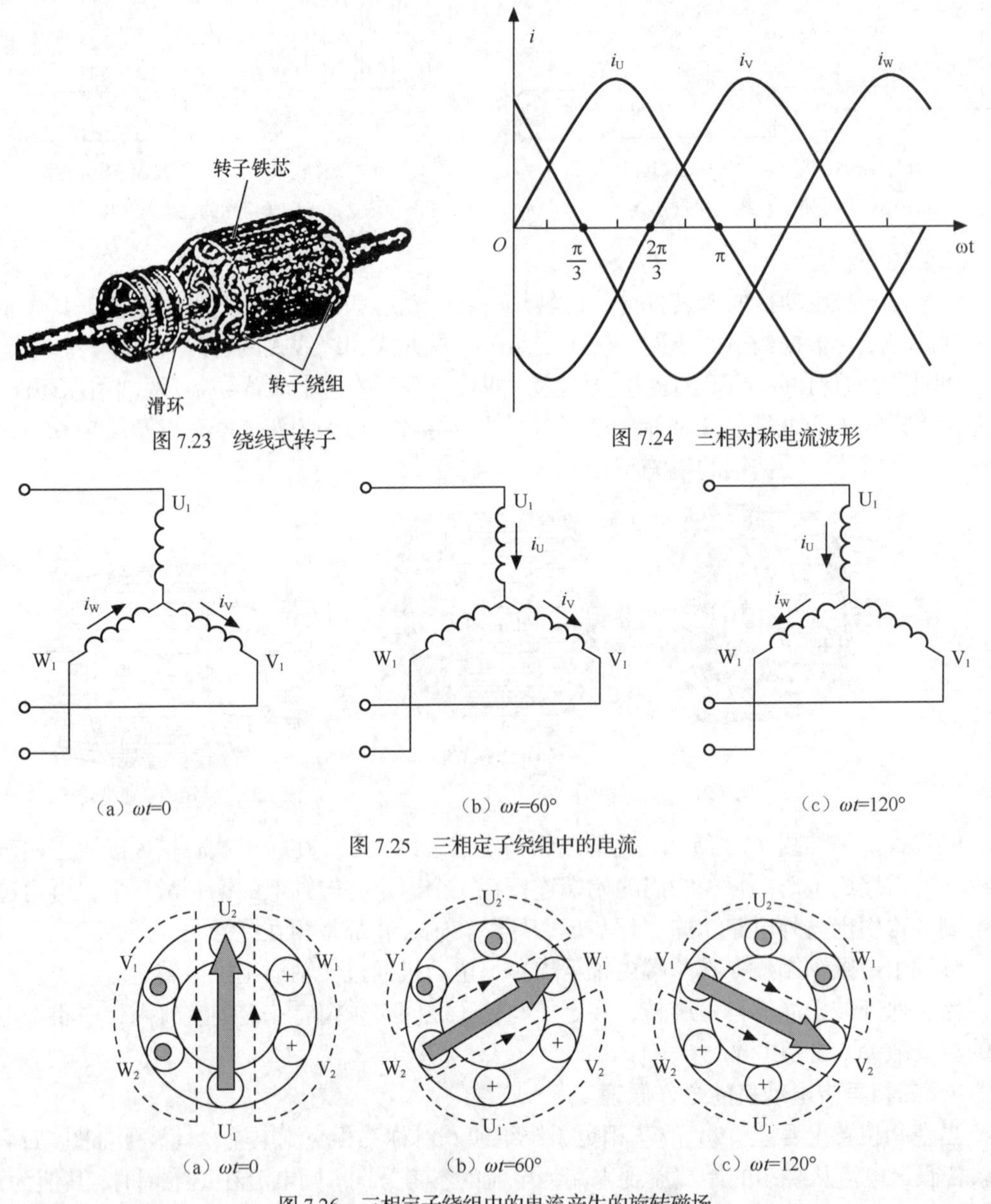

图 7.23　绕线式转子

图 7.24　三相对称电流波形

（a）$\omega t=0$　（b）$\omega t=60°$　（c）$\omega t=120°$

图 7.25　三相定子绕组中的电流

（a）$\omega t=0$　（b）$\omega t=60°$　（c）$\omega t=120°$

图 7.26　三相定子绕组中的电流产生的旋转磁场

旋转磁场和静止的转子绕组间会产生相对运动，从而使转子绕组上产生了感应电流。当转子中有电流后，旋转磁场又对感应电流产生电磁力矩，从而使转子转动起来，这就是三相异步机电动机的工作原理。

由楞次定律和左手定则可以判定，转子绕组的转动方向和旋转磁场的方向相同，且转子的转速略小于旋转磁场的转速，这也是三相异步电动机中“异步”的含义。如果转子转速等于旋转磁场转速，则转子和磁场无相对运动，磁通量不变化，也就没有感应电流的出现，转子不会转动；若转子转速大于旋转磁场的转速，则一定是受到了外加转矩的作用，此时电动机就成了发电机。

以上分析的是每相绕组只有一个线圈的情况，产生的旋转磁场具有一对磁极，在空间每秒

的转速与通入定子绕组的交流电的频率在数值上相等。若磁极对数用 p 来表示，则此时 $p=1$。

如果每相绕组由两个线圈串联组成，绕组的始端之间相差 60°空间角，则产生的旋转磁场具有两对磁极（四极），即 $p=2$，如图 7.27 所示。

同理，如果要产生三对磁极，即 $p=3$ 的旋转磁场，则每相绕组必须有均匀安排在空间的三个串联线圈，绕组的始端之间相差 40°空间角。

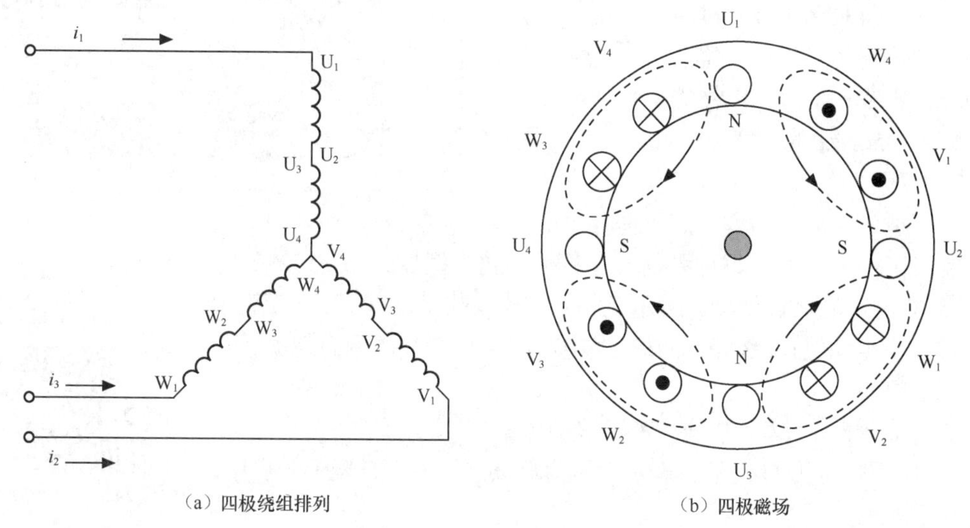

（a）四极绕组排列　（b）四极磁场

图 7.27　四极绕组及其磁场

因为交流电变化一个周期，旋转磁场在空间转过 360°，则同步转速（旋转磁场的速度）为

$$n_0 = \frac{60 f_1}{p} \tag{7-1}$$

式（7-1）中，f_1 为定子电源频率（f_1=50Hz）；n_0 为旋转磁场转速，称为同步转速（r/min）；p 为磁极对数。可以计算，一对磁极的电动机其同步转速为 3000r/min。

异步电动机转子的转速 n 小于同步转速 n_0，这两个转速之差称为转差，或者滑差。转差与同步转速之比称为转差率 s，即

$$s = \frac{n_0 - n}{n_0} \tag{7-2}$$

转差率 s 与电机的转速、电流等相关：转子不动时，$n=0$，则转差率 $s=1$；空载运行时，n 接近于 n_0，转差率 s 最小。转子转速越接近同步转速，转差率越小。一般常用的异步电动机在额定负载时，额定转速 n_N 很接近同步转速，所以其额定转差率 s_N 很小，为 0.01～0.07；在启动瞬间，$n=0$，$s=1$，转差率最大。转差率有时也用百分数表示。

【例 7-1】　一台异步电动机的额定转速 n_N=730r/min，试求工频情况下电动机的转差率及电动机的磁极对数。

解：由于电动机的额定转速必须低于和接近同步转速，而略高于 730r/min 的同步转速，为 750r/min。磁极对数

$$p = 60\frac{f_1}{n_0} = 60 \times \frac{50}{750} = 4$$

额定转差率

$$s = \frac{n_0 - n}{n_0} = \frac{750 - 730}{750} = 0.0267$$

7.2.2 三相异步电动机的使用

1. 三相异步电动机的铭牌数据

要正确使用电动机必须看懂铭牌。现以 Y132M-4 型电动机为例，说明铭牌上的各个数据。图 7.28 所示的各数据的意义如下。

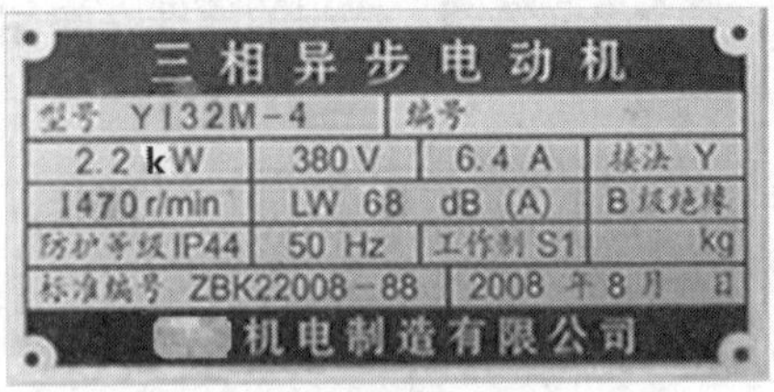

型号：Y132M-4；额定功率：2.2kW；额定电压：380V；额定电流：6.4A；接法：Y 形；额定转速：1470r/min；噪声等级：LW68dB；绝缘等级：B 级；额定频率：50Hz；防护等级：IP44；工作制：S1。

图 7.28 三相异步电动机的铭牌

（1）型号。

为了适应不同用途和不同工作环境的需要，电动机制成了不同系列，每种系列又有各种不同的型号。如 Y132M-4，说明如下。

① Y 为产品名称代号，表示三相异步电动机。其他有：YR 表示绕线式异步电动机；YB 表示防爆型异步电动机；YQ 表示高起动转矩异步电动机等。

三相异步电动机的铭牌

② 132（mm）表示机座中心高度。

③ M 是机座长度代号，表示中机座。其他还有：L 表示长机座；S 表示短机座。

④ 4 表示电动机的磁极数。

（2）额定功率。

指电动机在额定状态下运行时，转子所输出的机械功率，单位为 kW。

（3）额定电压。

指电动机在额定运行情况下，三相定子绕组应接的线电压值，单位为 V。目前常用的 Y 系列中、小型异步电动机，其额定功率在 3kW 以上的，额定电压为 380V，绕组为△接法；额定功率在 3kW 及以下的，额定电压为 380/220V，绕组为 Y/△接法（即电源线电压为 380V 时，三相定子绕组应接成 Y 形；电源线电压为 220V 时，三相定子绕组应接成△形）。

（4）额定电流。

指电动机在额定电压下，输出额定功率时，定子绕组中的线电流值，单位为 A。如果三相定子绕组有两种接法时，就标有两种相应的额定电流值。

（5）接法。

电动机三相定子绕组有 Y 形和△形两种接法。

（6）额定转速。

指额定运行时电动机的转速，单位为 r/min。

（7）额定频率。

指电动机所接交流电源的频率，单位为 Hz。

（8）温升和绝缘等级。

温升是指电动机运行时绕组温度允许的高出周围环境温度的数值。温升允许值由该电机绕组所用绝缘材料的耐热程度决定。根据电动机允许的最高温度值（极限温度）的不同，电动机的绝缘等级有 A、E、B、F、H、C 等。技术数据见表 7-2。

表 7-2　电动机绝缘等级

绝缘等级	A	E	B	F	H	C
极限温度（℃）	105	120	130	155	180	>180

（9）工作制。

为了适应不同负载的需要，按负载持续时间的不同，电动机的工作制分 S1～S8 八类。其中连续工作方式用 S1 表示；短期工作方式用 S2 表示，分 10、30、60、90（min）四种；断续周期性工作方式用 S3 表示，其周期由一个额定负载时间和一个停止时间组成等。

（10）额定功率因数。

有的铭牌上有额定功率因数，它指额定运行情况下定子电路的功率因数。额定负载时一般为 0.7～0.9，空载时功率因数很低，为 0.2～0.3。额定负载时，功率因数最大。实用中应选择合适容量的电机，防止“大马”拉“小车”的现象，并力求缩短空载的时间。

铭牌上还有噪声等级、防护等级、产品编号、标准编号、电机质量、出厂时间、生产厂家等信息。

2. 三相异步电动机的选择

三相异步电动机的应用很广，所拖动的生产机械多种多样，要求也各不相同。选用电动机时应从技术和经济两方面综合考虑，以实用、合理、经济和可靠为原则，正确选用其种类、形式、功率及转速等，以确保电动机安全可靠地运行。

选用和安装三相异步电动机

（1）种类选择。

三相异步电动机中的鼠笼式电动机结构简单、价格低廉、运行可靠、控制和维护方便，虽调速性能差、启动电流大、启动转矩较小、功率因数较低，但在一些不需调速的生产机械，如水泵、压缩机、通风机、运输机械以及一些金属切削机床上，有着广泛的应用。

三相线绕式异步电动机的启动和调速性能比鼠笼式优越，但其结构复杂、运行维护较困难，价格也较贵。一般只用于对启动转矩和启动电流有特殊要求，或者需要在一定范围内调速的情况，如起重机、卷扬机和电梯等。

（2）形式的选择。

电动机外部防护形式有开启式、防护式、封闭式和防爆式等数种。应根据电动机工作环境的条件来进行选择。

开启式电动机内部空气与外界畅通、散热条件好、价格便宜，适用于干燥、清洁的工作环境；防护式电动机有防滴式、防溅式和网罩式等数种，可防止水滴、铁屑等杂物落入电机内部，但不能防止潮气和灰尘侵入，适用于比较干燥、灰尘不多的环境；封闭式电动机有严密的罩盖，潮气、粉尘等不易侵入，但体积较大、散热差，价格较贵，适用于灰尘、湿气较多的环境。防爆式电动机外壳和接线端完全密封，能防止外部易燃、易爆气体侵入机内，但体积和重量更大、价格更贵，适用于如油库、化工企业、煤矿等有易燃和易爆气体的环境。

（3）功率的选择。

电动机功率如果选得太小，就不能保证电动机可靠地运行，甚至将因严重过载而烧坏，实际也不一定经济。如果选得太大，不但使设备的成本、体积和重量增加，而且由于电机处于轻载运行，它的效率和功率因数都较低，使运行费用也增加。在多数情况下，电机功率的选择以其发热条件，即发热接近其许可的温升，但不得超过为基础，计算所需的功率。初定功率后，再校验其过载能力和启动转矩是否满足生产机械要求。

实际上很多生产机械的负载是变动的，或短时的，或断续的等，要根据各种情况的特点合理选择电动机的功率。

（4）转速的选择。

应全面考虑电动机的工作情况、设备投资、占地面积和维护费用，以及系统动能储存量等因素，确定合适的传速比和电动机额定转速。

3. 三相异步电动机的使用

（1）使用前的检查。

对新安装或久未运行的电动机，在通电使用前必须做下列检查工作。

① 看电动机是否清洁，内部有无灰尘或脏物。可用不大于 2 个大气压的干燥压缩空气吹净各部分污物，用干抹布擦抹电机外壳。

② 拆除电动机出线端子上的所有外部接线，用兆欧表测量电动机各相绕组之间以及每相绕组与地（机壳）之间的绝缘电阻，看是否符合要求。如绝缘电阻较低，可将电动机进行烘干处理，然后再测量绝缘电阻，只有符合要求后才可通电使用。

③ 根据电动机铭牌标明的数据，检查电动机定子绕组的连接方式是否正确（Y 接法还是△接法），电源电压、频率是否合适。

④ 检查电动机轴承的润滑状态是否良好，润滑脂（油）是否有泄漏的痕迹；转动电动机转轴，看转动是否灵活，有无不正常的异声。

⑤ 检查电动机接地装置是否良好。

⑥ 检查电动机的启动设备是否完好，操作是否正常；检查电动机所带的负载是否良好。

（2）启动中的注意事项。

① 通电试运行时，必须提醒在场人员，不应站在电动机和所拖动设备的两侧，以免旋转物切向飞出发生伤害事故。

② 接通电源前应做好切断电源准备，以防接通电源后出现不正常的情况。如电动机不能启动、启动缓慢、出现异常声音时，应立即切断电源。

③ 三相异步电动机采用全压启动时，启动次数不宜过于频繁，尤其是电动机功率较大时要随时注意电动机的温升情况。

（3）运行中的监视。

① 电动机在运行时，要及时观察，当出现不正常现象时要及时切断电源，排除故障。

② 听电动机在运行时发出的声音是否正常。如果出现尖叫、沉闷、摩擦、撞击、振动等异音时，应立即停机检查。

③ 用手背探摸电动机周围的温度。如果电动机总体温度偏高，就要结合工作电流检查电动机的负载、装备和通风等情况进行相应处理。

④ 嗅电动机在运行中是否有焦味，如有焦味，应立即停机检查。

（4）电动机的维护。

① 经常保持电动机清洁，特别是接线端和绕组表面的清洁。不允许水滴、油污及杂物落到电动机上，更不能让杂物和水滴进入电动机内部。

拆装三相异步电动机

② 要定期检查电动机的接线是否松动，接地是否良好；润滑油是否新鲜；轴承转动是否灵活。要定期清扫内部，更换润滑油等。

③ 不定期测量电动机的绝缘电阻，特别在电动机受潮时，如发现绝缘电阻过低，要及时进行干燥处理。

④ 要经常检查电动机三相电流是否平衡，如果超过要求，须查明原因，及时排除。

【做一做】实训 7-2：电动机的认识与检测

实训流程如下。

（1）观察电动机的结构，将电动机的铭牌数据填入表 7-3 中。

（2）检查电动机是否清洁，内部有无灰尘或脏物。将电动机吹擦干净。

（3）拆除电动机出线端子上的所有外部接线，用兆欧表测量电动机各相绕组之间以及每相绕组与地（机壳）之间的绝缘电阻，看是否符合要求。如绝缘电阻较低，可将电动机进行烘干处理，然后再测量绝缘电阻。

（4）用手拨动电动机的转子，检查电动机转动是否灵活。

（5）测量电源电压，根据电源电压和铭牌数据连接电动机绕组，接好外部接线，包括外壳接地线。

（6）根据图 7.29 连接线路，选择合适的交流电流表和交流电压表量程。

（7）合上开关 S，将电动机直接启动时的启动电流记入表 7-4 中，并假定该转动方向为正转方向。

（8）待电动机转速稳定后，测量电动机空载运行时的转速和电流 I_U、I_V、I_W，记入表 7-4 中。

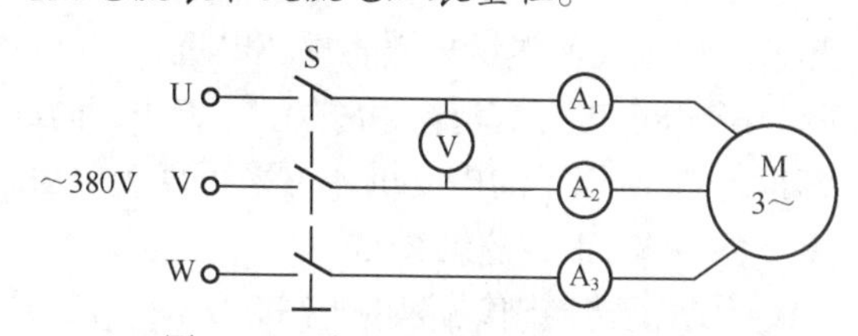

图 7.29　三相异步电动机实验的电路图

（9）断开开关 S，将电动机三根电源线中的任意两根线对调，然后合上开关 S，再次测量启动电流和空载电流等，记入表 7-4 中，并观察电动机的转向是否与正转方向一致。

表 7-3　三相异步电动机的铭牌数据

型号		额定转速（r/min）		频率（Hz）	
额定功率（kW）		额定电压（V）		额定电流（A）	
绝缘等级		接法		工作制	

表 7-4　三相异步电动机的启动和空载运行的测试数据

电源线电压（V）	电机转向	启动电流（A）	空载转速（r/min）	空载电流（A）		
				I_U	I_V	I_W
	正转					
	反转					

任务 7.3　三相异步电动机控制线路的分析与安装

知识要点

- 能够分析三相异步电动机直接启动、正反转和降压启动等控制线路的工作过程。
- 了解三相异步电动机调速和制动的方法。

技能要点

- 能规范地进行电动机控制线路的安装与调试。

电动机拖动生产机械运动的系统称为电力拖动。它通常由电动机和自动控制装置组成。自动控制装置一般包括控制电器、保护电器等组成的控制设备和传动机构两部分。它通过对电动机启动、制动的控制，对电动机转速调节的控制，对电动机转矩的控制以及对某些物理参量按一定规律变化的控制等，来实现对机械设备的自动化控制。这类控制电路具有结构简单、工作可靠、使用维护方便、经济实惠、易于实现生产过程自动化等特点，得到了广泛的应用。本任务重点介绍三相异步电动机启动运行控制，电动机转速调节的控制和制动的控制，只作简单介绍。

7.3.1 三相异步电动机直接启动正转控制线路

将电动机的定子绕组直接接入电源，在额定电压下启动的方式称为直接启动，或也叫全压启动。这种启动方式设备简单、操作方便、启动时间短，但启动电流大。

当异步电动机刚接上电源，定子绕组已经通电，而转子尚未旋转瞬间，定子旋转磁场对静止转子的相对速度最大，于是转子绕组的感应电动势和电流最大，定子的感应电流也最大，一般是额定值的 4～7 倍。由于启动过程一般很短，一旦转动后电机很快就会趋于正常，但频繁启动则会使热量积累而损坏电机，大功率电机的启动电流会在输出线路上造成较大的压降，影响同一线路其他设备的正常工作。因此，通常规定电源容量为 180kVA 以上，电动机容量为 7kW 以下的电动机才可采用直接启动。这里介绍几种简单的直接启动控制线路。

1. 手动正转控制线路

手动正转控制线路如图 7.30 所示。它通过低压开关来控制电动机的启动和停止。在工厂中常用于控制三相电风扇和砂轮机等设备。

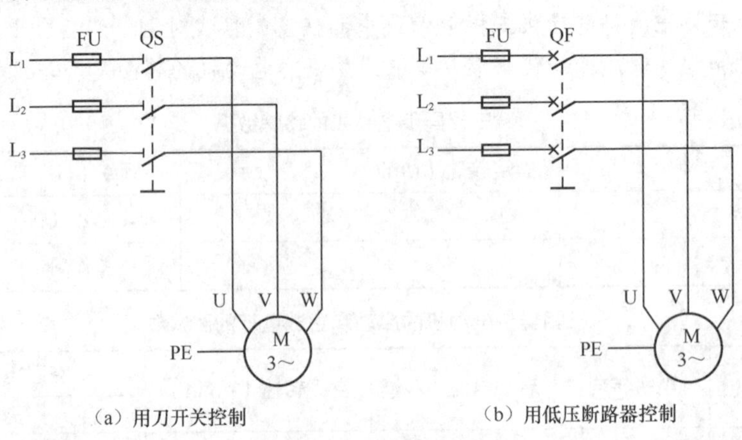

（a）用刀开关控制　　（b）用低压断路器控制

图 7.30　手动正转控制线路

图中 QS（或 QF）为刀开关或者低压断路器之类的低压开关，起接通、断开电源用；FU 为熔断器，作短路保护用；M 为三相异步电动机；L_1、L_2、L_3 为三相电源。当合上开关 QS（或 QF）时，三相电源与电动机接通，电机开始旋转。当开关 QS（或 QF）断开时，电动机因断电而停止转动。

手动控制线路虽然简单，但启动和停止都不方便、不安全，也不能实现失压、欠压和过载保护。所以，此电路只适用于不频繁启动的小容量电动机。在实际中，常使用接触器控制线路。

2. 接触器控制线路

接触器控制线路一般可分为电源电路、主电路和辅助电路。如图 7.31、图 7.32、图 7.34、图 7.35 等所示。

① 电源电路一般画成水平线，三相交流电源相序 L_1、L_2、L_3 自上而下依次画出，中线 N 和保护地线 PE 依次画在相线之下。

② 主电路是指受电的动力装置及控制、保护电器的支路等。它由主

熔断器、接触器的主触头、热继电器的热元件以及电动机等组成。主电路通过的电流是电动机的工作电流，电流较大。

③ 辅助电路一般包括控制主电路工作状态的控制电路；显示主电路工作状态的指示电路；提供机床设备局部照明的照明电路等。它由主令电器（按钮、位置开关等）的触头、接触器线圈及辅助触头、继电器线圈及触头、指示灯和照明灯等组成。辅助电路通过的电流较小，一般不超过 5A。

（1）点动正转控制线路。

图 7.31 所示为接触器控制的点动正转控制线路。所谓点动，就是指按下按钮，电动机得电运转；松开按钮，电动机失电停转。

该电路的电源电路有三相交流线 L_1、L_2、L_3 及电源开关 QS；主电路由熔断器 FU_1、接触器 KM 的三对主触头和电动机 M 组成。控制电路有熔断器 FU_2、启动按钮 SB 以及接触器 KM 的线圈。接触器 KM 的三对主触头和线圈分别画在主电路和控制电路上，但在图形符号旁标注了相同的文字符号 KM，表示属于同一个电器，这种表示方法叫分开表示法。

其工作原理如下：首先合上电源开关 QS。

启动：按下 SB→KM 线圈得电→KM 主触头闭合→电动机 M 启动运转

停止：松开 SB→KM 线圈失电→KM 主触头分断→电动机 M 失电停转

停止使用时，断开电源开关 QS。

这种线路常用于快速移动和简单起重设备中。

（2）具有过载保护的连续正转控制线路。

异步电动机点动与长动控制

具有过载保护的连续正转控制线路如图 7.32 所示。与点动正转控制线路相比，该控制线路在主电路中多串接了热继电器 FR 的热元件，在控制电路中多串接了热继电器 FR 的常闭触头、停止按钮 SB_2，在启动按钮 SB_1 两端并接了接触器的一对常开辅助触头。

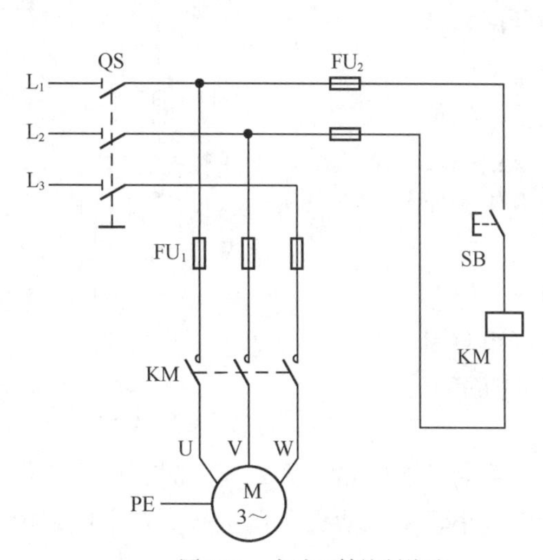

图 7.31　点动正转控制线路

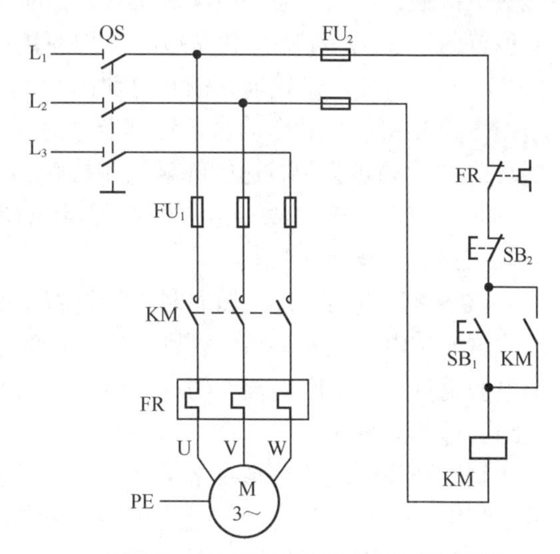

图 7.32　具有过载保护的连续正转控制线路

其工作原理如下：首先合上电源开关 QS。

启动：按下 SB_1→KM 线圈得电→KM 主触头闭合，同时 KM 常开辅助触头闭合自锁→电动机M启动连续运转所谓自锁，就是当松开启动按钮后，接触器通过自身常开辅助触头闭合而使线圈保持得电作用。正是由于KM自锁触头的作用，在松开SB_1时，电动机仍能继续运转，而不是点动运转。

停止：按下SB_2→KM线圈失电→KM主触头分断；→KM自锁触头分断取消自锁→电动机M失电停止运转

该线路具有的保护环节如下。

① 熔断器FU起短路保护作用。

② 热继电器FR起到过载保护作用。当电动机工作电流长时间超过热继电器的整定电流时，串接在控制电路中的热继电器FR的常闭触头会自动断开，使KM线圈失电，起到保护作用。

③接触器电磁机构具有欠压和失压保护。当电源电压过低或失去电压时，接触器衔铁自行释放，电动机断电停转；当电压恢复正常时，如果不重新按下启动按钮，则电动机不能自行启动，这可防止重新通电后设备自行运转而发生意外事故。

7.3.2 三相异步电动机直接启动正反转控制线路

在生产加工过程中，往往要求机械设备能够正、反两个方向运动。如机床工作台的前进与后退，万能铣床主轴的正转和反转，起重机的上升和下降等，都要求电动机能够实现正、反转运动。由电动机的原理可知，如果将接入电动机三相电源进线中的任意两相对调接线，就可以使电动机的转向改变。这里主要介绍倒顺开关和通过两个交流接触器主触头的不同接法，来对调三相进线中的两相，实现电动机的正反转。

1. 倒顺开关正反转控制线路

倒顺开关正反转控制线路如图7.33所示。其工作原理如下。

倒顺开关QS的手柄处于“停”的位置，QS的动、静触头不接触，电路不通，电动机不转；当手柄扳至“顺”的位置时，QS的动触头和左边的静触头相接触，电路按L_1–U、L_2–V、L_3–W接通，输入电动机定子绕组的电源电压相序为L_1–L_2–L_3，电动机正转；当手柄扳至“倒”的位置时，QS的动触头和右边的静触头相接触，电路按L_1–W、L_2–V、L_3–U接通，输入电动机定子绕组的电源电压相序为L_3–L_2–L_1，电动机反转。

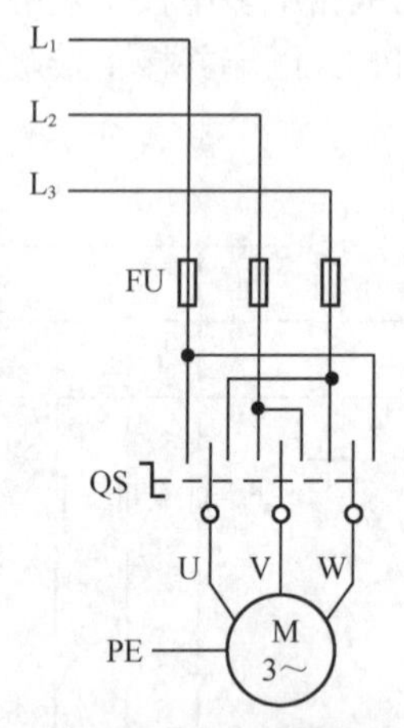

图7.33 倒顺开关正反转控制线路

该线路让电动机改变转向时，须先将手柄扳至“停”的位置，使电动机先停转。否则，电动机的定子绕组会因为电源突然反接而产生很大的反接电流，易使电动机定子绕组因过热而损坏。

倒顺开关正反转控制线路虽然简单，但它也是手动控制线路。频繁换向时，操作人员劳动强度大，操作不安全，因此这种线路常用于控制小容量电动机。在生产实践中更常用的是接触器连锁的正反转控制线路。

2. 接触器连锁的正反转控制线路

接触器连锁的正反转控制线路如图7.34所示。该线路采用两个接触器KM_1、KM_2。当KM_1主触头接通时，电路按L_1–U、L_2–V、L_3–W接通，输入电动机定子绕组的电源电压相序为L_1–L_2–L_3；而当KM_2主触头接通时，电路按L_1–W、L_2–V、L_3–U接通，输入电动机定子绕组的电源电压相序为 L_3–L_2–L_1。相应的控制线路有两条，一条是由按钮 SB_1 和 KM_1 线圈组成的正转控制线路，另一条是由按钮 SB_2 和 KM_2 线圈组成的反转控制线路。而在启动按钮 SB_1 和 SB_2 两端分别并接的接触器 KM_1 和 KM_2 的常开辅助触头就是自锁触头。

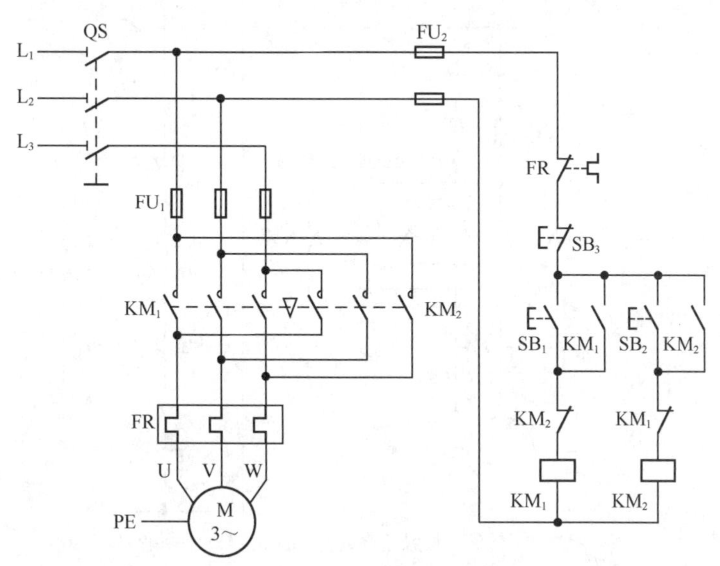

图 7.34　接触器连锁的正反转控制线路

接触器 KM_1 和 KM_2 的主触头不允许同时闭合，否则将造成两相（L_1 和 L_3 相）电源短路。为了使两接触器不能同时得电动作，在正、反转控制线路中分别串接了对方接触器的一对常闭辅助触头，这样，当一个接触器得电动作时，通过其常闭辅助触头断开另一个接触器的线圈支路，使另一个接触器不可能得电动作。接触器间这种相互制约的作用叫作接触器联锁（或互锁），而两对起联锁作用的触头叫作联锁触头。

线路的工作原理如下：先合上电源开头 QS。

（1）正转控制。

按下 SB_1 → KM_1 线圈得电 →
- → KM_1 主触头闭合 → 电动机M启动连续正转
- → KM_1 自锁触头闭合自锁 →（电动机M启动连续正转）
- → KM_1 联锁触头分断对 KM_2 联锁

（2）停止（电机正转时的停止过程，反转时的停止过程读者可自己分析）。

按下 SB_3 → KM_1 线圈失电 →
- → KM_1 主触头分断 → 电动机M失电停转
- → KM_1 自锁触头分断解除自锁 →（电动机M失电停转）
- → KM_1 联锁触头恢复闭合，解除对 KM_2 联锁

（3）反转控制。

按下 SB_2 → KM_2 线圈得电 →
- → KM_2 主触头闭合 → 电动机M启动连续反转
- → KM_2 自锁触头闭合自锁 →（电动机M启动连续反转）
- → KM_2 联锁触头分断对 KM_1 联锁

该电路如要改变转向必须先按下停止按钮，使接触器触头复位后，才能按下另一个启动按钮使电动机反向转动。

图 7.35 所示为按钮、接触器双重连锁的正反转线路。所谓按钮联锁就是将正、反转启动按钮换成两个复合按钮，常开按钮作为启动按钮，而将常闭按钮作为互锁触头串接在另一条控制线路中。这样，要使电动机改变转向，只要直接按反转按钮就可以了，而不必先按停止按钮。同时，控制线路中保留了接触器的联锁作用，因此具有双重联锁的功能，

异步电动机
正反转控制

其工作原理可根据上述方法由读者自行分析。

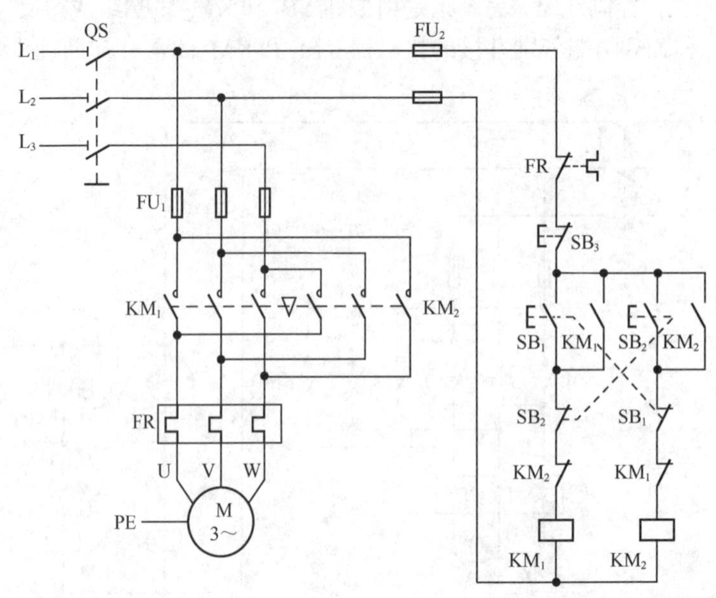

图 7.35　按钮、接触器双重连锁的正反转控制线路

按钮、接触器双重连锁的正反转线路操作方便，工作安全可靠，广泛应用于各种电力拖动自动控制系统中。

【做一做】实训 7-3：接触器联锁的正反转控制线路的安装与调试

实训元器件：三相异步电动机，交流接触器、热继电器、熔断器、按钮、空气开关等低压电器，导线，端子板等。

实训流程如下。

（1）检查所需要的元器件的质量，各项技术指标应符合规定要求，否则应予以更换。

（2）根据图 7.34 所示，在控制板上安装所有的电器元件。元件排列要求合理、整齐、匀称、间距合理，元件紧固程度适当。元件安装可参考图 7.36（a）所示的布置图。

（3）根据图 7.34 所示，进行布线。要求“横平竖直，直角弯线，少用导线少交叉，多线并拢紧贴安装板一起走”。严禁损伤线芯和导线绝缘。接点牢靠，不松动，不压绝缘层，不露铜过长等。布线可参考图 7.36（b）所示的接线图。

（4）根据图 7.34 所示的线路图，检查控制板布线的正确性。

（5）安装电动机。要求安装牢固平稳。

（6）可靠连接电动机和按钮金属外壳的保护接地线。

（7）连接电源、电动机等控制板外部的导线。

（8）按要求进行认真的检查，并经指导教师检查后通电运行。

（9）通电运行时，指导教师在现场进行监护。出现故障时，学生应独立进行检修。若需带电检修，须有指导教师在现场监护。

（10）通电试车完毕后，切断电源。先拆除三相电源线，再拆除电动机负载。

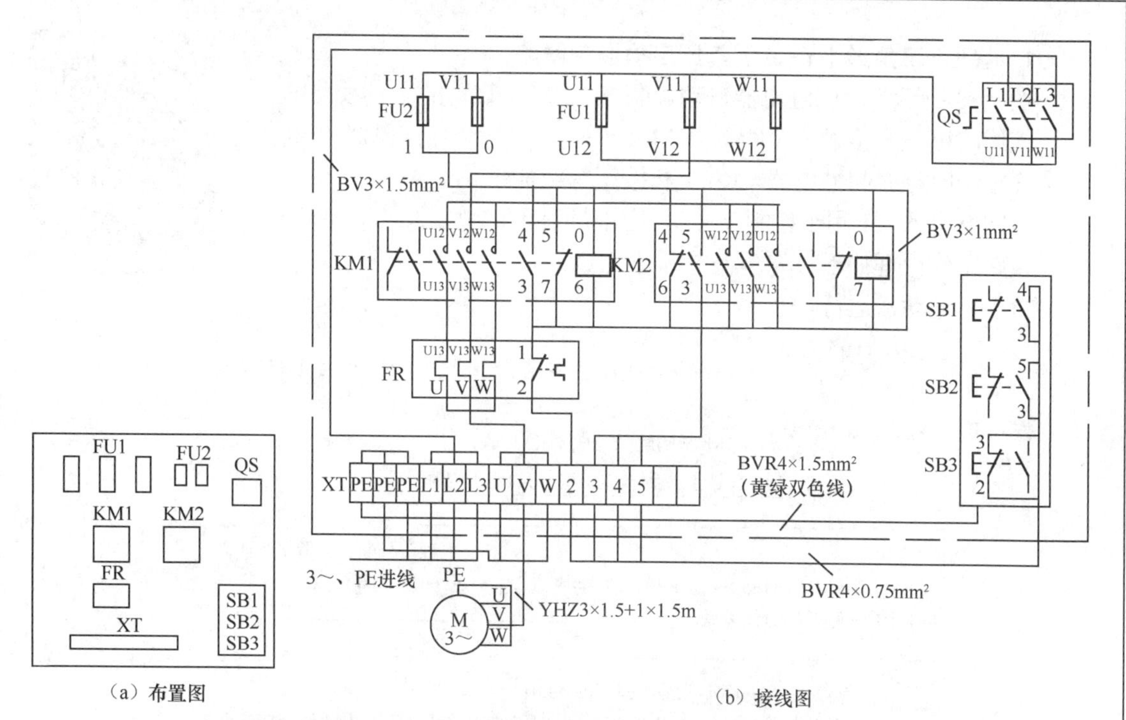

（a）布置图　　　　（b）接线图

图 7.36　接触器连锁的正反转控制线路

图 7.37 所示为接触器联锁的正反转控制线路实物参考图。

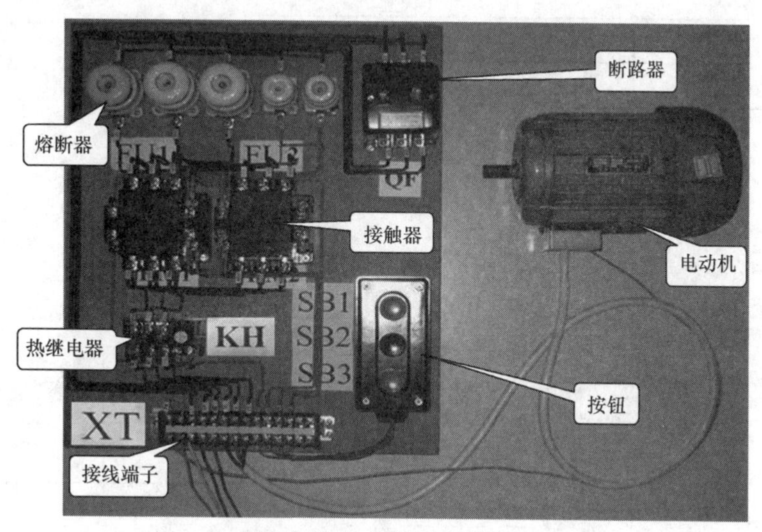

图 7.37　接触器联锁的正反转控制线路实物参考图

7.3.3　三相异步电动机降压启动控制线路

降压启动是指利用启动设备将电压适当降低后加到电动机的定子绕组上进行启动，待电动机转动达到一定转速后，再使其电压恢复到额定值正常运转。

降压启动的目的主要是为了限制启动电流，但在限制启动电流的同时，也降低了启动转矩。因此，降压启动一般只适用于在轻载或空载情况下启动的电动机。常见的降压启动方法有四种：定子绕组串接电阻降压启动；自耦变压器降压启动；Y-△降压启动；延边△降压启动。本书只介绍常用的 Y-△降压启动和自耦变压器降压启动。

1. 星形-三角形（Y-△）降压启动控制线路

定子绕组串接电阻降压启动

图 7.38 所示为时间继电器自动控制 Y-△降压启动的一种线路图。

该线路由三个接触器（KM、KM_Y、$KM_\triangle$）、一个热继电器（FR）、一个通电延时型时间继电器（KT）和按钮等组成。

时间继电器 KT 用于控制 Y 形降压启动时间和完成 Y-△自动切换。

线路工作原理如下：先合上电源开关 QS。

（1）Y 起动△运行。

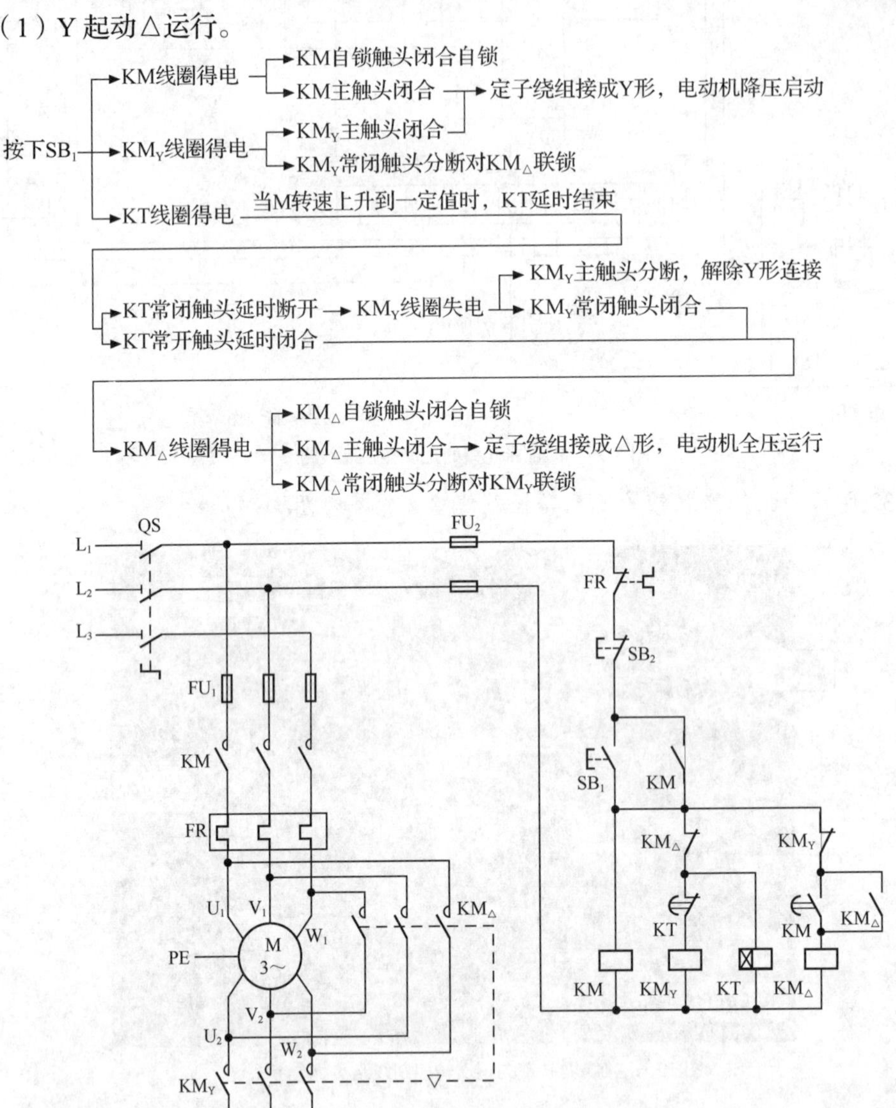

图 7.38　Y-△降压启动控制线路

（2）停止。

按下 SB_2→控制电路断电→KM、KM_Y、$KM_\triangle$线圈失电→电动机 M 失电停转

【练一练】实训 7-4：时间继电器自动控制 Y-△降压启动控制线路的安装与调试

实训元器件：三相异步电动机，交流接触器、热继电器、时间继电器、熔断器、按钮、空气开关等低压电器，导线，端子板等。

实训流程如下。

（1）检查所需要的元器件的质量。

（2）根据图 7.38 所示，画出布置图。在控制板上按布置图安装电器元件。

（3）根据图 7.38 所示，进行布线。

（4）安装电动机。

（5）可靠连接电动机和按钮金属外壳的保护接地线。

（6）连接电源、电动机等控制板外部的导线。

（7）自检。

（8）检查无误后通电试车。

【实训注意事项】

（1）元件的安装及布线须根据要求进行，具体要求可参照实训 7–3。

（2）进行 Y–△启动时，必须将电动机的 6 个端子全部引出。

（3）接线时要保证电动机△形接法的正确性，即接触器 KM_{Δ} 主触头闭合时，应保证定子绕组 U_1 与 W_2、V_1 与 U_2、W_1 与 V_2 相连接。

（4）接触器 KM_Y 的进线必须从三相定子绕组的末端引入，若误将首端引入，则在 KM_Y 吸合时，会产生三相电源短路事故。

（5）电动机、时间继电器、不带电金属外壳、底板的接线端子板应可靠接地，严禁损伤线芯和导线绝缘。

（6）通电校验必须有指导教师在现场监督。

2. 自耦变压器降压启动控制线路

在自耦变压器降压启动的控制线路（如图 7.39 所示）中，电动机启动电流的限制是依靠自耦变压器的降压作用来实现的。电动机启动的时候，定子绕组得到的电压是自耦变压器的二次电压。一旦启动结束，自耦变压器便被切除，额定电压通过接触器主触头直接加于定子绕组，电动机进入全压运行的正常工作。

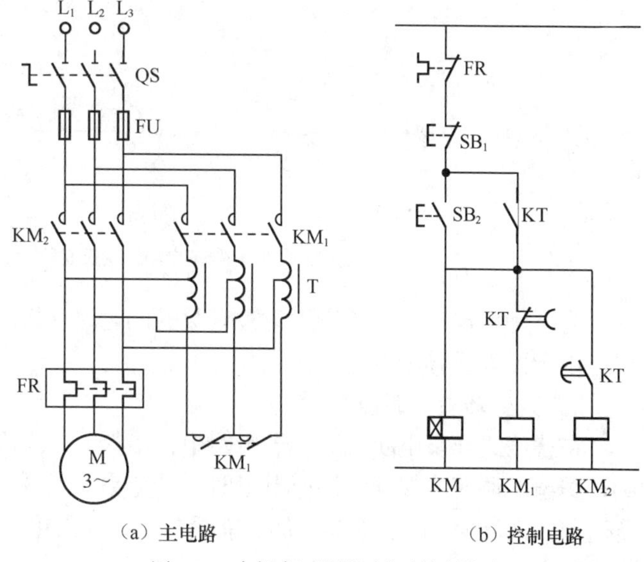

（a）主电路　　（b）控制电路

图 7.39　自耦变压器降压启动控制线路

7.3.4　三相异步电动机的调速

调速就是在同一负载下能得到不同的转速，以满足生产过程的要求。

三相异步电动机的转子转速可由式（7-3）给出

$$n=(1-s)n_0=(1-s)\frac{60f_1}{p} \tag{7-3}$$

式中，f_1 为电源频率，p 为磁极对数，s 为转差率。

可见，三相异步电动机可通过三个途径进行调速：改变电源频率 f_1，改变磁极对数 p，改变转差率 s。前两者是鼠笼式电动机的调速方法，后者是绕线式电动机的调速方法。

1. 变频调速

此方法可获得平滑且范围较大的调速效果，且具有较好的机械特性，但须有专门的变频调速装置，它主要由整流器和逆变器两大部分组成。整流器先将频率为 50Hz 的三相交流电变为直流电，再由逆变器变换成频率可调，电压有效值也可调的三相交流电，以实现范围较宽的无级调速。但变频调速设备复杂，成本较高，随着电子器件成本的不断降低和可靠性的不断提高，这种调速方法的应用将越来越广泛。

2. 变极调速

改变磁极对数 p，可改变旋转磁场的转速 n_0，从而得到不同的转子转速。变极调速虽然整个设备相对简单方便，但它也需要较为复杂的转换开关，而且不能实现无极调速，它常用于需要有极调速的金属切割机床或其他生产机械上。

如图 7.40 所示为通过改变定子绕组的接线来改变磁极对数的方法示意图。

如图 7.40（a）所示的两个线圈 a_1x_1、a_2x_2 串联，磁极对数 p=2。图 7.40（b）和图 7.40（c）将每相定子绕组分成两个“半相绕组”，改变它们之间的接法，使其中一个“半相绕组”中的电流反向，磁极对数就成倍改变，即 p=1。但要注意，对于三相异步电动机，为了确保变极前后转子的转向不变，变极的同时必须改变三相绕组的相序（如将 V、W 对调）。例如，磁极对数由 p 变为 $2p$ 时，V 相绕组与 U 相的相位差变为 240°，W 相与 U 相差相当于 120°，如果不改变电源相序，电动机将反转。

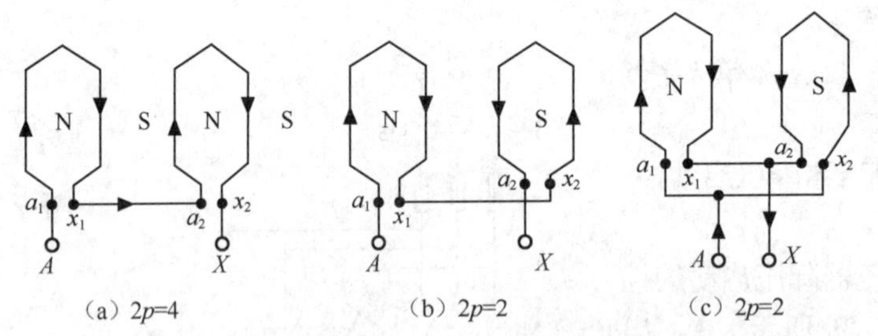

图 7.40 三相异步电动机变极前后定子绕组的接线图

为了确保定子、转子绕组磁极对数的同时改变以产生有效的电磁转矩，变极调速一般仅适用于鼠笼式异步电动机。

3. 改变转差率调速

在绕线式异步电动机的转子电路中，串接入一个调速电阻，改变电阻的大小，就可得到较平滑的调速。如增大调速电阻时，转差率 s 上升，从而转速 n 下降。这种调速方法设备简单、投资少，但变阻器增加了能量损耗，故常用于短时调速、效率要求不太高的场合，如起重设备。

由以上可知，异步电动机的各种调速方法都不太理想，所以异步电动机常用于要求转速比较稳定或调速性能要求不高的场合。

7.3.5 三相异步电动机的制动

所谓制动，就是采用一定的方法使高速运转的电动机迅速停转。当电动机断开电源后，由于惯性的作用，生产机械需要转动一段时间后才会完全停下来。为了缩短辅助工时，提高生产效率和安全性，往往要求电动机能够迅速停转和反转，这就需要对电动机进行制动。制动的方法一般有机械制动和电力制动两大类。

1. 机械制动

机械制动是当电动机的定子绕组断电后，利用机械装置使电动机立即停转。机械制动常用的方法有电磁抱闸制动器制动和电磁离合器制动。

图 7.41（a）和图 7.41（b）所示分别为电磁抱闸制动器结构示意图和工作原理示意图。电磁抱闸制动器有断电制动型和通电制动型两种。当制动电磁铁的线圈得电时，制动器的闸瓦与闸轮分开，无制动作用；当线圈失电时，闸瓦紧紧抱住闸轮进行制动，这就是断电制动型的工作原理。而通电制动型的工作原理是线圈得电时，闸瓦紧紧抱住闸轮制动；当线圈失电时，闸瓦与闸轮分开，无制动作用。

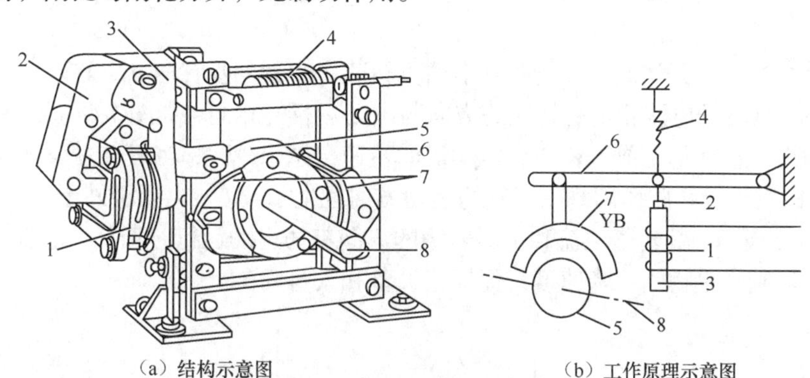

（a）结构示意图　　（b）工作原理示意图

1—线圈；2—衔铁；3—铁芯；4—弹簧；5—闸轮；6—杠杆；7—闸瓦；8—轴

图 7.41　电磁抱闸制动器

电磁离合器制动的原理和电磁抱闸制动器制动原理类似，这里不作详细介绍。

2. 电力制动

电力制动是指电动机在切断电源停转的过程中，产生一个和电动机实际旋转方向相反的电磁转矩（制动力矩），迫使电动机迅速停转的方法。电力制动常用的方法有反接制动、能耗制动、再生发电制动等。

（1）反接制动。

反接制动的工作原理是改变异步电动机定子绕组中的三相电源相序，使定子绕组产生方向相反的旋转磁场，从而产生制动转矩，实现制动。

在停车时，把电动机反接，则其定子旋转磁场便反向旋转，在转子上产生的电磁转矩亦随之变为反向，成为制动转矩，如图 7.42 所示。

值得注意的是，在电动机转速接近零时应及时切断反相序的电源，以防止电动机反向启动。常使用速度继电器（又称反接制动继电器）来自动地及时切断电源。

这种方法比较简单，制动力强，效果较好，但制动过程中的冲击也强烈，易损坏传动器件，且能量消耗较大，频繁反接制动会使电机过热。有些中型车床和铣床的主轴的制动采用这种方法。

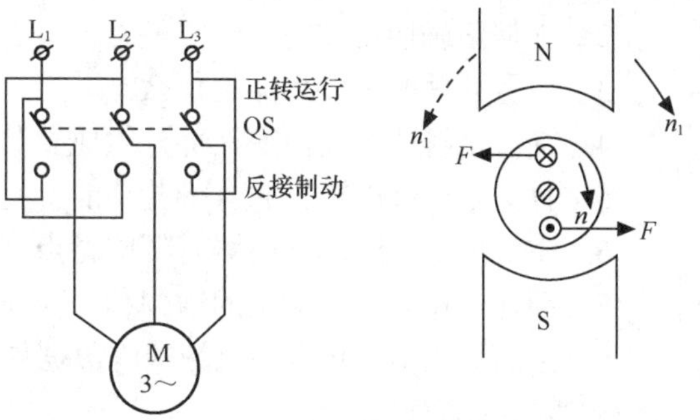

图 7.42　反接制动原理图

（2）能耗制动。

电动机脱离三相电源的同时，给定子绕组的任意两相中通入直流电，如图 7.43 所示。这时在定子与转子之间形成固定的磁场，此时转子由于机械惯性继续旋转，根据右手定则和左手定则可确定出，转子内的感应电流与恒定磁场相互作用所产生的电磁转矩的方向与转子转动方向相反，是一个制动转矩，从而实现制动。

直流电流的大小一般为电动机额定电流的 0.5～1 倍。

由于这种方法是用消耗转子的动能（转换为电能）来进行制动的，所以称为能耗制动。

这种制动能量消耗小，制动准确而平稳，无冲击，但需要直流电流，制动力较弱。一般用于要求制动准确、平稳的场合，如磨床、立式铣床等的控制线路中。

（3）再生发电制动（又称回馈制动）。

再生发电制动主要用在起重机械和多速异步电动机上。下面以起重机械为例说明其制动原理。

当起重机在高处开始放下重物时，电动机转速 n 小于同步转速 n_0，这时电动机处于电动运行状态，其转子电流和电磁转矩的方向与电动运行时相同，如图 7.44（a）所示。但由于重力的作用，在重物下放过程中，电动机的转速会越来越大，当其转速 n 大于同步转速 n_0 时，转子相对于旋转磁场切割磁感线的运动方向发生了改变，电动机处于发电制动状态，如图 7.44（b）所示，其转子电流和电磁转矩的方向都与电动运行时相反，电磁转矩变成了制动力矩，限制了重物的下降速度，保证了设备和人身安全。

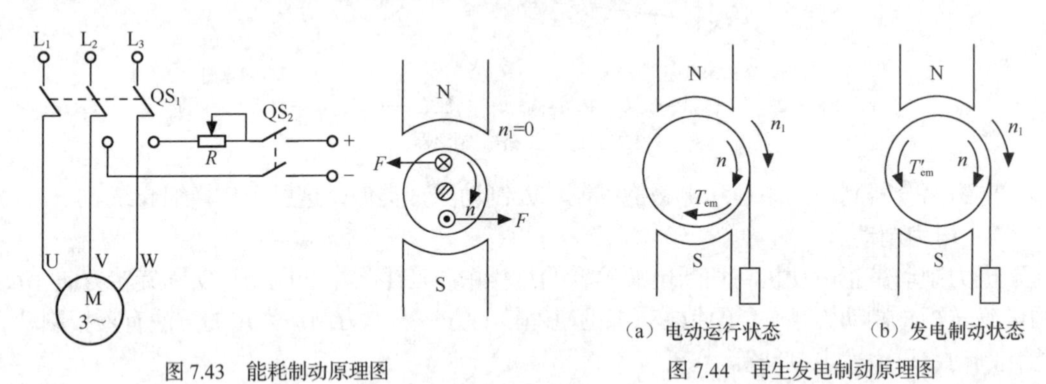

图 7.43　能耗制动原理图

图 7.44　再生发电制动原理图

习　题

1. 组合开关有什么特点，它常用于哪些地方？
2. 如何正确使用按钮？
3. 位置开关的主要功能是什么？
4. 交流接触器主要由哪几部分组成？其工作原理是什么？它主要用于哪些地方？
5. 什么是热继电器？它有哪些功能？它的工作原理是什么？
6. 空气阻尼式时间继电器有哪些特点？简述其工作原理。
7. 简述三相异步电动机的结构和工作原理。
8. 已知某三相异步电动机的铭牌数据如图 7.45 所示。试写出该电动机的型号意义和其他铭牌参数的意义。

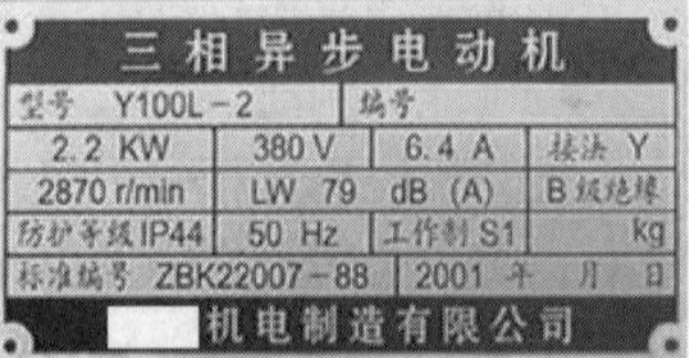

图 7.45　题 8、9 图

9. 根据图 7.45 所示的铭牌数据，试计算下列参数：

（1）磁极对数；（2）额定转差率。

10. 已知电源频率为 50Hz，两台电动机的额定转速分别为 1440 r/min 与 2900 r/min，试求这两台电动机的磁极对数的额定转差率。

11. 选用三相异步电动机时应从哪些方面去综合考虑？

12. 三相异步电动机在使用前、使用过程中以及日常维护过程中应该注意哪些事项？

13. 什么是点动控制？什么是自锁控制？试分析和判断如图 7.46 所示的各控制电路哪些能实现自锁控制，哪些能实现点动控制？分析图中各控制电路是否存在着问题，试说明存在问题的原因，并加以改正。

14. 在电动机控制线路中，短路保护和过载保护各由什么元器件来实现？它们能否相互代替使用？为什么？

15. 什么是欠压保护？什么是失压保护？为什么说接触器自锁控制线路具有欠压和失压保护作用？

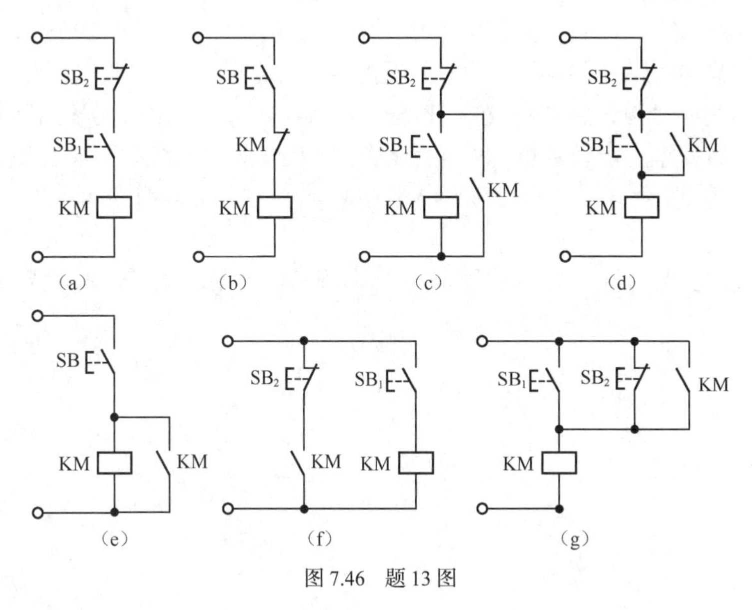

图 7.46　题 13 图

16. 如何使电动机改变转向？用倒顺开关控制电动机正反转时，为什么不允许把手柄从“顺”的位置直接扳到“倒”的位置？

17. 什么叫联锁？在电动机正反转控制线路中为什么必须要有联锁控制？

18. 什么是按钮联锁？按钮联锁有什么好处？

19. 什么叫降压启动？启动电动机时为什么要降压启动？常见的降压启动方法有哪几种？

20. 简单叙述时间继电器自动控制 Y-△降压启动电动机的过程。

21. 三相异步电动机的调速方法有哪三种？鼠笼式异步电动机的变极调速是如何实现的？

22. 什么叫制动？设置制动装置对电机的停转有什么好处？

23. 什么叫机械制动？常用的机械制动方法有哪两种？

24. 什么叫电力制动？常用的电力制动方法有哪些？简要说明各种制动方法的制动原理、特点和应用范围。

参考文献

[1] 徐超明.电工技术项目教程[M].北京:北京大学出版社，2013.

[2] 季顺宁.电工电路测试与设计[M].北京:机械工业出版社，2008.

[3] 黄宗放.电工基础与基本技能:项目教程[M].北京:电子工业出版社，2012.

[4] 张明金.电工技术与实践[M].北京:电子工业出版社，2010.

[5] 童建华.电路基础与仿真实验[M].北京:人民邮电出版社，2008.

[6] 田淑华.电路基础习题解答与实践指导[M].北京:机械工业出版社，2009.

[7] 徐超明，李珍.电子技术项目教程:第 2 版[M].北京:北京大学出版社，2014.

[8] 浙江省安全生产教育培训教材编写组.电工作业[M].北京:中国工人出版社，2011.

[9] 王连英.基于 Multisim10 的电子仿真实验与设计[M].北京:北京邮电大学出版社，2009.

[10] 李敬梅.电力拖动控制线路与技能训练:第 5 版[M].北京:中国劳动社会保障出版社，2014.